机械设计课程设计指导书

主　编　张国海

副主编　何　勇　黄民毅

重庆大学出版社

内 容 提 要

本书共7章,较全面地介绍了机械设计课程设计的目的、任务和步骤;机械传动系统总体设计的要求和主要任务。以带式输送机传动系统为例,介绍其类型、组成和传动零件设计要点。以齿轮减速器部件为重点,详细介绍其设计要求和设计过程。优选出了3道课程设计题目、选编了机械设计常用标准及规范和10种典型结构减速器参考图例,供设计时参考和查阅。通过设计,培养学生综合运用基本理论与基本方法,结合生产实际解决工程设计问题的能力;使学生树立正确的设计思想、掌握一般机械设计的基本方法和程序;培养学生具备查阅相关技术资料的能力,以完成工程技术人员所具备的基本技能训练。

本书适合作为机械类本科专业教材,亦可供从事机械设计的工程技术人员参考。

图书在版编目(CIP)数据

机械设计课程设计指导书/张国海主编.—重庆:重庆大学出版社,2013.11(2023.1重印)
机械设计制造及其自动化专业本科系列教材
ISBN 978-7-5624-7510-1

Ⅰ.①机… Ⅱ.①张… Ⅲ.①机械设计—课程设计—高等学校—教学参考资料 Ⅳ.①TH122-41

中国版本图书馆CIP数据核字(2013)第129204号

机械设计课程设计指导书

主 编 张国海
副主编 何 勇 黄民毅
策划编辑:曾令维
责任编辑:李定群 版式设计:曾令维
责任校对:贾 梅 责任印制:赵 晟
*
重庆大学出版社出版发行
出版人:饶帮华
社址:重庆市沙坪坝区大学城西路21号
邮编:401331
电话:(023) 88617190 88617185(中小学)
传真:(023) 88617186 88617166
网址:http://www.cqup.com.cn
邮箱:fxk@cqup.com.cn (营销中心)
全国新华书店经销
POD:重庆新生代彩印技术有限公司
*
开本:787mm×1092mm 1/16 印张:19 字数:474千
2013年11月第1版 2023年1月第4次印刷
ISBN 978-7-5624-7510-1 定价:49.80元

前言

《高等学校机械设计系列课程教学基本要求》中关于机械设计课程设计对学生的能力培养要求为：能从机器功能及经济性要求出发，进行总体方案设计，合理选择传动方案和零部件；能按机器的工作状况分析和计算作用在零件上的载荷，合理选择零件材料及热处理方法，正确计算零件的工作能力和确定零件尺寸；能考虑制造工艺、使用维护、经济和安全等因素，对机械零部件进行合理的结构设计；绘制机器或部件的装配图和零件图。为实现学生能力培养要求，按照“精选内容、启发思考、利于教学；采用最新标准；引入典型结构和新结构；优化设计题目”的原则组织编写本书，内容组织上注重培养和发挥学生的独立工作能力、创新精神和促进学生的个性发展。

本书共7章，较全面地介绍机械设计课程设计的目的、内容和过程；机械传动系统总体设计的要求、方案的分析与选择、电动机的选择、总传动比计算及分配、运动及动力参数计算。以带式输送机传动系统为例，概略介绍其传动装置的类型、组成和传动零件设计要点。以齿轮减速器部件为重点，详细介绍其设计要求和结构设计过程，并从工程要求出发，对减速器装配图和零件工作图设计提出相应要求。优选出了3道课程设计题目、选编了机械设计常用标准及规范和10种典型结构减速器参考图例，供设计时参考。通过设计，培养学生综合运用基础理论与基本方法，结合生产实际解决工程设计问题的能力；使学生树立正确的设计思想、掌握一般机械设计的基本方法和程序；培养学生具备查阅和使用标准、规范、手册、图册等相关技术资料的能力，以完成一个合格工程技术人员所必须具备的基本技能训练。

本书是编者在总结了多年教学经验的基础上，参阅了有关文献和资料，征求了部分高校的意见和建议编写而成的。对学生而言，既能查到所有的相关课程设计数据和得到更多的指导帮助，也可在学习有关课程时使用；对从事机械设计的工程技术人员来说，也是一份很好的设计资料手册。

本书可作为机械类专业本科生教学和工程技术人员参考之用。由张国海主编，何勇、黄民毅任副主编。全书由张国海统稿，由王保民教授审稿。本书各章的编写分工如下：

第1章、附录Ⅱ.1—Ⅱ.7由陕西理工学院张国海编写；

第2章、3章由陕西理工学院田静云编写；

第4章、附录Ⅱ.8—Ⅱ.9由陕西理工学院何勇编写；

第5章、第7章和附录Ⅰ由西华大学黄民毅编写；

第6章和附录Ⅲ由四川理工学院孙泽刚编写。

在本书的编写过程中得到了重庆大学出版社理工分社的领导和同事的大力支持，在此对他们的辛勤劳动表示衷心的感谢！

由于编者的学识水平有限，书中可能存在错误或欠妥之处，恳请广大读者提出宝贵意见。

编　者

2013年5月

目录

第1章　绪　论 …… 1
1.1　课程设计的目的和应达到的能力 …… 1
1.2　课程设计的内容 …… 2
1.3　课程设计的阶段 …… 2
1.4　课程设计的要求和注意事项 …… 3

第2章　机械传动系统的总体设计 …… 5
2.1　总体设计应满足的要求 …… 5
2.2　传动方案的分析与选择 …… 6
2.3　选择电动机 …… 7
2.4　机械传动装置总体设计 …… 9
2.5　设计示例 …… 11

第3章　机械传动装置的设计计算 …… 14
3.1　减速器的类型和应用范围 …… 14
3.2　减速器的组成 …… 17
3.3　减速器外部传动零件设计要点 …… 18
3.4　减速器内部传动零件设计要点 …… 20

第4章　减速器装配底图设计 …… 22
4.1　装配底图设计内容 …… 22
4.2　装配底图设计准备 …… 22
4.3　初绘减速器装配底图 …… 24
4.4　减速器的箱体结构 …… 42
4.5　润滑与密封 …… 53
4.6　减速器的附件结构 …… 59
4.7　装配底图的检查与修改 …… 66

第5章　完成减速器装配图 …… 67
5.1　完善和加深减速器装配图 …… 67
5.2　尺寸标注 …… 67

5.3　编制减速器技术特性 …………………………………… 69
5.4　制订技术要求 ………………………………………… 69
5.5　编排零件序号 ………………………………………… 71
5.6　编制标题栏与明细表 ………………………………… 71

第6章　减速器零件工作图的设计 ……………………… 73
6.1　概　述 ………………………………………………… 73
6.2　轴类零件工作图的设计 ……………………………… 74
6.3　齿轮类零件工作图设计 ……………………………… 77
6.4　箱体类零件工作图设计 ……………………………… 83

第7章　编写设计计算说明书和答辩准备 ……………… 85
7.1　编写设计计算说明书 ………………………………… 85
7.2　答辩准备 ……………………………………………… 87

附录Ⅰ　机械设计课程设计参考题目 …………………… 90
题目1　设计带式运输机的机械传动装置………………… 90
题目2　设计电动卷扬机传动装置………………………… 95
题目3　设计螺旋输送机传动装置………………………… 96

附录Ⅱ　机械设计常用标准及规范 ……………………… 97
Ⅱ.1　常用数据和一般标准 ……………………………… 97
Ⅱ.2　常用材料 …………………………………………… 110
Ⅱ.3　常用联接件与紧固件 ……………………………… 126
Ⅱ.4　滚动轴承 …………………………………………… 160
Ⅱ.5　润滑与密封 ………………………………………… 184
Ⅱ.6　联轴器 ……………………………………………… 195
Ⅱ.7　极限与配合、形状与位置公差和表面粗糙度 … 202
Ⅱ.8　渐开线圆柱齿轮精度、锥齿轮精度和圆柱蜗杆蜗轮精度 ………………………………………… 224
Ⅱ.9　电动机 ……………………………………………… 263

附录Ⅲ　课程设计参考图例 ……………………………… 274
Ⅲ.1　一级圆柱齿轮减速器 ……………………………… 274
Ⅲ.2　展开式二级圆柱齿轮减速器 ……………………… 276
Ⅲ.3　大型展开式二级圆柱齿轮减速器 ………………… 278

Ⅲ.4　同轴(回归)式二级圆柱齿轮减速器 …………… 280
Ⅲ.5　焊接结构二级圆柱齿轮减速器 ……………………… 282
Ⅲ.6　轴装式二级圆柱齿轮减速器 ………………………… 284
Ⅲ.7　二级圆锥-圆柱齿轮减速器 ………………………… 285
Ⅲ.8　大型二级圆锥-圆柱齿轮减速器 …………………… 287
Ⅲ.9　蜗杆减速器 …………………………………………… 289
Ⅲ.10　整体式蜗杆减速器 ………………………………… 291

参考文献 ………………………………………………………… 293

第1章 绪论

1.1 课程设计的目的和应达到的能力

机械设计是机械类专业一门培养学生具有机械设计能力的技术基础课，是各专业培养方案的主干课程。该课程由基础理论学习、实验和课程设计等教学环节组成，缺一不可。课程设计既是该课程重要的实践性环节，也是学生一次较为全面的机械设计能力培养和综合技能训练提升过程。

1.1.1 课程设计的目的

①培养学生综合运用机械设计课程和其他先修课程基础理论和基本知识，结合生产实际解决工程设计问题的能力。经过本课程设计，使所学基础理论和基本知识得到进一步巩固和提高，并使其与生产实践紧密结合。

②使学生树立正确的设计思想、掌握一般机械设计的基本方法和程序，培养工程设计的独立工作能力，为后续课程学习和以后从事技术工作打基础。

③使学生能够熟练地进行设计计算和绘图，培养学生具备查阅和使用标准、规范、手册、图册等相关技术资料的能力，以完成一个合格工程技术人员所必须具备的基本技能训练。

1.1.2 课程设计应达到的能力

①能从机器功能及经济性要求出发，进行总体方案设计，合理选择传动和零部件类型。

②能根据机械的工作情况分析和计算作用在零件上的载荷，合理选择零件材料及热处理方法，正确计算零件的工作能力和确定零件尺寸。

③能考虑制造工艺、使用维护、经济和安全等因素，对机械零部件进行合理的结构设计。

④能正确表达机器或部件结构，按照工程要求绘制总装配图和零件工作图。

1.2 课程设计的内容

一般选择通用机械传动装置的设计作为课程设计题目。由于该题目不仅能充分反映机械设计课程主要教学内容、能与生产实际密切联系,而且设计主要任务量和教学计划规定的学时数相适应。

本课程设计基本任务要求应不低于二级圆柱齿轮减速器的主体设计工作量,至少包含以下内容:

①拟订(或分析比较)传动装置的总体方案。

②选择电动机。

③计算传动装置的运动和动力参数。

④进行传动零件、轴的设计计算。

⑤进行轴承、联接件、润滑密封和联轴器的选择及校核计算。

⑥进行箱体箱盖结构及其附件的设计。

⑦绘制总装配图和主要零件工作图(装配图1张,零件图2~4张)。

⑧编写设计说明书1份(6 000~8 000字)。

1.3 课程设计的阶段

1.3.1 机械设计的步骤

机械是机器和机构的总称。任何一部新机械都要经过设计、研制、生产和使用4个阶段。虽然机械的类型、用途、性能和结构特点千差万别,但其设计过程却基本遵循同样的规律,概括而论,机械设计过程一般分为以下5个步骤:

①明确设计任务,制订设计任务书。

②总体设计。按照拟订的方案进行零部件总体布局,完成总装配图设计,并进行必要的运动学、动力学和工作能力计算。

③零件设计。根据总体设计结果,考虑结构工艺性等要求,绘制零件工作图。

④审核图纸。

⑤整理技术文件。主要包括设计图纸、设计说明书、使用说明书等。

1.3.2 课程设计的阶段

本课程设计从方案分析和选择开始,方案确定后,进行必要的计算和结构设计,最后以图纸为主表达设计结果。一般情况下,课程设计可分为以下6个阶段进行:

(1)设计准备阶段(占总时数3%)

本阶段应对设计任务书进行详细的分析与研究,明确设计要求和内容,分析设计原始数据和工作条件;复习课程的主要内容,阅读有关资料,参观模型、实物和工作现场,并进行分析比较;准备好设计所需的资料和用具等;制订课程设计总体设计计划和进度。

(2)**初步设计计算阶段(占总时数10%)**

本阶段包括以下工作内容:

①传动装置的总体设计。拟订传动装置的总体方案,绘制传动装置运动简图;正确选择电动机的类型、功率、转速以及计算传动装置的总传动比,并合理分配各级传动比。最后计算出传动装置各轴的运动和动力参数,即各轴的转速、功率和转矩(注意各轴输入与输出值的细小差异),列表作为以后的计算依据。

②传动装置各级传动件的主要参数、尺寸等的计算。

③初步估算各轴局部径向尺寸。

④初选滚动轴承的类型和型号。

(3)**装配图的设计与绘制(占总时数60%)**

选择适当比例尺,根据计算数据,在图纸上进行总体布置设计。首先,在图面上检查零件各尺寸是否合理、各运动件间是否相碰和干涉或距离过小等问题,并及时解决;其次,进行轴系零部件(轴、轴承、键、联轴器)的校核计算,并及时修改;最后,所有问题解决后加深图面线条。

(4)**零件工作图的绘制(占总时数15%)**

严格按照制图标准、规范进行绘制,注意尺寸标注、技术要求应完整。

(5)**编写设计说明书(占总时数10%)**

整理设计计算过程数据,按要求编写设计说明书。

(6)**总结和答辩(占总时数2%)**

对设计工作进行全面总结,精心做好答辩准备。

1.4 课程设计的要求和注意事项

1.4.1 课程设计的要求

本课程设计是学生一次比较完整的机械设计实践活动,也是理论联系实际、培养初步设计能力的重要环节。因此,学生在课程设计过程中必须做到以下方面:

①在教师的指导下,应主动思考问题,认真分析问题和积极解决问题。独立完成全部设计任务,从而养成良好的工作习惯。

②必须树立严肃认真、一丝不苟、精益求精的工作态度。坚持有错必改,反对敷衍塞责、容忍错误存在的思想。

③要深入钻研,创造性地进行课程设计。

1.4.2 课程设计应注意的事项

(1)**注意理论计算与结构、工艺等要求的关系**

机械零件的尺寸不可能完全由理论计算获得,需考虑具体结构、加工装配工艺、经济性和使用条件等要求,理论计算仅为确定零件尺寸提供了一个强度、刚度或寿命方面的依据。有些经验公式(如箱体箱盖壁厚、齿轮轮缘和轮毂的尺寸等)也只考虑了主要因素的要求,所求得的是近似值。因此,设计时应根据具体情况作适当的调整,以考虑强度、刚度、结构和工艺等要求。

(2)注意采用有关标准和规范

为了提高设计质量和降低成本,应重视有关标准和规范的采用,标准和规范的采用程度也是评价设计质量的一项重要指标。许多标准件不需自己制造而可以购得(如电动机、滚动轴承、皮带、链条、密封件和螺纹紧固件等)。非标准件的一些尺寸,常要求圆整为优先数系,以方便制造和测量(如轴径、减速器箱体箱盖轮廓尺寸等)。此外,确定零件结构尺寸的合理有效位数也非常重要,它直接影响测量精度要求,因而影响成本。设计中应尽量减少选用材料牌号和规格,减少非标准件的品种、规格,尽可能选用市场上能够充分供应的通用品种,以降低成本,方便维修和使用。

(3)注意计算与绘图的关系

进行装配底图设计时,并不仅仅是单纯的绘图,常需绘图与计算交替进行。如有些零件可先由计算确定基本尺寸,然后根据零件间装配关系和工作位置要求决定其结构细节尺寸。而有些零件则需要先完成结构设计,取得计算所需要的条件之后,再进行必要的计算。

(4)注意进度与反复的关系

要设计出满足使用功能要求、经济性好的产品,通常需要经过多次反复才能得到比较满意的结果。设计过程的各阶段往往是相互影响的,后一阶段设计中出现不当之处,往往需要对前一阶段设计结果作出修改。如在计算中发现有问题,必须修改相应的结构,故结构设计的过程是边计算、边绘图、边修改、边完善的过程。如轴的设计过程通常如下:首先,根据轴的强度条件初估轴的最小直径;依据轴系零部件装拆方案确定轴的形状;选择相应的轴承,并在结构底图上画出轴上零件的位置,进行轴的结构初步设计。然后,进行轴和轴承工作能力校核计算,当轴或轴承不能满足设计要求时,需重复上述步骤,直至满足设计要求。

(5)注意创新与继承的关系

设计是创新与继承结合的过程,应正确处理两者的关系,反对走极端,即反对不求甚解的全面继承,也反对一味追求创新。在课程设计中,一方面要熟悉、利用已有的各种资料,这样既可加快设计进程、拓宽思路,又保证和提高设计水平及质量;另一方面还要认真考虑特定的设计要求和具体的各种条件,而不盲目地抄袭资料,在继承的基础上,不断进取,不断创新,不断进行创造性设计。

第 2 章 机械传动系统的总体设计

机器一般由原动机、传动系统和工作机 3 部分组成。原动机是驱动整部机器完成预定功能的动力源,工作机是用来完成机器预定功能的组成部分。机器功能要求的差异性使得其运动要求各式各样,同时机器所要克服的阻力也会随着工作情况而异。但原动机的运动形式、运动和动力参数却是有限的,而且是确定的。这就需要传动系统把原动机的运动形式、运动和动力参数转变为工作机所需的运动形式、运动和动力参数,它的机械性能、技术水平和产品质量对整个机器的性能和工作状况影响很大。

根据工作原理不同,传动可分为机械传动和电力传动两大类。机械传动又可分为摩擦传动、啮合传动、液力传动及气力传动等。由于机械传动较为可靠,故在机器中使用较多,有时也可使用液压或电力传动。本书以介绍摩擦传动和啮合传动为主。

2.1 总体设计应满足的要求

机械传动系统总体设计的内容包括分析和拟订传动方案、选择电动机、确定总传动比并合理分配各级传动比、计算传动装置的运动和动力参数。总体设计结果作为设计各级传动件和装配图设计的重要依据。总体设计是否合理,对整部机器的工作性能、成本以及整体尺寸有很大影响。因此,合理进行总体设计意义重大。机械传动系统的设计工作复杂且无固定模式可循,需要设计者发挥自己的创新能力。

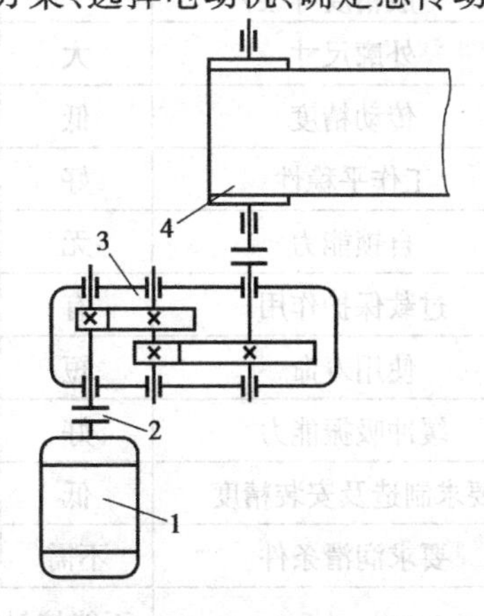

图 2.1 带式输送机机构运动简图

1—电动机;2—联轴器;3—减速器;4—驱动滚筒

机械传动系统总体设计方案结果一般用运动简图表示。它反映原动机、传动系统和工作机三者之间的运动、动力传递路线,各部件的组成及其联接关系。如图 2.1 所示为带式输送机机构运动简图。

合理的总体设计方案首先应满足机器的功能要求,如传递功率的大小、转速和运动形式等。此外,还要适应工作环境、场地、工作制度等工作条件，满足工作可靠、结构简单、尺寸紧凑、传动效率高、使用维护便利、工艺性和经济性合理等要求。

2.2 传动方案的分析与选择

进行机械传动系统设计是整部机器设计的重要任务之一，拟订合理的传动方案又是保证机械传动系统设计质量的基础。要同时满足机器设计的全部要求一般来说是不可能的，因此要通过对多个可行方案进行综合分析、比较，选择既能满足主要技术指标，又能兼顾其他指标也较佳的传动方案。

初选的传动方案，在设计过程中还可能要不断地修改和完善。

2.2.1 传动机构类型的选择原则

满足工作要求的传动方案，可以由不同类型传动机构以不同的组合方式和布置顺序构成。合理选择传动机构类型是拟订传动方案的前提，传动机构的类型、性能和适用范围可参阅有关技术资料。常用传动机构的性能及使用范围见表 2.1。在机械传动中，各种减速器应用很多，常用减速器的类型、特点和应用见表 3.1。

表 2.1 常用机械传动机构的性能及使用范围

传动机构 选用指标		平带传动	V 带传动	圆柱摩擦轮传动	链传动	齿轮传动		蜗杆传动
功率/kW(常用值)		小(≤20)	中(≤100)	小(≤20)	中(≤100)	大(≤最大 5 万)		中(≤50)
单级传动比	常用值	2～4	2～4	2～4	2～5	圆柱 3～5	锥 2～3	10～40
	最大值	5	7	5	6	8	5	80
传动效率		见附录Ⅱ表Ⅱ.5						
许用线速度/$(m \cdot s^{-1})$ (一般精度等级)		≤25	≤25～30	≤15～25	≤40	≤15～30	≤5～15	≤15～35
外廓尺寸		大	大	大	大	小		小
传动精度		低	低	低	中	高		高
工作平稳性		好	好	好	较差	一般		好
自锁能力		无	无	无	无	无		可有
过载保护作用		有	有	有	无	无		无
使用寿命		短	短	短	中等	长		中等
缓冲吸振能力		好	好	好	中等	差		差
要求制造及安装精度		低	低	中等	中等	高		高
要求润滑条件		不需	不需	一般不需	中等	高		高
环境适应性		不能接触酸、碱、油类爆炸性气体		一般	好	一般		一般

选择传动机构类型的一般原则如下：

①小功率传动，宜选用结构简单、价格便宜、标准化程度高的传动机构，以降低制造成本。

②大功率传动，应优先选用传动效率高的传动机构，如齿轮传动，以降低功耗。

③工作中可能出现过载的工作机，应选用具有过载保护作用的传动机构，如带传动。

④载荷变动较大，频繁正反转的工作机，应选用具有缓冲吸振能力的传动机构，如带传动。

⑤工作温度较高、潮湿、多粉尘、易燃易爆场合，宜选用链传动、闭式齿轮或蜗杆传动。

⑥要求两轴保持准确的传动比时，应选用齿轮或蜗杆传动。

2.2.2　各类传动机构在多级传动中的布置原则

当采用多级传动时，应合理布置传动顺序，以使各类传动机构得以充分发挥其优点。常用机构的一般布置原则如下：

①带传动承载能力较低，但传动平稳，能缓冲减振，且具有过载保护作用，宜布置在传动系统的高速级。

②链传动会产生多边形效应，运转不平稳，有冲击振动，宜布置在低速级。

③斜齿轮传动较直齿轮传动平稳，常布置在高速级。

④当传动中同时有圆柱齿轮和圆锥齿轮时，由于减小圆锥齿轮尺寸可降低加工难度，故圆锥齿轮传动宜布置在高速级。

⑤对于开式齿轮传动，由于其工作环境较差、润滑不良，磨损较为严重，为延长使用寿命，常将其布置在低速级。

⑥蜗杆传动效率低，但传动平稳，当其与齿轮传动同时应用时，宜布置在高速级。

⑦传动装置的布局应尽量做到结构紧凑、匀称。

2.3　选择电动机

原动机是给机器提供动力的，其种类繁多。现代机器中使用的原动机大致是以各式各样的电动机和热力机为主。电动机是最常用的原动机，它是由专业企业批量生产的标准部件，且已系列化，设计时选出具体型号即便购得。实际选用时应根据工作载荷、工作机特性和工作环境等条件，选择电动机的类型、结构形式、容量（功率）、转速，并据此在产品目录中查出具体的型号和尺寸。

2.3.1　电动机类型选择

电动机类型需根据电源种类（交流或直流），工作条件（温度、环境和空间位置尺寸等），载荷特点（变化性质、大小和过载情况），启动性能、转速高低和调速性能等要求来确定。

Y 系列电动机是一般用途的全封闭自扇冷式鼠笼型三相异步电动机，适用于不易燃烧、不易爆、无腐蚀和无特殊要求的机械设备上，如机床、输送机、搅拌机等。YZR 型绕线式与 YZ 型鼠笼式三相异步电动机，为冶金、起重电机，具有较小的转动惯量和较大的过载能力，用于频繁启动、制动和正反转场合，如起重、提升设备上。其结构有开启式、防护式和防爆式。

2.3.2 容量(功率)的确定

电动机的功率由额定功率表示。所选电动机的额定功率应等于或稍大于工作要求的功率。电动机的容量(功率)选得合适与否,对电动机的工作性能和经济性都有影响。容量小于工作要求,则不能保证工作机的正常工作或使电动机长期过载而过早破坏;容量过大则电动机价格高,且工作时由于经常不满载运行,效率和功率因数都较低,增加电能消耗,造成浪费。

电动机容量主要根据电动机运行时的发热条件来决定。本课程设计中,传动装置的工作条件一般为不变(或变化很小)载荷下长期连续运行,只要电动机负载不超过额定值,电动机就不会过热,通常无须校验发热和启动力矩。所须电动机功率为

$$P'_d = \frac{P_w}{\eta} \tag{2.1}$$

式中 P'_d——工作机实际需要的电动机输出功率,kW;

P_w——工作机需要的输入功率,kW;

η——电动机至工作机之间传动装置的总效率。

工作机所需功率 P_w,应由机器工作阻力、运动参数(线速度或转速、角速度)及工作机的效率计算求得。本课程设计中,应按任务书给定的工作机参数(F,v,η_j 或 T,n_w),工作机所需功率 P_w 可计算为

$$P_w = \frac{Fv}{1\,000\eta_j} \tag{2.1a}$$

$$P_w = \frac{T\eta_w}{9\,550\eta_j} \tag{2.1b}$$

式中 F——工作机的阻力,N;

v——工作机的线速度,m/s;

η_j——工作机的效率;

T——工作机的阻力矩,N·m;

n_w——工作机的转速,r/min。

传动装置的总效率为

$$\eta = \eta_1\eta_2\eta_3\cdots\eta_n \tag{2.2}$$

式中,$\eta_1,\eta_2,\eta_3,\cdots,\eta_n$ 分别为传动装置中每一传动副(齿轮、蜗杆、带或链)、每对轴承、每个联轴器的效率,其值由附录Ⅱ表Ⅱ.5 选取。选取表中数值时,一般可取中间值;如工作条件差、加工精度低、润滑维护不良时应取低值,反之可取高值。

2.3.3 转速的选择

同一功率电动机通常有几种转速可供选用,电动机同步转速越高,磁极对数越少,尺寸质量越小,价格也越低,且效率较高;但传动装置的总传动比要增大,传动级数增多,尺寸及质量增大,从而使成本增加。低转速电动机则情况相反。因此,应全面分析比较其利弊来选定电动机转速。

按照工作机转速要求和传动机构的合理传动比范围,可推算出电动机转速的可选范围,

推算公式为

$$n'_d = (i'_1 i'_2 \cdots i'_n) n_w \tag{2.3}$$

式中　n'_d——电动机转速可选范围,r/min;

$i'_1, i'_2, \cdots, i'_n$——各级传动的合理传动比范围。

设计时可优先选用同步转速为 1 500 r/min 或 1 000 r/min 的电动机,如无特殊需要,不选用低于 750 r/min 的电动机。

根据选定的电动机类型、结构、容量和转速,由附录Ⅱ附表Ⅱ.186—表Ⅱ.196 可查出电动机技术参数。应记下电动机型号、额定功率、满载转速、外形尺寸、电动机中心高、轴伸尺寸及键联接尺寸等。

对于允许过载的场合,应按电动机额定功率、满载转速计算传动装置的传动件;对于不允许过载的场合,应按工作机实际需要的电动机输出功率 P'_d、满载转速计算传动装置的传动件。

2.4　机械传动装置总体设计

2.4.1　绘制传动装置的运动简图

机构运动简图是把组成机构的构件和运动副用国家标准规定的符号和画法按尺寸比例画出的图形。它与原机构有完全相同的运动,便于进行机构的运动和受力分析。机械传动装置总体设计方案用运动简图表达,它不仅能简单明了地表示运动和动力的传递方式和路线,还可以清晰表达传动装置的组成及其联接关系。有关运动简图的画法参见机械设计手册中相关内容。

2.4.2　计算总传动比及分配各级传动比

传动装置的总传动比 i 为

$$i = \frac{n_m}{n_w} \tag{2.4}$$

式中　n_m——电动机满载转速,r/min。

多级传动中,总传动比应为

$$i = i_1 i_2 i_3 \cdots i_n$$

式中　$i_1, i_2, \cdots, i_n$——各级传动的实际传动比。

求出总传动比后,如何合理选择和分配各级传动比,需考虑以下 4 点:

①各级传动机构的传动比由表 2.1 选取,应尽量在推荐范围内。

②应使传动装置能获得最小外形尺寸和质量。如图 2.2 所示,二级圆柱齿轮减速器总中心距和总传动比相同时,粗、细实线所示两种传动比分配方案中,粗实线所示方案因低速级大齿轮直径减小而使减速器外廓尺寸较小。

③使各级传动的承载能力大致相等(如软齿面闭式齿轮传动应使齿面接触疲劳强度大致相等)。

④应使各级传动中大齿轮的浸油深度大致相等,润滑最为简便,同时应避免回转零件之

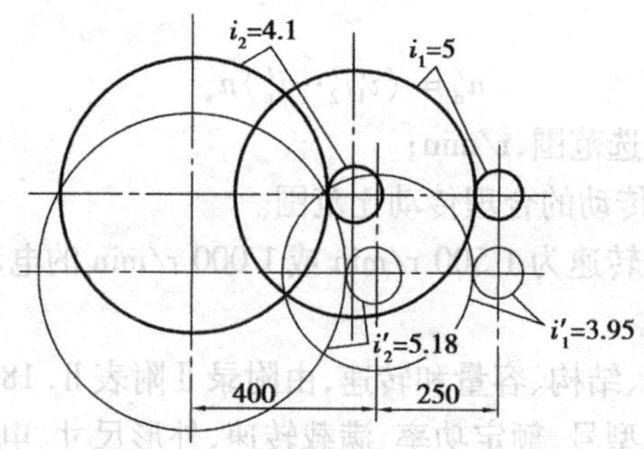

图 2.2　传动比分配方案不同对尺寸的影响

间出现干涉碰撞现象。

一般推荐：

展开式二级圆柱齿轮减速器

$$i_1 = (1.3 \sim 1.5) i_2$$

同轴式二级圆柱齿轮减速器

$$i_1 \approx i_2$$

二级圆锥-圆柱齿轮减速器

$$i_1 \approx 0.25 i$$

二级蜗杆-齿轮减速器

$$i_1 \approx (0.03 \sim 0.06) i$$

二级蜗杆减速器

$$i_1 \approx i_2$$

分配的传动比仅为理论初定值，实际传动比要根据选定的齿轮齿数或带轮基准直径准确计算。因此，实际传动比与理论要求传动比通常有误差。一般允许工作机实际转速与要求转速的相对误差不超过 ±3% ~5%，当误差较大时，则应重新进行传动比分配。

2.4.3　计算传动装置的运动和动力参数

传动装置的运动和动力参数，主要是指各轴的功率、转速、转矩。设计计算传动件时，需要知道各轴的运动和动力参数，因此，应将电动机轴的转速、转矩或功率推算至各轴上。例如，一传动装置从电动机到工作机之间有 3 根轴，依次为记 Ⅰ 轴（高速轴或输入轴）、Ⅱ 轴（中间轴）、Ⅲ 轴（低速轴或输出轴），各轴转速、功率和转矩计算如下：

1）各轴转速

$$n_{\mathrm{I}} = \frac{n_{\mathrm{m}}}{i_0} \tag{2.5}$$

$$n_{\mathrm{II}} = \frac{n_{\mathrm{I}}}{i_0} = \frac{n_{\mathrm{m}}}{i_0 i_1} \tag{2.6}$$

$$n_{\mathrm{III}} = \frac{n_{\mathrm{II}}}{i_2} = \frac{n_{\mathrm{m}}}{i_0 i_1 i_2} \tag{2.7}$$

式中　n_{m}——电动机满载转速，r/min；

$n_{\mathrm{I}}, n_{\mathrm{II}}, n_{\mathrm{III}}$——Ⅰ，Ⅱ，Ⅲ 轴的转速，r/min；

i_0, i_1, i_2——由电动机轴到Ⅰ轴、Ⅰ轴到Ⅱ轴、Ⅱ轴到Ⅲ轴间的传动比。

2)各轴功率

$$P_{\mathrm{I}} = P_d \eta_{01} \tag{2.8}$$

$$P_{\mathrm{II}} = P_{\mathrm{I}} \eta_{12} = P_d \eta_{01} \eta_{12} \tag{2.9}$$

$$P_{\mathrm{III}} = P_{\mathrm{II}} \eta_{23} = P_d \eta_{01} \eta_{12} \eta_{23} \tag{2.10}$$

式中　P_d——电动机输出功率,kW;

$P_{\mathrm{I}}, P_{\mathrm{II}}, P_{\mathrm{III}}$——Ⅰ,Ⅱ,Ⅲ轴的输入功率,kW;

$\eta_{01}, \eta_{12}, \eta_{23}$——由电动机到Ⅰ轴、Ⅰ轴到Ⅱ轴、Ⅱ轴到Ⅲ轴间的传动效率。

3)各轴转矩

$$T_{\mathrm{I}} = T_d i_0 \eta_{01} \tag{2.11}$$

$$T_{\mathrm{II}} = T_{\mathrm{I}} i_1 \eta_{12} = T_d i_0 i_1 \eta_{01} \eta_{12} \tag{2.12}$$

$$T_{\mathrm{III}} = T_{\mathrm{II}} i_2 \eta_{23} = T_d i_0 i_1 i_2 \eta_{01} \eta_{12} \eta_{23} \tag{2.13}$$

式中　T_d——电动机的输出转矩,N·m;

$T_{\mathrm{I}}, T_{\mathrm{II}}, T_{\mathrm{III}}$——Ⅰ,Ⅱ,Ⅲ轴的输入转矩,N·m。

2.5 设计示例

例 2.1　如图 2.1 所示带式运输机传动方案。已知卷筒直径 $D=400$ mm,运输带的有效拉力 $F=4\ 200$ N,卷筒效率(包括轴承)$\eta_j=0.96$,运输带速度 $v=1.6$ m/s,在常温下长期单向连续运转,载荷较平稳,采用三相交流异步电动机驱动,电压 380 V/220 V。试设计此处用减速器。

解　1)选择电动机类型

按工作要求和工况条件,选用 Y 系列鼠笼型三相异步电动机,封闭式结构,电压为 380 V,Y 型。

2)选择电动机容量

电动机所需的工作功率为

$$P'_d = \frac{P_w}{\eta_{总}} = \frac{Fv}{1\ 000\eta \cdot \eta_j}$$

由电动机至运输带的传动总效率为

$$\eta = \eta_1^2 \cdot \eta_2^3 \cdot \eta_3^2$$

式中　η_1, η_2, η_3——联轴器、轴承、齿轮啮合的传动效率。查表得 $\eta_1=0.99$(联轴器),$\eta_2=0.98$(滚子轴承),$\eta_3=0.97$(啮合效率,齿轮精度为 8 级),则有

$$\eta = \eta_1^2 \cdot \eta_2^3 \cdot \eta_3^2 = 0.99^2 0.98^3 0.97^2 = 0.868$$

所以

$$P'_d = \frac{P_w}{\eta} = \frac{Fv}{1\ 000\eta\eta_j} = \frac{4\ 200 \times 1.6}{1\ 000 \times 0.868 \times 0.96} \text{ kW} = 8.06 \text{ kW}$$

由附录Ⅱ表Ⅱ.186 可知,电动机的额定功率可取 11 kW。

3)电动机转速

卷筒轴转速为

$$n=\frac{60\times 1\,000\,v}{\pi D}=\frac{60\times 1\,000\times 1.6}{3.142\times 400}\ \text{r/min}=76.4\ \text{r/min}$$

由附录Ⅱ表Ⅱ.6可知,单级圆柱齿轮减速器传动比为4~6,由于题中采用二级圆柱齿轮传动,故从电动机轴到卷筒轴之间总传动比的合理范围应为16~36。因此,电动机转速的可选范围为

$$n'_d=(16\sim 36)\times 76.4\ \text{r/min}=1\,222.4\sim 2\,750.4\ \text{r/min}$$

由附录Ⅱ表Ⅱ.186可知,相同功率的电动机同步转速有750 r/min,1 000 r/min,1 500 r/min,3 000 r/min 4种可选。综合考虑电动机的结构、质量和价格等,此设计宜选用同步转速1 500 r/min。

由附录Ⅱ表Ⅱ.186可查的电动机型号为Y160M-4,其技术参数见相应表格。

4)二级圆柱齿轮减速器的传动比分配

Y160M-4型电动机的满载转速为1 460 r/min,则减速器总传动比为

$$i=\frac{1\,460}{76.4}=19.11$$

参考按展开式二级圆柱齿轮减速器传动比分配范围,取$i_1=1.4i_2$,则有

$$i_1=\sqrt{1.4i}=\sqrt{1.4\times 19.11}=5.17$$

所以

$$i_2=\frac{i}{i_1}=\frac{19.11}{5.17}=3.7$$

5)计算各轴转速

Ⅰ轴

$$n_{\mathrm{I}}=\frac{n_m}{i_0}=\frac{1\,460}{1}\ \text{r/min}=1\,460\ \text{r/min}$$

Ⅱ轴

$$n_{\mathrm{II}}=\frac{n_{\mathrm{I}}}{i_0}=\frac{n_m}{i_0 i_1}=\frac{1\,460}{1\times 5.17}\ \text{r/min}=282.4\ \text{r/min}$$

Ⅲ轴

$$n_{\mathrm{III}}=\frac{n_{\mathrm{II}}}{i_2}=\frac{n_m}{i_0 i_1 i_2}=\frac{1\,460}{1\times 5.17\times 3.7}\ \text{r/min}=76.4\ \text{r/min}$$

电动机轴和减速器高速轴同为Ⅰ轴,减速器低速轴和卷筒轴同为Ⅲ轴。

6)各轴功率

Ⅰ轴

$$P_{\mathrm{I}}=P_d\eta_{01}=8.06\times 0.99\ \text{kW}=7.98\ \text{kW}$$

Ⅱ轴

$$P_{\mathrm{II}}=P_{\mathrm{I}}\eta_{12}=P_d\eta_{01}\eta_{12}=8.06\times 0.99\times 0.98\times 0.97\ \text{kW}=7.59\ \text{kW}$$

Ⅲ轴

$$P_{\mathrm{III}}=P_{\mathrm{II}}\eta_{23}=P_d\eta_{01}\eta_{12}\eta_{23}=8.06\times 0.99\times 0.98^2\times 0.97\ \text{kW}=7.21\ \text{kW}$$

7）各轴的转矩

$$T_d = 9\,550 \frac{P_d}{n_m} = 9\,550 \times \frac{8.06}{1\,460}\ \text{N} \cdot \text{m} = 52.72\ \text{N} \cdot \text{m}$$

Ⅰ轴

$$\begin{aligned} T_{\text{I}} &= T_d i_0 \eta_{01} \\ &= 52.72 \times 1 \times 0.99\ \text{N} \cdot \text{m} \\ &= 52.19\ \text{N} \cdot \text{m} \end{aligned}$$

Ⅱ轴

$$\begin{aligned} T_{\text{II}} &= T_{\text{I}} i_1 \eta_{12} = T_d i_0 i_1 \eta_{01} \eta_{12} \\ &= 52.72 \times 1 \times 5.17 \times 0.99 \times 0.98 \times 0.97\ \text{N} \cdot \text{m} \\ &= 256.51\ \text{N} \cdot \text{m} \end{aligned}$$

Ⅲ轴

$$\begin{aligned} T_{\text{III}} &= T_{\text{II}} i_2 \eta_{23} = T_d i_0 i_1 i_2 \eta_{01} \eta_{12} \eta_{23} \\ &= 52.72 \times 1 \times 5.17 \times 3.7 \times 0.99 \times 0.98^2 \times 0.97\ \text{N} \cdot \text{m} \\ &= 902.21\ \text{N} \cdot \text{m} \end{aligned}$$

第3章 机械传动装置的设计计算

机械传动装置的工作性能、结构布置和尺寸大小主要由其传动件决定，其他支承件、联接件等则要根据传动件的要求进行设计与选择。减速器作为独立制造和装配的部件普遍应用于机械传动装置中，根据传动件所处位置，将其分为减速器内部传动零件和减速器外部传动零件。减速器内主要传动件有齿轮、蜗杆、蜗轮等，减速器外传动件主要有联轴器、带及带轮、链条及链轮和齿轮(开式齿轮传动)等。当机械传动装置布置有减速器外传动件时，一般应先进行减速器外传动件设计，以便使减速器设计的原始数据和条件比较准确。各类传动零件详细设计计算方法参见教材或机械设计手册。

3.1 减速器的类型和应用范围

减速器是由封闭在刚性壳体内的齿轮传动、蜗杆传动、齿轮-蜗杆传动等所组成的独立传动部件，具有固定传动比，在原动机与工作机之间用作减速传动。减速器的类型较多，按齿轮传动类型的不同，可以分为圆柱齿轮减速器、圆锥齿轮减速器、蜗轮减速器、圆锥-圆柱齿轮减速器等；按减速级数的不同，可以分为单级、二级、三级减速器等；按用途可分为通用减速器和专用减速器两大类，两者的设计、制造和使用特点各不相同。许多类型的减速器已有系列标准，并由专业企业生产。在实际产品开发时，应尽可能地选用标准减速器。只有在传动布置、结构尺寸、功率、传动比等方面有特殊要求而标准减速器又不能满足时，才需要自行设计制造。

常用定轴减速器的类型、特点和应用见表3.1。

表 3.1　常用减速器的类型及特点

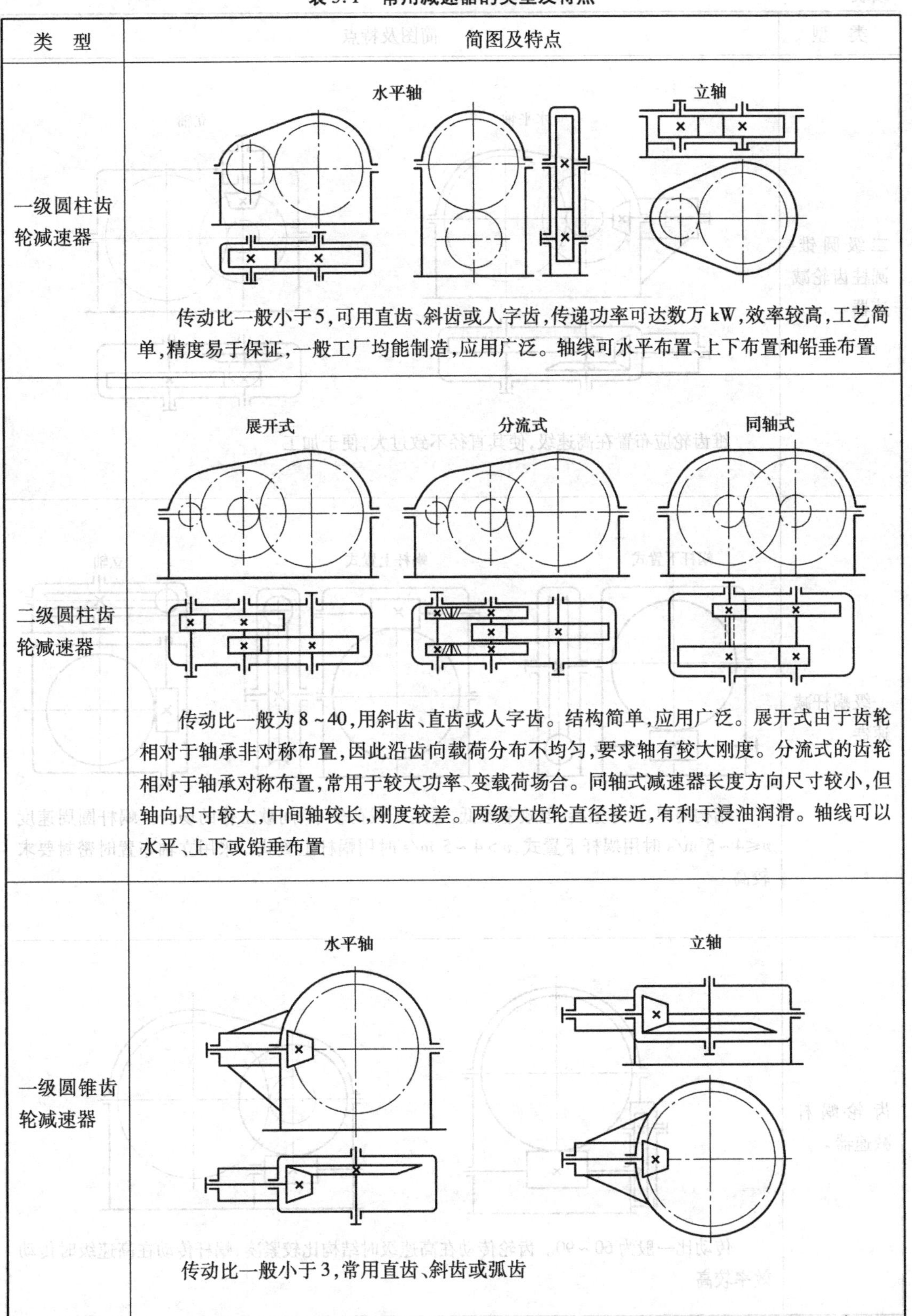

类　型	简图及特点
一级圆柱齿轮减速器	水平轴　立轴 传动比一般小于 5，可用直齿、斜齿或人字齿，传递功率可达数万 kW，效率较高，工艺简单，精度易于保证，一般工厂均能制造，应用广泛。轴线可水平布置、上下布置和铅垂布置
二级圆柱齿轮减速器	展开式　分流式　同轴式 传动比一般为 8 ~ 40，用斜齿、直齿或人字齿。结构简单，应用广泛。展开式由于齿轮相对于轴承非对称布置，因此沿齿向载荷分布不均匀，要求轴有较大刚度。分流式的齿轮相对于轴承对称布置，常用于较大功率、变载荷场合。同轴式减速器长度方向尺寸较小，但轴向尺寸较大，中间轴较长，刚度较差。两级大齿轮直径接近，有利于浸油润滑。轴线可以水平、上下或铅垂布置
一级圆锥齿轮减速器	水平轴　立轴 传动比一般小于 3，常用直齿、斜齿或弧齿

续表

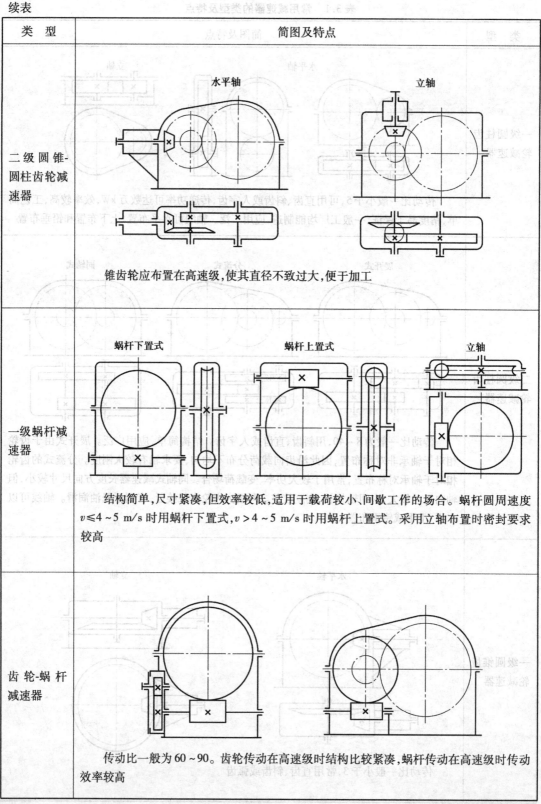

类　型	简图及特点
二级圆锥-圆柱齿轮减速器	水平轴　立轴 锥齿轮应布置在高速级，使其直径不致过大，便于加工
一级蜗杆减速器	蜗杆下置式　蜗杆上置式　立轴 结构简单，尺寸紧凑，但效率较低，适用于载荷较小、间歇工作的场合。蜗杆圆周速度 $v \leqslant 4 \sim 5$ m/s 时用蜗杆下置式，$v > 4 \sim 5$ m/s 时用蜗杆上置式。采用立轴布置时密封要求较高
齿轮-蜗杆减速器	传动比一般为60～90。齿轮传动在高速级时结构比较紧凑，蜗杆传动在高速级时传动效率较高

3.2 减速器的组成

虽然减速器的类型很多，但其各部位及附属零件的名称和作用大致相同。减速器主要由各类传动零件（如齿轮、蜗杆、蜗轮等）、轴、轴承、箱体箱盖及其附件组成。

当齿轮齿根圆直径与轴的直径之差不超过(6～7)m_n（法面模数）时，常将小齿轮与轴制成一体，称齿轮轴；当齿轮齿根圆直径与轴的直径之差超过(6～7)m_n时，采用齿轮与轴分开为两个零件的结构。轴用以支承其上的回转件（如联轴器、齿轮、蜗轮、套筒等）。轴承及其组合将整个轴系支承在减速器箱体箱盖上。箱体箱盖是减速器的重要组成零件，它是传动件的基座。为了便于轴系部件的安装和拆卸，通常将箱体箱盖制成沿轴心线水平剖分式结构，装配时将箱盖和箱体用螺栓联接成一体。

为保证减速器良好的工作，还设有一些附属零件。减速器附件及其用途见表3.2。

表3.2　减速器附件及其用途

名　称		用　　途
定位销		为保证每次拆装箱体箱盖时，仍保持轴承座孔制造加工时的精度，应在精加工轴承孔前，在箱盖与箱座的联接凸缘上配装定位销
启盖螺钉		为加强密封效果，通常在装配时于箱体剖分面上涂以水玻璃或密封胶，因而在拆卸箱盖时往往因胶结紧密难于开盖，故设置此附件
油标及油尺		油标可随时方便地观察油面高度。油标结构形式有圆形、长形、管状，都有国家标准。油尺构造简单，但在工作时不能随时观察油面高度，不如油标方便
通气器		减速器工作时温度的升高，使箱体内空气膨胀，为防止箱体的剖分面和轴的密封处漏油，必须使箱内热空气能从通气器排出箱外，相反也可使冷空气进入箱内
螺塞		螺塞用于封堵减速器箱体底部的放油孔，此油孔专为排放减速器内润滑油用
窥视孔及视孔盖		为检查齿轮啮合情况及向箱内注入润滑油之用，所以位置应在两齿轮啮合处的上方。平时视孔用视孔盖盖严
甩油盘和甩油环		起密封作用。防止轴承中的油从轴孔泄漏。设置在低速轴上为甩油盘，在高速轴上为甩油环
挡油环		为防止过多的润滑油（由轴承附近的斜齿小齿轮啮合时挤排出来的多余油）流入高速轴轴承中，以免因轴承中油过量而从轴孔泄漏。对油脂润滑轴承，可防止油脂向箱体内泄漏及箱体内润滑油进入轴承内将油脂带走
润滑附件	油嘴	在润滑油压力循环系统中，用油嘴将油喷向齿轮的啮合处。油嘴的结构应能使油沿齿宽均匀地分配
	惰轮和油环	在多级减速器中，有时不能做到所有齿轮都浸入油中，在这种情况下，可采用辅助的惰轮或油环来润滑

3.3 减速器外部传动零件设计要点

机械传动系统除减速器外,还有其他传动零件,如联轴器、带传动、链传动和开式齿轮传动等。通常先设计计算这些零件,在这些传动零件的参数确定后,外部传动的实际传动比便可确定。然后修改减速器内部的传动比,再进行减速器内部传动零件的设计的传动件设计,除了应满足传动件的设计要求外,还应注意这些传动件与减速器和其他部件的协调问题。传动零件的设计计算方法均按机械设计教材所述,本书不再重复,仅就设计中应注意的问题作简要提示。

3.3.1 联轴器的选择

联轴器是机械传动中常用的部件。它主要用来联接两轴,以传递运动和转矩。常用联轴器已标准化和系列化,设计者可依据工作条件选取标准件。选择联轴器包括选择联轴器的类型和型号。

联轴器除联接两轴并传递转矩外,有些还具有补偿两轴因制造和安装误差而造成的轴线偏移的功能,以及缓冲、吸振、安全保护等功能,因此,要根据传动装置工作要求来选定联轴器类型。

联轴器的类型应根据传动装置的要求来选择。当需要机械传动装置中电动机与减速器直接采用联轴器联接时,由于减速器输入轴的转速较高,为减小启动载荷,缓和冲击,应选用具有较小转动惯量和具有弹性元件的联轴器,一般选用有弹性元件的挠性联轴器,如弹性套柱销联轴器、弹性柱销联轴器等。减速器与工作机之间联接用联轴器,由于减速器输出轴的转速较低,传递转矩较大,且减速器与工作机常不在同一机座上,要求有较大的轴线偏移补偿,因此一般选用承载能力高的无弹性元件的挠性联轴器,如齿式联轴器等;但若工作机振动冲击严重,为了缓和冲击,以免振动影响减速器内传动件的正常工作,则可选用有弹性元件的挠性联轴器,如弹性柱销联轴器。

联轴器型号可按计算转矩、轴的转速和轴径来选择。要求所选联轴器的许用转矩大于计算转矩,还应注意联轴器毂孔直径范围与所联接两轴的直径大小相适应。若不适应,则应重选联轴器型号或改变轴径。

3.3.2 V带传动设计

带传动设计所需的原始数据主要有工作条件及外廓尺寸、传动位置要求,原动机种类和所需的传动功率,主动轮和传动比(或从动轮转速)等。设计计算需确定的内容主要有V带型号、根数、基准长度,中心距、安装要求、压轴力;带轮直径、材料、结构尺寸和加工要求等。设计时应注意以下6个问题:

①应注意检查带轮尺寸与传动装置外廓尺寸的相互关系,如小带轮外圆半径是否大于电动机中心高、大带轮外圆半径是否过大造成带轮与机器底座干涉等。

②要注意带轮孔尺寸与电动机轴或减速器输入轴尺寸是否适应。

③应注意因带轮轮缘宽度取决于带的型号和根数,故带轮轮毂宽度与带轮轮缘宽度可不相同。

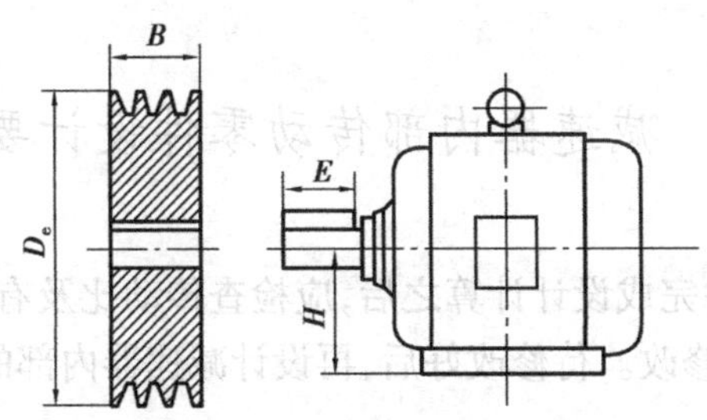

图 3.1　小带轮与电动机配合

④带轮结构形式主要由带轮直径大小来确定，具体结构及尺寸查机械设计手册。

⑤应计算出带的初拉力，以便安装时检查张紧要求及考虑张紧方式。

⑥计算出压轴力，以便于选择轴承和进行轴承载能力验算。

3.3.3　滚子链传动设计

常用链传动为套筒滚子链传动，通常设计时已知条件有传递功率、载荷特性和工作情况、主动链轮和传动比（或从动链轮的转速）、外廓尺寸及传动布置方式等。

设计主要内容包括：选择链型号（链节距）、计算排数和链节数（链长）；确定传动参数和尺寸（中心距、链轮齿齿数等）；设计链轮（材料、尺寸和结构）；确定润滑方式、张紧装置和维护要求，等等。

设计时应注意以下 4 个问题：

①当载荷较大时，为了减小动载荷，宜选用多排链。

②应注意链轮孔尺寸、轮毂尺寸等与减速器、工作机协调。

③当链传动的实际传动比与设计要求传动比相差较大（相对误差不超过 ±5%）时，应考虑修正减速器的传动比。

④滚子链轮端面齿形已经标准化，并由专门的刀具加工，因此，设计链轮时，只需画出其结构图，并按标准在图上标注链轮参数即可。

3.3.4　开式齿轮传动设计

对于不重要的或转速较低、间歇运动的齿轮传动，可设计成开式齿轮传动。设计时通常已知条件有所需传递的功率（或转矩）、小齿轮转速、传动比、工作条件和外廓尺寸限制等。

设计主要内容包括选择材料、确定齿轮传动的参数（中心距、齿数、模数、螺旋角、变位系数及齿宽等）和齿轮的其他几何尺寸及结构。

设计时应注意以下 3 个问题：

①开式齿轮传动常采用直齿轮。

②开式齿轮一般只进行齿根弯曲疲劳强度计算。由于其齿面磨损较为严重，故设计时应将强度计算求得的模数加大 10% ~20%；若进行齿根弯曲强度校核，则应将已知的模数减小 10% ~20% 后，再代入相应公式计算。

③检查齿轮尺寸与工作机等是否相协调，齿轮毂孔尺寸与相配的轴伸尺寸是否相符等。

3.4 减速器内部传动零件设计要点

在减速器外部传动零件完成设计计算之后,应检查传动比及有关运动和动力参数是否需要调整。若需要,则应进行修改。待修改好后,再设计减速器内部的传动件。

3.4.1 圆柱齿轮传动设计

圆柱齿轮传动设计所需已知条件主要有传递的功率(或转矩)、小齿轮转速、传动比、工作条件及尺寸限制等。

设计计算内容包括:选择材料和热处理方式,确定齿轮传动的参数(中心距、齿数、模数、螺旋角、变位系数和齿宽等)和齿轮的其他几何尺寸及结构。

直齿圆柱齿轮传动的主要参数有齿数 z_1, z_2,模数 m,齿宽 b_1, b_2;斜齿轮传动再增加一个螺旋角 β,应注意法面模数 m_n 与端面模数 m_t 的关系。圆柱齿轮传动设计计算方法及结构设计均可依据教材所述,此外,还应注意以下 8 点:

①选择齿轮材料及热处理时,通常先估计毛坯的制造方法,不同的毛坯制造方法将限定齿轮材料的选择。当 $d>500$ mm 时,多用铸造毛坯;齿轮轴的选材应兼顾齿轮和轴两方面的要求;一般的齿轮,根据制造条件可以采用锻造或铸造毛坯。此外,同一减速器中各级小齿轮(或大齿轮)的材料应尽可能一致,以减少材料牌号。

②一般来说,齿轮材料的机械性能取决于材料牌号、热处理和毛坯尺寸。但在课程设计阶段,可忽略毛坯尺寸对材料机械性能的影响,直接由材料及热处理方法决定其极限值。

③根据选定的齿宽系数 $\phi_d=\dfrac{b}{d_1}$ 可求齿宽 b,需将其圆整后作为大齿轮的齿宽 b_2,而将小齿轮的齿宽 b_1 取得比 b_2 大一些,这样可补偿齿轮轴向位置安装误差。一般取 $b_1=b_2+(5\sim10)$ mm。

④齿轮传动的参数和几何尺寸有严格的要求,应作适当的圆整,达到一定的精度,并符合标准化要求。例如,模数必须选标准系列值,中心距和齿宽尽量圆整,啮合尺寸(节圆、分度圆、齿顶圆以及齿根圆直径、螺旋角、变位系数等)必须达到足够的精确。对于尺寸类参数:小数点后应保留 3 位数字。对于角度类参数:当采用角度表示时,应精确到秒(″);当用弧度表示时,小数点后应保留 4 位数字。

⑤斜齿轮传动的中心距应圆整,可以通过调整螺旋角 β 以圆整中心距。螺旋角 β 的取值范围为 $\beta=8°\sim20°$。中心距计算公式为

$$a=\frac{m_n}{2\cos\beta}(z_1+z_2)$$

⑥齿轮参数可估算,也可由经验类比获得。当按照教材给出的校核公式进行齿轮接触强度和弯曲强度校核时,若某个强度条件不满足时,应适当调整齿轮参数,或改用其他材料及热处理,直到满足为止。

⑦完成齿轮几何参数设计后,再进行齿轮结构设计。齿轮结构尺寸按机械设计手册给定

的经验公式计算，但都应尽量圆整，以便于制造和测量。

⑧各级齿轮几何尺寸和参数的设计过程与计算结果，将作为设计说明书中的内容，因此应及时整理，并将计算结果以表格形式列出，同时画出齿轮结构简图，以备装配底图和零件工作图设计时使用。

3.4.2　圆锥齿轮传动设计

圆锥齿轮传动的设计过程与圆柱齿轮传动相似，但还应注意以下 4 点：

①圆锥齿轮大端模数为标准值，计算锥距 R、分度圆直径 d 等几何尺寸都采用大端模数。

②一般取小圆锥齿轮齿数 $z_1 = 17 \sim 25$。传动比 i 大时，取小值；反之亦然。也可按经验公式 $z_2 = c \cdot \sqrt[5]{i^2} \cdot \sqrt[6]{d_2}$ 先确定 z_2，再由 $z_1 = \frac{z_2}{i}$ 求出 z_1。式中，d_2 为大圆锥齿轮分度圆直径，mm；c 为常数，采用硬齿面齿轮时，$c = 11.2$；采用软齿面齿轮时，$c = 18$。

③两轴交角为 90°时，确定大齿轮、小齿轮齿数后，分度圆锥角 δ_1, δ_2 可由齿数比 $u = \frac{z_2}{z_1}$ 算出。计算时应注意精度，u 应保留至小数点后 4 位，δ 应精确到秒(″)。

④圆锥齿轮结构设计原则与圆柱齿轮相同。选择圆锥齿轮结构形式时，除考虑分度圆直径大小外，还应注意分度圆锥角的大小。

详细的圆锥齿轮传动设计方法见机械设计手册。

3.4.3　蜗杆传动设计

蜗杆传动的设计条件、要求、设计过程也与圆柱齿轮传动类似。设计时还应注意以下 5 点：

①由于蜗杆传动存在齿面滑动速度大，故要求蜗杆副材料应有良好的减摩性、跑合性和耐磨性。在选择材料时，要初估蜗杆副的相对滑动速度，再由相对滑动速度选择蜗杆副材料。蜗杆传动尺寸确定后，要校验相对滑动速度和传动效率与初估值是否相符，并检查材料选择是否恰当等。

②模数和蜗杆直径要符合标准规定。应注意蜗杆传动的模数标准系列与圆柱齿轮的不同。在确定 d_1, m, z_2 后，蜗杆传动中心距应尽量圆整成以 0 或 5 为尾数，若误差过大，也可将中心距尾数圆整成偶数。为此，蜗杆传动常采用变位传动，并适当调整蜗轮齿数。

③两轴交错角为 90°时，蜗杆与蜗轮螺旋线方向相同。为了便于加工，蜗杆旋向尽量采用右旋。蜗轮转向可根据蜗杆转向及旋向由“右手定则”判断。

④与齿轮传动不同，蜗杆传动要进行蜗杆的刚度验算和热平衡计算。一般蜗杆强度和刚度验算、热平衡计算都要在装配底图完成后进行。

⑤蜗杆蜗轮的相对位置主要有两种，即蜗杆上置式和下置式。当蜗杆分度圆圆周速度 $v \leq 4 \sim 5$ m/s 时，采用蜗杆下置式；当 $v > 4 \sim 5$ m/s 时，采用蜗杆上置式。这两种形式传动件及轴承的润滑与密封结构不同。

详细的蜗杆传动设计方法，请参见教材或机械设计手册。

第4章

减速器装配底图设计

4.1 装配底图设计内容

装配图是反映各个零件的相互关系、结构形状以及尺寸的图纸。它是绘制零件工作图、部件组装、调试及维护的技术依据。绘制装配图是设计过程中的重要环节,必须综合考虑对零件的材料、强度、刚度、加工、装拆、调整和润滑等要求,用足够的视图和剖面图将减速器的各部分结构表达清楚。由于装配图的设计及绘制过程比较复杂,故应先进行装配底图设计,经过修改完善后再正式绘制装配图。装配底图的设计即为装配图的初步设计过程。在装配底图设计中,绘图和计算常交叉进行,常常是边画、边算、边修改的过程。

装配底图的设计内容包括确定减速器总体结构及所有零件间的相互位置;确定所有零件的结构尺寸;校核主要零件的工作能力。

4.2 装配底图设计准备

4.2.1 绘制底图前应具备的技术资料

在设计装配底图之前,应查阅有关资料,看录像,参观或装拆减速器,全面了解各零部件的功用,做到对设计内容心中有数。此外,还要根据任务书上的技术数据,计算出有关零部件的主要尺寸,具体包括以下两方面的内容。

(1)确定各级传动件的主要尺寸和参数

①传动零件(如齿轮)是减速器主要零件,在绘制减速器装配底图之前,首先要确定传动零件的主要尺寸,如齿轮传动的中心距、齿轮分度圆直径、齿顶圆直径、齿轮宽度等。

②电动机的安装尺寸,如电动机中心高、外伸轴直径和长度等。

③联轴器轴孔直径和长度,或链轮、带轮轴孔直径和长度。

④根据减速器传动件的圆周速度,确定传动件、轴承等润滑方式。

(2)初步考虑减速器箱体结构和轴承组合结构

减速器箱体结构和尺寸对箱内、箱外零件的尺寸都有着重要的影响。在绘制减速器装配底图之前,应对箱体结构形式、主要结构尺寸予以考虑。根据载荷的性质、转速及工作要求,对轴承类型、轴承组合结构、轴承端盖结构、轴承间隙调整及润滑和密封等问题予以考虑。

4.2.2 布置图面

为了加强绘图真实感,装配底图绘制可采用A0或A1图纸幅面绘制,一般用3个视图(必要时另加剖视图和局部视图)来表达,尽量采用1:1或1:2的比例尺绘制。根据减速器内传动零件的特征尺寸(如齿轮的中心距),参考类似结构,估算出所设计减速器的外廓尺寸(3个视图的尺寸),同时考虑标题栏、明细表、零件编号、尺寸标注、技术特性表及技术要求等需要的位置,合理布置图面,图面应留有余地,以便在进一步设计过程中补充局部视图及必要的说明。所有这些都应符合机械制图的国家标准。表4.1提供的视图大小估算值可作为图4.1视图布置的参考。

表4.1 视图大小估算值

减速器类型	A值	B值	C值
一级圆柱齿轮减速器	$3a$	$2a$	$2a$
二级圆柱齿轮减速器	$4a$	$2a$	$2a$
圆锥-圆柱齿轮减速器	$4a$	$2a$	$2a$
一级蜗杆减速器	$2a$	$2a$	$2a$

注:a为传动中心距,对于二级传动,a为低速级的中心距。

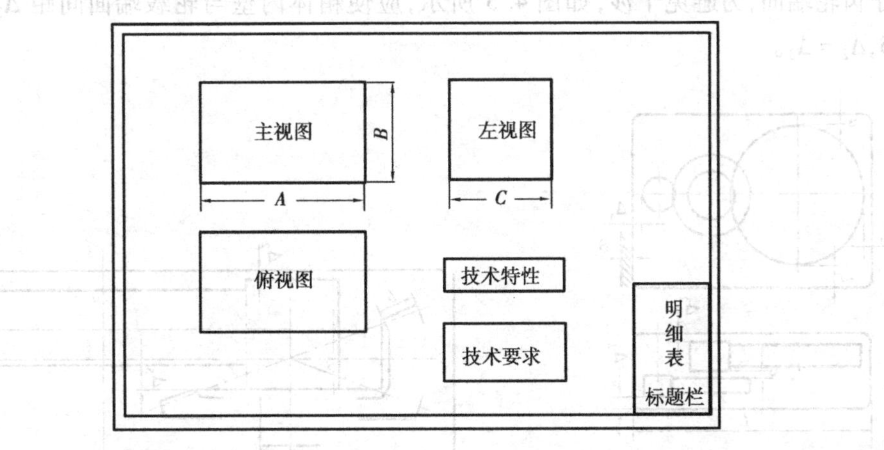

图4.1 视图布置参见图(图中,A,B,C的值见表4.1)

4.3 初绘减速器装配底图

初绘装配底图的任务是:确定减速器的主要结构;进行视图的合理布置;合理地进行轴系结构设计;确定轴承位置和型号;寻找轴系所受各力作用点,为轴、轴承及键等零件进行校核作准备。

传动零件、轴和轴承是减速器的主要零件,其他零件的结构和尺寸随着这些零件而定。绘制装配底图时应先画主要零件,后画次要零件;由箱内零件画起,逐步向外画;以确定轮廓为主,对细部结构可暂不画,等到最后补充完整;以俯视图为主,兼顾主视图和左视图。

4.3.1 确定箱内传动件轮廓及其相对位置

画出传动零件中心线后,先在主视图上画出齿轮顶圆,然后在俯视图上画出齿轮的齿顶圆和齿宽。为了保证啮合宽度和降低安装精度的要求,通常小齿轮比大齿轮宽 5 ~ 10 mm,其他详细结构可暂时不画出。二级圆柱齿轮减速器可从中间轴开始,中间轴上的两齿轮端面间距为 8 ~ 15 mm。

4.3.2 确定箱体内壁位置

设计齿轮减速器结构时,必须全面考虑减速器内传动件尺寸和箱体各方面的结构关系。箱体内壁与齿轮端面(轮毂端面)及齿轮顶圆(或蜗轮外圆)之间应留有一定的间距 $\Delta_2(\geqslant\delta)$ 及 $\Delta_1(\geqslant1.2\delta)$,如图 4.2 所示,$\delta$ 为箱座壁厚。对于圆锥齿轮减速器,由于锥齿轮的轮毂端面常宽于齿轮端面,为避免干涉,如图 4.3 所示,应使箱体内壁与轮毂端面间距 $\Delta_3=(0.3\sim0.6)\delta$,$\Delta_2=\Delta_3$。

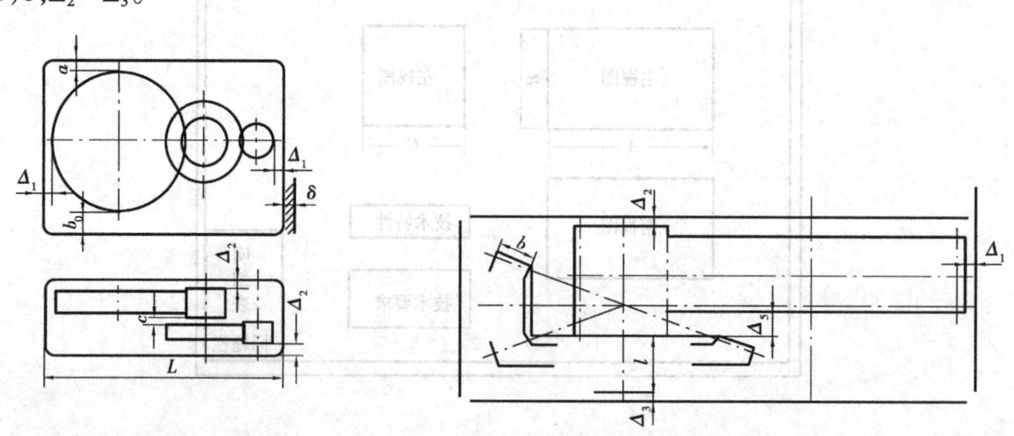

图 4.2 齿轮端面间距(一)

图 4.3 齿轮端面间距(二)

对于箱体底部内壁位置,由于考虑齿轮润滑及冷却,需要一定的装油量,并使赃物能沉淀,箱体底部内壁与最大齿轮顶圆的距离 b_0 应大于 8δ,并应不小于 30 mm,如图 4.2 所示。

4.3.3　初步进行视图布置及绘制装配底图

箱体内壁位置确定后,根据箱体壁厚尺寸、凸缘尺寸,即可确定箱体最大轮廓尺寸。再考虑箱外传动零件和联轴器的最大尺寸和位置,则可定出箱外输入轴和输出轴伸出端的位置及轴伸长度的尺寸范围。至此,减速器的主要结构就确定了。

表4.5给出了齿轮减速器、蜗杆减速器箱体的主要结构尺寸及零件相互尺寸关系的经验值。这是在保证强度和刚度的条件下,考虑结构紧凑、制造方便等要求决定的。

如图4.4、图4.5及图4.6所示分别为在这一阶段所绘制的一级圆柱齿轮减速器、蜗杆减速器和二级圆柱齿轮减速器装配底图。减速器的凸缘轮廓、箱底位置及箱外零件可先不画,只需在图上留出空间即可。对于锥齿轮减速器等其他类型减速器,这一阶段的装配底图绘制可参照上述步骤及方法进行。本章中,减速器装配图制图步骤(一)(见图4.4、图4.5、图4.6)—步骤(四)(见图4.74、图4.75、图4.76)表示各步骤中图面应完成的程度,并给出不同表示方法以供参考。

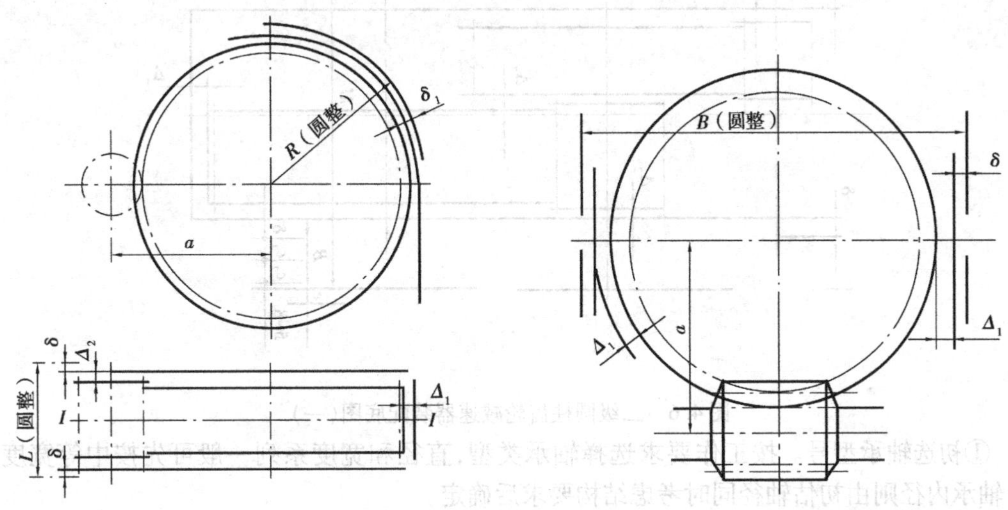

图4.4　一级圆柱齿轮减速器装配底图(一)　　图4.5　蜗杆减速器装配底图(一)

4.3.4　轴的结构设计

首先,初步计算轴径。这时,可选定轴的材料和热处理方式,按许用扭转切应力的计算方法初估轴径,其计算公式见机械设计教材。初步计算的轴径可作为轴端直径,但与联轴器孔相配时,应考虑联轴器孔径的尺寸范围。

其次,进行轴的结构设计。轴的结构设计包括确定轴的形状、轴的径向尺寸和轴向尺寸。设计轴的结构时,既要满足强度的要求,也要保证轴上零件的定位、固定和装配方便,并有良好的加工工艺性。

(1)确定轴的形状和径向尺寸

阶梯轴形状由轴上零件的受力、定位和固定等要求确定。各轴段的径向尺寸要在初估轴径的基础上进行。

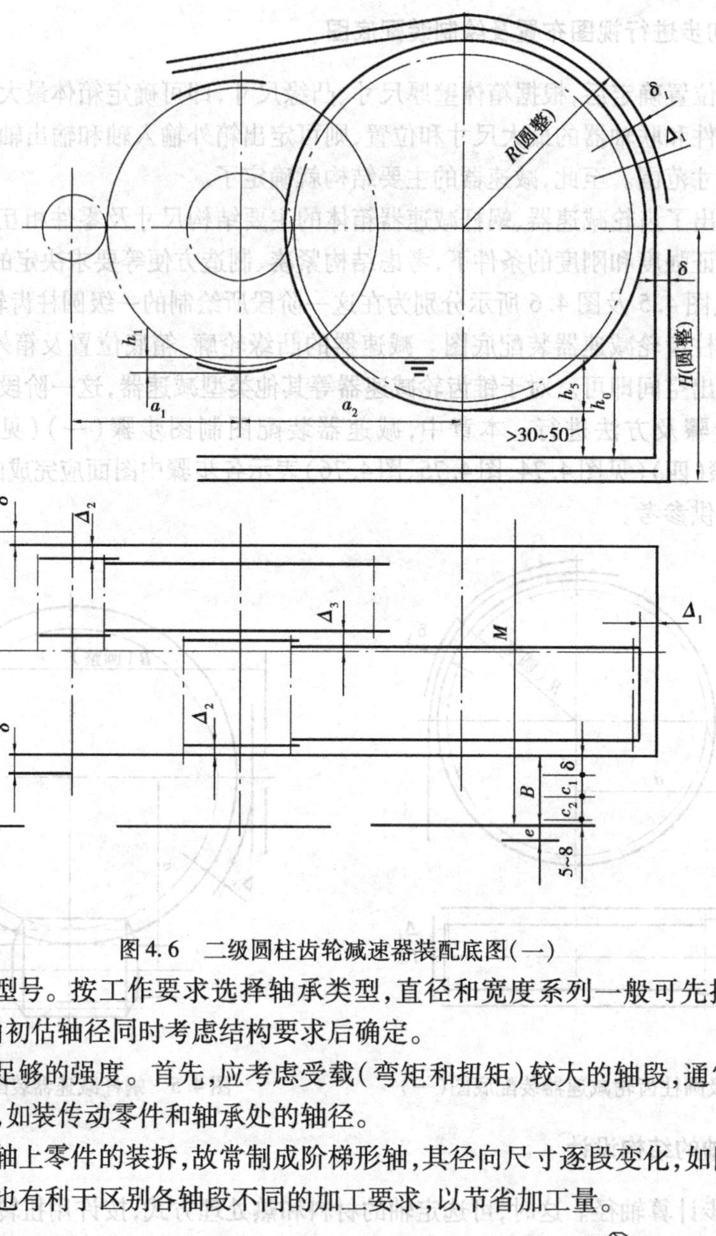

图 4.6　二级圆柱齿轮减速器装配底图(一)

①初选轴承型号。按工作要求选择轴承类型,直径和宽度系列一般可先按中等宽度选取,轴承内径则由初估轴径同时考虑结构要求后确定。

②保证轴有足够的强度。首先,应考虑受载(弯矩和扭矩)较大的轴段,通常是轴上各受力点附近的轴段,如装传动零件和轴承处的轴径。

③为了便于轴上零件的装拆,故常制成阶梯形轴,其径向尺寸逐段变化,如图 4.7、图 4.8 所示。这样设计也有利于区别各轴段不同的加工要求,以节省加工量。

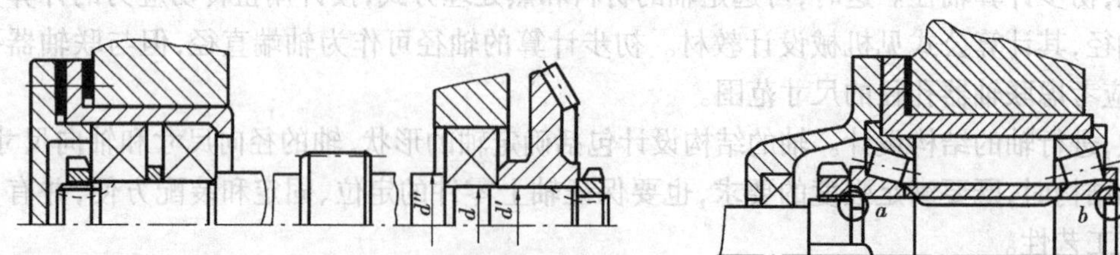

图 4.7　直径尺寸两端小、中间大的阶梯轴 　　　　图 4.8　从一端逐段加大直径的阶梯轴

④综合考虑轴上零件的定位和固定及减少轴的应力集中,这是决定阶梯轴的相邻轴径变化大小的重要因素。当阶梯轴径的变化是为了固定轴上零件及承受轴向力时,相邻轴径变化要大些,如图 4.7 所示的直径 d''与 d 的变化。轴肩的阶梯高度 h 应大于该处轴上零件的倒角

C 或圆角半径 r'，如图 4.9(a)、(b)所示。一般情况下，轴肩的定位面高度 a 应大于 1 ~2 mm，以承受轴向力。一根轴上的圆角及倒角尺寸，应尽量一致，以便于加工。

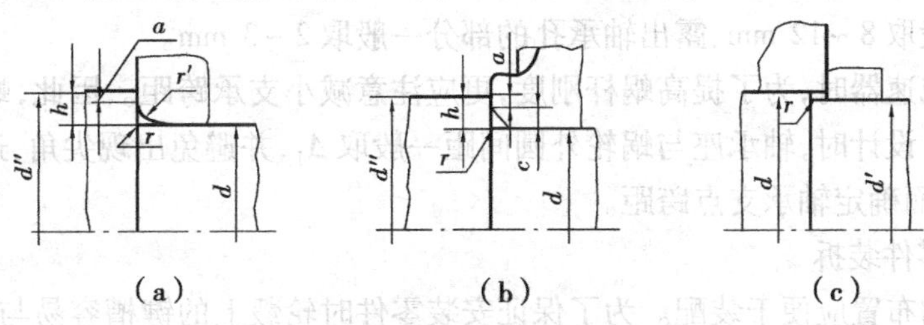

图 4.9 轴向局部结构

当轴肩面需要精加工、磨削或切削螺纹时，应留退刀槽，如图 4.8 所示的 a 和 b 处。当轴上两孔径相同的零件(如轴承)从轴的一端进行装配时，其中间轴段的径向尺寸也可设计得小一些，以利于装拆和减小精加工配合面，如图 4.8 所示。为便于滚动轴承的拆卸，应留有足够的拆卸高度，因而轴肩高度要适当，具体要求可参阅机械设计手册相关内容。

⑤径向尺寸应符合有关标准和规范。与轴上零件相配合的各段轴径应尽量取标准直径系列值，参见附录Ⅱ表Ⅱ.11。与滚动轴承和联轴器相配合的轴径以及安装轴承密封件处的直径也应符合有关标准。某些结构工艺要求的砂轮越程槽应采用标准值，参见附录Ⅱ表Ⅱ.15。当用轴肩固定滚动轴承时，轴肩的径向尺寸应符合标准的规定，以便拆卸轴承。

(2)确定轴的轴向尺寸

轴的轴向尺寸主要取决于轴上传动件及支承件的轴向宽度及轴向位置，并考虑轴的强度和刚度。一般要注意以下几点：

1)保证轴向定位和固定可靠

与传动件及联轴器等零件相配合的轴段长度一般应比与其相配合的轮毂长度略短一点，如图 4.10 所示。如图 4.10(a)所示为在轴肩端面与轮毂端面之间留有一定距离 δ_1，如图 4.10(b)所示为在轴端面与轮毂端面之间留有一定距离 δ_1。一般取 $\delta_1 = 2 \sim 4$ mm。

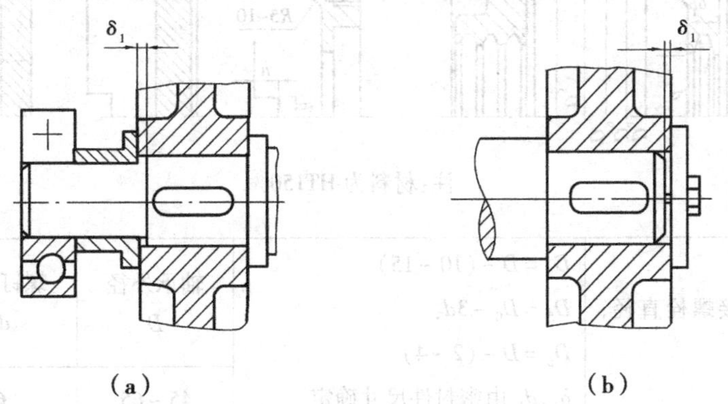

图 4.10 轴上零件的轴向固定

2)支承件的位置应尽量靠近传动件

为减小轴所受弯矩，以提高轴的强度和刚度，轴承应尽量靠近传动件。当轴上的传动件都在两轴承之间时，两轴承支点跨距应尽量减小。若轴上有悬伸传动件时，则应使离传动件较近的轴承靠近，两轴承支点跨距应适当增大。轴承的具体位置还与润滑方式有关。当轴承依靠箱内润滑油飞溅润滑时,轴承应尽可能靠近箱体内壁,间距一般为 3 ~ 5 mm。当轴承采用脂润滑时,为防止箱内润滑油和润滑脂混合,需要在轴承前设置挡油环,挡油环伸入箱内轴承孔的部分一般取 8 ~ 12 mm、露出轴承孔的部分一般取 2 ~ 3 mm。

设计蜗杆减速器时,为了提高蜗杆刚度,更应注意减小支承跨距。因此,蜗杆轴承座常悬伸到箱体内部。设计时,轴承座与蜗轮外圆间距一般取 Δ_1,并避免出现尖角,进一步确定轴承座端面位置,从而确定轴承支点跨距。

3)应便于零件装拆

①键联接的布置应便于装配。为了保证安装零件时轮毂上的键槽容易与轴上的键对准,应使轴上键槽靠近轮毂装入轴端一侧,如图 4.10 所示。键的长度一般比轮毂短 5 ~ 10 mm。

②轴的外伸长度取决于轴承端盖结构和轴伸出端安装的零件。如轴端装有联轴器,则必须留有足够的装配尺寸。如图 4.11(a)所示,当装有弹性套柱销联轴器时,就要求有装配尺寸 A(A 可由联轴器型号确定)。轴承端盖有凸缘式和嵌入式两种结构形式,其结构及其尺寸见表 4.2 和表 4.3。采用不同的轴承端盖结构,轴外伸的长度也不同。如图 4.11(b)所示,当采用凸缘式端盖时,轴外伸端长度必须考虑拆卸端盖螺钉所需要的长度 L_B(L_B 可参考端盖螺钉长度确定),以便不拆联轴器就可以打开减速器箱盖。当外接零件的轮毂不影响螺钉的拆卸或采用嵌入式端盖时,箱体外旋转零件至轴承盖外端面或轴承盖螺钉头顶面距离 l_4 一般不小于 15 ~ 20 mm,如图 4.11(c)所示。

表 4.2　凸缘式轴承端盖结构及其尺寸

注:材料为 HT150

		轴承外径 D	螺钉直径 d_3	螺钉数
$d_0 = d_3 + 1$ d_3——轴承盖联接螺栓直径,尺寸见右表 $D_0 = D + 2.5d_3$ $D_2 = D_0 + 2.5d_3$ $e = 1.2d_3$ $e_1 \geqslant e$ m 由结构确定	$D_4 = D - (10 \sim 15)$ $D_5 = D_0 - 3d_3$ $D_6 = D - (2 \sim 4)$ b_1, d_1 由密封件尺寸确定 $b = 5 \sim 10$ $h = (0.8 \sim 1)b$	45 ~ 65	6	4
		70 ~ 100	8	4
		110 ~ 140	10	6
		150 ~ 230	12 ~ 16	6

表 4.3　嵌入式轴承端盖结构及其尺寸

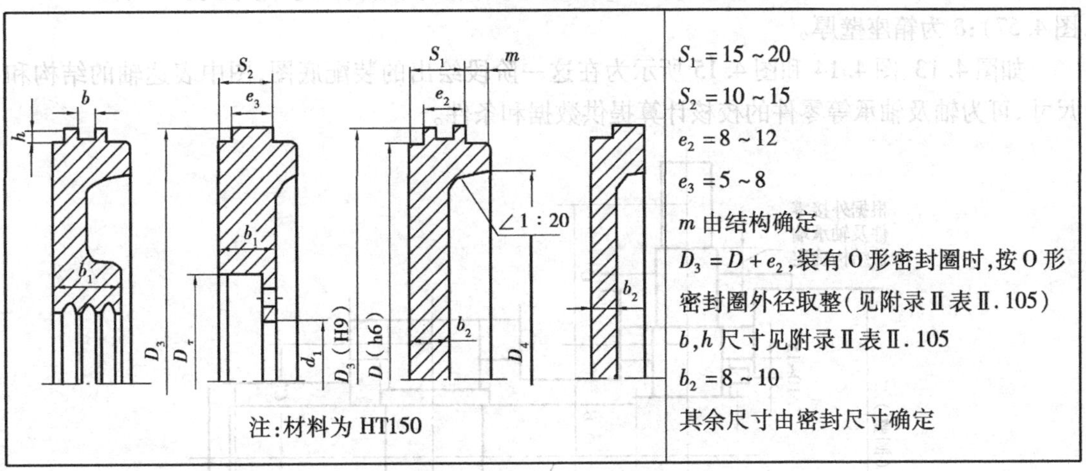

$S_1 = 15 \sim 20$

$S_2 = 10 \sim 15$

$e_2 = 8 \sim 12$

$e_3 = 5 \sim 8$

m 由结构确定

$D_3 = D + e_2$，装有 O 形密封圈时，按 O 形密封圈外径取整（见附录Ⅱ表Ⅱ.105）

b，h 尺寸见附录Ⅱ表Ⅱ.105

$b_2 = 8 \sim 10$

其余尺寸由密封尺寸确定

注：材料为 HT150

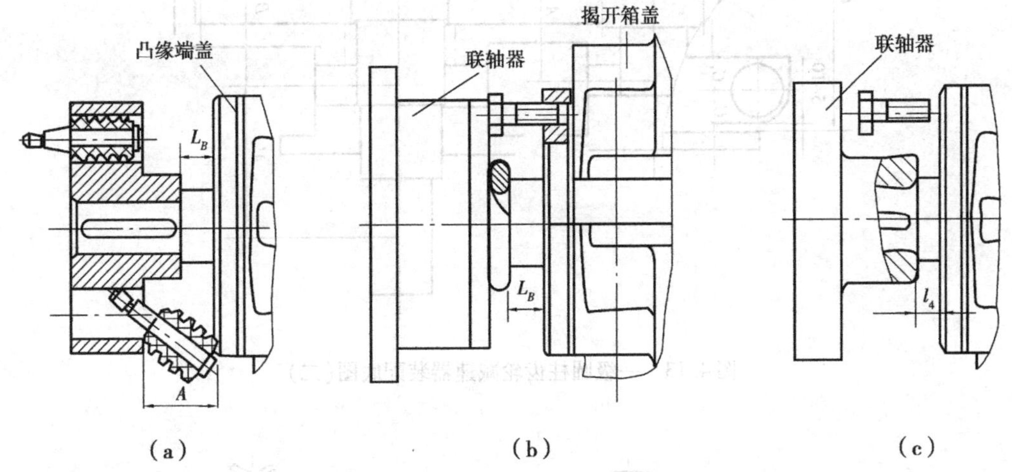

图 4.11　轴外伸长度的确定

③轴在箱体轴承孔中的轴向尺寸决定于轴承孔的长度，而轴承孔的长度则取决于轴承宽度或轴承旁联接螺栓的扳手空间尺寸。如图 4.12 所示为箱体轴承孔处的轴向尺寸 L。（$L \geqslant$

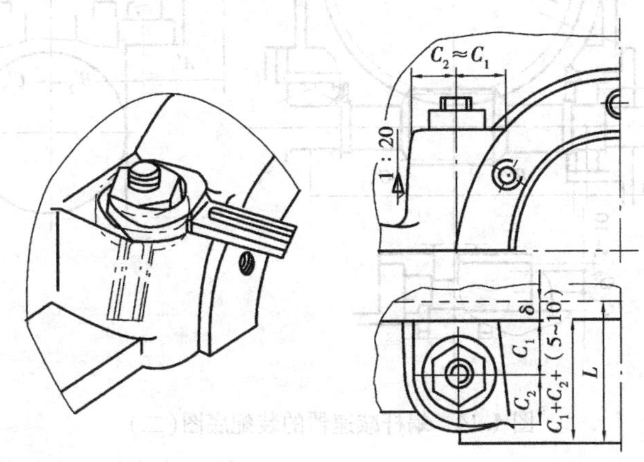

图 4.12　箱体轴承孔的轴向尺寸

$\delta+C_1+C_2+(5\sim10)$mm。其中，C_1 及 C_2 为扳手空间所决定的尺寸（参见表4.6，图4.53—图4.57）；δ 为箱座壁厚。

如图4.13、图4.14和图4.15所示为在这一阶段绘出的装配底图，图中表达轴的结构和尺寸，可为轴及轴承等零件的校核计算提供数据和条件。

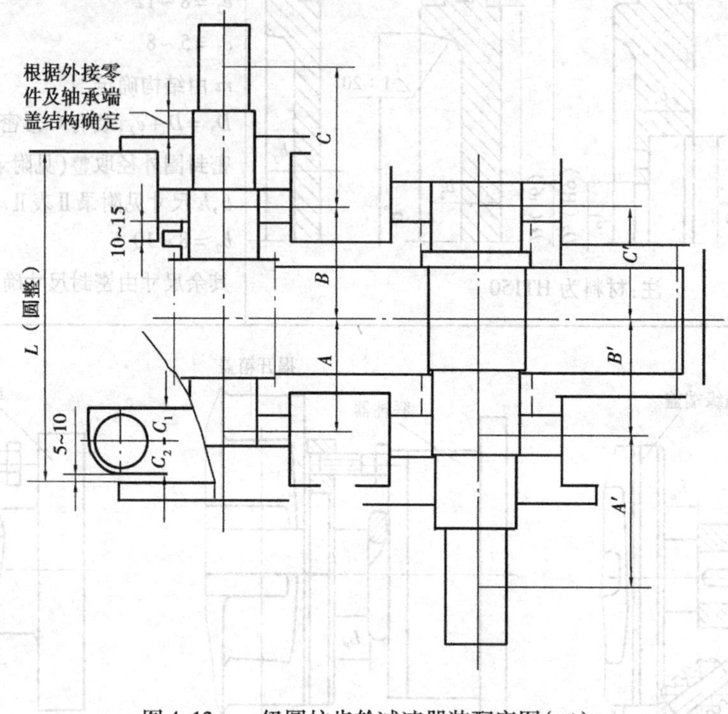

图4.13　一级圆柱齿轮减速器装配底图（二）

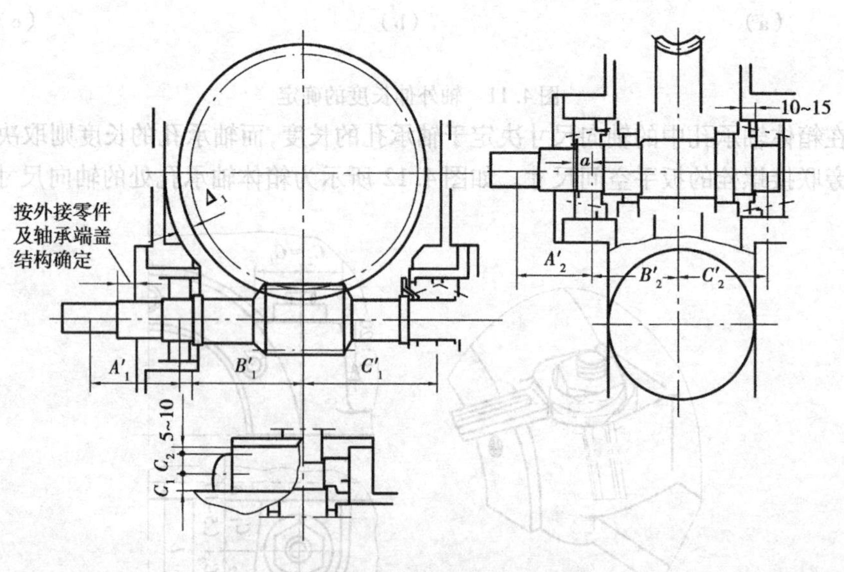

图4.14　蜗杆减速器的装配底图（二）

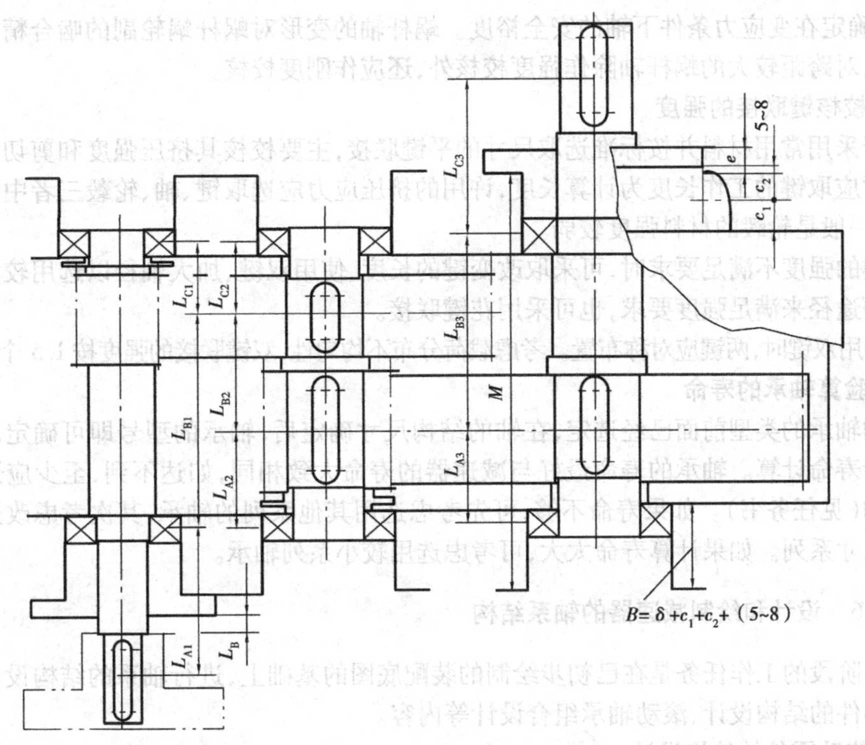

图4.15 二级圆柱齿轮减速器装配底图(二)

4.3.5 轴系零件强度计算

(1)确定轴上力作用点及支点距离

轴的结构确定后,根据轴上传动零件和轴承的位置可以定出轴上力的作用点和轴的支承点间距离。传动件的力作用线位置,可取在轮缘宽度的中部。向心轴承的支点可取轴承宽度的中点位置;角接触轴承的支点应该取离轴承外圈端面的 a 处,a 值可查轴承标准,如图4.16所示。确定出传动零件的力作用点及支点距离后,便可进行轴、轴承和键的校核计算。

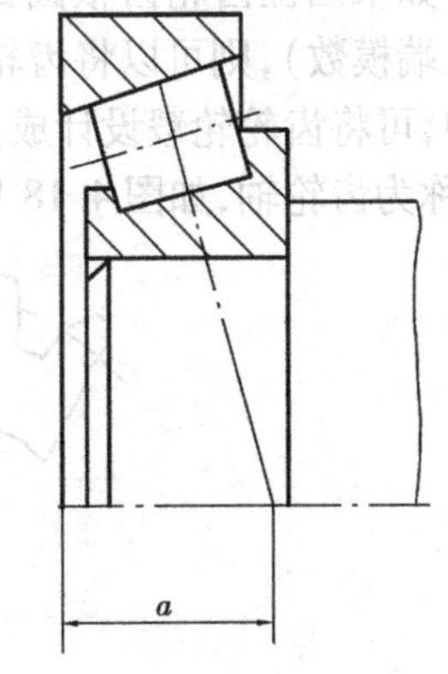

图4.16 角接触轴承的支点位置

(2)校核轴的强度

根据装配底图确定支点距离及零件的力作用点后,即可进行受力分析和绘出轴的受力计算简图,绘制弯矩图、转矩图及合成弯矩图,然后对危险剖面进行强度校核。轴的危险剖面应为载荷较大、轴径较小、应力集中严重的剖面(如轴上有键槽、螺纹、过盈配合及尺寸变化处)。对于一般减速器的轴,通常按弯扭合成强度条件进行计算。

当校核结果不能满足强度要求时,应对轴的设计进行修改,可通过增大轴的直径、修改轴的结构、改变轴的材料等方法提高轴的强度。当轴的强度有富裕时,如与使用要求相差不大,一般以结构设计时确定的尺寸为准,不再修改;或待轴承和键验算完后综合考虑整体结构,再决定是否修改。

对于受变应力作用的较重要的轴,除上述强度校核计算外,还应按疲劳强度条件进行精确校核，确定在变应力条件下轴的安全裕度。蜗杆轴的变形对蜗杆蜗轮副的啮合精度影响较大，因此，对跨距较大的蜗杆轴除作强度校核外，还应作刚度校核。

(3)校核键联接的强度

对于采用常用材料并按标准选取尺寸的平键联接，主要校核其挤压强度和剪切强度。校核计算时应取键的工作长度为计算长度，许用的挤压应力应选取键、轴、轮毂三者中材料强度较弱的，一般是轮毂的材料强度较弱。

当键的强度不满足要求时，可采取改变键的长度、使用双键、加大轴径以选用较大截面尺寸的键等途径来满足强度要求，也可采用花键联接。

当采用双键时，两键应对称布置。考虑载荷分布不均匀性，双键联接的强度按1.5个键计算。

(4)验算轴承的寿命

滚动轴承的类型前面已经选定，在轴的结构尺寸确定后，轴承的型号即可确定。这样就可以进行寿命计算。轴承的寿命最好与减速器的寿命大致相同，如达不到，至少应达到减速器检修期(见任务书)。如果寿命不够，可先考虑选用其他系列的轴承，其次考虑改选轴承的类型或尺寸系列。如果计算寿命太大，可考虑选用较小系列轴承。

4.3.6 设计和绘制减速器的轴系结构

这一阶段的工作任务是在已初步绘制的装配底图的基础上，进行轴系的结构设计。它包括传动零件的结构设计、滚动轴承组合设计等内容。

(1)传动零件的结构设计

1)齿轮的结构设计

齿轮的结构形式与其几何尺寸、毛坯、材料、加工方法、使用要求等因素有关。通常先按齿轮直径选择适宜的结构形式，然后再根据推荐的经验公式和数据进行结构设计。

如果圆柱齿轮齿根圆到键槽底部尺寸 $x \geqslant 2.5m_t$(m_t 为端面模数)，锥齿轮 $x' \geqslant 1.6m$(m 为大端模数)，则可以将齿轮和轴分开制造，而后装配，如图4.17所示。为减小装配后的应力集中，可将齿轮轮毂设计成具有一定斜度。若不满足上述尺寸要求，均应将齿轮和轴制成一体，称为齿轮轴，如图4.18所示。

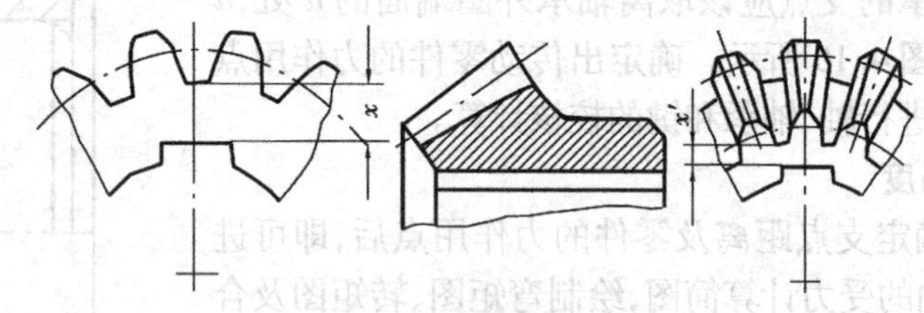

图4.17 齿轮的结构尺寸

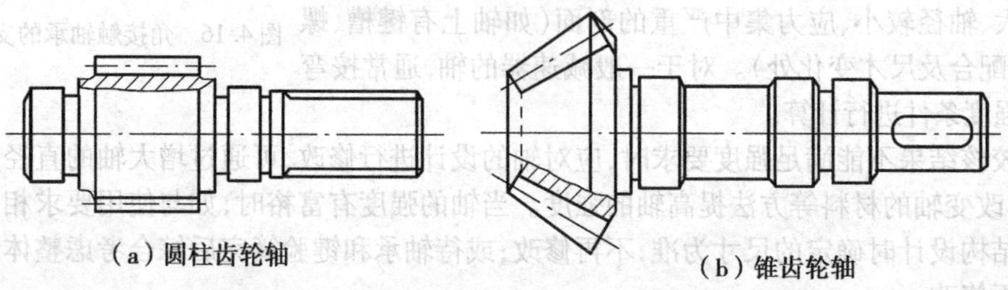

(a)圆柱齿轮轴 (b)锥齿轮轴

图4.18 齿轮轴

常用的圆柱齿轮结构形式有实心式、腹板式和轮辐式。对于齿顶圆直径不超过150～200 mm的齿轮，一般可用轧制圆钢制成；当齿顶圆直径在150～500 mm时，则可采用锻造毛坯；当齿顶圆直径大于400 mm时，常选用铸造方式制作齿轮毛坯，对于单件或小批量生产的齿轮毛坯，可以用焊接方法制造。

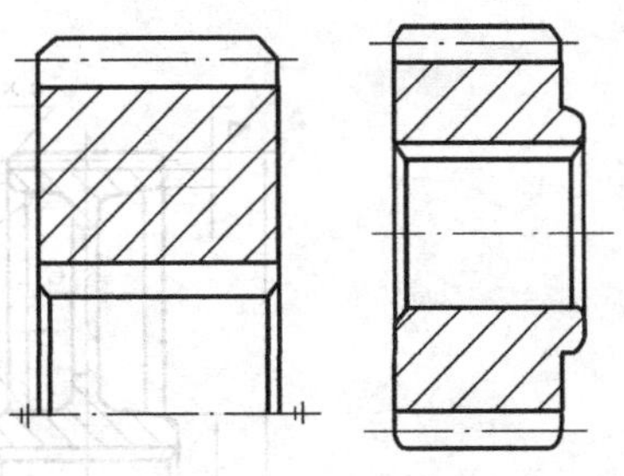

图4.19　实心结构的齿轮

当齿顶圆直径不超过160 mm时，可以制成实心结构的齿轮（见图4.19）。当齿顶圆直径不超过500 mm时，可制成腹板式结构（见图4.20）。当齿顶圆直径400 mm $< d_a <$ 1 000 mm时，可制成轮辐截面为"十"字形的轮辐式结构的齿轮（见图4.21）。

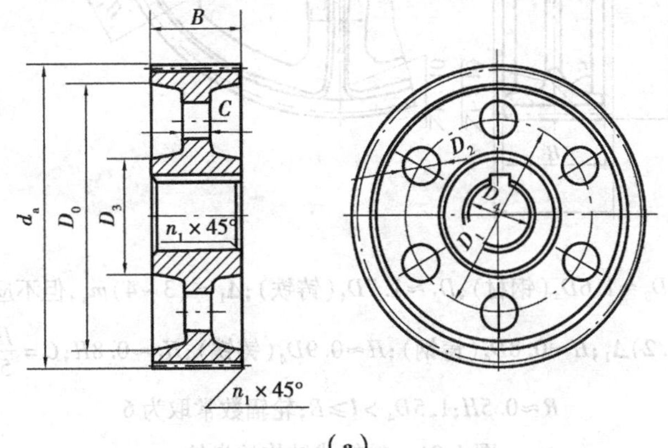

（a）

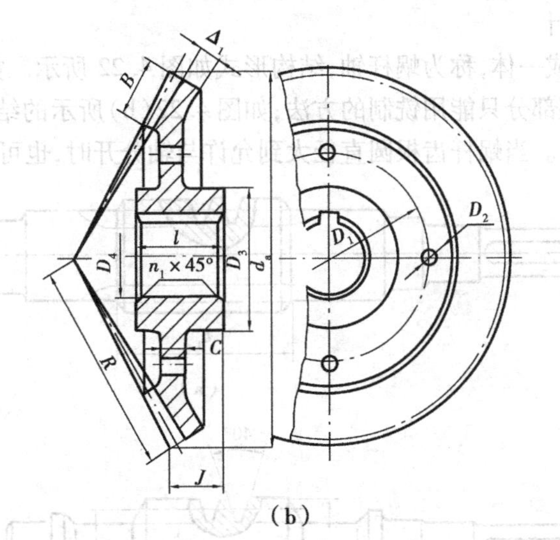

（b）

$D_1\approx(D_0+D_3)/2$；$D_2\approx(0.25\sim0.35)(D_0-D_3)$

$D_3\approx1.6D_4$（钢材）；$D_3\approx1.7D_4$（铸铁）；$n_1\approx0.5m_n$；$r\approx5$ mm

圆柱齿轮：$D_0\approx d_a-(10\sim14)m_n$；$C\approx(0.2\sim0.3)B$

锥齿轮：$l\approx(1\sim1.2)D_4$；$C\approx(3\sim4)m$；尺寸J由结构设计而定；$\Delta_1=(0.1\sim0.2)B$

常用齿轮的C值不应小于10 mm，航空用齿轮可取$C\approx3\sim6$ mm

图4.20　腹板式结构的齿轮

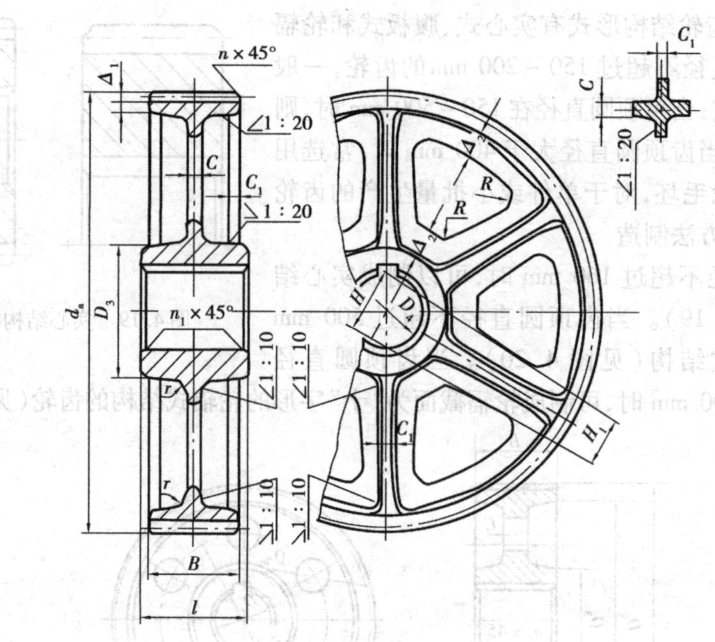

$B<240$ mm；$D_3\approx1.6D_4$（钢材）；$D_3\approx1.7D_4$（铸铁）；$\Delta_1=(3\sim4)m_n$，但不应小于 8 mm

$\Delta_2\approx(1\sim1.2)\Delta_1$；$H\approx0.8D_4$（铸钢）；$H\approx0.9D_4$（铸铁）；$H_1\approx0.8H$；$C=\dfrac{H}{5}$；$C_1\approx\dfrac{H}{6}$

$R\approx0.5H$；$1.5D_4>l\geqslant B$；轮辐数常取为 6

图 4.21　轮辐式结构的齿轮

2）蜗杆的结构设计

一般蜗杆与轴制成一体，称为蜗杆轴，结构形式如图 4.22 所示。如图 4.22（a）所示的结构无退刀槽，加工螺旋部分只能用铣制的方法；如图 4.22（b）所示的结构有退刀槽，螺旋部分可以车制，也可以铣制。当蜗杆齿根圆直径大到允许与轴分开时，也可制成装配式的。

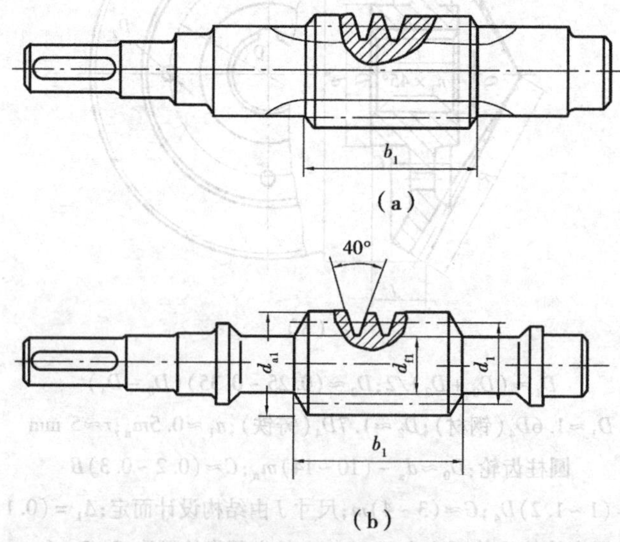

图 4.22　蜗杆的结构形式

3)蜗轮的结构设计

蜗轮结构形式有以下4种:

①齿圈式(见图4.23(a))。这种结构由青铜齿圈及铸铁轮芯组成。为了防止轮缘松动,可在齿圈与轮芯配合面圆周上加台肩和紧定螺钉,螺钉为4~6个,以增强联接的可靠性。这种结构多用于尺寸不太大或工作温度变化较小的地方,以免热胀冷缩影响配合的质量。

②螺栓联接式(见图4.23(b))。螺栓联接式在大直径蜗轮上应用较多。轮缘与轮芯配装后,可用普通螺栓联接,或用铰制孔用螺栓联接,螺栓的尺寸和数目可参考蜗轮的结构尺寸确定。这种形式装拆方便,磨损后易更换齿圈。

③整体浇铸式(见图4.23(c))。主要用于铸铁蜗轮或尺寸很小的青铜蜗轮。

④拼铸式(见图4.23(d))。在铸铁轮芯上加铸青铜齿圈,并在轮芯上预制出榫槽,以防轮缘在工作时滑动。只用于成批制造的蜗轮。

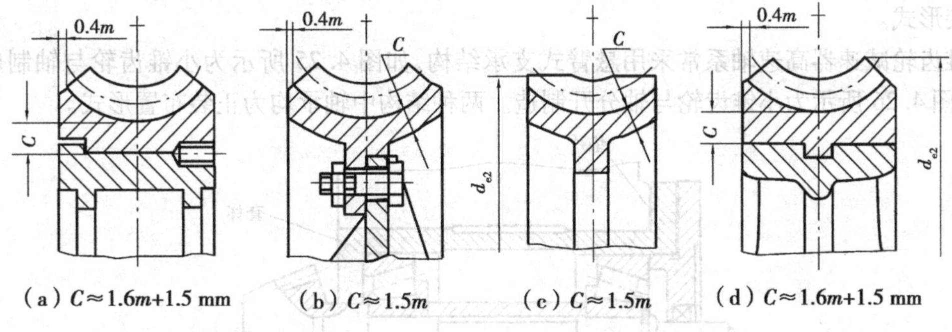

图4.23　蜗轮的结构形式(m为蜗轮模数,m和C的单位为mm)

(2)滚动轴承组合设计

为保证轴承正常工作,除正确确定轴承型号外,还要正确设计轴承组合结构,轴承的组合设计主要是正确解决轴承的安装、配置、紧固、调节、润滑及密封等问题。

1)滚动轴承的配置

合理的轴承配置应考虑轴在机器中有正确的位置,避免轴向窜动以及轴受热膨胀后不致将轴承卡死。

①两端固定

这种结构在轴承支点跨距小于300 mm的减速器中用得最多。如图4.24所示为一种常用的两端固定轴系结构,利用凸缘式轴承端盖顶住两轴承外圈的外侧,其结构简单,但应预留适量的轴向间隙Δ(间隙量一般取0.25~0.4 mm),以避免工作中因轴系热伸长而引起的热应力,并保证轴承灵活运转。间隙量靠轴承端盖与箱体外端面之间的一组垫片调整。

对于圆锥滚子轴承、角接触球轴承等可调间隙的角接触类向心推力轴承,可通过调整轴承内外圈的轴向位置得到合适的轴承游隙,以保证轴系的游动量,并达到一定的轴承刚度,使轴承运转灵活、平稳。轴系采用这类轴承支承时,轴承既可布置成如图4.25和图4.26所示的正装(轴承外圈薄边相对)或称“面对面”形式,也可布置成反装(轴承外圈厚边相对)或称“背靠背”形式。采用不同的布置(两端固定)形式时,对轴系的刚性有不同的影响。在轴承跨距和轴所受径向载荷相同的情况下,反装比正装时轴承刚性大、轴承所受径向力小,但反装

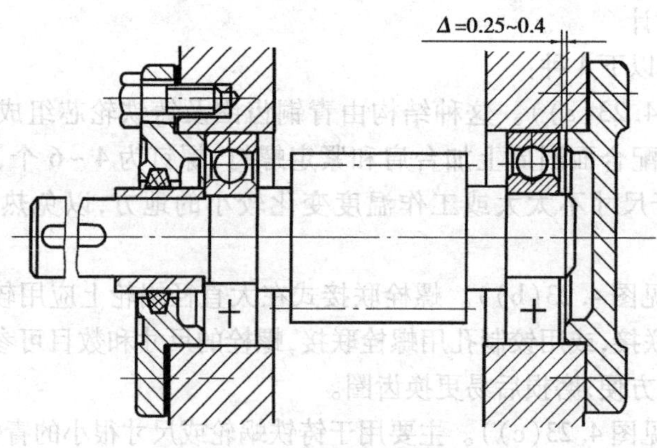

图 4. 24　两端单向固定

轴承间隙调整不如正装方便。当要求两轴承布置紧凑而又需要提高悬臂轴系的刚性时，常采用反装形式。

锥齿轮减速器高速轴系常采用悬臂式支承结构，如图 4. 25 所示为小锥齿轮与轴制成一体，如图 4. 26 所示为小锥齿轮与轴分开制造。两种结构中轴承均为正装布置形式。

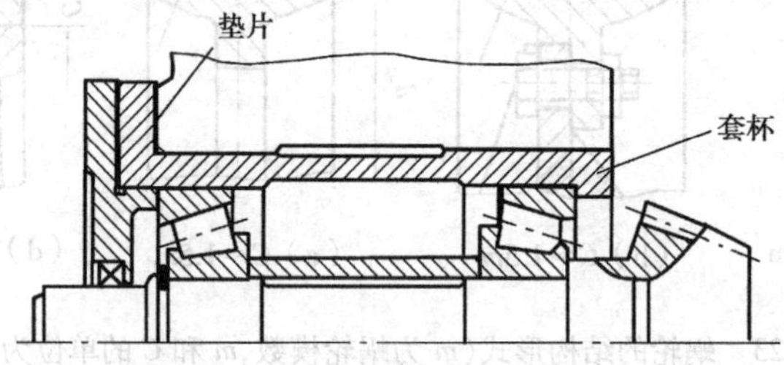

图 4. 25　小锥齿轮轴系结构(一)

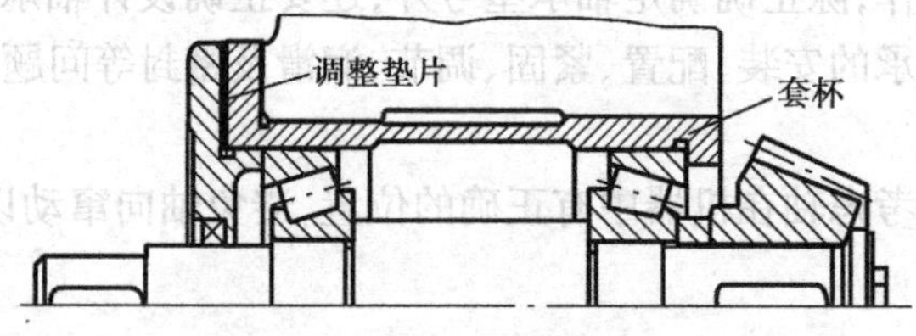

图 4. 26　小锥齿轮轴系结构(二)

②一端固定、一端游动

这种轴系结构比较复杂，但允许轴系有较大的热伸长，多用于轴承支点跨距较大($L>$ 400 mm)、温升较高($t>70$ ℃)的轴系(如蜗杆轴系中)。安排轴承时，常把受径向力较小的一端作为游动端，以减小轴向游动时的摩擦力。固定端可选用一个深沟球轴承，但支点受力大。要求刚度高时，也可采用一对角接触球轴承组合，缺点是结构复杂。

如图 4. 27 所示为采用这种轴承配置的一种蜗杆轴系结构。固定端的轴承组合内、外圈两侧均被固定，以承受双向的轴向力。固定端一般选在非外伸端并采用套杯结构，以便固定轴承。为了便于加工，游动端也常采用套杯或选用外径与座孔相同的轴承。套杯结构及其尺寸见表 4. 4。

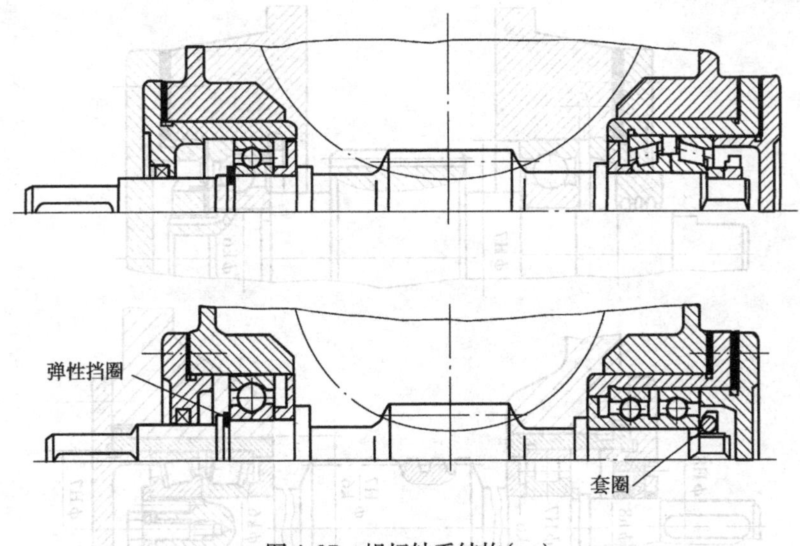

图 4.27　蜗杆轴系结构(一)

表 4.4　套杆结构及其尺寸

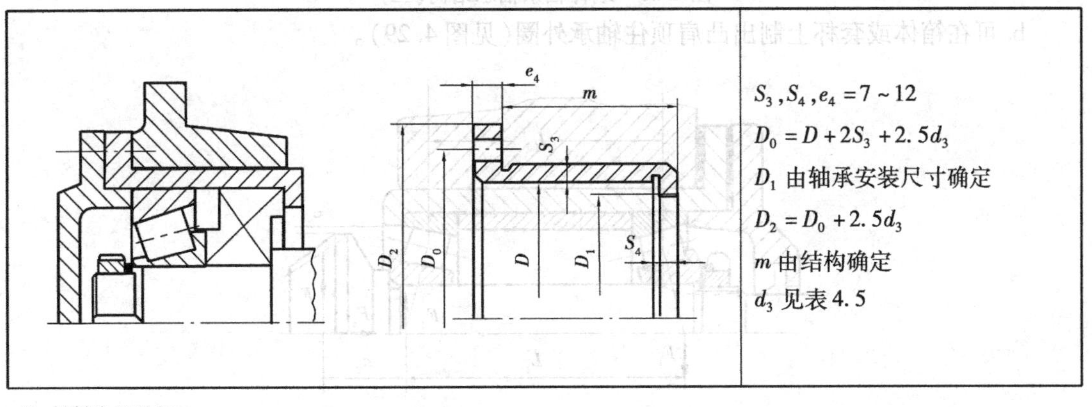

$S_3, S_4, e_4 = 7 \sim 12$

$D_0 = D + 2S_3 + 2.5d_3$

D_1 由轴承安装尺寸确定

$D_2 = D_0 + 2.5d_3$

m 由结构确定

d_3 见表 4.5

注：材料为 HT150。

如图 4.28 所示为另一种蜗杆轴系结构。右端轴承作轴向双向固定，左端轴承外圈可游动。游动端轴承可选用深沟球轴承或圆柱滚子轴承，对于深沟球轴承，其内圈两侧需固定，外侧不固定，从而允许轴承游动。对于外圈无挡边的圆柱滚子轴承，其内外圈两侧都要固定，游动靠滚子相对于外圈的轴向位移来实现。游动端轴承间隙一般是不能调整的，支座刚性较差。

2）滚动轴承的轴向定位与固定

①轴承外圈紧固

轴承外圈的轴向紧固常用方法如下：

a. 轴承端盖紧固。轴承端盖有凸缘式和嵌入式两种。凸缘式端盖用螺钉拧在箱体上，其间可加环形垫片，用来调整及加强密封（见图 4.29），为保证定位精度，端盖与轴承座配合长度不小于 5 ~ 8 mm。嵌入式端盖不用螺钉固定，结构简单，与其相配的轴段长度比用凸缘式端盖的短，但密封性较差，采用这种轴承端盖，调整间隙时要开箱盖，以便增减垫片，多用于不可调整间隙的轴承。

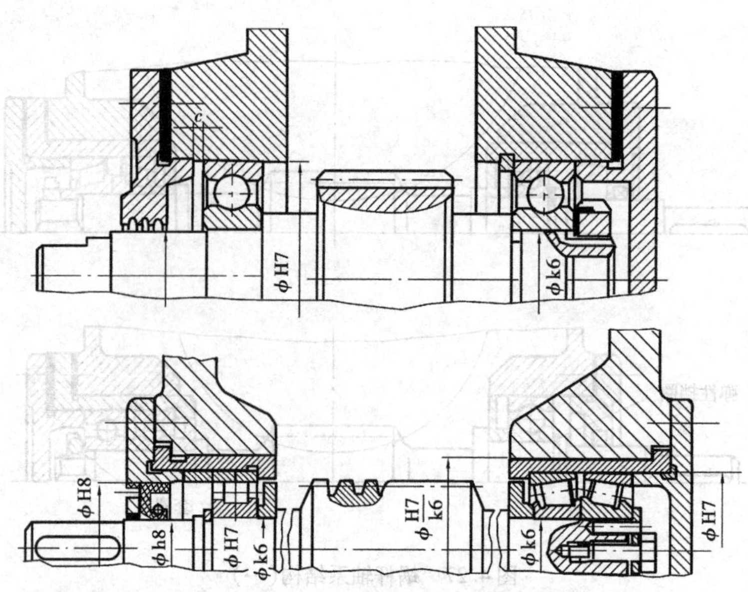

图 4.28　蜗杆轴系轴承结构(二)

b. 可在箱体或套杯上制出凸肩顶住轴承外圈(见图 4.29)。

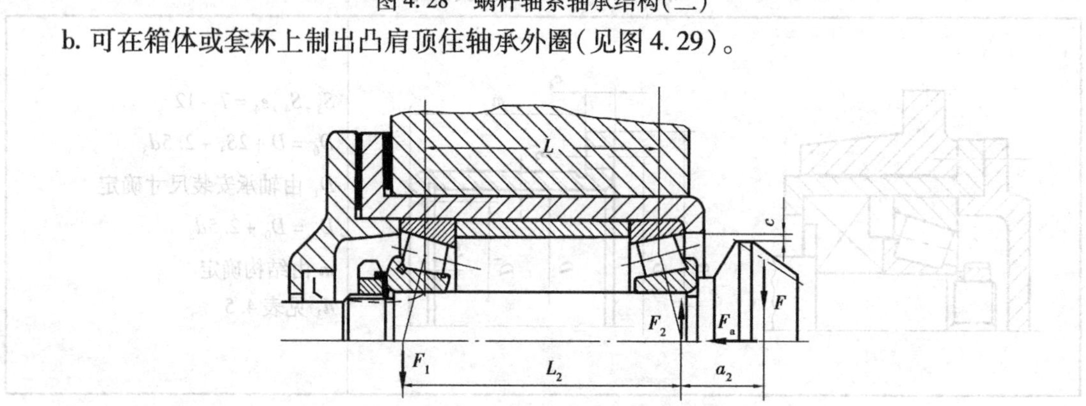

图 4.29　锥齿轮轴系的轴承结构

c. 用嵌入外壳沟槽内的孔用弹性挡圈紧固(见图 4.30(a)),用轴用弹性挡圈嵌入轴承外圈的止动槽内紧固(见图 4.30(b))以及用螺纹环紧固(见图 4.30(c))。

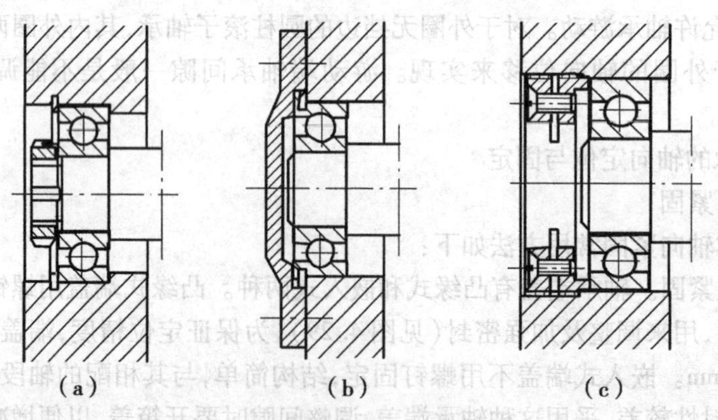

图 4.30　外圈轴向紧固常用方法

②轴承内圈紧固

滚动轴承内圈的轴向固定常用轴肩、轴端挡圈、轴用弹性挡圈、圆螺母，如图 4.31 所示。当用圆螺母移动轴承内圈来调整游隙时，轴与内圈的配合应选松些。弹性挡圈不能承受较大的轴向力，常用于游动端轴承内圈的固定。

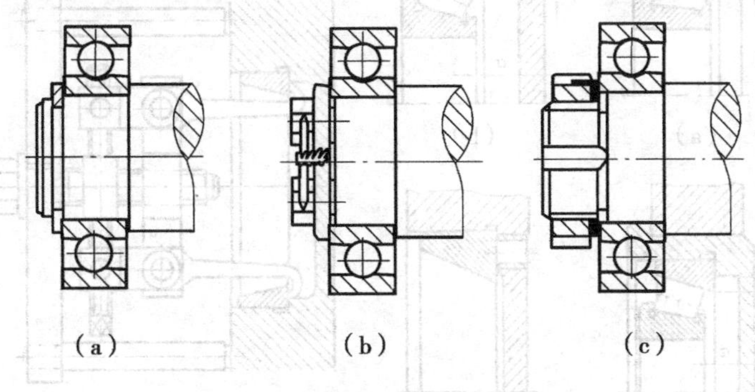

图 4.31　内圈轴向紧固常用方法

3）轴承间隙及轴系位置调整方法

为便于调整轴承间隙，可使用螺纹件连续调节，这种结构调整轴承间隙时不用拆开箱体箱盖。锥齿轮和蜗杆在装配时，通常需要轴向位置的调整，如前所述，可将确定其轴向位置的轴承装在一个套杯中，套杯装在外壳孔中。通过增减套杯端面与外壳之间垫片的厚度，即可调整锥齿轮或蜗杆的轴向位置（见图 4.32）。

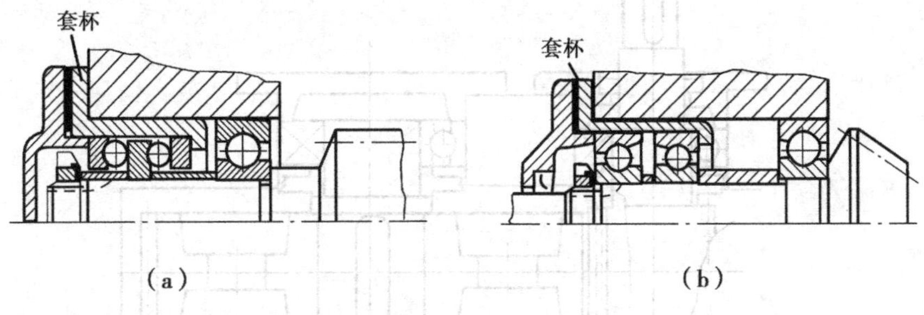

图 4.32　轴承间隙及轴系位置调整结构

4）轴承的装拆及其对轴系结构设计的要求

为便于加工和装配，同一轴系的轴承孔径应尽可能相同。当轴承外径不同时，可采用套杯结构，以保证孔径相同（见图 4.32）。如图 4.33 所示，为了便于轴承拆卸，用轴肩固定轴承内圈时，轴肩的高度应低于轴承内圈的高度。用凸肩固定轴承外圈时，凸肩不可过大，以保证足够大的 t_2，另外 a 应有足够尺寸，使拆卸轴承时工具能够顺利进入。还可在凸肩上制出缺口及孔，以利于轴承的拆卸。

滚动轴承组合设计完成后，应检查前面所画装配图的轴承结构是否正确，必要时修改。如图 4.34、图 4.35 和图 4.36 所示分别给出了在轴系结构设计阶段所绘制的一级圆柱齿轮减速器、蜗杆减速器和二级圆柱齿轮减速器的装配底图。锥齿轮减速器等其他类型减速器的装配底图也可参照上述步骤进行。

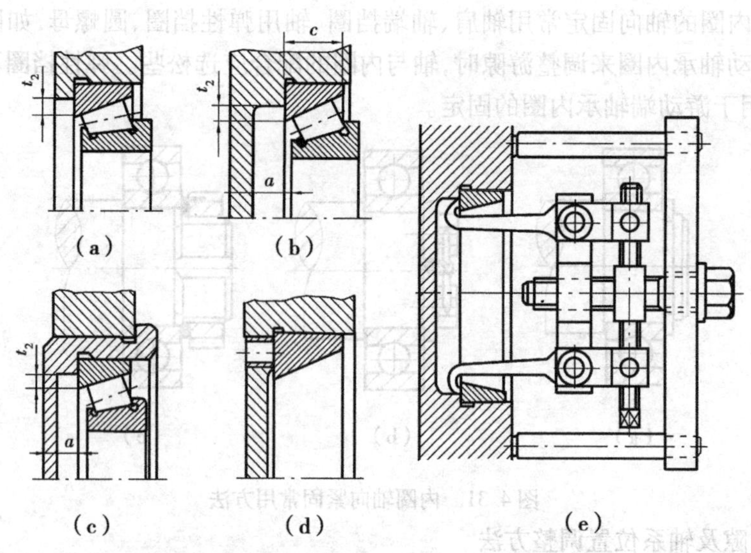

图 4.33　凸肩的设计应有利于轴承拆卸

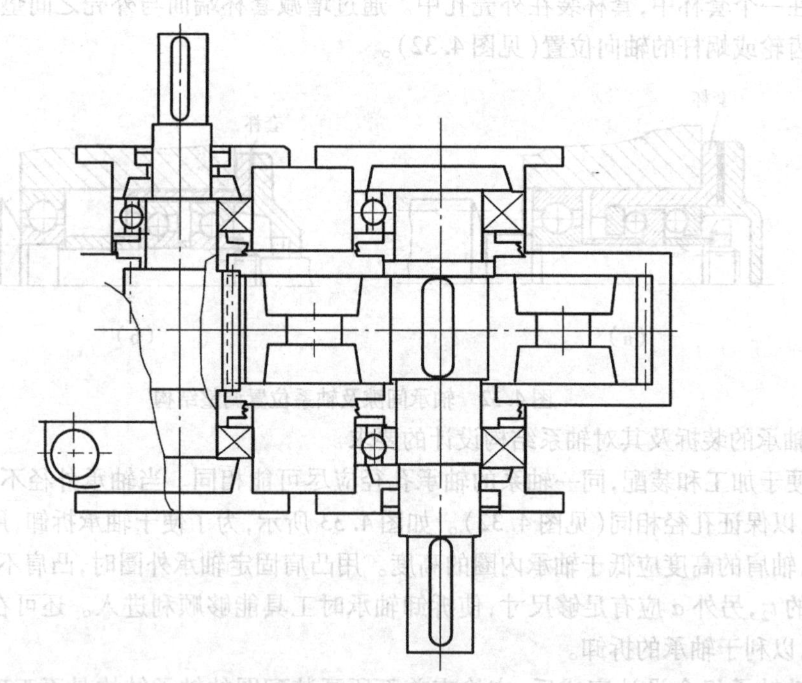

图 4.34　一级圆柱齿轮减速器装配底图(三)

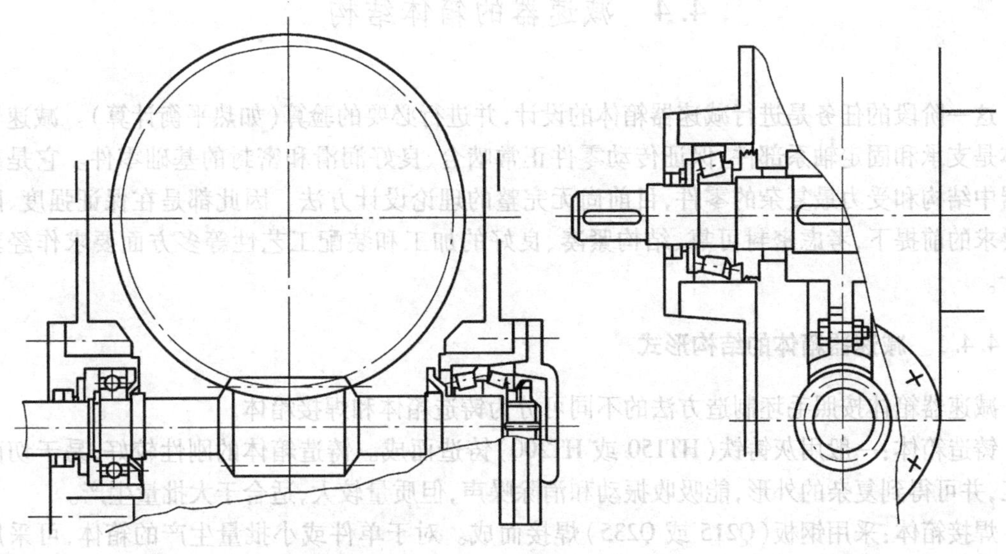

图 4.35　蜗杆减速器装配底图(三)

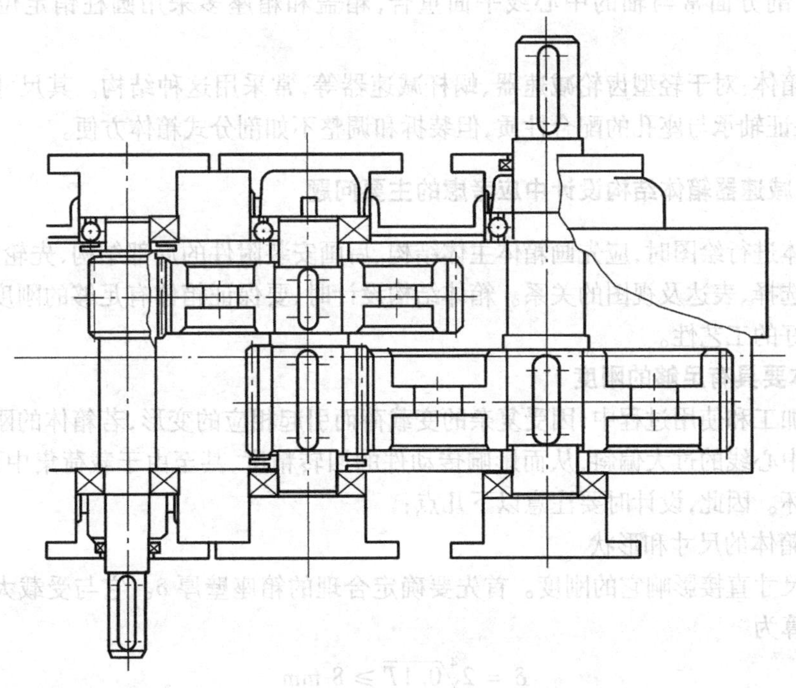

图 4.36　二级圆柱齿轮减速器装配底图(三)

4.4 减速器的箱体结构

这一阶段的任务是进行减速器箱体的设计,并进行必要的验算(如热平衡计算)。减速器箱体是支承和固定轴系部件、保证传动零件正常啮合、良好润滑和密封的基础零件。它是减速器中结构和受力最复杂的零件,目前尚无完整的理论设计方法。因此都是在保证强度、刚度要求的前提下,考虑密封可靠、结构紧凑、良好的加工和装配工艺性等多方面要求作经验设计。

4.4.1 减速器箱体的结构形式

减速器箱体按照毛坯制造方法的不同可分为铸造箱体和焊接箱体。

铸造箱体:一般用灰铸铁(HT150 或 HT200)铸造而成。铸造箱体的刚性较好,易于切削加工,并可得到复杂的外形,能吸收振动和消除噪声,但质量较大,适合于大批量生产。

焊接箱体:采用钢板(Q215 或 Q235)焊接而成。对于单件或小批量生产的箱体,可采用钢板焊接而成。这种箱体箱壁薄,质量轻,节省材料,生产周期短,但焊接时易产生热变形,故要求较高的焊接技术,在焊接后还须进行退火处理。

减速器箱体按照是否剖分分为剖分式箱体和整体式箱体。

剖分式箱体:为了便于轴系部件的安装和拆卸,减速器箱体常采用这种结构。其由箱座和箱盖组成,剖分面常与轴的中心线平面重合,箱盖和箱座多采用圆柱销定位、普通螺栓联接。

整体式箱体:对于轻型齿轮减速器、蜗杆减速器等,常采用这种结构。其尺寸紧凑、质量较轻、易于保证轴承与座孔的配合性质,但装拆和调整不如剖分式箱体方便。

4.4.2 减速器箱体结构设计中应考虑的主要问题

设计箱体进行绘图时,应先画箱体主体结构、后画安装附件的局部结构,先轮廓、后细节。注意视图的选择、表达及视图的关系。箱体结构设计时,要保证箱体有足够的刚度、可靠的密封结构和良好的工艺性。

(1)箱体要具有足够的刚度

箱体在加工和使用过程中,因受复杂的变载荷而引起相应的变形,若箱体的刚度不够,会引起轴承孔中心线的过大偏斜,从而影响传动件的回转精度,甚至由于载荷集中而导致运动副的加速损坏。因此,设计时要注意以下几点:

1)确定箱体的尺寸和形状

箱体的尺寸直接影响它的刚度。首先要确定合理的箱座壁厚 δ。它与受载大小有关,由经验公式估算为

$$\delta = 2\sqrt[4]{0.1T} \geqslant 8\ \text{mm}$$

式中 T——低速轴转矩,N · m。

在相同壁厚情况下,增大箱体底面积及箱体轮廓尺寸,可增加抗弯矩和惯性矩,有利于提高箱体的整体刚性。

箱体轴承孔附近和箱体底座与地基接合处受着较大的集中载荷，故此处应有更大的壁厚，以保证局部刚度。

对于锥齿轮减速器，在支承小锥齿轮悬臂部分的壁厚还可以适当加厚些，但应注意避免过大的铸造应力，并应尽量减小轴的悬臂部分长度，以利于提高轴的刚性。

为保证箱盖与箱体的连接刚度，箱盖与箱座连接处凸缘的厚度要比箱壁略厚，如图4.37(a)所示，$b_1=1.5\delta_1$，$b=1.5\delta$。为了保证箱体支承的刚度，箱座底板的厚度应大于箱座壁厚，如图4.37(b)所示，$b_2=2.5\delta$、底面宽度B应超过内壁位置，$B=c_1+c_2+\delta$（c_1，c_2为地脚螺栓扳手空间的尺寸）。如图4.37(b)所示为正确结构，如图4.37(c)所示结构不正确。

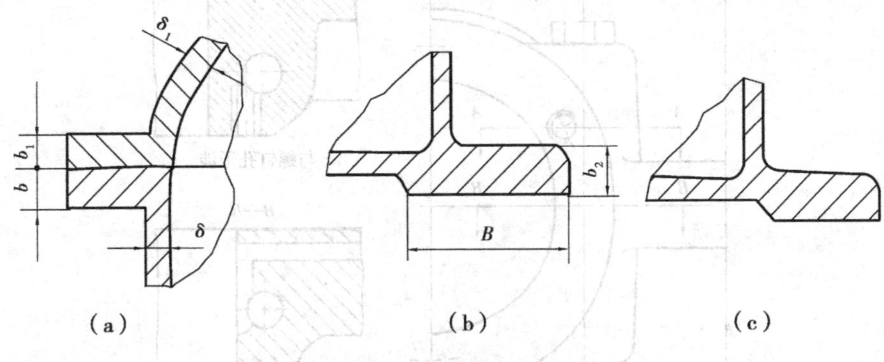

图4.37　箱体箱盖连接凸缘及底座凸缘

所有受载的接合面（箱体剖分面和轴承座孔表面）都需提表面粗糙度要求，一般要求$R_a \leqslant$ 1.6～3.2 μm，以保证实际接触面积，从而达到一定的接触刚度。对于联接螺栓的数量、间距、大小都要有一定的要求，见表4.5，并要求接合面预压力不小于2 MPa。

2)应保证轴承座的支承刚度

设计箱体时，为保证轴承座的支承刚度，应使轴承座有足够的壁厚。当轴承座孔采用凸缘式轴承盖时，根据安装轴承盖螺钉的需要确定的轴承座厚度就可以满足刚度要求。使用嵌入式轴承盖的轴承座（见图4.38(a)），一般也采用与凸缘式轴承盖相同的轴承座厚度，如图4.38(b)所示。为进一步提高轴承座刚度还应设置加强肋，加强肋的厚度一般为壁厚的0.85倍，如图4.38、图4.39所示。

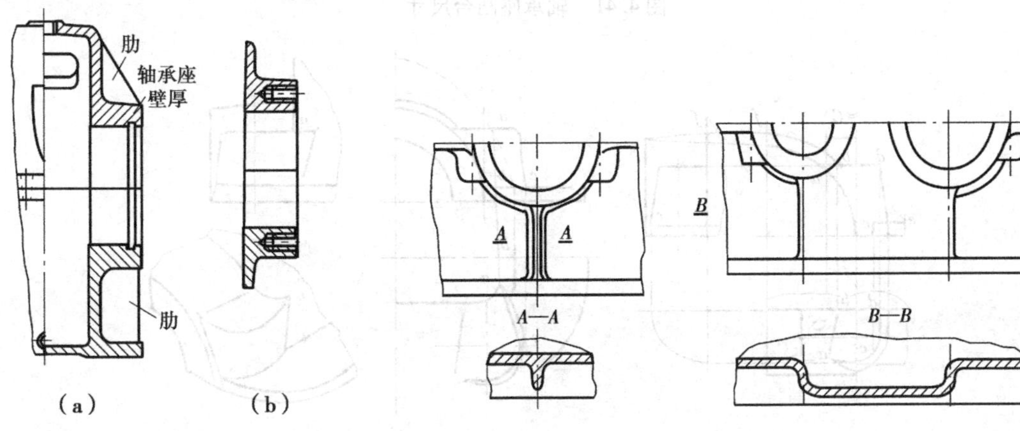

图4.38　轴承座的厚度

图4.39　轴承座的加强筋

为了提高剖分式箱体轴承座处的联接刚度，轴承座孔两侧的联接螺栓距离应尽量靠近一些，如图4.40所示，但不能与轴承端盖螺钉孔及箱内输油沟发生干涉，为此轴承座孔附近应作出凸台。两侧联接螺栓的间距，可近似取为轴承盖外径，凸台高度 h 要保证在其上有足够的扳手空间，但高度不应超过轴承座孔外圆尺寸，具体确定方法如图4.41所示。凸台的投影关系如图4.42所示。为加工方便，各轴承座凸台高度应尽量一致，可按最大轴承盖的需要确定轴承座凸台高度。D_2 为凸缘式轴承盖的外圆直径，c_1，c_2 由联接螺栓直径确定。

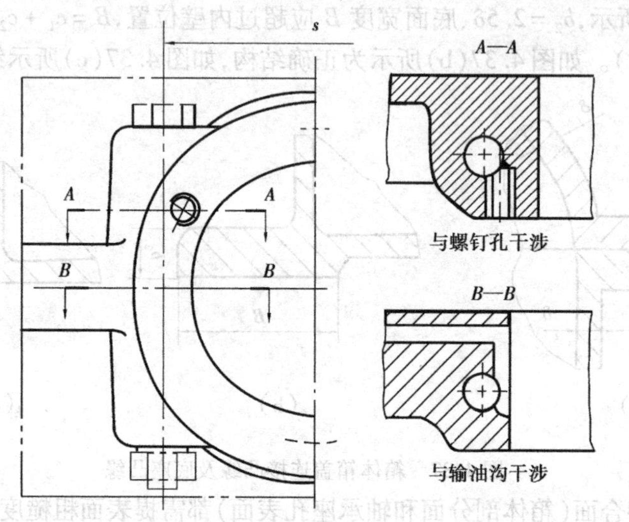

图4.40　s 值过小

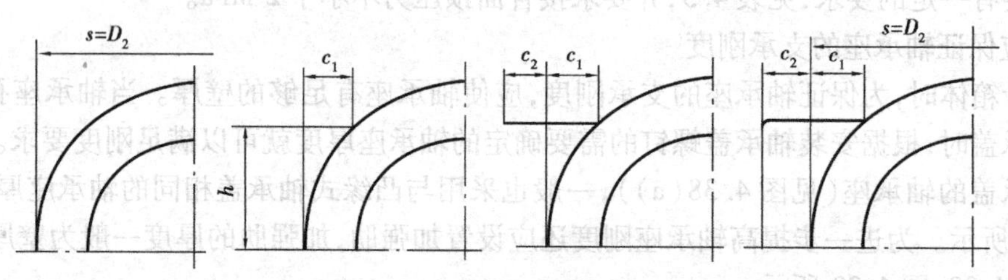

图4.41　轴承座凸台尺寸

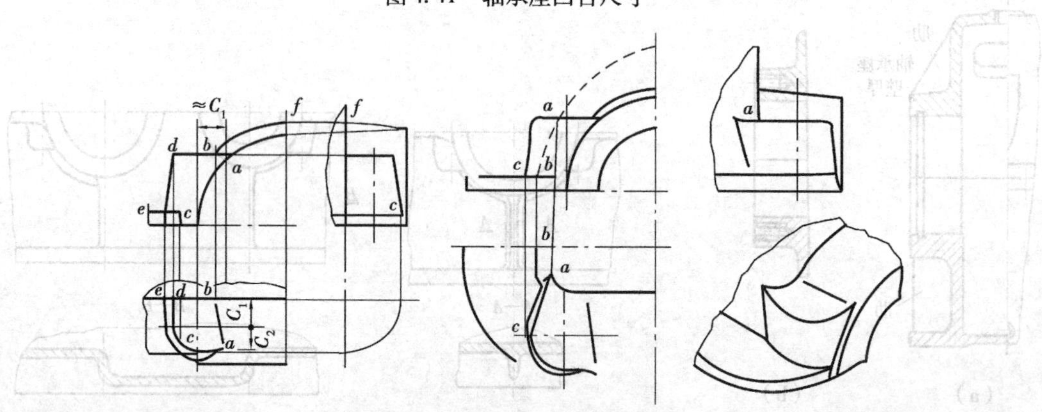

图4.42　凸台的投影关系

3）合理选择材料及毛坯制造方法

箱体常用灰口铸铁（HT150 或 HT200）制成。铸铁易切削，抗压性能好，并具有一定的吸振性。但其弹性模量 E 较小，刚性较差，故在重型减速器中常用铸钢（ZG200—400 或 ZG230—450）箱体。一般情况下，生产批量超过 3 ~ 4 件，采用铸件比较经济。

采用钢板焊接箱体代替铸造箱体，不但不用木模，简化了毛坯制造，而且由于钢的弹性模量 E 与剪切模量 G 均较铸铁大 40% ~ 70%，因而可得到质量较轻而刚性更好的箱体。焊接箱体的壁厚常取为铸铁箱体的 0.8 倍，其他相应部分尺寸也可适当减小，故焊接箱体比铸造箱体轻 25% ~ 50%。但焊接时产生较大热变形，故须经退火及调质处理，并应留有足够的加工余量。焊接箱体多用于单件和小批量生产。

（2）箱体结构应有可靠的密封及便于传动件的润滑和散热

为保证密封，箱体剖分面连接凸缘应有足够宽度，联接螺栓间距也不应过大（小于 150 ~ 200 mm），以保证足够的压紧力。为了保证轴承孔的精度，剖分面不得加垫片。为提高密封性，可在剖分面上制出回油沟，使渗出的油可沿回油沟的斜槽流回箱内（见图 4.43）。回油沟的形状及尺寸如图 4.44 所示，也允许在剖分面间涂以密封胶。

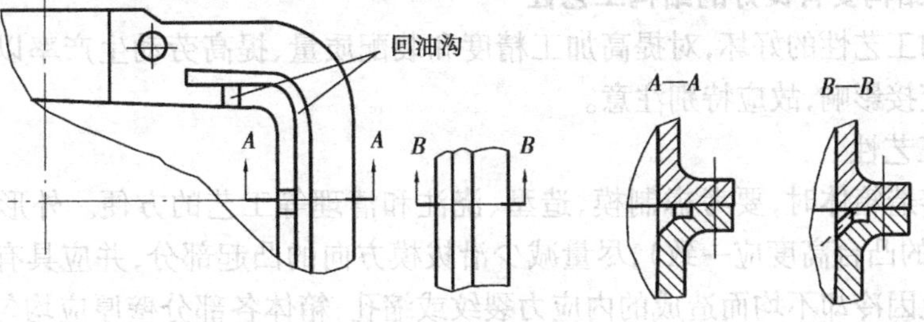

图 4.43　回油沟结构

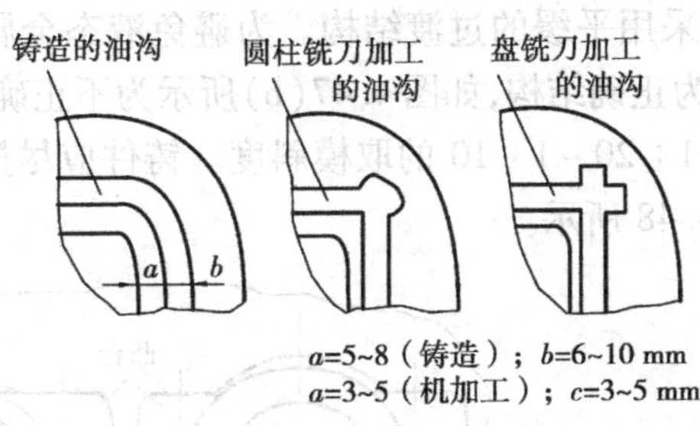

图 4.44　油沟形状及尺寸

传动件采用浸油润滑时，箱体轮廓应足够大，以容纳一定量的润滑油，保证润滑和散热。传动件的浸油深度 H_1，对于圆柱齿轮、蜗轮和蜗杆，最少为一个齿高；对于锥齿轮，则最少为（0.7 ~ 1）个齿宽，但都不得小于 10 mm，如图 4.45 所示。为了避免搅油损失过大，传动件的浸油深度不应超过其分度圆半径的 1/3。同时为避免搅油时沉渣泛起，齿顶到油池底面的距离 H_2 不应小于 30 ~ 50 mm。

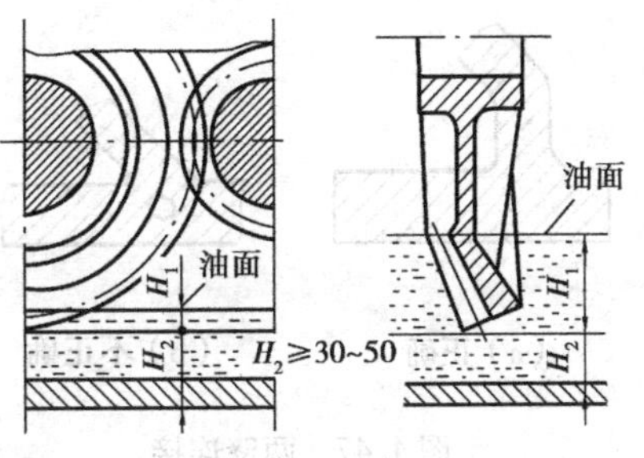

图 4.45　油池深度与浸油深度的确定

在多级传动中，为使各级传动的浸油深度均匀一致,可制成倾斜式箱体剖分面(见图4.46(a)),或采用溅油轮及溅油环来润滑不接触油面的传动件(见图4.46(b))。溅油轮宽度可取为传动件宽度的1/3。

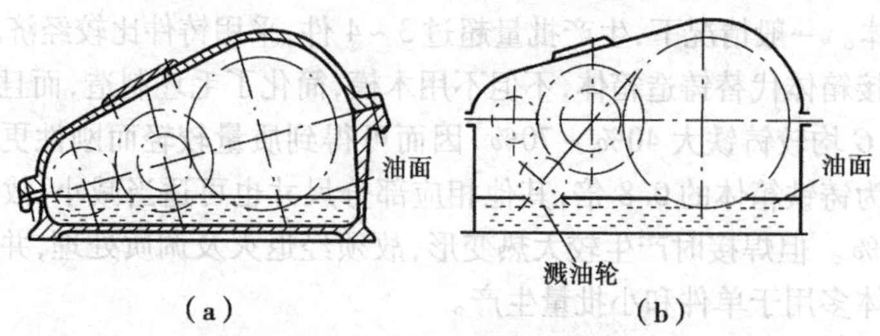

图4.46　保持浸油深度均匀一致的结构

对于蜗杆减速器,由于发热较大,箱体大小应考虑散热面积的需要,并进行热平衡计算;若不能满足热平衡要求,应适当增大箱体尺寸或增设散热片和风扇。散热片方向应与空气流动方向一致。发热严重时可在油池中放置蛇形冷却水管,以降低油温。

(3)箱体结构要有良好的结构工艺性

箱体结构工艺性的好坏,对提高加工精度和装配质量、提高劳动生产率以及便于检修维护等方面有直接影响,故应特别注意。

1)铸造工艺性

在设计铸造箱体时,要考虑制模、造型、浇注和清理等工艺的方便。外形力求形状简单(如各轴承孔的凸台高度应一致),尽量减少沿拔模方向的凸起部分,并应具有一定的拔模斜度。为了避免因冷却不均而造成的内应力裂纹或缩孔,箱体各部分壁厚应均匀、过渡平缓、避免浇注时液态金属产生局部积聚。同时考虑到液态金属流动的畅通性,铸件壁厚不可太薄。当由较厚部分过渡到较薄部分时,应采用平缓的过渡结构。为避免液态金属积聚,两壁间不易采用锐角连接,如图4.47(a)所示为正确结构,如图4.47(b)所示为不正确结构。为便于造型时取模,铸件表面沿取模方向应有1∶20～1∶10的取模斜度。铸件应尽量避免出现夹缝,此时沙型强度差,易产生废品,如图4.48所示。

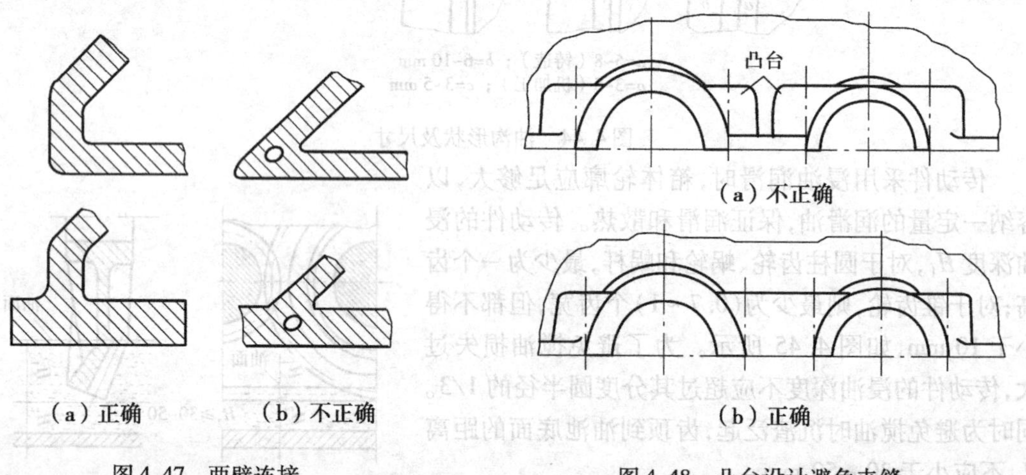

图4.47　两壁连接

图4.48　凸台设计避免夹缝

2)机械加工工艺性

在设计箱体时,要注意机械加工工艺性要求,尽可能减少机械加工面积。在如图 4. 49 所示的箱座底面的结构形状中,设计中要避免不必要的机械加工。如图 4. 49(a)所示全部进行机械加工的底面结构是不正确的。中、小型箱座多采用如图 4. 49(b)所示的结构形式,大型箱座则采用如图 4. 49(c)所示的结构形式。

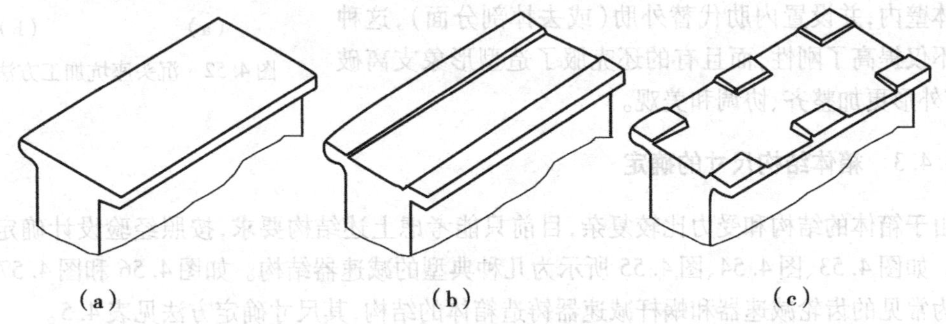

图 4. 49　箱座底面结构

为了保证加工精度和缩短加工时间,应尽量减少机械加工过程中刀具的调整次数。例如,同一轴线的两轴承座孔直径宜取相同值,以便于一次镗削以保证镗孔精度;又如,相邻轴承座孔端面应在同一平面上,这样可一次铣出(见图 4. 50)。

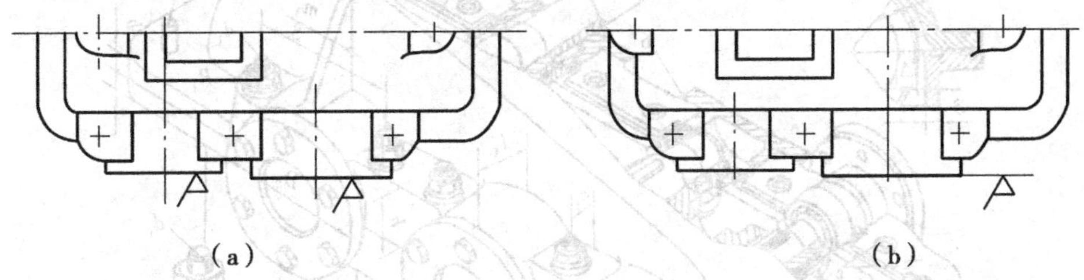

图 4. 50　箱体轴承座端面结构

设计铸造箱体时,箱体上的加工面与非加工面应严格分开,并且不应在同一平面内。箱体与其他零件接合处,如箱体轴承座端面与轴承盖(见图 4. 51),视孔与视孔盖、螺塞孔与螺塞及吊环螺钉孔与吊环螺钉等的支撑面应制出凸台,凸起高度为 5 ~ 8 mm,一般取下凹深度 2 ~ 3 mm。如图 4. 52 所示为沉头座坑的加工方法。

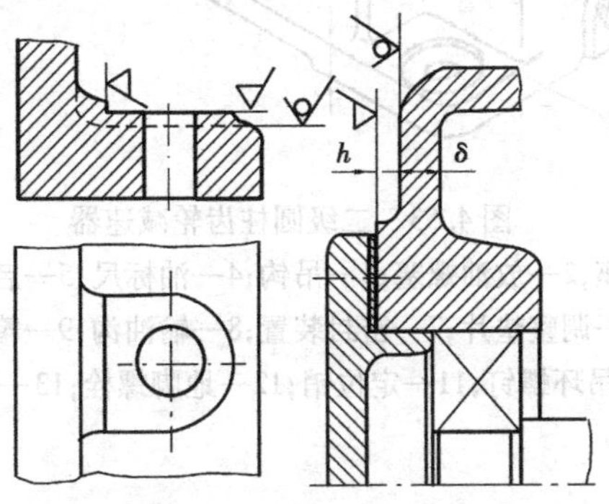

图 4. 51　加工表面与非加工表面应分开

(4)**箱体形状应力求均匀、美观**

箱体设计应考虑艺术造型问题。例如,采用"方形小圆角过渡"的造型比"曲线大圆角过渡"显得挺拔有力、庄重大方。外形的简洁和整齐会增加统一协调的美感,例如,尽量减少外凸形体,箱体剖分面的凸缘、轴承座凸台伸到箱体壁内,并设置内肋代替外肋(或去掉剖分面),这种结构不仅提高了刚性,而且有的还克服了造型形象支离破碎,使外形更加整齐、协调和美观。

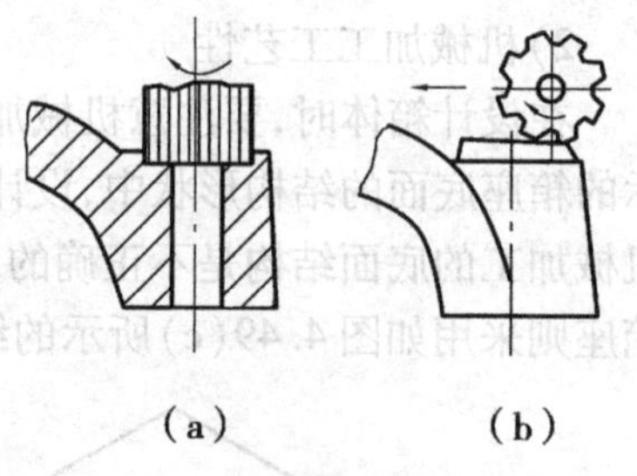

图 4.52　沉头座坑加工方法

4.4.3　箱体结构尺寸的确定

由于箱体的结构和受力比较复杂,目前只能考虑上述结构要求,按照经验设计确定结构尺寸。如图 4.53、图 4.54、图 4.55 所示为几种典型的减速器结构。如图 4.56 和图 4.57 所示分别为常见的齿轮减速器和蜗杆减速器铸造箱体的结构,其尺寸确定方法见表 4.5。

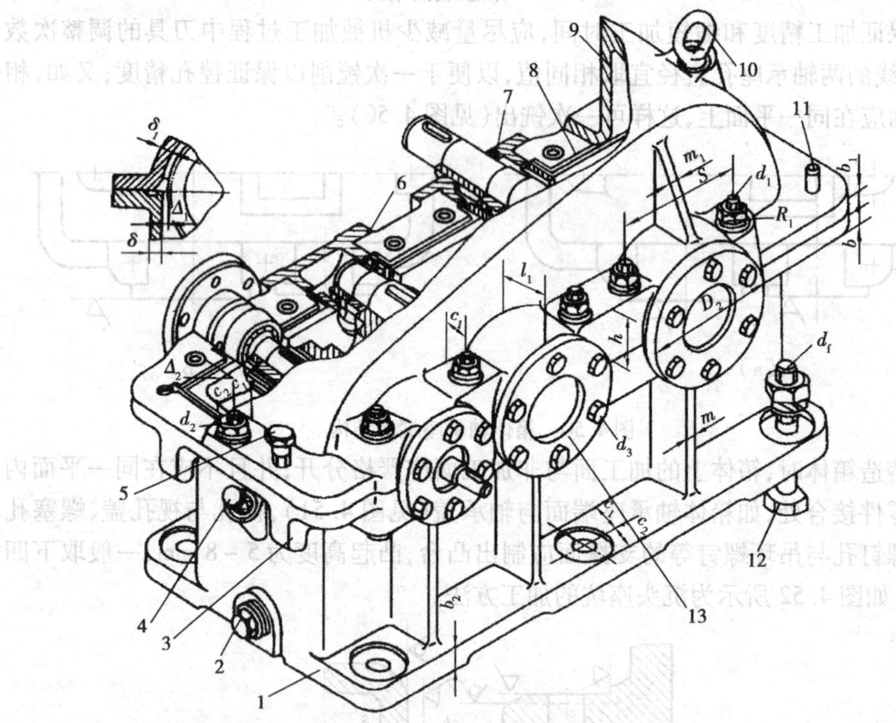

图 4.53　二级圆柱齿轮减速器

1—箱座;2—放油螺塞;3—吊钩;4—油标尺;5—启盖螺钉;
6—调整垫片;7—密封装置;8—输油沟;9—箱盖;
10—吊环螺钉;11—定位销;12—地脚螺栓;13—轴承盖

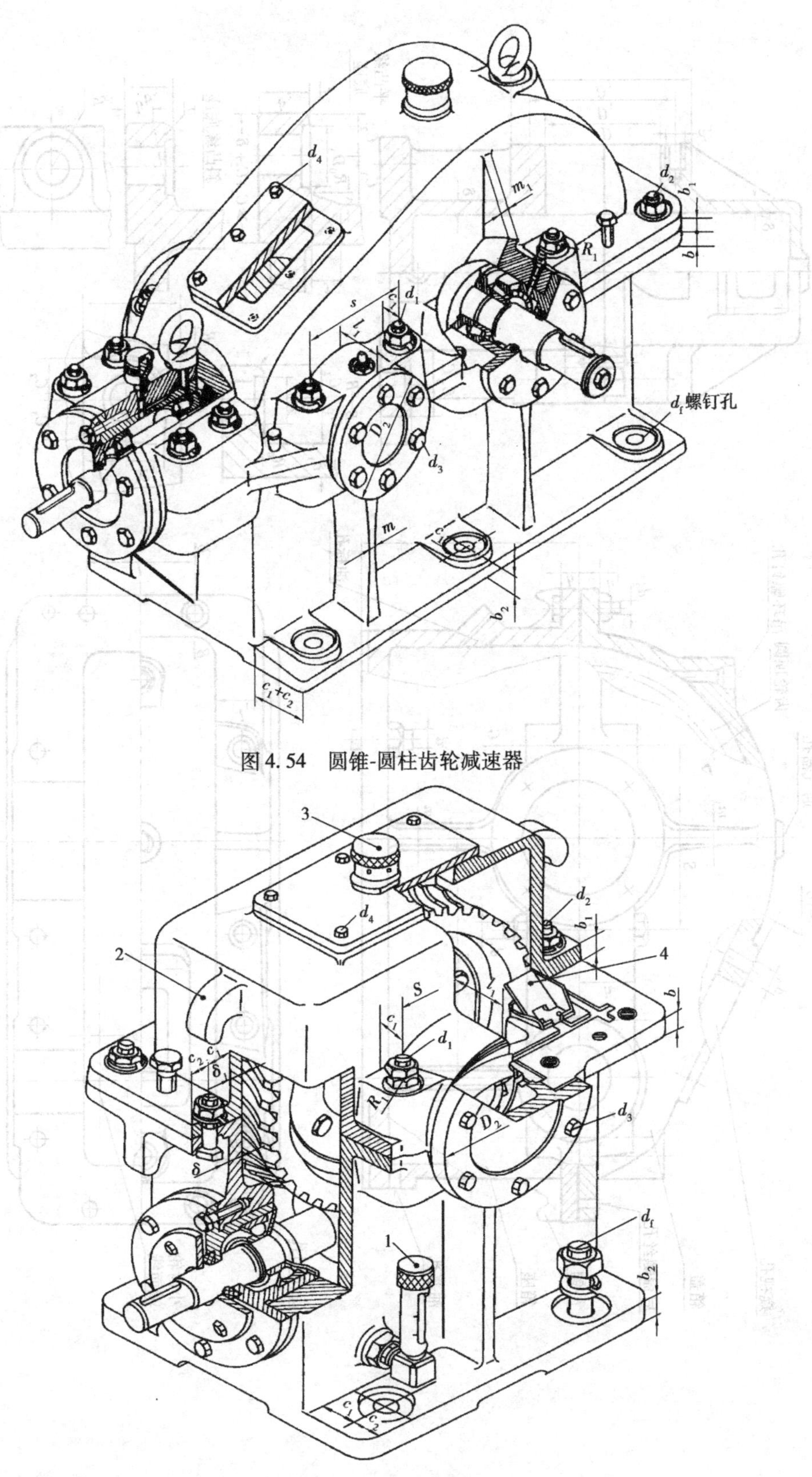

图 4.54 圆锥-圆柱齿轮减速器

图 4.55 蜗杆减速器

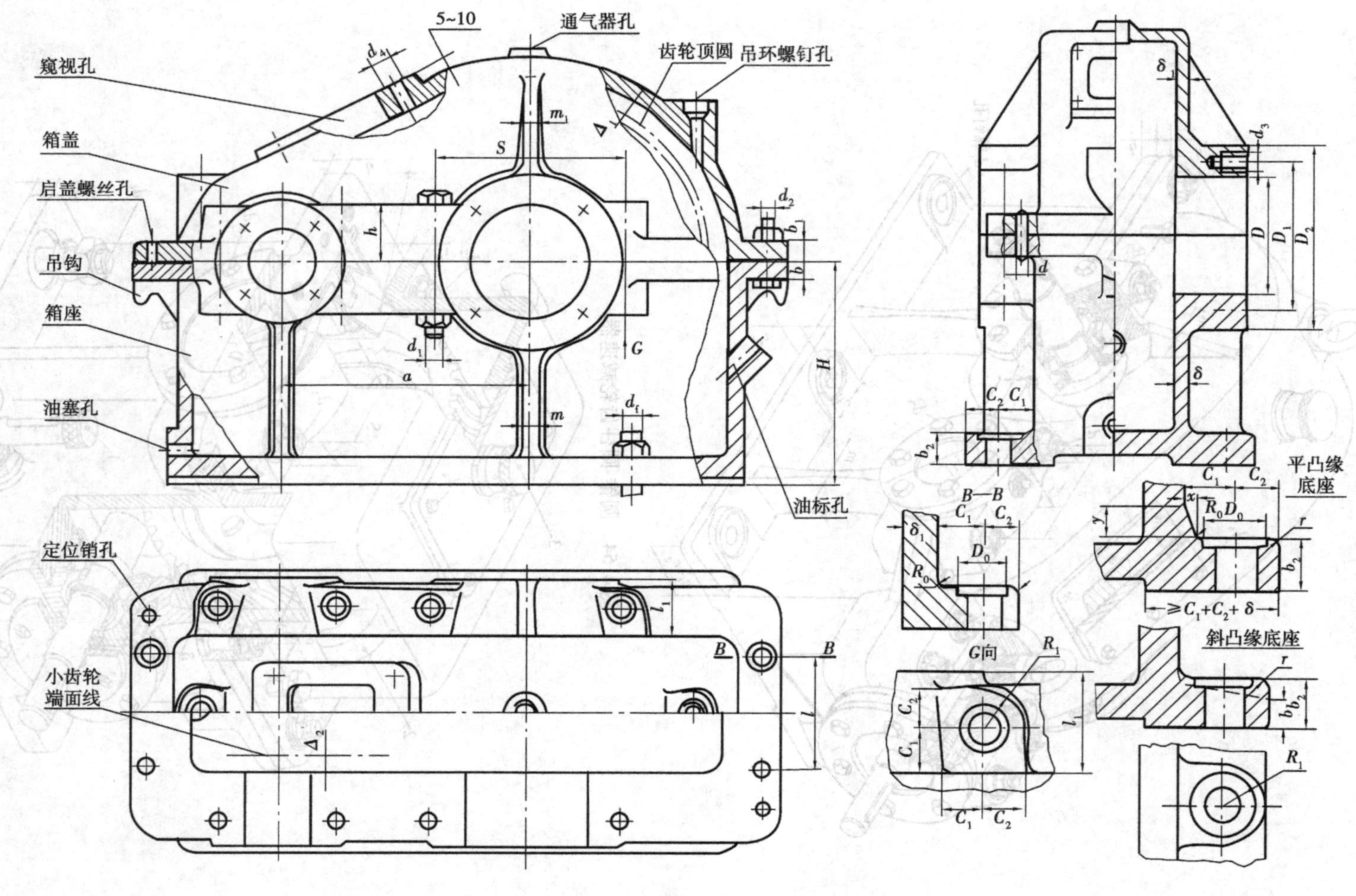

图4.56 齿轮减速器箱体结构

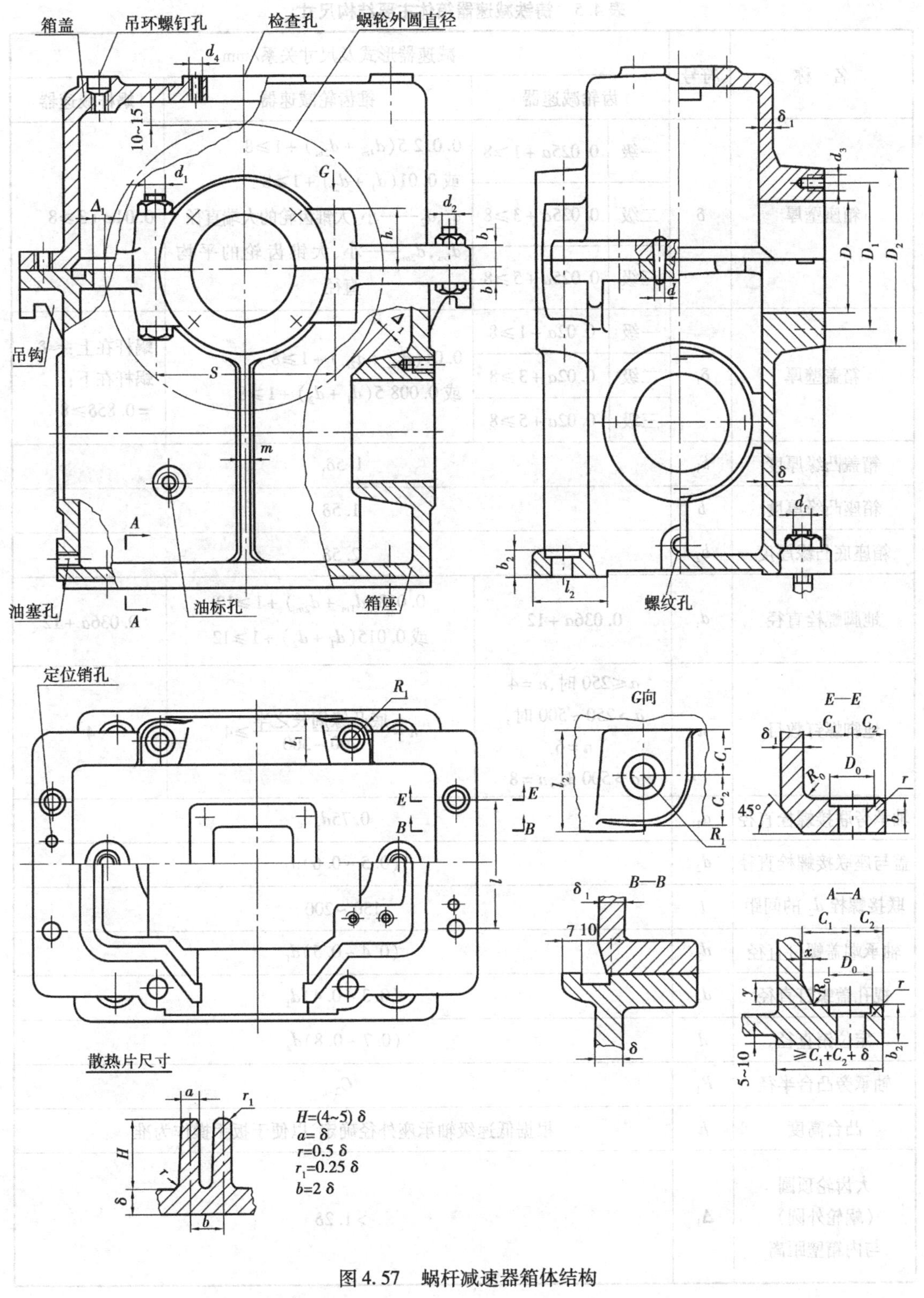

图 4.57　蜗杆减速器箱体结构

表 4.5　铸铁减速器箱体主要结构尺寸

名　称	符号	减速器形式及尺寸关系/mm			
		齿轮减速器		锥齿轮减速器	蜗杆减速器
箱座壁厚	δ	一级	$0.025a+1\geqslant 8$	$0.0125(d_{1m}+d_{2m})+1\geqslant 8$ 或 $0.01(d_1+d_2)+1\geqslant 8$ d_1, d_2——小、大锥齿轮的大端直径 d_{1m}, d_{2m}——小、大锥齿轮的平均直径	$0.04a+3\geqslant 8$
		二级	$0.025a+3\geqslant 8$		
		三级	$0.025a+5\geqslant 8$		
箱盖壁厚	δ_1	一级	$0.02a+1\geqslant 8$	$0.01(d_{1m}+d_{2m})+1\geqslant 8$ 或 $0.0085(d_1+d_2)+1\geqslant 8$	蜗杆在上：$\approx\delta$ 蜗杆在下： $=0.85\delta\geqslant 8$
		二级	$0.02a+3\geqslant 8$		
		三级	$0.02a+5\geqslant 8$		
箱盖凸缘厚度	b_1	$1.5\delta_1$			
箱座凸缘厚度	b	1.5δ			
箱座底凸缘厚度	b_2	2.5δ			
地脚螺栓直径	d_f	$0.036a+12$		$0.018(d_{1m}+d_{2m})+1\geqslant 12$ 或 $0.015(d_1+d_2)+1\geqslant 12$	$0.036a+12$
地脚螺钉数目	n	$a\leqslant 250$ 时，$n=4$ $a>250\sim 500$ 时，$n=6$ $a>500$ 时，$n=8$		$n=\dfrac{\text{底凸缘周长之半}}{200\sim 300}\geqslant 4$	4
轴承旁联接螺栓直径	d_1	$0.75d_f$			
盖与座联接螺栓直径	d_2	$(0.5\sim 0.6)d_f$			
联接螺栓 d_2 的间距	l	$150\sim 200$			
轴承端盖螺钉直径	d_3	$(0.4\sim 0.5)d_f$			
视孔盖螺钉直径	d_4	$(0.3\sim 0.4)d_f$			
定位销直径	d	$(0.7\sim 0.8)d_2$			
轴承旁凸台半径	R_1	C_2			
凸台高度	h	根据低速级轴承座外径确定，以便于扳手操作为准			
大齿轮顶圆（蜗轮外圆）与内箱壁距离	Δ_1	$>1.2\delta$			

续表

名　称	符号	减速器形式及尺寸关系/mm		
		齿轮减速器	锥齿轮减速器	蜗杆减速器
齿轮(锥齿轮或蜗轮轮毂)端面与内箱壁距离	Δ_2	$>\delta$		
箱盖、箱座肋厚	m_1, m	$m_1 \approx 0.85\delta_1; m \approx 0.85\delta$		
轴承端盖外径	D_2	$D+(5\sim5.5)d_3$;D——轴承外径		
轴承旁联接螺栓距离	S	尽量靠近,以 Md_1 和 Md_3 互不干涉为准,一般取 $s \approx D_2$		
外箱壁至轴承座端面距离	l_1	$C_1+C_2+(5\sim10)$		
d_f, d_1, d_2 至外箱壁距离	C_1	见表4.6		
d_f, d_2 至凸缘边缘距离	C_2	见表4.6		

表4.6　凸台及凸缘的结构尺寸(见图4.56、图4.57)

螺栓直径	M6	M8	M10	M12	M14	M16	M18	M20	M22	M24	M27	M30
$C_{1\min}$	12	14	16	18	20	22	24	26	30	34	38	40
$C_{2\min}$	10	12	14	16	18	20	22	24	26	28	32	35
D_0	13	18	22	26	30	33	36	40	43	48	53	61
$R_{0\max}$	5					8				10		
$r_{\max}$	3						5			8		

4.5　润滑与密封

减速器的主要传动件和轴承都需要良好的润滑,其主要目的是减少摩擦、磨损和提高传动效率。润滑过程中润滑油带走热量,使热量通过箱体表面散发到周围空气中,因而润滑又起到冷却、散热的作用。

4.5.1 润滑

(1)传动件的润滑

齿轮在传动时,相啮合的齿面间有相对滑动,因此就要发生摩擦和磨损,增加动力消耗,降低传动效率。轮齿啮合面间添加润滑剂,可以避免金属直接接触,减少摩擦损失,还可以散热及防锈。因此,对齿轮传动进行适当的润滑,可改善齿轮的工作状况。

绝大多数减速器的传动件都采用油润滑,其主要润滑方式为浸油润滑。对于高速传动,则采用喷油润滑。

1)浸油润滑

浸油润滑是将传动件的一部分浸入油池中,当传动件转动时,黏附的油被带到啮合区进行润滑。适用于齿轮的圆周速度 $v \leqslant 12$ m/s,蜗杆圆周速度 $v \leqslant 10$ m/s 的场合。轮齿浸入油池的深度可视齿轮的圆周速度大小而定。圆柱齿轮浸油深度以一个齿高、但不小于 10 mm 为宜。当速度较低($v < 0.5 \sim 0.8$ m/s)时,允许浸油深度达 1/6 ~ 1/3 的分度圆半径。圆锥齿轮应浸入整个齿宽(至少浸入半个齿宽)。

多级传动中,当高速级大齿轮浸油深度合适时,可能低速级大齿轮浸油过深。此时,高速级大齿轮可采用带油轮来润滑,利用带油轮将油带入高速级齿轮啮合区进行润滑(见图 4.58);低速级仍采用浸油润滑。

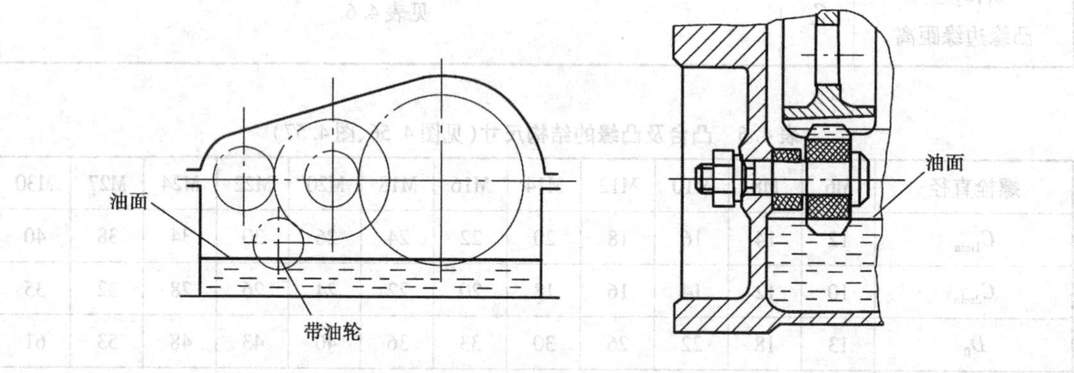

图 4.58 采用带油轮的浸油润滑

蜗杆减速器传动件采用浸油润滑时,当蜗杆圆周速度 $5\ \text{m/s} < v \leqslant 10$ m/s 时,建议采用蜗杆上置式结构(见图 4.59(a)),将蜗轮浸入油池中,其浸油深度与圆柱齿轮相同;当蜗杆圆周速度 $v \leqslant 5$ m/s 采用蜗杆下置式结构(见图 4.59(b)),将蜗杆浸入油池中,其浸油深度为 0.75 ~1 个齿高,但油面不应超过滚动轴承最低滚动体的中心,以免轴承因搅油损耗大而降低效率。当油面达到滚动轴承最低滚动体的中心,而蜗杆尚未浸入油中或浸油深度不够时,可在蜗杆轴上安装溅油轮(见图 4.60),利用溅油轮将油带至蜗轮端面上,而后流入啮合区进行润滑。

浸油润滑的油池应保持一定的深度和储油量。齿顶圆距油池底部的距离不应小于 30 ~ 50 mm,以免搅起油池底部的杂质。油池中油量的多少,取决于齿轮传递功率的大小。单级传动时每传递 1 kW 功率需油 0.35 ~0.7 L。多级传动时需油量按比例增加。

2)喷油润滑

当齿轮的圆周速度 $v \geqslant 12$ m/s 或蜗杆圆周速度 $v \geqslant 10$ m/s 时,因黏附在轮齿上的油会被

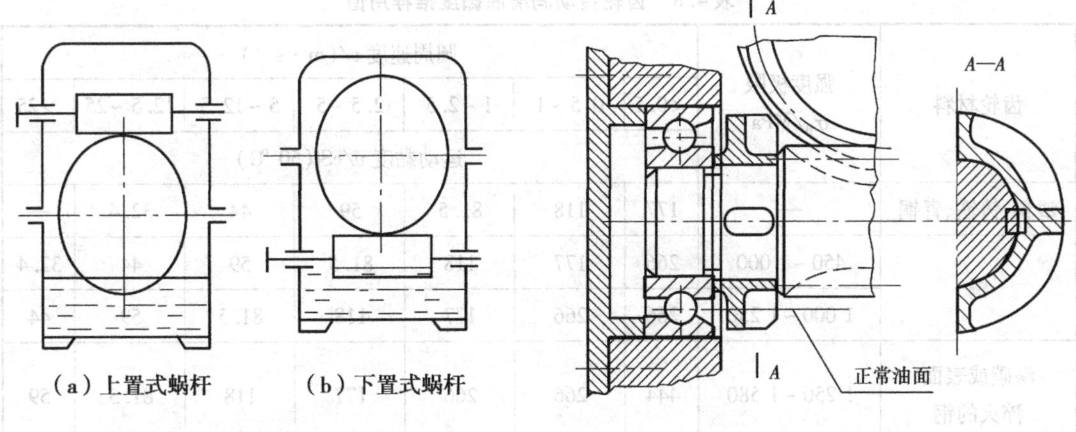

图4.59　蜗杆传动浸油润滑　　　　图4.60　溅油轮润滑

离心力甩掉，而且搅油损耗大，使油温升高，降低润滑油性能。此时，应采用喷油润滑，即用油泵将润滑油直接喷到啮合区进行润滑。

齿轮传动常用润滑油牌号按表4.7选取，润滑油黏度按表4.8选取。

表4.7　齿轮传动常用的润滑剂[1]

名　称	牌号	运动黏度 ν/cSt(40 ℃)	应　用
重负荷工业齿轮油（GB 5903—1995）	100	90 ~ 110	适用于工业设备齿轮的润滑
	150	135 ~ 165	
	220	198 ~ 242	
	320	288 ~ 352	
中负荷工业齿轮油（GB 5903—1995）	68	61.2 ~ 74.8	适用于煤炭、水泥和冶金等工业部门的大型闭式齿轮传动装置的润滑
	100	90 ~ 110	
	150	135 ~ 165	
	220	198 ~ 242	
	320	288 ~ 352	
	460	414 ~ 506	
普通开式齿轮油（SH/T 0363—1992）		100	主要适用于开式齿轮、链条和钢丝绳的润滑
	68	60 ~ 75	
	100	90 ~ 110	
	150	135 ~ 165	
钙钠基润滑脂（SH/T 0368—1992）	1号 2号		适用于80 ~ 100，有水分或较潮湿的环境中工作的齿轮传动，但不适于低温工作情况

注：表中所列仅为齿轮油的一部分，必要时可参考有关资料。

表 4.8　齿轮传动润滑油黏度推荐用值

齿轮材料	强度极限 σ_B/MPa	圆周速度 v/(m·s^{-1})						
		<0.5	0.5～1	1～2.5	2.5～5	5～12.5	12.5～25	>25
		运动黏度 υ/cSt(50 ℃)						
塑料、铸铁、青铜	—	177	118	81.5	59	44	32.4	—
钢	450～1 000	266	177	118	81.5	59	44	32.4
钢	1 000～1 250	266	266	177	118	81.5	59	44
渗碳或表面淬火的钢	1 250～1 580	444	266	266	177	118	81.5	59

注：多级齿轮传动，采用各级传动圆周速度的平均值来选取润滑油黏度。

(2)**滚动轴承的润滑**

润滑对于轴承具有重要意义，轴承中的润滑剂不仅可降低摩擦阻力，还可起着散热、减小接触应力、吸收振动、防止锈蚀等作用。

轴承常用的润滑方式有脂润滑和油润滑两类。润滑方式根据轴承速度大小选取，一般用滚动轴承的 dn 值(d 为滚动轴承的内径，mm；n 为轴承转速，r/min)表示轴承速度大小。

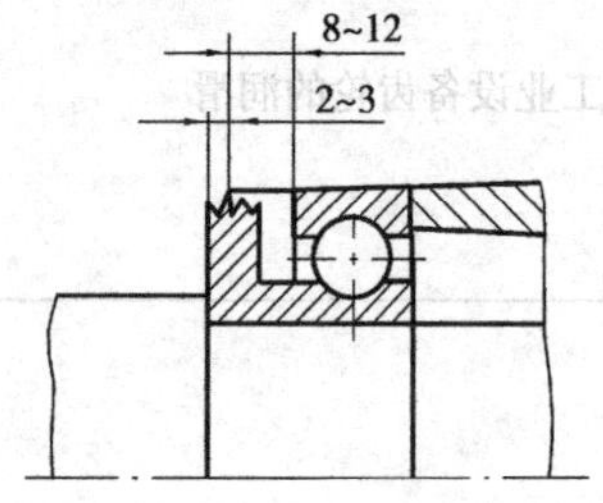

图 4.61　挡脂环和轴承位置

1)脂润滑

润滑脂不易流失，便于密封和维护，一次充填润滑脂可运行较长时间，但润滑脂黏性大，高速时摩擦阻力大，高温时易变稀而流失。当滚动轴承速度较低($dn \leqslant 2 \times 10^5$ mm·r/min)时，常采用脂润滑。润滑脂通常在装配时填入轴承腔内，其填装量一般不超过腔内空间的 1/3～1/2，以后每两年添加 1 次。润滑脂的牌号参见表 4.7。为防止箱内润滑油进入轴承，使润滑脂稀释而流出，通常在箱体轴承座内侧一端安装如图 4.61 所示挡脂环。

2)油润滑

当滚动轴承速度较高($dn > 2 \times 10^5$ mm·r/min)时，常采用油润滑，油的黏度可根据轴承速度 dn 值和工作温度值确定，然后按黏度值从润滑油产品目录中选出相应的润滑油牌号，参见表 4.7 和表 4.8。油润滑的方式主要有飞溅润滑、油浴润滑、刮油润滑等。

飞溅润滑是一般闭式齿轮传动装置中的轴承常用的润滑方式，即利用齿轮的转动把润滑齿轮的油甩到四周壁面上，然后通过适当的沟槽把油引入轴承中。如图 4.62 所示，为使飞溅到箱盖内壁上的润滑油能够通畅地流进轴承，在箱盖分箱面处制出坡面，并在箱座分箱面上制出油沟，在轴承盖上制出缺口和环形通路。

下置式蜗杆轴的轴承，由于位置较低，可利用箱内油池中的润滑油油浴润滑，但油面不应高于轴承最下面滚动体的中心，以免搅油功率损耗太大。

当较大传动件的圆周速度很低时($v < 2$ m/s)，可在传动件侧面装刮油板，以接纳转动零件从油池中带出的润滑油并导入轴承中进行润滑如图 4.63 所示。

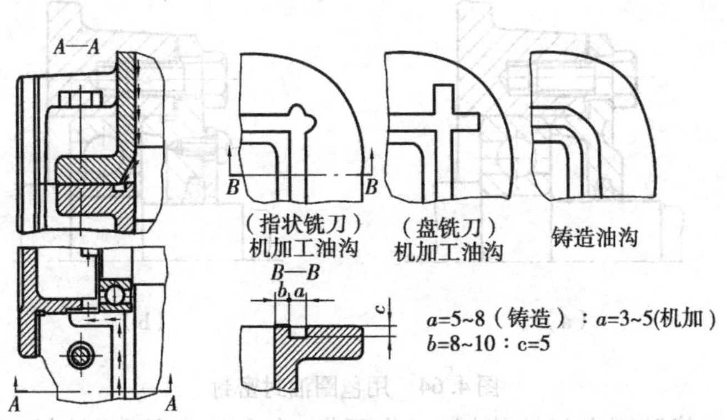

图4.62　油路和油沟结构及尺寸

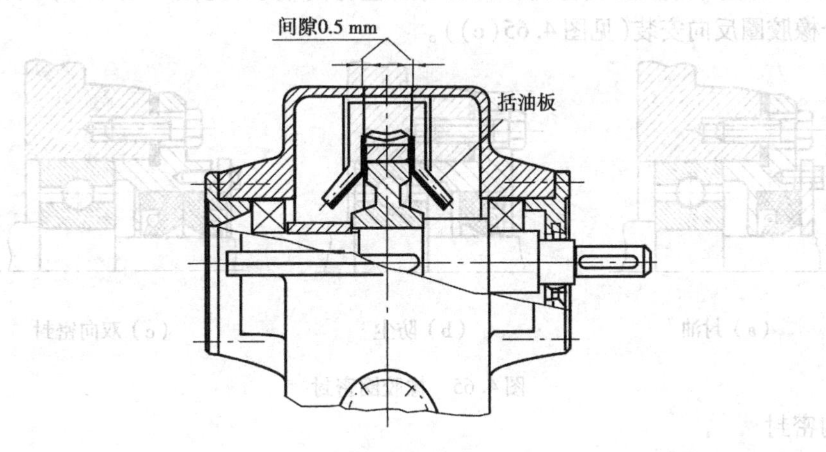

图4.63　刮油润滑

4.5.2　密封

减速器需要密封处一般有轴的伸出端、轴承室内侧、箱体接合面、轴承盖、观察孔和放油孔等。

(1)滚动轴承的密封

轴伸端密封是为了防止轴承的润滑剂漏失及箱外杂质、灰尘侵入。滚动轴承的密封方式有接触式和非接触式两种,其形式很多,密封效果也不相同,设计时应根据轴密封表面的圆周速度、周围环境及润滑剂性质等选用合适的密封并设计合理的结构。常见的密封装置有以下4种形式:

1)毡圈密封

毡圈密封(见图4.64)是利用将矩形截面的毡圈嵌入梯形槽中对轴产生压紧作用来获得密封效果。毡圈油封及梯形槽尺寸见附录Ⅱ表Ⅱ.105。毡圈密封结构简单,但磨损快,密封效果差。它主要用于脂润滑和接触面速度不超过5 m/s的油润滑的场合。

2)唇形橡胶圈密封

橡胶圈密封利用密封圈唇形结构部分的弹性和弹簧圈的箍紧力,使唇形部分紧贴在轴表

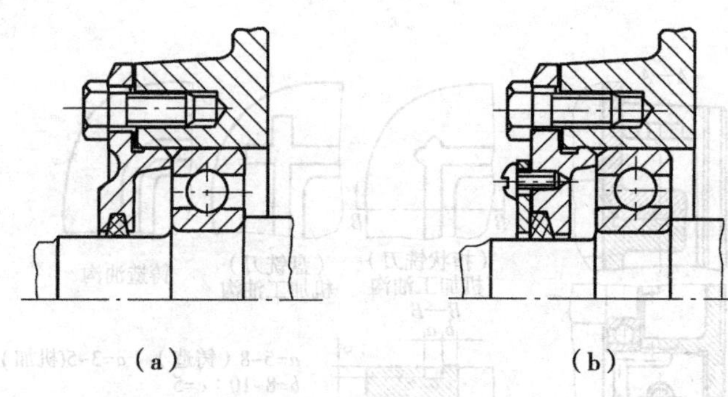

图 4.64　用毡圈油封密封

面,起到密封作用。橡胶圈密封性能好,工作可靠,寿命长,可用于接触面速度不超过 7 m/s 的场合。设计时应使密封唇方向朝向密封的部位。为了封油,密封唇应对着轴承(见图 4.65(a));为了防止外界灰尘、杂质侵入,密封唇应背向轴承(见图 4.65(b));双向密封时,可使用两个橡胶圈反向安装(见图 4.65(c))。

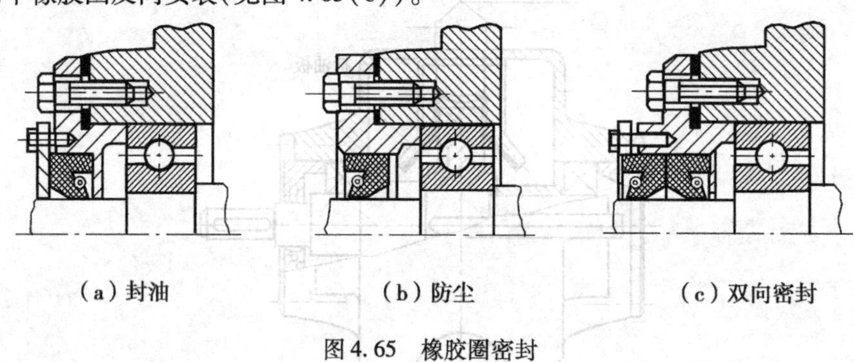

图 4.65　橡胶圈密封

3)油沟密封

如图 4.66 所示,油沟密封利用轴与轴承盖孔之间的环槽和微小间隙来实现密封。环槽中填入润滑脂,密封效果会更好。油沟密封槽的尺寸见附录Ⅱ表Ⅱ.109。油沟式密封结构简单,密封效果较差,适用于脂润滑及较清洁的场合。

4)迷宫密封

如图 4.67 所示,迷宫密封利用固定在轴上的转动元件与轴承盖间构成的曲折而狭窄的缝隙来实现密封。缝隙中填入润滑脂,可以提高密封效果。迷宫密封效果好,密封件不磨损,可用于脂润滑和油润滑的场合,一般不受轴表面圆周速度的限制。

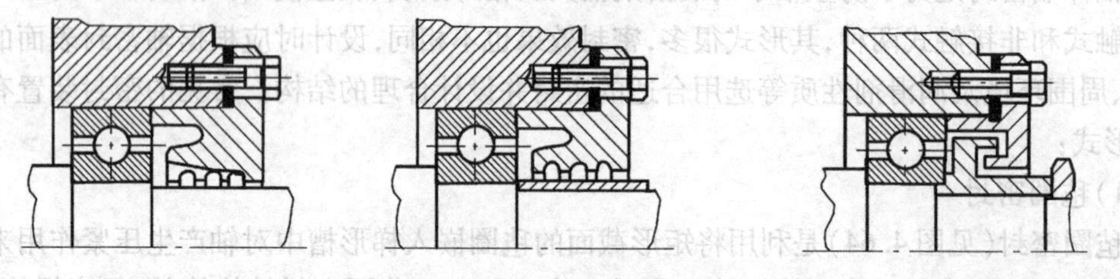

图 4.66　油沟密封　　　　图 4.67　迷宫密封

(2)**箱体和放油螺塞的密封**

减速器中需要密封的部位除了轴承外,一般还有箱体接合面和放油螺塞处等。箱体与箱座接合面处的密封常用涂水玻璃或密封胶的方法来实现。因此,对接合面的几何精度和表面粗糙度都有一定要求。为了提高接合面的密封性,可在接合面上开回油沟,使渗入接合面之间的油重新流回箱体内部。放油螺塞处可采用封油垫圈来加强密封效果。

4.6 减速器的附件结构

为了保证减速器正常工作和具备完善的性能,设计箱体时还常对减速器附件作出合理的选择与设计。

4.6.1 窥视孔及视孔盖

窥视孔用于检查传动件的啮合情况、润滑状态、接触斑点及齿侧间隙,并可由该孔向箱体内注入润滑油。窥视孔应设置在便于观察传动件啮合区的位置,其尺寸大小应便于观察和检查操作,如图4.68所示。窥视孔上设有视孔盖,用螺钉紧固,视孔盖可用钢板、铸铁或有机玻璃等材料制成,它和箱体之间加密封垫片,以防止污物进入箱体或润滑油渗漏出来,还可在孔口处加过滤装置,以过滤注入油中的杂质。视孔盖与箱盖的联接结构如图4.68所示。其结构形式可参考如图4.69所示,尺寸由结构设计确定。视孔盖结构尺寸见表4.9。

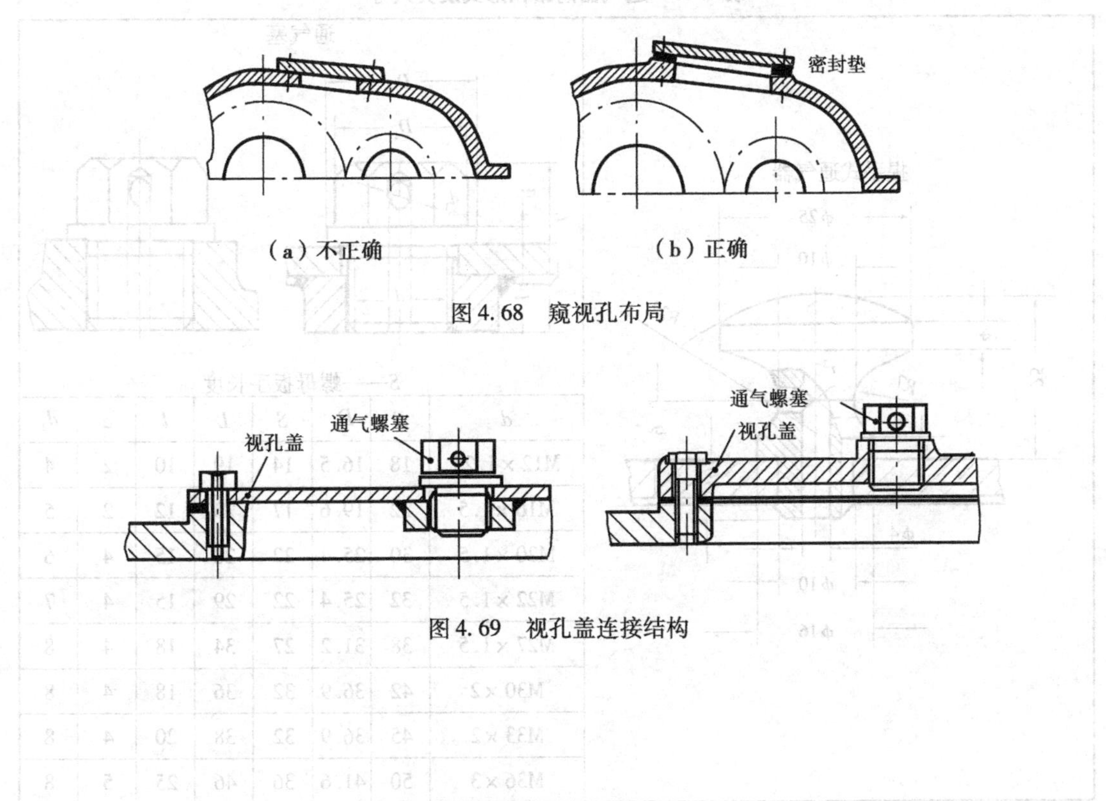

图4.68 窥视孔布局

图4.69 视孔盖连接结构

表 4.9　视孔盖结构及其尺寸

减速器中心距 α,α_Σ		l_1	l_2	b_1	b_2	d 直径	d 孔数	盖厚 δ	R
单级	$\alpha\leqslant150$	90	75	70	55	7	4	4	5
单级	$\alpha\leqslant250$	120	105	90	75	7	4	4	5
单级	$\alpha\leqslant350$	180	165	140	125	7	8	4	5
单级	$\alpha\leqslant450$	200	180	180	160	11	8	4	10
单级	$\alpha\leqslant500$	220	200	200	180	11	8	4	10
双级	$\alpha_\Sigma\leqslant250$	140	125	120	105	7	8	4	5
双级	$\alpha_\Sigma\leqslant425$	180	165	140	125	7	8	4	5
双级	$\alpha_\Sigma\leqslant500$	220	190	160	130	11	8	4	15
双级	$\alpha_\Sigma\leqslant650$	270	240	180	150	11	8	6	15

4.6.2　通气器

减速器工作时，由于摩擦发热导致箱内温度升高、气体膨胀、压力增大等现象。为使箱体内受热膨胀的空气和油蒸汽能自由地排出，以保持箱体内外压力平衡，不致使润滑油沿箱体接合面、轴伸处及其他缝隙渗漏出来，通常在箱盖顶部或视孔盖上设置通气器。常用的有通气塞、通气帽和通气罩 3 种结构形式。通气塞一般适用小尺寸及发热较小的减速器，并且环境比较干净。通气罩一般用在较大型的减速器，通气塞结构简单，用在环境清洁的场合。通气器的结构尺寸形式及其尺寸见表 4.10。

表 4.10　通气器的结构形式及其尺寸

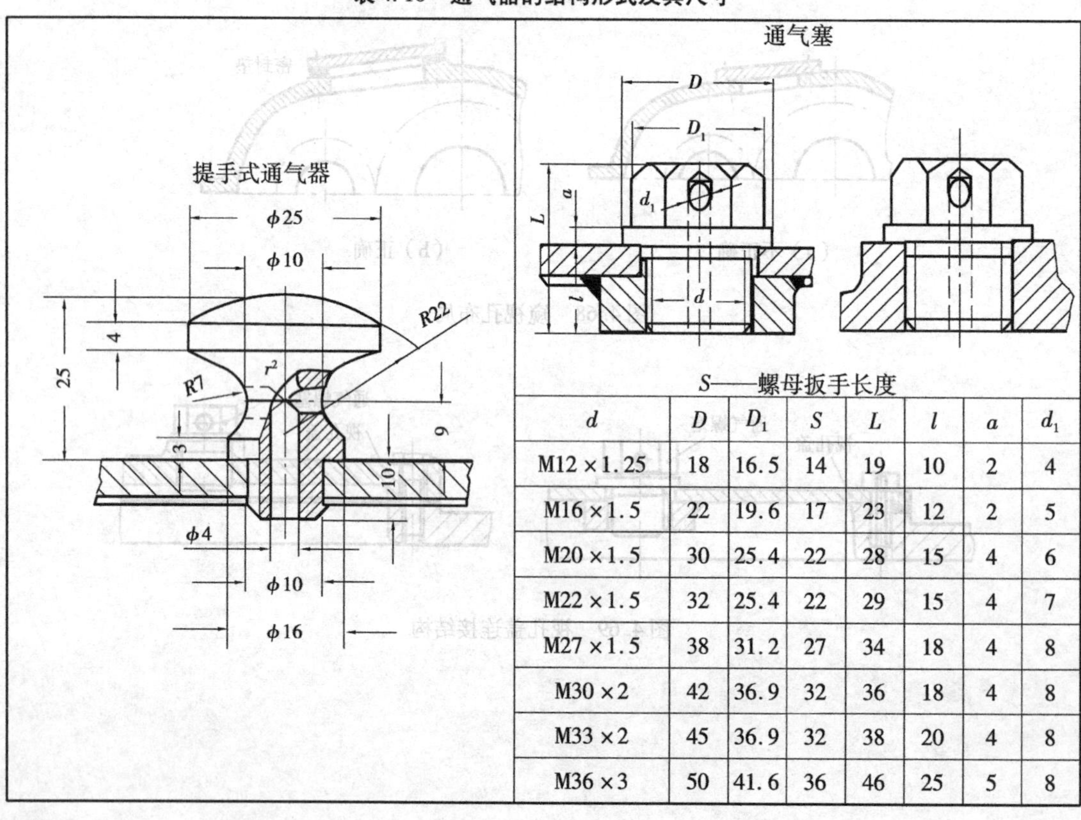

d	D	D_1	S	L	l	a	d_1
M12×1.25	18	16.5	14	19	10	2	4
M16×1.5	22	19.6	17	23	12	2	5
M20×1.5	30	25.4	22	28	15	4	6
M22×1.5	32	25.4	22	29	15	4	7
M27×1.5	38	31.2	27	34	18	4	8
M30×2	42	36.9	32	36	18	4	8
M33×2	45	36.9	32	38	20	4	8
M36×3	50	41.6	36	46	25	5	8

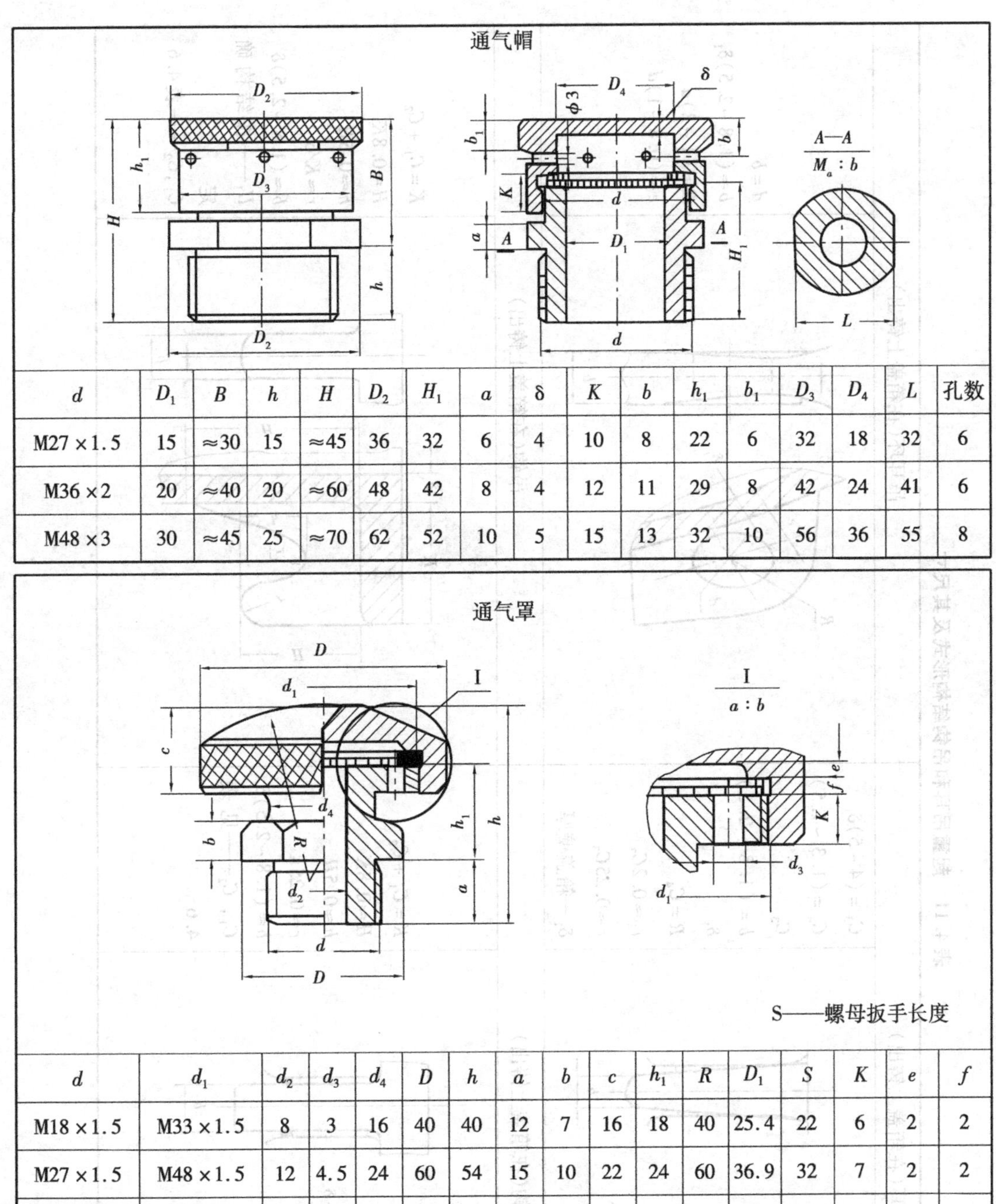

通气帽

d	D_1	B	h	H	D_2	H_1	a	δ	K	b	h_1	b_1	D_3	D_4	L	孔数
M27×1.5	15	≈30	15	≈45	36	32	6	4	10	8	22	6	32	18	32	6
M36×2	20	≈40	20	≈60	48	42	8	4	12	11	29	8	42	24	41	6
M48×3	30	≈45	25	≈70	62	52	10	5	15	13	32	10	56	36	55	8

通气罩

S——螺母扳手长度

d	d_1	d_2	d_3	d_4	D	h	a	b	c	h_1	R	D_1	S	K	e	f
M18×1.5	M33×1.5	8	3	16	40	40	12	7	16	18	40	25.4	22	6	2	2
M27×1.5	M48×1.5	12	4.5	24	60	54	15	10	22	24	60	36.9	32	7	2	2
M36×1.5	M64×1.5	16	6	30	80	70	20	13	28	32	80	53.1	41	10	3	3

4.6.3　吊环螺钉、吊耳及吊钩

为便于拆卸和搬运减速器，应在箱体箱盖上设置起吊装置。常见的起吊装置由箱盖上的吊孔和箱座凸缘下的吊耳构成。也可采用吊环螺钉拧入箱盖以起吊小型减速器。吊环螺钉为标准件，其公称直径按起吊质量选取。起重吊耳和吊钩结构形式及其尺寸见表 4.11。

表 4.11　起重吊耳和吊钩结构形式及其尺寸

吊耳(在箱盖上铸出)		吊耳环(在箱盖上铸出)	
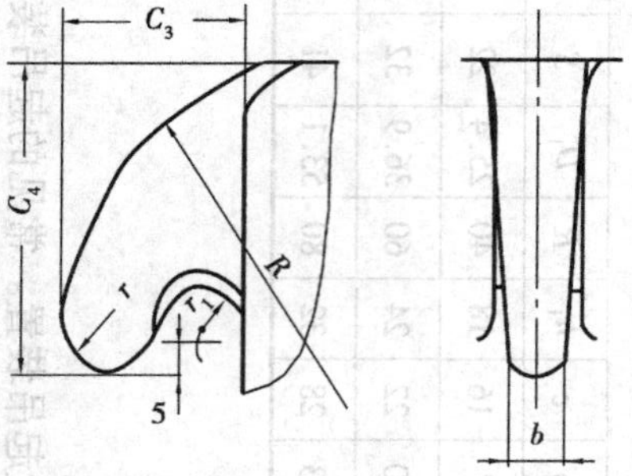	$C_3=(4\sim5)\delta_1$ $C_4=(1.3\sim1.5)C_3$ $b=(1.8\sim2.5)\delta_1$ $R=C_4$ $r_1\approx0.2C_3$ $r\approx0.25C_3$ δ_1—箱盖壁厚	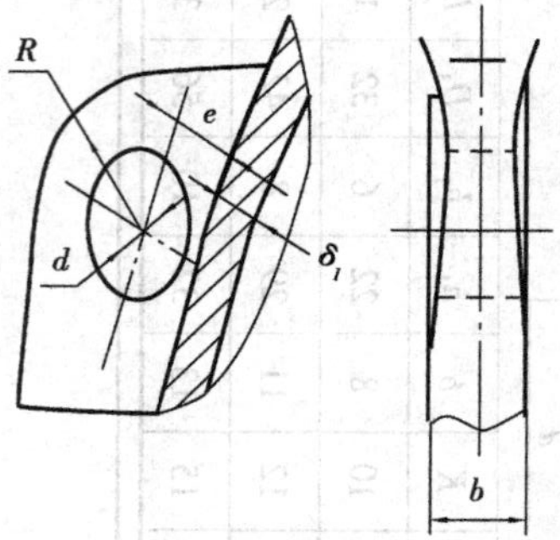	$d=b$ $b\approx(1.8\sim2.5)\delta_1$ $R\approx(1\sim2)d$ $e\approx(0.8\sim1)d$
吊钩(在箱盖上铸出)		吊钩(在箱盖上铸出)	
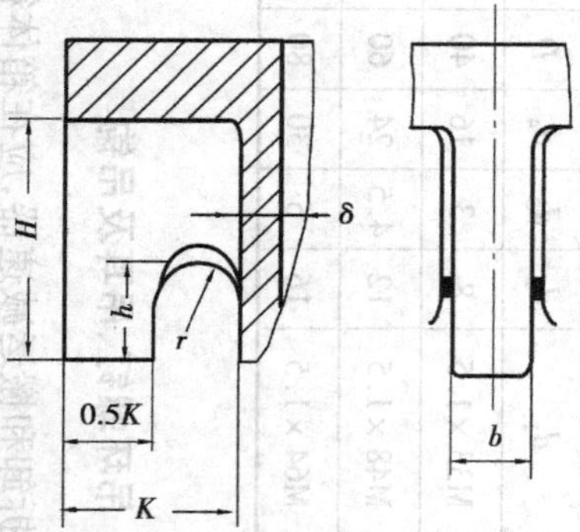	$K=C_1+C_2$ $H\approx0.8K$ $h\approx0.5H$ $r\approx0.25K$ $b\approx(1.8\sim2.5)\delta$ C_1，C_2——见表4.6	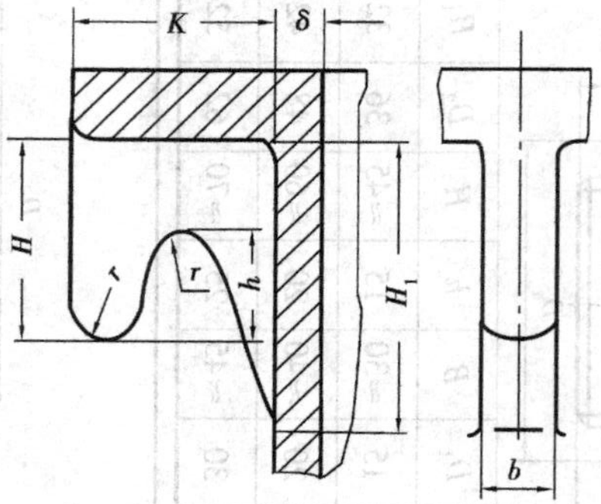	$K=C_1+C_2$ $H\approx0.8K$ $h\approx0.5H$ $r\approx K/6$ $b\approx(1.8\sim2.5)\delta$ H_1——按结构确定 C_1,C_2——表4.6

4.6.4　定位销

为了精确地加工轴承座孔,并保证减速器每次装拆后轴承座的上下半孔始终保持加工时的位置精度,应在箱盖和箱座的剖分面加工完毕并用螺栓紧固之后、镗孔之前,在箱盖和箱座的联接凸缘上配装两个定位销。定位销的位置应便于钻、铰加工,且不妨碍附近联接螺栓的装拆。两定位销应相距较远,且尽量对角布置,以提高定位精度。

定位销是标准件。常用的定位销有圆柱销和圆锥销两种,多采用圆锥销,一般定位销的公称直径为箱体凸缘联接螺栓直径的0.7~0.8倍,定位销长度应大于箱盖和箱座联接凸缘的总厚度,以便于装拆,其联接方式如图4.70所示。

4.6.5　启盖螺钉

为了加强密封效果,防止润滑油从箱体剖分面处渗漏,通常在箱盖和箱座剖分面上涂以水玻璃或密封胶,因而在拆卸时往往因黏结较紧而不易分开。为此在箱盖凸缘的适当位置上设置两个启盖螺钉。拆卸箱盖时,可先拧动此螺钉便可将箱盖顶起。

启盖螺钉的直径与箱盖凸缘联接螺栓直径相同,其长度应大于箱盖凸缘的厚度。其端部应为圆柱形或半圆形,以免在拧动时将其端部螺纹破坏,采用如图4.71所示的端部结构。

4.6.6　油标

为了指示减速器内油面的高度,以保持箱内正常的油量,应在便于观察和油面比较稳定的部位设置油面指示器。油标有多种类型及规格,其中杆式油标结构简单,在减速器中应用较多。检查油面时需将油标拔出,以其上的油痕判断油面高度是否合适。设计时应合理确定杆式油标插座的位置及倾斜角度,油标安装的位置不能太低,以防油溢出,又要便于杆式油标的插取及插座上沉头座孔的加工,如图4.72所示。油标的结构和尺寸可参见附录Ⅱ表Ⅱ.103。

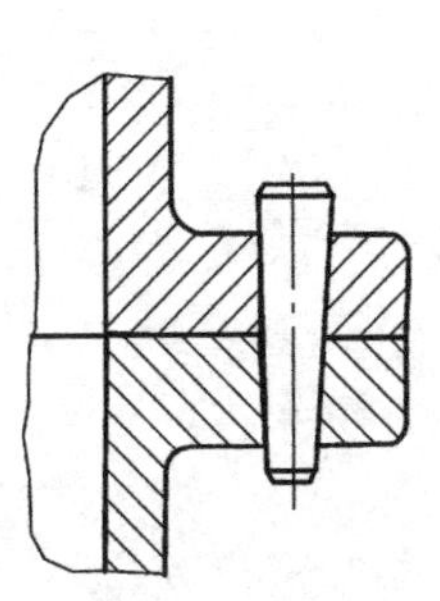

图4.70　定位销

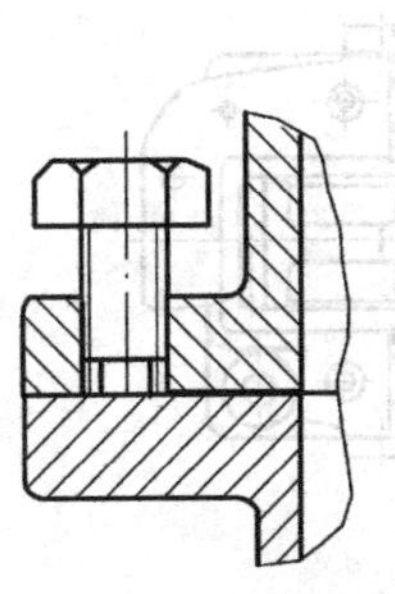

图4.71　启盖螺钉结构

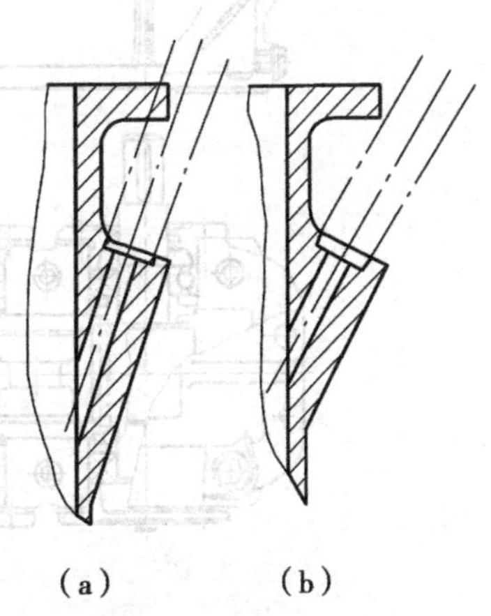

图4.72　油标尺的位置

4.6.7 螺塞及排油孔

为了将污油排放干净，应在油池的最低位置处设置放油孔（见图4.73）。平时放油孔用螺塞及封油垫圈密封，圆柱螺塞必须配置密封垫圈，垫圈材料为耐油橡胶、石棉及皮革等。螺塞直径约为箱体壁厚的2～3倍。螺塞标准可参见附录Ⅱ表Ⅱ.104。

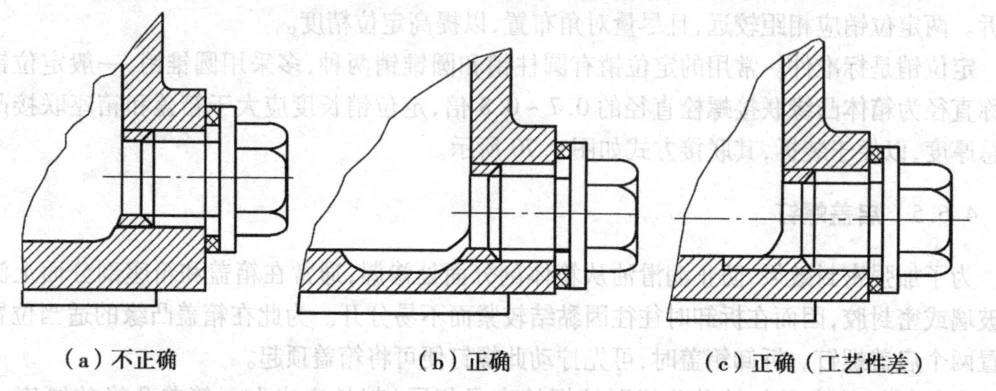

图4.73 放油孔的位置

箱体与附件设计完成后，装配草图就完成了。如图4.74、图4.75、图4.76所示为这一阶段设计的一级圆柱齿轮减速器及蜗杆减速器和二级圆柱齿轮减速器的装配草图。

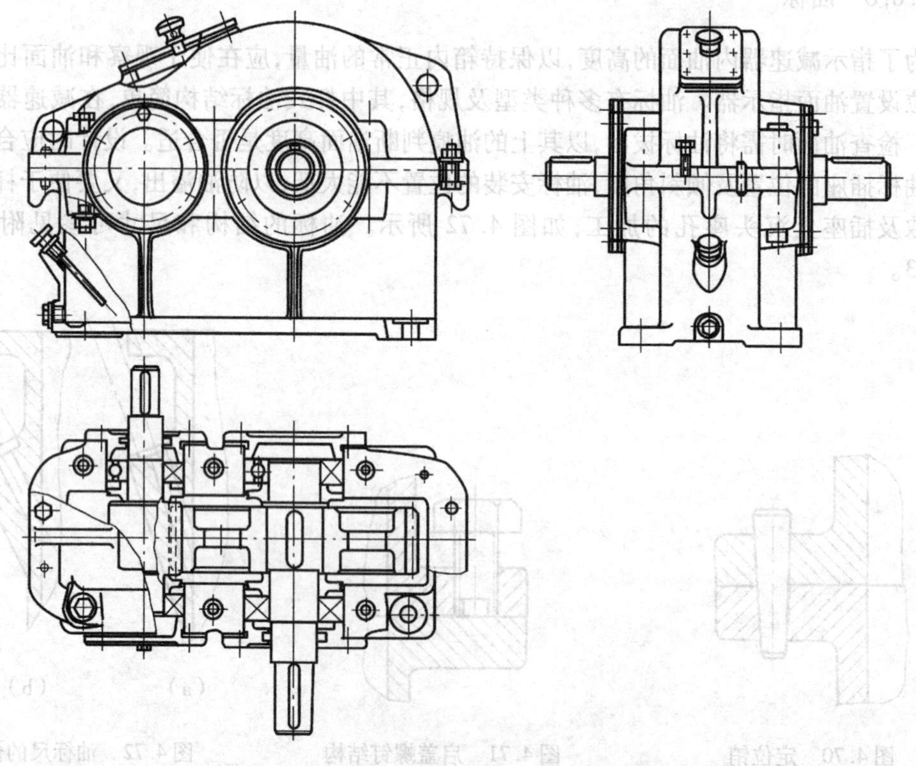

图4.74 一级圆柱齿轮减速器装配草图（四）

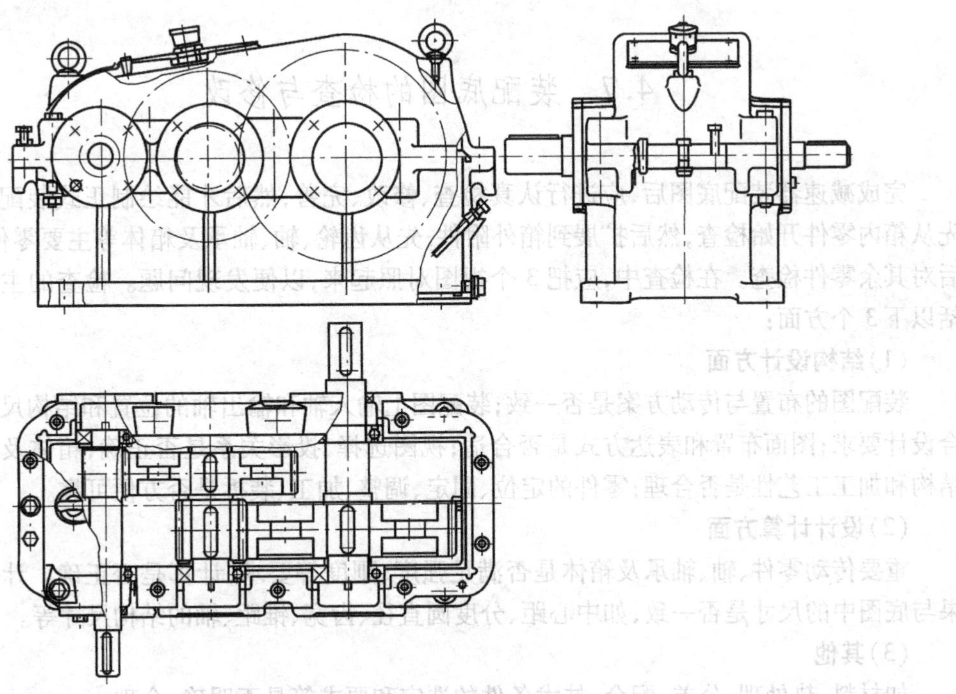

图4.75　蜗杆减速器器装配草图(四)

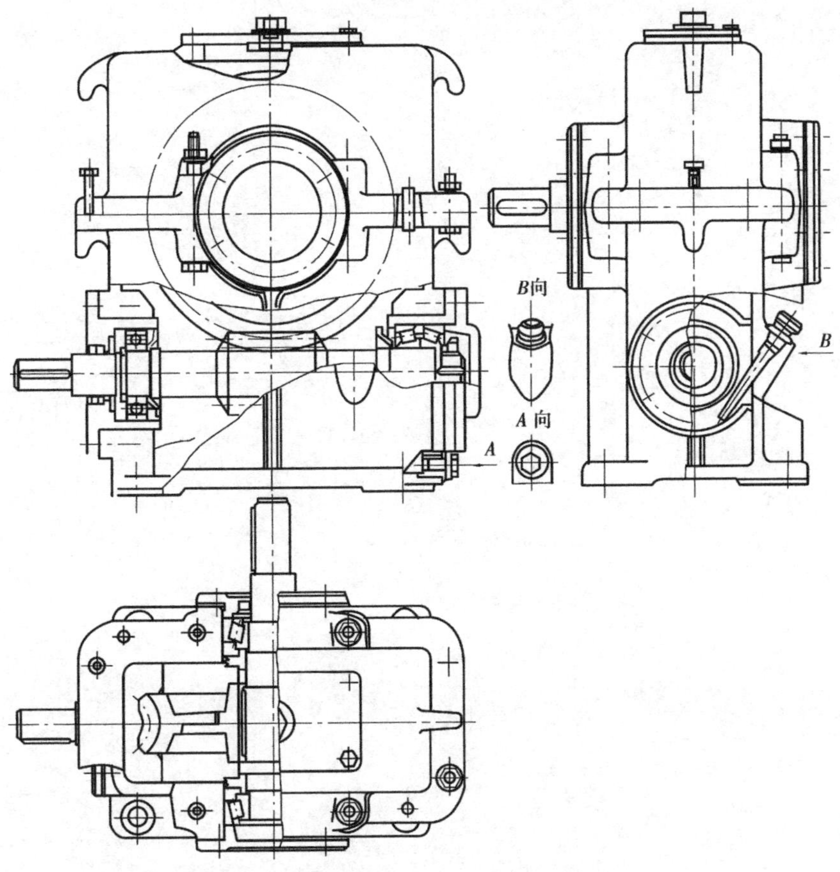

图4.76　二级圆柱齿轮减速器装配草图(四)

4.7 装配底图的检查与修改

完成减速器装配底图后，应进行认真检查、修改、完善，然后才能绘制正式装配图。一般先从箱内零件开始检查，然后扩展到箱外附件；先从齿轮、轴、轴承及箱体等主要零件检查，然后对其余零件检查。在检查中，应把3个视图对照起来，以便发现问题。检查的主要内容包括以下3个方面：

(1)**结构设计方面**

装配图的布置与传动方案是否一致；装配图上输入轴和输出轴的位置和结构尺寸是否符合设计要求；图面布置和表达方式是否合适；视图选择、投影关系是否正确；箱体及其附件的结构和加工工艺性是否合理；零件的定位、固定、调整、加工、装拆是否方便可靠。

(2)**设计计算方面**

重要传动零件、轴、轴承及箱体是否满足强度、刚度等要求，计算是否正确。计算所得结果与底图中的尺寸是否一致，如中心距、分度圆直径、齿宽、锥距、轴的结构尺寸等。

(3)**其他**

如材料、热处理、公差、配合、技术条件的选定和要求等是否明确、合理。

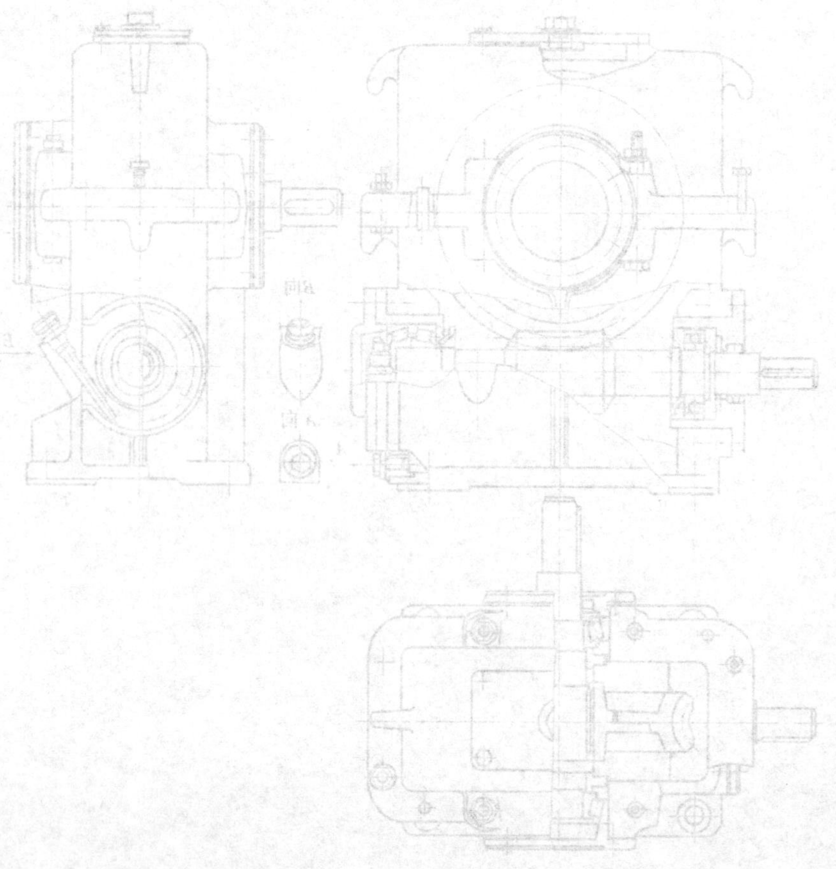

第5章 完成减速器装配图

在减速器装配底图设计的基础上，最终完成能够直接用来指导生产装配用的内容齐全、正确无误、完整的装配图，这一阶段要完成下面的工作。

5.1 完善和加深减速器装配图

在装配图中，应尽量把减速器的工作原理和主要装配关系集中表达在一个基本视图上，对于齿轮减速器，主要集中在俯视图上表达；蜗杆减速器则主要在主视图上表达。在其他视图中，主要表示减速器的结构特点和附件安装位置等。装配图上应避免用虚线表示零件结构，必须表达的内部结构，如减速器附件的结构，可采用局部剖视图或局部视图表达细部结构。

画剖视图的剖面线时，相互邻接的金属零件的剖面线，其倾斜方向应相反或方向相同而间隔不等，以示区分；同一零件，尤其是箱体、箱盖等在各视图中可能有多处位置采用剖切表达，它们的剖面线画法都应该一致；对于宽度小于或等于2 mm的狭小面积的剖面，如轴承盖下的调整垫片，可采用涂黑代替剖面符号。

装配图上某些结构，如滚动轴承、螺纹联接件等可按机械制图国家标准中的简化画法绘制；对相同类型、尺寸、规格的螺栓联接和螺钉联接，可只画一个，其余用中心线表示出它的位置。

在装配图的图样全部完成后，经过全面检查，便可按机械制图国家标准“图线”中的规定，加深装配图。粗线的图线宽度 b 在0.5～2 mm选择，细线的宽度约为 $b/3$。应注意的是，它们只是粗与细的差别，而非深与浅的不同。在图样上，全部图线的深浅程度应该一致。

5.2 尺寸标注

装配图上应标注的主要尺寸可分为4类，见表5.1。

表 5.1　减速器装配图上应标注的尺寸

尺寸类型	作　用	标注尺寸项目	备　注
规格尺寸	减速器的基本尺寸	传动零件的中心距及偏差	中心距极限偏差见附录Ⅱ表Ⅱ.150
配合尺寸	指影响减速器运转性能与传动精度的主要零件的配合尺寸。其反映配合零件的基本尺寸、配合性质和精度等级。配合尺寸是设计零件图和选择装配方法的依据	传动件（齿轮、带轮、链轮、蜗轮、联轴器等）与轴的配合尺寸；轴承孔与轴，以及轴承外圈与机座孔的配合尺寸	减速器主要零件的推荐用配合见表 5.2
安装尺寸	为设计安装减速器的底座，以及设计减速器外伸轴端联接零件提供联系尺寸	箱体底面尺寸（长和宽）；地脚螺栓孔的定位尺寸和直径；减速器的中心高及极限偏差；主动轴与从动轴外伸端的配合长度、直径及端面定位尺寸	
外形尺寸	表示减速器的大小，以便考虑所需空间尺寸，供设备布局及装箱运输时参考	减速器的总长、总宽和总高	

装配图上各种类型的尺寸应尽量集中标注在反映主要结构的视图上，并应使尺寸的布置整齐、清晰、规范。

表 5.2　减速器主要零件的推荐用配合

配合零件	荐用配合		装拆方法
传动零件与轴、联轴器与轴	一般情况	$\frac{H7}{r6}$	用压力机（中等压力的配合）
	要求对中性良好及很少装拆	$\frac{H7}{n6}$	用压力机（较紧的过渡配合）
	较常装拆	$\frac{H7}{m6}$，$\frac{H7}{k6}$	用手锤打入（一般的过渡配合）
滚动轴承内孔与轴（内圈旋转）	轻载荷 $P \leqslant 0.07C$	j6，k6	用压力机或温差法
	中等载荷 $0.07C < P \leqslant 0.15C$	k6，m6，n6	
	重载荷 $P > 0.15C$	n6，p6，r6	
滚动轴承外圈与座孔（外圈不转）	H7，H6（精度要求高时）		
轴承套杯与座孔	$\frac{H7}{h6}$		用木锤或徒手装拆
轴承盖与座孔	$\frac{H7}{h8}$，$\frac{H7}{f8}$		

5.3　编制减速器技术特性

在装配图上的适当位置列出减速器的技术特性。对于二级圆柱齿轮减速器，技术特性的具体内容和列表方式见表 5.3。其他类型减速器增减适当内容参照写出。

表 5.3　二级圆柱齿轮减速器的技术特性

<table>
<tr><td rowspan="2">输入功率/kW</td><td rowspan="2">输入转速/(r·min⁻¹)</td><td rowspan="2">额定输出转矩/(N·m)</td><td rowspan="2">效率(概略值)η</td><td rowspan="2">总传动比 i</td><td colspan="7">传动参数</td></tr>
<tr><td></td><td>i</td><td>m_n</td><td>z₁</td><td>z₂</td><td>β</td><td>精度等级</td></tr>
<tr><td rowspan="2"></td><td rowspan="2"></td><td rowspan="2"></td><td rowspan="2"></td><td rowspan="2"></td><td>高速级</td><td></td><td></td><td></td><td></td><td></td><td></td></tr>
<tr><td>低速级</td><td></td><td></td><td></td><td></td><td></td><td></td></tr>
</table>

5.4　制订技术要求

装配图上应写明在视图上无法表示的关于装配、调整、检验、润滑、维护等方面的技术要求，它通常包括以下几方面的内容。

(1)对零件的要求

装配前，应按图纸检验传动件的配合尺寸，合格者才能装配。所有零件要用煤油或汽油清洗干净，机体内应作清理，不允许有任何杂物存在，机体内壁应涂上防侵蚀的涂料。

(2)对润滑的要求

明确提出传动件和轴承所用润滑剂的种类、牌号、用量以及更换周期。在选择润滑剂时，应考虑传动类型、载荷性质及运转速度。对重载、高速、频繁启动的情况，由于形成油膜的条件差，应选用黏度高、油性和极压性好的润滑油。润滑油应装至油面规定高度，即油标上限，换油时间取决于油中杂质多少及氧化与被污染的程度，一般为半年左右。

当减速器中的滚动轴承采用飞溅润滑方式，与传动件共用同一润滑剂时，润滑剂的选择应优先满足传动件的要求并适当兼顾轴承要求。若轴承采用脂润滑时，填充量要适宜，一般以轴承内部空间容积的 1/3～1/2 为宜，用量过多会使阻力增大，温升提高，影响润滑效果。

(3)对密封的要求

减速器所有接合面以及外伸轴密封处都不允许漏油。箱体箱盖剖分面允许涂密封胶或水玻璃，不允许使用任何垫片。

(4)对安装、调整的要求

安装齿轮或蜗杆蜗轮后，必须保证传动所需要的侧隙以及对齿面接触斑点的要求。侧隙的大小和接触斑点要求是由传动件的精度等级决定的，具体数值见附录Ⅱ表Ⅱ.143、表Ⅱ.181和表Ⅱ.153、表Ⅱ.154，以供安装后检验用。

传动侧隙的检验可用塞尺或铅丝塞进相互啮合的两齿间,然后测量塞尺厚度或铅丝变形后的厚度。接触斑点的检查可在主动轮齿面上涂色,在轻微制动下的主动轮转动 2 ~ 3 周后,观察从动轮齿面的着色情况,并分析接触区及接触面积大小。当检验结果不符合要求时,应进行必要的调整,如对齿面进行刮研、跑合或调整传动件的啮合位置。

为保证滚动轴承的正常工作,在安装时必须保证一定的轴向游隙。游隙过大则轴承承载区减小,滚动体受载不均匀性增加,同时轴系窜动量大;游隙过小则会妨碍轴系因发热而致的伸长,并使轴承运转阻力增加,严重时会将轴承卡死而致使其损坏。

对可调游隙轴承,如圆锥滚子轴承和角接触球轴承,由于其内外圈是可分离的或可互相错动,因此,安装时应作仔细调整,游隙的具体数值可由附录Ⅱ表Ⅱ.92 查取。如图 5.1 所示的结构是用垫片调整轴承的轴向游隙,调整方法是在轴承组合装入轴承座孔后,先不加调整垫片将轴承盖装入,拧紧联接螺钉使轴承盖顶紧轴承外圈的端面,让轴能够勉强转动,这时基本消除了轴承内部游隙,而轴承盖与轴承座孔端面有间隙 δ(见图 5.1(a)),利用塞尺测出间隙值,然后拆下轴承盖,用厚度为 $\delta+\Delta$ 的调整垫片置于轴承盖与轴承座孔端面之间(见图 5.1(b)),拧紧联接螺钉,即可使轴承组合得到需要的轴向游隙 Δ。

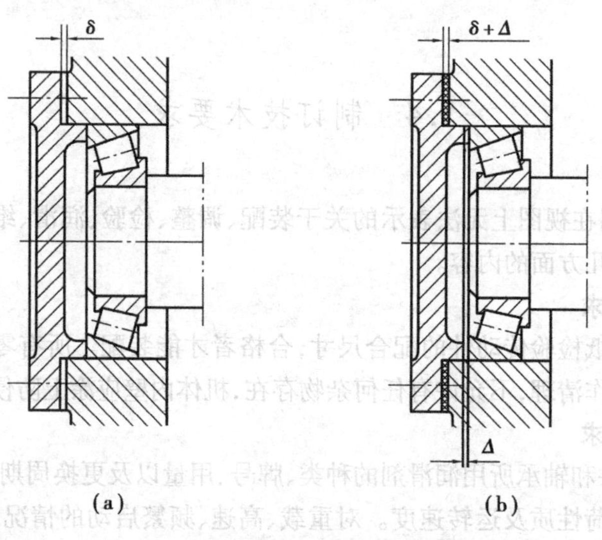

图 5.1　滚动轴承游隙的调整

对不可调游隙的轴承,如深沟球轴承,在采用双支点各单向固定的轴承配置方式时,可在轴承盖与轴承外圈端面间留下适当的轴向间隙 Δ,以备轴的热伸长。一般 Δ = 0.25 ~ 0.4 mm,间隙大小可通过调整垫片组的厚度来控制。当轴的支承跨距大、工作温度较高时应取偏大值。

(5)对试验的要求

减速器装配后先作空载试验,空载正反转各 1 h,要求运转平稳、噪声小,联接处不得松动。负载试验时,油池温升不得超过 35 ℃,轴承温升不得超过 40 ℃。

(6)对外观、包装和运输的要求

机体表面应涂漆;外伸轴及其零件需涂油并严密包装,减速器在包装箱内应固定牢靠;包装箱外应注明不可倒置等。

在具体制订减速器的技术要求时,可参考同类减速器的设计图例或其他相关资料。

5.5　编排零件序号

在装配图中所有的零、部件都必须编写序号，并填写相应的明细表。零件序号编排不得遗漏，但不能重复。对装配图中相同的零、部件编排一个序号，且一般只标注一次；一组紧固件（螺栓、垫圈、螺母），以及装配关系清楚的零件组可以采用公共指引线编排序号，如图5.2(d)、(e)所示。装配图中的序号应按水平或垂直方向排列整齐，并按顺时针或逆时针方向依次排列。编排零件序号的指引线应自所指部分的可见轮廓内引出，并在末端画一实心小圆点，若所指部分不便画圆点时，可在指引线末端画出箭头，并指向该部分的轮廓，如图5.2所示；指引线相互不能相交，当通过有剖面线的区域时，指引线不能与剖面线平行，必要时，指引线可以画成折线，但只可曲折一次，如图5.2(c)所示。

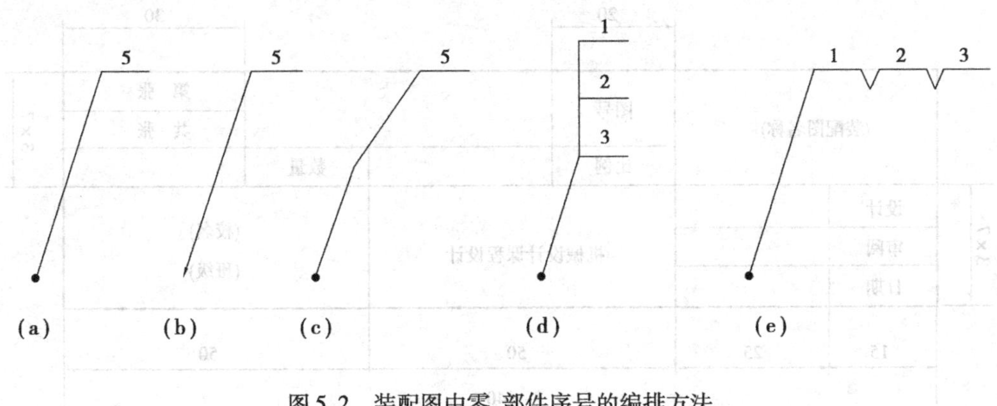

图5.2　装配图中零、部件序号的编排方法

5.6　编制标题栏与明细表

在装配图的右下角，根据制图标准规定的格式和内容编制装配图标题栏和明细表。明细表一般配置在标题栏的上方，按由下而上的顺序填写，其格数应根据需要而定，当由下而上延伸位置不够时，可紧靠标题栏的左边自下而上延续。

标题栏一般由更改区、签字区、其他区、名称及代号区等栏目组成。国家标准对其格式已作出统一规定。明细表是减速器所有零、部件的详细目录，明细表中的序号应与编排的零件序号相一致，编制明细表的过程也是最后确定材料及标准件的过程。应尽量减少材料和标准件的品种和规格。标准件必须按照规定标记，完整地写出零件名称、主要尺寸及标准代号；零件材料应注明牌号；齿轮必须说明主要参数，如模数 m、齿数 z、螺旋角 β、导程角 γ 等。

本课程设计推荐的明细表、装配图标题栏格式如图5.3、图5.4所示。其外框线是粗实线，内部分格线是细实线，两者右边线与右图框线重合，标题栏底线与图5.4框线重合。

05	滚动轴承6209	2		GB/T 276—1994	
04	螺栓M16×120	6		GB/T 5872—2000	
03	轴	1	45		
02	大齿轮m=3，z=80	1	45		
01	机座	1	HT200		
序号	名 称	数量	材料	标 准	备注
10	40	10	20	40	20

140；序号数×7；10

图 5.3　明细表格式

(装配图名称)		图号			第 张
					共 张
		比例		数量	
设计		机械设计课程设计		(校名) (班级)	
审阅					
日期					
15	25	50		50	

20；30；3×7；3×7；140

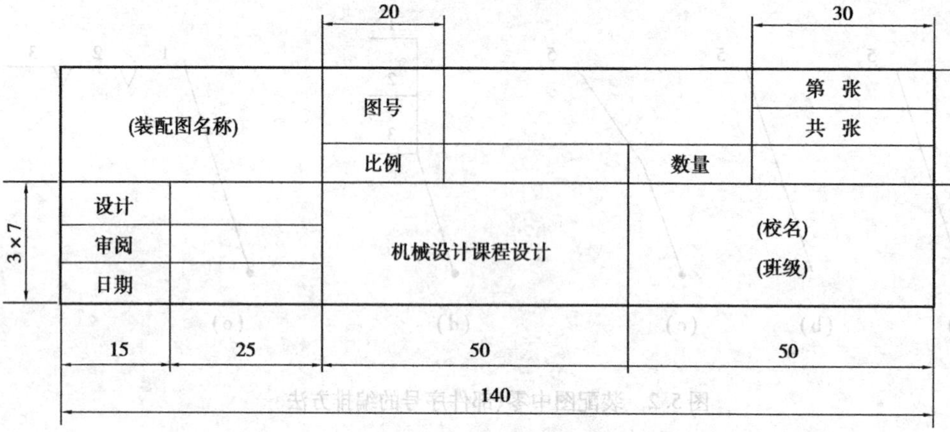

图 5.4　标题栏格式

第6章 减速器零件工作图的设计

6.1 概　述

零件工作图是零件制造、检测和制订工艺规程的基本技术文件，其上必须提供零件制造和检验的全部内容，既要反映设计意图，又需考虑加工可能性及结构的合理性。本章主要介绍齿轮减速器中轴类、齿轮类和箱体类零件工作图的设计和绘制要点。

零件工作图包含图形、尺寸、技术要求和标题栏等基本内容。为保证零件工作图基本内容的完整、无误、合理，对零件图绘制时的基本要求如下：

①零件工作图在装配图设计之后绘制。每个零件图应单独绘制在一个标准图幅中，零件的结构及主要尺寸应与装配图一致，不应随意更改。若结构上必须更改，则装配图也应作相应更改。

②合理选择和安排视图。视图必须清楚地表达零件的结构及尺寸，主视图必须要能反映零件的结构特征。零件复杂的结构可通过局部视图放大表示。在完整清楚地表示出零件内部及外部结构的基础上，其视图越少越好。

③合理标注尺寸及其偏差。标注尺寸时要选好基准面，尺寸标注要便于加工且最好不要在加工时作计算。尺寸标注要显著，既不要漏标也不要重复，尺寸链不能封闭及数值要正确。大部分尺寸最好集中标注在最能反映零件结构特征的视图上。对配合尺寸及要求精确的尺寸，均应确定精度等级并标出尺寸的极限偏差。

④表面粗糙度的标注。零件的所有表面都应标注粗糙度，重要的表面单独标注，其他表面粗糙度值集中注在图纸的右上角，并加“其余”字样。在满足使用要求的情况下，尽量选用较大的粗糙度值。

⑤形位公差的标注。根据零件表面的作用和制造的经济性合理选择精度等级。对于普通齿轮减速器零件的形位公差等级可选用6～8级，特别重要的地方（如与滚动轴承孔配合的轴颈）按6级，其他大部分按8级选择。

⑥对齿轮、蜗杆等传动零件，必须列出主要几何参数、精度等级及偏差表。

⑦零件图还要提出技术要求。

⑧零件图的右下角必须画出标题栏。标题栏如图 6.1 所示。

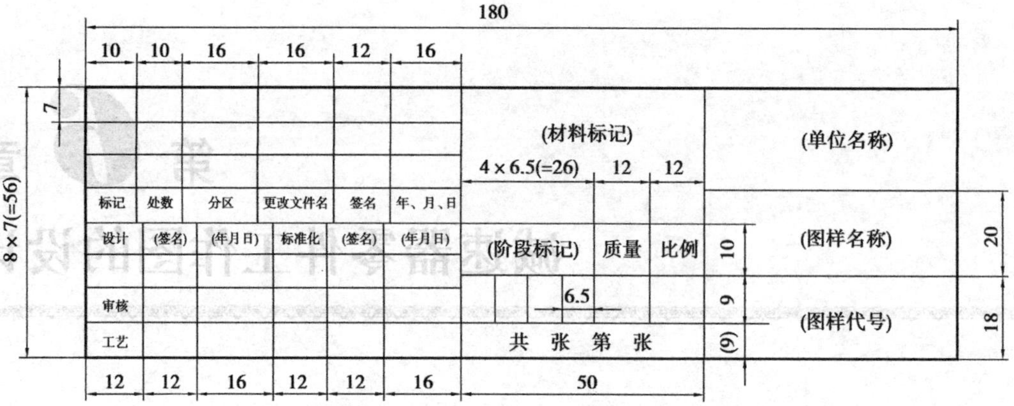

180
10 10 16 16 12 16
7
8×7(=56)
(材料标记)
4×6.5(=26) 12 12
(单位名称)
标记 处数 分区 更改文件名 签名 年、月、日
设计 (签名) (年月日) 标准化 (签名) (年月日)
(阶段标记) 质量 比例
10
(图样名称)
20
审核
6.5
9
(图样代号)
18
工艺
共 张 第 张
(9)
12 12 16 12 12 16 50

图 6.1 零件工作图标题栏

6.2 轴类零件工作图的设计

6.2.1 绘制零件工作图

这类零件一般是圆柱体形状的零件，如轴、套筒等。绘制这类零件一般只需要一个视图，在键槽及孔处，可增加必要的剖视图。对于螺纹退刀槽、砂轮越程槽等，应绘制局部视图。

6.2.2 标注尺寸及其偏差

(1)径向尺寸的标注

所有配合处的直径尺寸都必须标注尺寸及其极限偏差。不同位置上的同一尺寸的几段轴径应逐一标注，不能省略。注意圆角、倒角等细部结构尺寸不能漏掉，尺寸相同时可在技术要求中统一说明。

(2)轴向尺寸的标注

对于轴向尺寸的标注，要先选好基准面，通常有轴孔配合端面基准面和轴端基准面。标注尺寸时尽量使标注的尺寸反映加工工艺及方便测量，尺寸链不能封闭。通常，使轴中最不重要的一段轴向尺寸作为尺寸链的封闭环而不标出。如图 6.2 所示为一阶梯轴轴向尺寸链示例。

6.2.3 标注表面粗糙度和形位公差

(1)表面粗糙度

表 6.1 为常见加工方法与表面粗糙度的关系，供设计时参考。

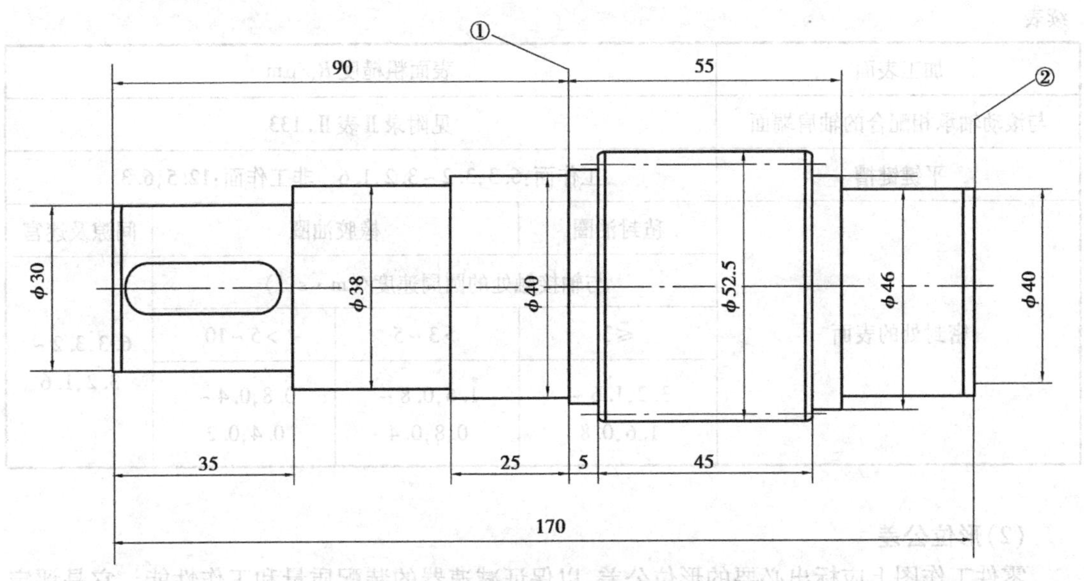

图 6.2　阶梯轴轴向尺寸链示例
①—配合面端面基准面;②—轴端基准面

表 6.1　常见加工方法与表面粗糙度的关系

粗糙度代号	∀	R_a							
		25	12.5	6.3	3.2	1.6	0.8	0.4	0.2
表面形状	除净毛刺	微见刀痕	可见加工刀痕	微见加工痕迹	看不见加工痕迹	可辨加工痕迹方向	微辨加工痕迹方向	不可辨加工痕迹方向	暗光泽面
加工方法	铸、锻、冲压、热轧、冷轧、粉末冶金	粗车、刨、立铣、平铣、钻	车、镗、刨、钻、平铣、立铣、锉、粗铰、磨、铣齿	车、镗、刨、铣、刮 1 ~ 2 点/cm^2、拉、磨、锉、滚压、铣齿	车、镗、刨、铣、铰、拉、磨、滚压、铣齿，刮 1 ~ 2 点/cm^2	车、镗、拉、磨、立铣、铰、滚压、刮3 ~4点/cm^2	铰、磨、镗、拉、滚压、刮3 ~4点/cm^2	布轮磨、磨、研磨、超级加工	超级加工

轴的表面均需要加工，表 6.2 为轴加工表面的粗糙度的 R_a 推荐值。

表 6.2　轴加工表面粗糙度的 R_a 推荐值

加工表面	表面粗糙度 R_a/μm
与传动件及联轴器等轮毂相配合的表面	3.2,1.6 ~ 0.8,0.4
与 G,E 级滚动轴承相配合的表面	见附录Ⅱ表Ⅱ.133
与传动件及联轴器相配合的轴肩端面	6.3,3.2 ~ 3.2,1.6

续表

<table>
<tr><td>加工表面</td><td colspan="4">表面粗糙度 $R_a/\mu m$</td></tr>
<tr><td>与滚动轴承相配合的轴肩端面</td><td colspan="4">见附录Ⅱ表Ⅱ.133</td></tr>
<tr><td>平键键槽</td><td colspan="4">工作面:6.3,3.2~3.2,1.6　非工作面:12.5,6.3</td></tr>
<tr><td rowspan="4">密封处的表面</td><td>毡封油圈</td><td colspan="2">橡胶油圈</td><td>间隙及迷宫</td></tr>
<tr><td colspan="3">与轴接触处的圆周速度/(m·s⁻¹)</td><td rowspan="3">6.3,3.2~3.2,1.6</td></tr>
<tr><td>≤3</td><td>>3~5</td><td>>5~10</td></tr>
<tr><td>3.2,1.6~1.6,0.8</td><td>1.6,0.8~0.8,0.4</td><td>0.8,0.4~0.4,0.2</td></tr>
</table>

(2)**形位公差**

零件工作图上应标出必要的形位公差,以保证减速器的装配质量和工作性能。它是评定零件加工质量的重要指标之一。表6.3给出了轴类零件的形位公差推荐项目,供设计时参考。

表6.3　轴的形位公差推荐项目

<table>
<tr><td>内容</td><td>项　目</td><td>精度等级</td><td>对工作性能影响</td></tr>
<tr><td rowspan="3">形状公差</td><td>与传动零件相配合直径的圆度</td><td rowspan="2">7~8</td><td rowspan="2">影响传动零件与轴配合的松紧及对中性</td></tr>
<tr><td>与传动零件相配合直径的圆柱度</td></tr>
<tr><td>与轴承相配合直径的圆柱度</td><td>附录Ⅱ表Ⅱ.89</td><td>影响轴承与轴配合的松紧及对中性</td></tr>
<tr><td rowspan="5">位置公差</td><td>齿轮的定位端面相对轴心线的端面圆跳动</td><td>6~8</td><td rowspan="2">影响齿轮和轴承的定位及其受载均匀性</td></tr>
<tr><td>轴承的定位端面相对轴心线的端面圆跳动</td><td>附录Ⅱ表Ⅱ.89</td></tr>
<tr><td>与传动零件配合的直径相对于轴心线的径向圆跳动</td><td>6~8</td><td>影响传动件的运转同心度</td></tr>
<tr><td>与轴承相配合的直径相对于轴心线的径向圆跳动</td><td>5~6</td><td>影响轴和轴承的运转同心度</td></tr>
<tr><td>键槽侧面对轴心线的对称度(要求不高时不标)</td><td>7~9</td><td>影响键受载的均匀性及装拆的难易程度</td></tr>
</table>

如图6.3所示为一齿轮轴形位公差项目标注示例,精度等级由表6.3选取,公差值由附录Ⅱ表Ⅱ.128～Ⅱ.130查取。

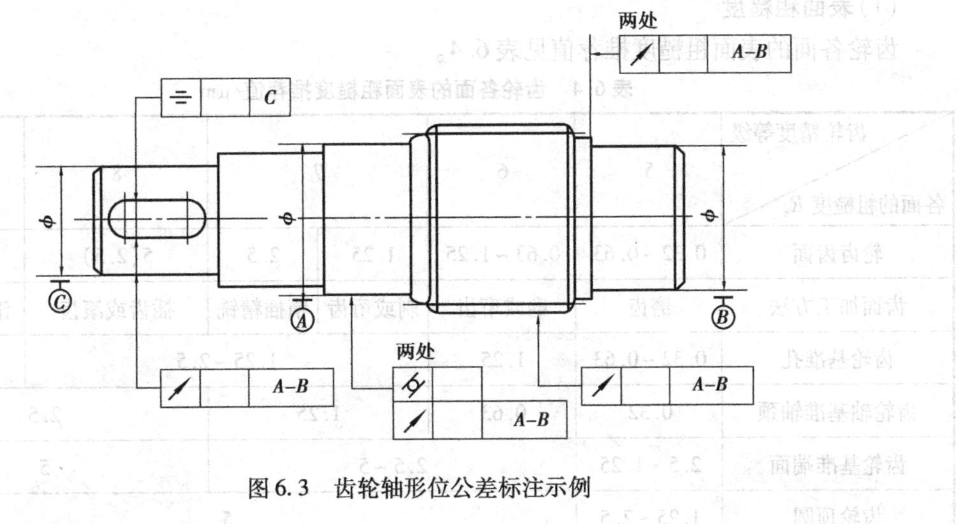

图6.3　齿轮轴形位公差标注示例

6.2.4　制订技术要求

轴类零件的技术要求包括以下4个方面:

①对材料和热处理的要求。如允许的代用材料,热处理方式及热处理后的表面硬度。

②对加工的要求。如与其他零件的配合加工(配钻、配铰)。

③对图上未注明的倒角、圆角的说明。

④其他必要的说明。如对较长的轴要求校直毛坯、表面需要氧化处理等。

6.3　齿轮类零件工作图设计

6.3.1　绘制零件工作图

可按轮坯车床加工位置,轴线水平布置主视图,辅以左视图反映轮廓、腹板、肋孔、键槽等结构。对组合式结构(组合式的蜗轮),可先画出组件图后,再分别画出齿圈、轮芯的零件图,齿轮轴与蜗杆轴的视图则与轴类零件相似。

6.3.2　标注尺寸及其偏差

①径向尺寸的标注。各径向尺寸以轴线为基准标出,轴向宽度尺寸以主要端面为基准标出。

②轴孔和齿顶圆是加工、装配的重要基准,尺寸精度要求较高,必须标出尺寸极限偏差。其中,轴孔极限偏差由精度等级决定,齿顶圆极限偏差按其是否作为测量基准而定,齿根圆直径不标注。分度圆直径虽不能直接测量,但它是设计的基本尺寸,应该标出,一般在啮合特性表中标注。

6.3.3　标注表面粗糙度和形位公差

(1)表面粗糙度

齿轮各面的表面粗糙度推荐值见表6.4。

表6.4　齿轮各面的表面粗糙度推荐值/μm

齿轮精度等级 各面的粗糙度 R_a	5	6	7		8	9	
轮齿齿面	0.32～0.63	0.63～1.25	1.25	2.5	5(2.5)	5	10
齿面加工方法	磨齿	磨或珩齿	剃或珩齿	精插精铣	插齿或滚齿	滚齿	铣齿
齿轮基准孔	0.32～0.63	1.25	1.25～2.5			5	
齿轮轴基准轴颈	0.32	0.63	1.25		2.5		
齿轮基准端面	2.5～1.25	2.5～5			5		
齿轮顶圆	1.25～2.5	5					

(2)齿坯形位公差

根据各表面所起作用,齿坯形位公差等级查表6.5。

表6.5　齿坯的形位公差等级

类别	项　目	等　级	作　用
形状公差	轴孔的圆柱度	6～8	影响轴孔配合的松紧及对中性
位置公差	齿顶圆对中心线的圆跳动	按齿轮精度等级及尺寸确定	在齿形加工后引起运动误差、齿向误差、影响传动精度及载荷分布的均匀性
	齿轮基准端面对中心线的端面圆跳动		
	轮毂键槽对孔中心线的对称度	7～9	影响键受载的均匀性及装拆的难易程度

6.3.4　编制啮合特性表

啮合特性表包括齿轮的主要参数及测量项目,具体内容见本章6.3.6小节参考图例。误差检验项目和具体数值,可由表6.6、表6.7中查取。

表6.6　推荐的圆柱齿轮和齿轮副检验项目

项　目		精度等级 6~8
公差组	Ⅰ	F_r 与 F_w
	Ⅱ	f_f 与 f_{pb} 或 f_f 与 f_{pt} 与 f_{fb}
	Ⅲ	（接触斑点）或 F_β
齿轮副	对齿轮	E_W 与 E_S
	对传动	接触斑点，f_S
	对箱体	f_x，f_y
齿轮毛坯公差		顶圆直径公差，基准面的径向跳动公差，基准面的端面跳动公差

表6.7　齿轮有关 F_r，F_W，f_f，f_{pt}，f_{pb} 及 F_β/μm

分度圆直径/mm		法向模数 m_n/mm	第Ⅰ公差组				第Ⅱ公差组						第Ⅲ公差组			
			齿圈径向跳动公差 F_r		公法线长度变动公差 F_W		齿形公差 f_f		齿距极限偏差 $\pm f_{pt}$		基节极限偏差 $\pm f_{pb}$		齿向公差 F_β			
			精度等级										齿轮宽度/mm		精度等级	
大于	到		7	8	7	8	7	8	7	8	7	8	大于	到	7	8
—	125	>1~3.5	36	45	28	40	11	14	14	20	13	18	—	40	11	18
		>3.5~6.3	40	50			14	20	18	25	16	22				
		>6.3~10	45	56			17	22	20	28	18	25	40	100	16	25
125	400	>1~3.5	50	63	36	50	13	18	16	22	14	20				
		>3.5~6.3	56	71			16	22	20	28	18	25	100	160	20	32
		>6.3~10	63	86			19	28	22	32	20	30				

6.3.5　编写技术要求

①对铸件、锻件或其他类型坯件的要求。

②材料的热处理和硬度要求。齿面作硬化处理的方法、硬化层深度等。

③对未注明倒角、圆角的说明。

④其他必要说明，如未注尺寸公差、大型或高速齿轮的平衡试验要求等。

6.3.6　参考图例

参考图例如图6.4、图6.5、图6.6所示。

法向模数		m_n	3
齿数		z	79
法向压力角		α_n	20°
齿顶高系数		h^*_{an}	1
顶隙系数		c^*_n	0.25
螺旋角		β	8°6′34″
旋向			右旋
变位系数		x	0
精度等级（GB 10095—1988）			8–7–HK
全齿高		h	6.75
中心距及其偏差			150 ± 0.032
配对齿轮		图号	
		齿数	20
公差组	检验项目	代号	公差（极限偏差）
Ⅰ	齿圈径向跳动公差	F_r	0.063
	公法线长度变动公差	F_w	0.050
Ⅱ	齿距极限偏差	f_{pt}	±0.016
	齿形公差	f_f	0.013
Ⅲ	齿向公差	F_β	0.016
公法线平均长度及其偏差			$78.694^{-0.136}_{-0.165}$
距测齿数		K	9

技术要求

1.其余倒角为2×45°。

2.未注圆角半径为$R\approx3$ mm。

3.调质处理220~250 HBS。

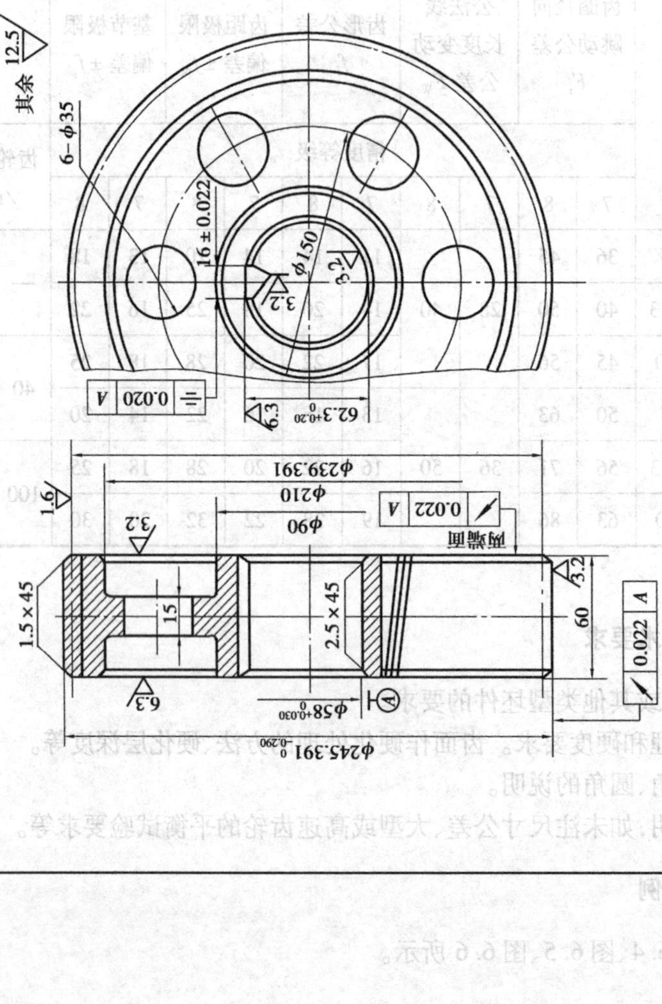

图6.4 圆柱齿轮

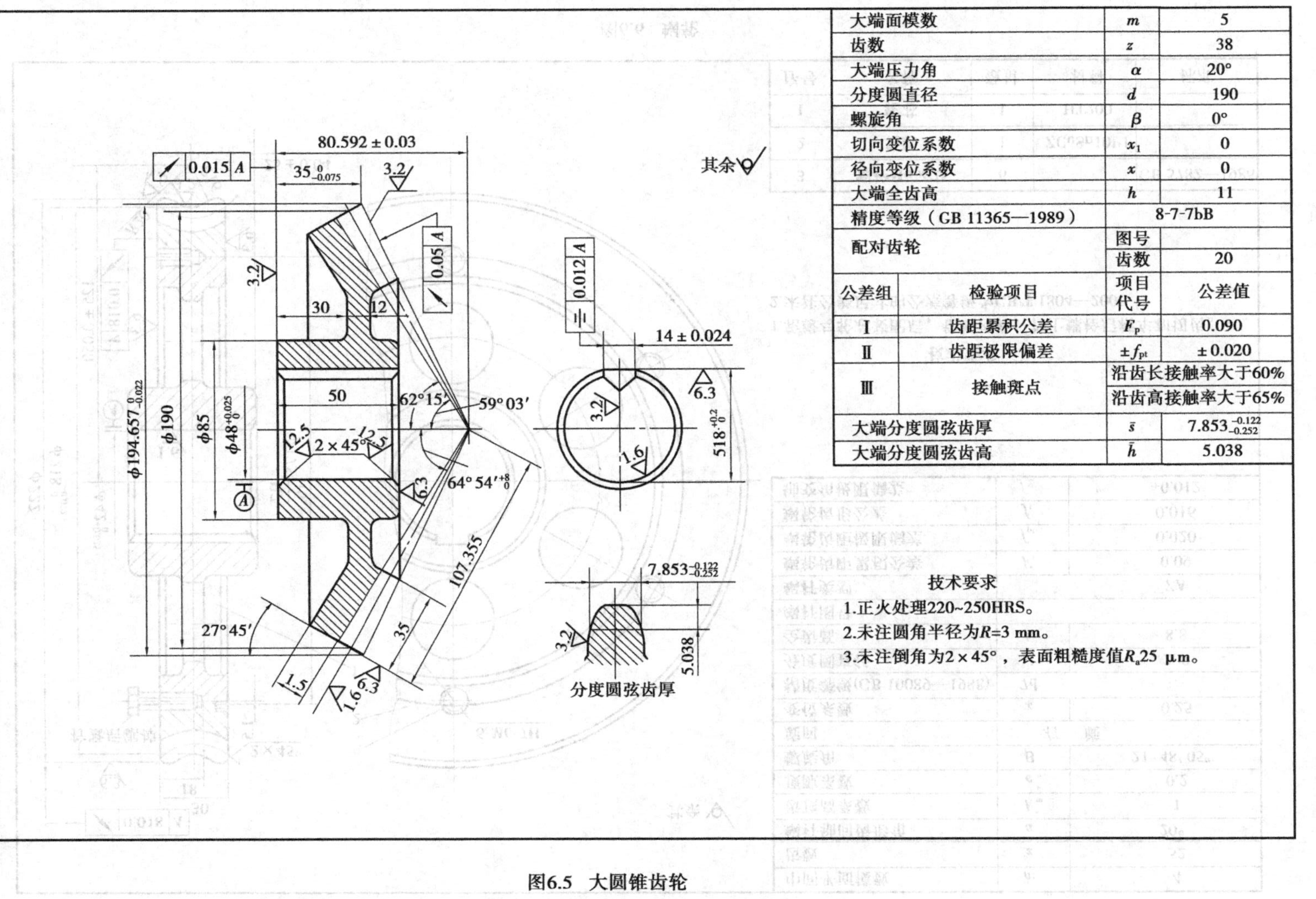

大端面模数	m	5
齿数	z	38
大端压力角	α	20°
分度圆直径	d	190
螺旋角	β	0°
切向变位系数	x_1	0
径向变位系数	x	0
大端全齿高	h	11
精度等级（GB 11365—1989）	8-7-7bB	
配对齿轮	图号	
	齿数	20

公差组	检验项目	项目代号	公差值
Ⅰ	齿距累积公差	F_p	0.090
Ⅱ	齿距极限偏差	$\pm f_{pt}$	±0.020
Ⅲ	接触斑点	沿齿长接触率大于60%	
		沿齿高接触率大于65%	
大端分度圆弦齿厚		$\bar{s}$	$7.853^{-0.122}_{-0.252}$
大端分度圆弦齿高		$\bar{h}$	5.038

技术要求

1.正火处理220~250HRS。

2.未注圆角半径为R=3 mm。

3.未注倒角为2×45°，表面粗糙度值R_a25 μm。

图6.5　大圆锥齿轮

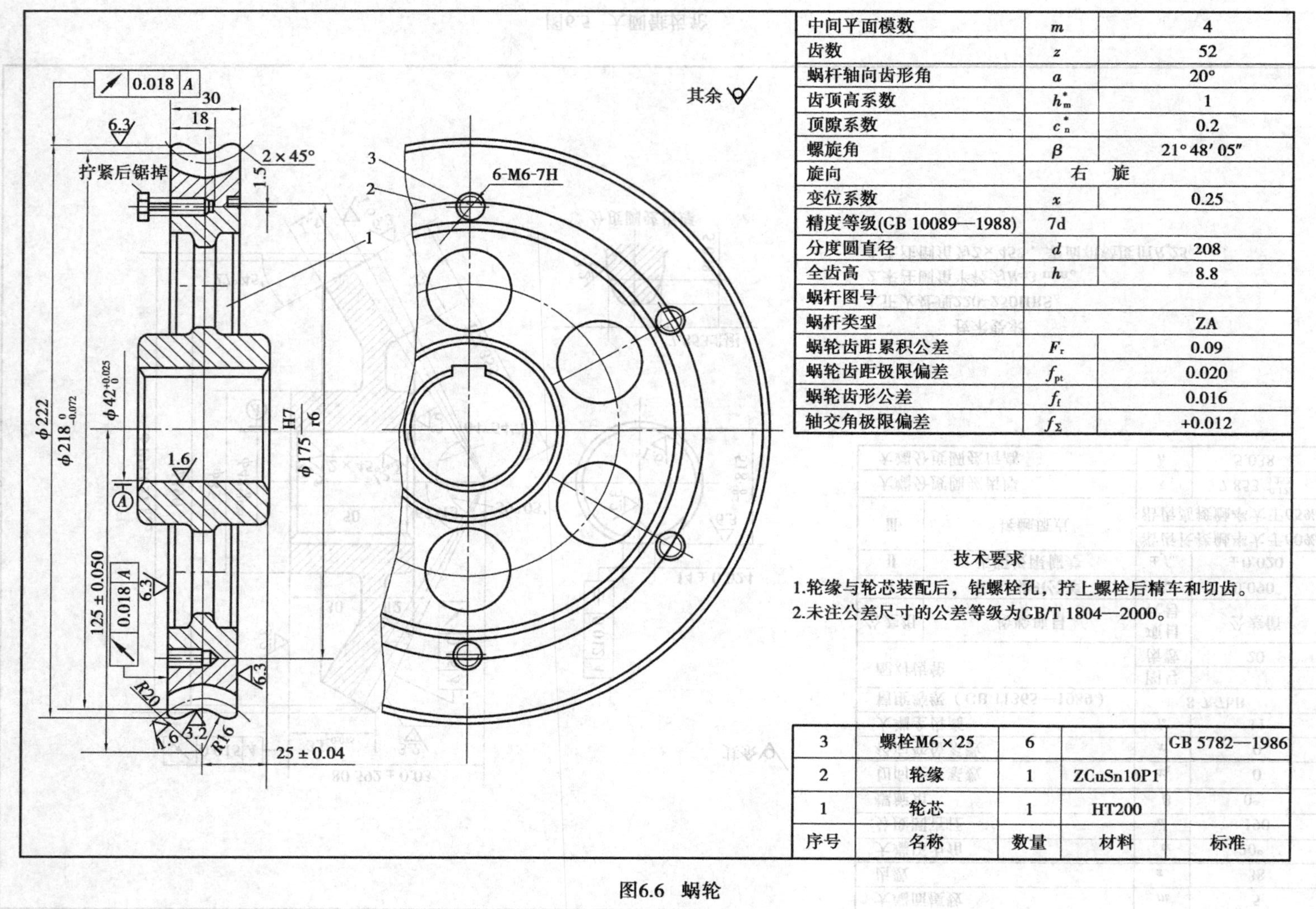

中间平面模数 m 4
齿数 z 52
蜗杆轴向齿形角 α 20°
齿顶高系数 h_m^* 1
顶隙系数 c_n^* 0.2
螺旋角 β 21°48′05″
旋向 右旋
变位系数 x 0.25
精度等级(GB 10089—1988) 7d
分度圆直径 d 208
全齿高 h 8.8
蜗杆图号
蜗杆类型 ZA
蜗轮齿距累积公差 F_r 0.09
蜗轮齿距极限偏差 f_{pt} 0.020
蜗轮齿形公差 f_f 0.016
轴交角极限偏差 $f_Σ$ +0.012
技术要求
1.轮缘与轮芯装配后，钻螺栓孔，拧上螺栓后精车和切齿。
2.未注公差尺寸的公差等级为GB/T 1804—2000。
3 螺栓M6×25 6 GB 5782—1986
2 轮缘 1 ZCuSn10P1
1 轮芯 1 HT200
序号 名称 数量 材料 标准
其余
6-M6-7H
2×45°
1.5
30
18
0.018 A
6.3
拧紧后锯掉
φ42$^{+0.025}_{0}$
125±0.050
φ218$^{0}_{-0.072}$
φ222
φ175 H7/r6
25±0.04
R16
R20
1.6
3.2

图6.6 蜗轮

6.4　箱体类零件工作图设计

6.4.1　绘制零件工作图

箱体零件的结构比较复杂，绘图时可按箱体工作位置布置主视图、俯视图及若干局部视图等表达箱体的内外结构形状。箱体上的螺纹孔、放油孔、油尺孔、销钉孔等结构可用局部剖视图、剖面图和方向视图进一步表达。

6.4.2　标注尺寸及其偏差

①箱体结构复杂，标注尺寸时应考虑设计、制造、测量的要求。

②认清形体特征，找出尺寸基准，将各部分结构分形状尺寸和定位尺寸。形状尺寸是箱体各部分形状大小的尺寸，必须直接标出，如箱体的长、宽、高、壁厚、孔径等。定位尺寸是确定箱体各部分相对于基准的位置尺寸，如孔中心位置尺寸。定位尺寸必须从基准直接标出。

③设计基准和工艺基准力求一致，以使标注尺寸便于加工时测量，如箱体、箱盖高度方向的尺寸以剖分面为基准；宽度方向的尺寸以形体宽度对称中心线为基准；长度方向的尺寸以轴孔中心线为基准。

④对影响减速器工作性能的尺寸必须标出，以保证加工准确性，如轴承孔的中心距按齿轮传动中心距标注并加注极限偏差 $\pm f_a$。对影响零部件装配性能的尺寸也必须直接标出，如采用嵌入式端盖结构时，箱体上沟槽位置尺寸影响轴承的轴向固定。如果尺寸 B 是控制轴承间隙的尺寸链的组成环之一，则还应标注尺寸偏差 ΔB。

⑤标注尺寸要考虑铸造工艺特点。箱体大多是铸件，因此，标注尺寸要便于木模的制作。木模是由一些基本形体拼接而成，在基本形体的定位尺寸标出后，定形尺寸即以自己的基准标出。例如，窥视孔、油标孔、螺塞孔等均属这类情况。

⑥所有圆角、倒角、拔模斜度等都必须标注或在技术要求中说明。

6.4.3　标注表面粗糙度和形位公差

箱体工作表面的表面粗糙度 R_a 值见表6.8。箱体的形位公差等级见表6.9，其值可在附录Ⅱ表Ⅱ.126—Ⅱ.130 中查取。

表6.8　箱体工作表面的表面粗糙度

加工表面	R_a	加工表面	R_a
减速器剖分面	3.2～1.6	减速器底面	12.5～6.3
轴承座孔面	1.6～0.8	轴承座孔外端面	6.3～3.2
圆锥销孔面	3.2～1.6	螺栓孔座面	12.5～6.3
嵌入式端盖凸缘槽面	6.3～3.2	油塞孔座面	12.5～6.3
视孔盖接触面	12.5	其他表面	>12.5

表 6.9　箱体的形位公差等级

类别	项　目	等　级	作　用
形状公差	轴承座孔的圆度或圆柱度	表 6.3	影响箱体与轴承的配合性能及对中性
	剖分面的平面度	7~8	影响剖分面的密合性及防渗漏性能
位置公差	轴承座孔中心线间的平行度	6~8	影响齿面接触斑点及传动的平稳性
	两轴承座孔中心线的同轴度	6~8	影响轴系安装及齿面负荷分布的均匀性
	轴承座孔端面对中心线的垂直度	7~8	影响轴承固定及轴向受载的均匀性
	轴承座孔中心线对剖分面的位置度	<0.3 mm	影响孔系精度及轴系装配
	两轴承座孔中心线间的垂直度	7~8	影响传动精度及负荷分布的均匀性

6.4.4　编写技术要求

①对铸件清砂、清洗、表面防护(如涂漆)的要求。

②铸件的时效处理。

③对铸件质量的要求(如不许有缩孔、砂眼和渗漏现象等)。

④未注明的倒角、圆角和铸造斜度的说明。

⑤箱体箱盖组装后配作定位销孔,并加工轴承座孔和外端面的说明。

⑥组装后分箱面处不许有渗漏现象,必要时可涂密封胶等的说明。

⑦其他必要的说明(如图上未注明的轴承座孔中心线的平行度或垂直度)。

第7章 编写设计计算说明书和答辩准备

在设计计算工作基本完成后，即可着手整理和编写设计计算说明书。在此过程中，若发现设计中有不足之处，或计算模型、数据的不准确，则应及时作出修改，以保证说明书与图样中对应内容的一致性。

7.1 编写设计计算说明书

设计计算说明书是对整个设计过程的整理和总结，是图纸设计的理论依据，也是审核设计的技术文件之一。因此，应认真编写好设计计算说明书。

7.1.1 设计计算说明书内容

①目录(标题及页次)。

②设计任务书。

③传动方案的拟订或评述(附传动装置总体方案简图，并对其作简要的分析与说明)。

④电动机的选择及传动装置各级传动比的分配。

⑤传动装置运动与动力参数计算。

⑥传动零件的设计计算。

⑦轴的设计计算及校核(附轴的计算简图、弯矩图、扭矩图、结构图等)。

⑧滚动轴承的选择与寿命计算。

⑨键联接的选择和强度校核计算。

⑩联轴器的选择计算。

⑪其他技术说明(如：传动件与轴承的润滑方式及润滑剂的选择；减速器机体主要结构尺寸的设计计算及必要的说明；减速器附件的选择和说明；减速器装拆时的注意事项等)。

⑫设计小结(设计的收获、体会和取得的经验，设计中尚存在的不足之处，如何改进等)。

⑬参考文献(文献编号[×]作者1，作者2. 书名[M]. 出版地：出版单位，出版年份.)。

7.1.2 设计计算说明书编写要求

设计计算说明书应系统地说明设计中所考虑的主要问题和全部计算项目,并简要说明设计的合理性和经济性问题。在编写中,要求做到论述简明扼要、计算正确完整、插图清楚规整、文字简洁通顺、书写整齐规范。

①设计计算说明书以计算内容为主,其中应包括与文字叙述和计算有关的必要简图,如传动装置总体方案简图;轴的计算简图、弯矩图、扭矩图、结构图;轴承受力分析图等。对于计算部分,要求按写出公式,代入数据,得出结果(注明单位)的3步进行,最后应有简短的结论,如"满足强度要求"、"强度足够"、"在允许的范围内"等。

②对引用的计算公式和数据,应注明来源出处,即参考文献的编号和页次。

③全部计算中所用的参数符号和脚标,以及标识符等必须前后一致,不要混乱。

④说明书不得用铅笔或除蓝、黑以外的其他彩色笔书写,要求用16开或A4纸,以及统一的封面格式和说明书格式,说明书要标明页次,装订成册。

7.1.3 设计计算说明书格式

设计计算说明书封面应有统一格式,封面主要内容以及说明书书写格式可参考图7.1。

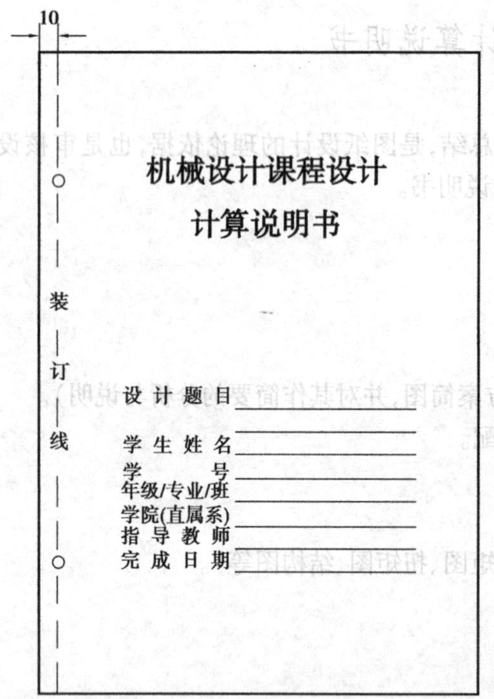

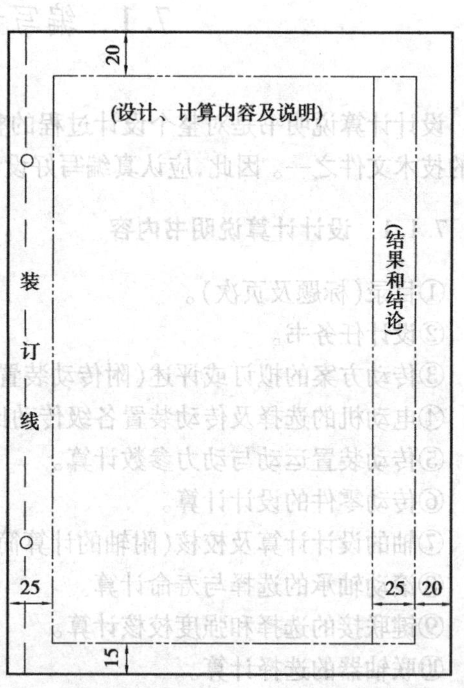

图7.1 设计计算说明书封面及说明书书写格式

7.2　答辩准备

完成要求的全部设计任务后，应及时做好答辩的准备。通过答辩准备和答辩，可系统地回顾和总结自己的设计，搞清设计中不甚理解、一知半解和未曾考虑到的问题，从而取得更大的收获；可及时地总结在设计实践中初步掌握的设计方法、步骤以及取得的经验体会，巩固和提高自己分析与解决工程实际问题的能力以及独立工作能力。

7.2.1　课程设计答辩

答辩前应认真准备。对照设计图样和说明书，把方案拟订、结构设计、强度或寿命计算等方方面面的各种问题搞懂、弄明白，并提前对答辩题选进行认真的思考，查阅、补充相关知识。

答辩时，要沉着、冷静。针对提出的问题，积极思考并作出正确而中肯的回答。答辩后，应将答辩中发现的错误或不当之处及时加以改正。

答辩也是检查学生实际掌握和运用知识的能力及其设计成果，是评定成绩的方式之一。答辩的组织形式可灵活多样，如个人单独答辩；分组答辩，本人回答不全面或不正确时，同组内的其他同学可参与回答等。

7.2.2　课程设计技术资料整理

按要求完成规定的全部工作后，应认真整理和检查全部图纸，对超过图纸幅面尺寸的多余部分应裁剪，并按制图标准中A4图纸幅面的尺寸规格折叠大图纸，如图7.2所示。认真填写课程设计资料袋封面上的信息，最后将全部图纸和说明书装入资料袋，交指导老师审阅和评定成绩。

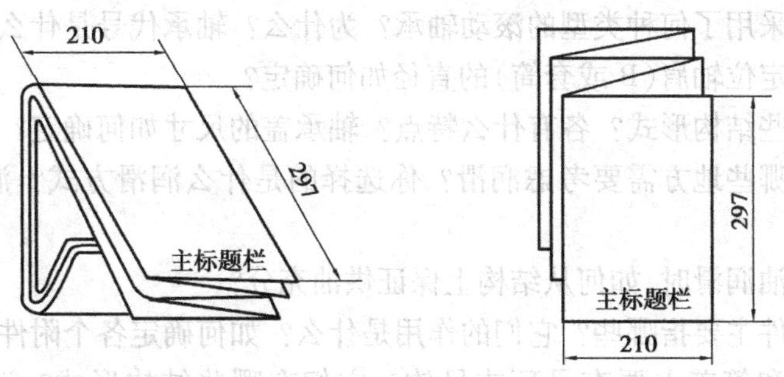

图7.2　图纸折叠方法

7.2.3　答辩题选

①传动装置的总体设计包括哪些内容？
②拟订传动方案时，主要应考虑哪些要求？
③为什么一般带传动布置在高速级，链传动布置在低速级？
④减速器的主要类型有哪些？各有什么特点？
⑤你所设计的传动装置有哪些特点？

⑥如何选择电动机的类型、额定功率和转速？

⑦选择了电动机型号后，设计中所需的电动机参数有哪些？

⑧传动装置的效率如何考虑？计算总效率时要注意哪些问题？

⑨分配传动比时要考虑哪些原则？

⑩分配的传动比和传动件实际传动比是否一定相同？

⑪同一轴的输入功率与输出功率是否相同？设计传动件或轴时用哪个功率？

⑫齿轮传动参数中，哪些应取标准值？哪些要精确计算？哪些应该圆整？

⑬如对圆柱齿轮传动的中心距进行圆整，应该如何处理 m,z,β,x 等参数？

⑭齿轮有哪些结构形式？锻造与铸造齿轮在结构上有什么区别？

⑮一对齿轮传动中的大、小齿轮的齿宽是如何确定的？

⑯软齿面齿轮和硬齿面齿轮是如何区分的？又是如何获得的？在你的设计中是怎样考虑的？

⑰绘制减速器装配图从何处入手？在绘制之前应确定哪些参数和结构？

⑱减速器机体有哪些结构形式？各自的特点有哪些？

⑲在你的设计中，高速轴为什么采用齿轮轴结构？试问低速轴能否也采用齿轮轴结构？为什么？

⑳为什么轴一般均设计成阶梯轴？请以你设计的减速器低速轴为例加以说明。

㉑减速器中各轴的直径如何确定？直径尺寸的变化有什么规律？

㉒减速器中各轴的长度是如何确定的？外伸轴的长度如何确定？

㉓滚动轴承在轴上的配置采用的是什么方式？在轴承的组合设计中需要考虑哪些方面的问题？

㉔在选择联轴器时，应考虑哪些主要因素？你是怎样选择的？

㉕键的尺寸如何确定？键在轴上的位置应怎样考虑？

㉖你的设计中采用了何种类型的滚动轴承？为什么？轴承代号是什么？试说明其意义。

㉗滚动轴承的定位轴肩(B 或套筒)的直径如何确定？

㉘轴承盖有哪些结构形式？各有什么特点？轴承盖的尺寸如何确定？

㉙减速器中的哪些地方需要考虑润滑？你选择的是什么润滑方式？润滑剂的选择是怎样考虑的？

㉚当轴承采用油润滑时，如何从结构上保证供油充分？

㉛减速器的附件主要指哪些？它们的作用是什么？如何确定各个附件的位置？

㉜为什么箱体和箱盖上要有吊环或吊钩？它们有哪些结构形式？设计时应考虑哪些问题？

㉝减速器的哪些部位需要考虑密封？设计中采用了怎样的结构形式？

㉞挡油板的作用是什么？什么情况下需要设置挡油板？

㉟传动件的浸油深度如何确定？油标尺的设计需要注意哪些问题？

㊱减速器机座的高度怎样确定？它和保证良好的润滑以及散热有何关系？

㊲外伸轴与轴承盖间的密封装置有哪些结构形式？选择的依据是什么？

㊳设计轴承座孔附近的联接螺栓凸台结构需要考虑哪些问题？

㊴减速器的各种螺纹联接中，哪些需要考虑防松？

㊵轴承盖与机体之间的垫片的作用是什么?

㊶结合你的设计说明装配图上应标注哪些类型的尺寸?

㊷如何选择减速器主要零件的配合及精度?

㊸滚动轴承内孔与轴、外圈与机体孔的配合应如何考虑?标注中要注意什么?

㊹试从你的装配图中任取一个配合尺寸,说明其基准制、配合种类、轴和孔的基本偏差以及公差等级。

㊺试说明减速器装配图中齿轮啮合区的画法,以及各条线所代表的意义?

㊻检查装配图应包括哪些内容?

㊼零件工作图设计包括哪些内容?

㊽标注尺寸时,如何选取基准?轴的标注尺寸和加工工艺有什么关系?

㊾如何选择齿轮类零件的误差检验项目?它和齿轮精度的关系如何?

㊿轴类零件工作图上要标注哪些形位公差?它们对工作性能的影响如何?

51为什么在机体剖分面处不允许使用垫片?

52减速器机体的刚度为什么特别重要?在设计中可采取哪些措施保证机体的刚度?

53结合设计图纸,指出减速器机体哪些地方需要进行机械加工?为什么?

54试解释你所设计的装配图中的技术要求。

55蜗杆减速器机体结构主要有哪些形式?机体结构设计时应考虑哪些方面的问题?

附录 I
机械设计课程设计参考题目

题目1　设计带式运输机的机械传动装置(见图 I.1)

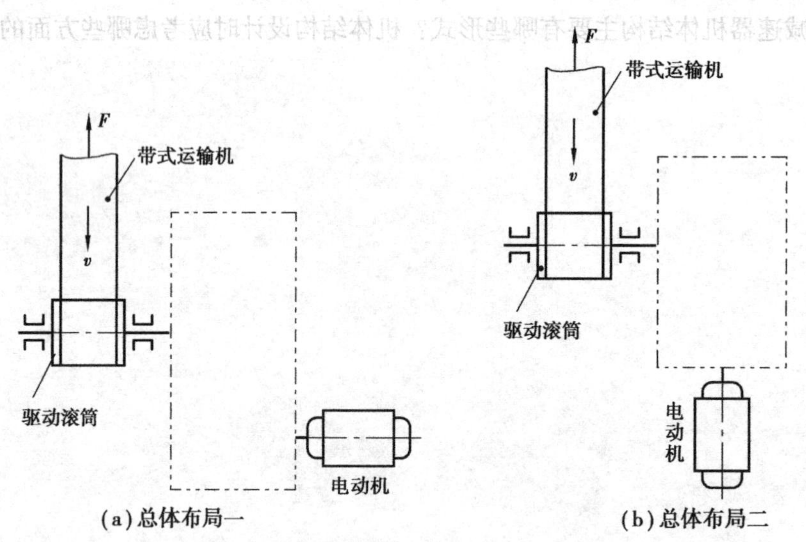

图 I.1　带式运输机的机械传动装置简图

(1)原始数据

运输带牵引力 F = ________ N。

运输带线速度 v = ________ m/s。

驱动滚筒直径 D = ________ mm。

(2)工作条件及要求

①使用期 5 年,双班制工作,单向传动。

②载荷有轻微冲击。

③运送煤、盐、沙等松散物品。

④运输带线速度允许误差为 ±5% 。

⑤在中等规模机械厂小批量生产。

(3)要求完成的工作

①减速器装配图 1 张(图幅 A0)。

②轴类零件工作图 1 张(比例 1∶1)。

③齿轮零件工作图 1 张(比例 1∶1)。

④设计计算说明书 1 份。

(4)传动装置参考方案及原始数据

①要求传动装置中含有一级圆柱齿轮减速器,如图Ⅰ.1.1、表Ⅰ.1.1 所示。

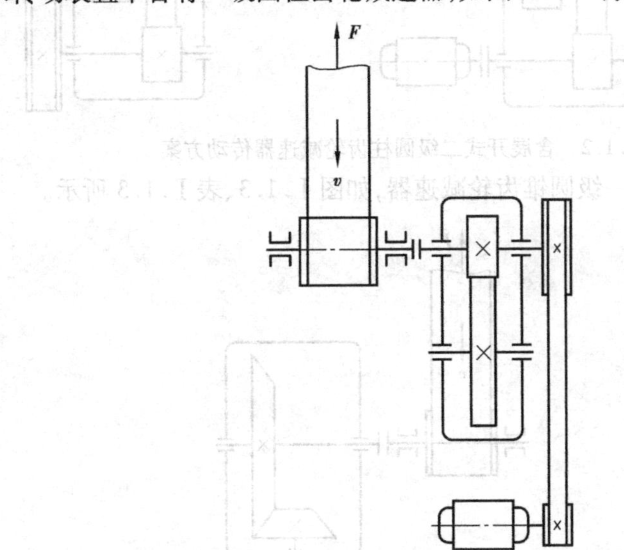

图Ⅰ.1.1　含一级圆柱齿轮减速器传动方案

表Ⅰ.1.1

数据编号	1	2	3	4	5	6	7	8	9	10
运输带牵引力 F/N	1 500	1 600	1 700	1 750	1 800	1 900	2 000	2 050	2 100	2 150
运输带线速度 v/(m·s^{-1})	2.5	2.4	2.3	2.2	2.2	2.4	2.3	2.2	2.1	2.1
驱动滚筒直径 D/mm	350	320	320	300	300	320	300	300	280	280

②要求传动装置中含有展开式二级圆柱齿轮减速器,如图Ⅰ.1.2、表Ⅰ.1.2 所示。

表Ⅰ.1.2

数据编号	1	2	3	4	5	6	7	8	9	10
运输带牵引力 F/N	1 500	1 600	1 700	1 800	1 900	2 000	2 500	2 800	3 000	3 200
运输带线速度 v/(m·s^{-1})	1.6	1.7	1.8	1.7	1.6	1.1	1.1	1.0	1.0	0.9
驱动滚筒直径 D/mm	420	420	450	450	420	450	450	420	420	400

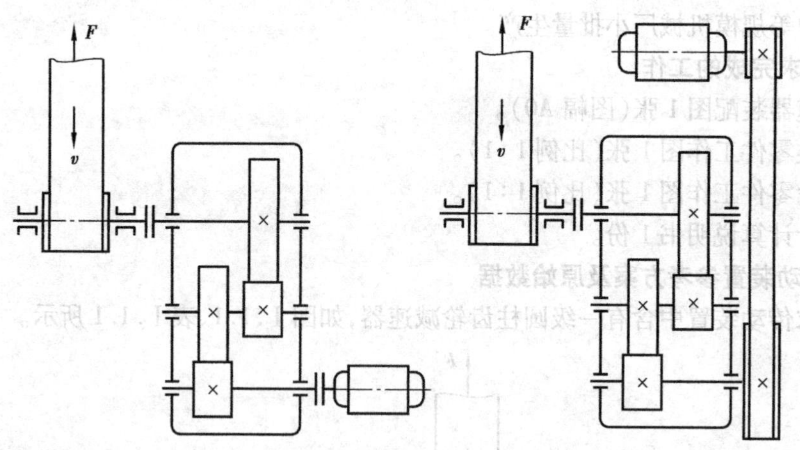

图Ⅰ.1.2　含展开式二级圆柱齿轮减速器传动方案

③要求传动装置中含有一级圆锥齿轮减速器,如图Ⅰ.1.3、表Ⅰ.1.3 所示。

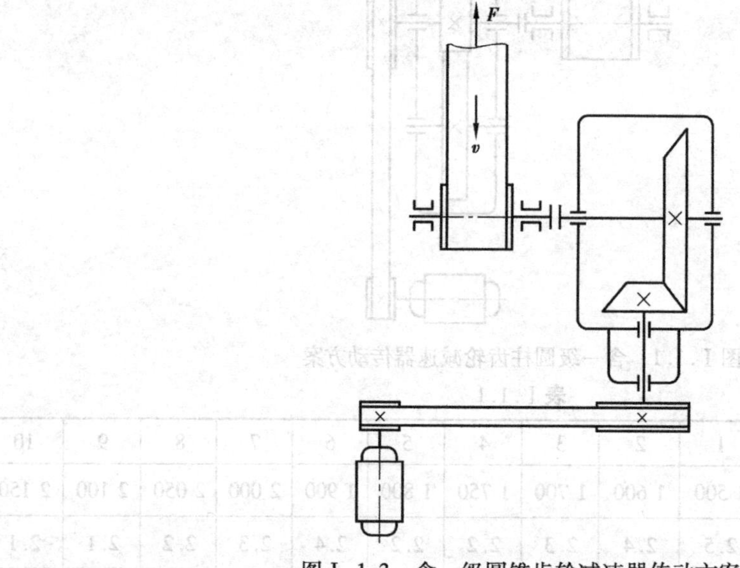

图Ⅰ.1.3　含一级圆锥齿轮减速器传动方案

表Ⅰ.1.3

数据编号	1	2	3	4	5	6	7	8	9	10
运输带牵引力 F/N	1 800	1 900	2 000	2 100	2 200	2 300	2 400	2 500	2 600	2 700
运输带线速度 $v/(\mathrm{m \cdot s^{-1}})$	2.0	2.0	1.9	1.9	1.8	1.9	1.9	1.8	1.7	1.7
驱动滚筒直径 D/mm	300	320	320	300	280	280	300	280	280	250

④要求传动装置中含有单级蜗杆减速器,如图Ⅰ.1.4、表Ⅰ.1.4 所示。

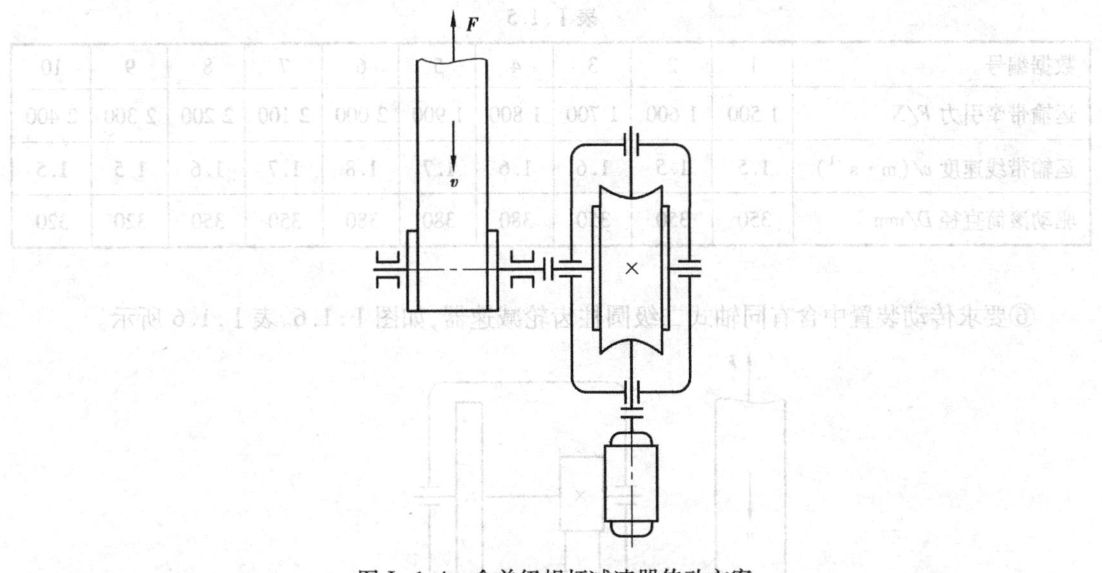

图Ⅰ.1.4 含单级蜗杆减速器传动方案

表Ⅰ.1.4

数据编号	1	2	3	4	5	6	7	8	9	10
运输带牵引力 F/N	2 000	2 200	2 500	2 800	3 000	3 200	3 500	3 800	4 000	4 200
运输带线速度 $v/(\mathrm{m}\cdot\mathrm{s}^{-1})$	1.0	0.9	0.9	0.8	0.8	0.8	0.7	0.7	0.6	0.6
驱动滚筒直径 D/mm	380	350	350	350	320	320	320	300	280	280

⑤要求传动装置中含有圆锥-圆柱齿轮减速器，如图Ⅰ.1.5、表Ⅰ.1.5所示。

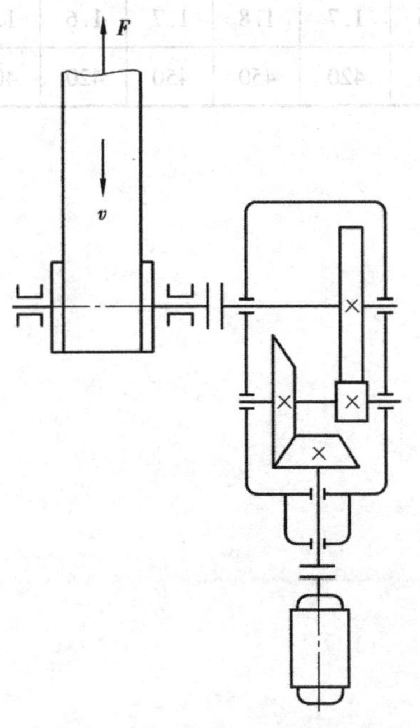

图Ⅰ.1.5 含圆锥-圆柱齿轮减速器传动方案

表Ⅰ.1.5

数据编号	1	2	3	4	5	6	7	8	9	10
运输带牵引力 F/N	1 500	1 600	1 700	1 800	1 900	2 000	2 100	2 200	2 300	2 400
运输带线速度 $v/(\mathrm{m}\cdot\mathrm{s}^{-1})$	1.5	1.5	1.6	1.6	1.7	1.8	1.7	1.6	1.5	1.5
驱动滚筒直径 D/mm	350	350	350	380	380	380	350	350	320	320

⑥要求传动装置中含有同轴式二级圆柱齿轮减速器，如图Ⅰ.1.6、表Ⅰ.1.6所示。

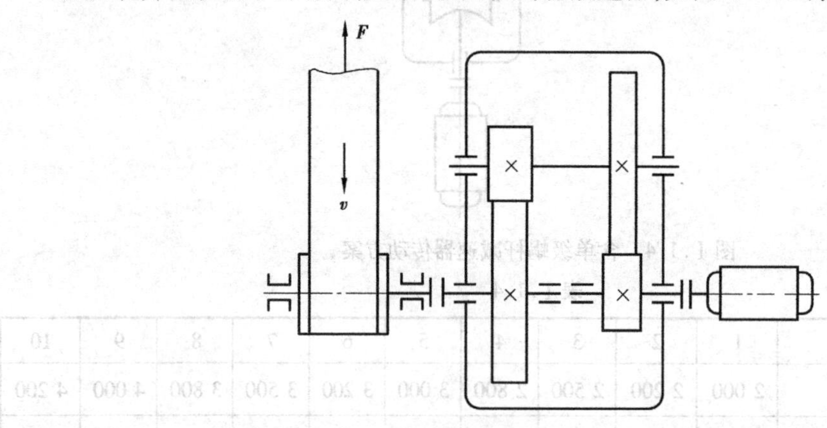

图Ⅰ.1.6　同轴式二级圆柱齿轮减速器传动方案

表Ⅰ.1.6

数据编号	1	2	3	4	5	6	7	8	9	10
运输带牵引力 F/N	1 500	1 600	1 700	1 800	1 900	2 000	2 200	2 400	2 600	2 800
运输带线速度 $v/(\mathrm{m}\cdot\mathrm{s}^{-1})$	1.6	1.7	1.8	1.7	1.6	1.5	1.4	1.3	1.2	1.1
驱动滚筒直径 D/mm	420	420	450	450	420	400	380	350	320	300

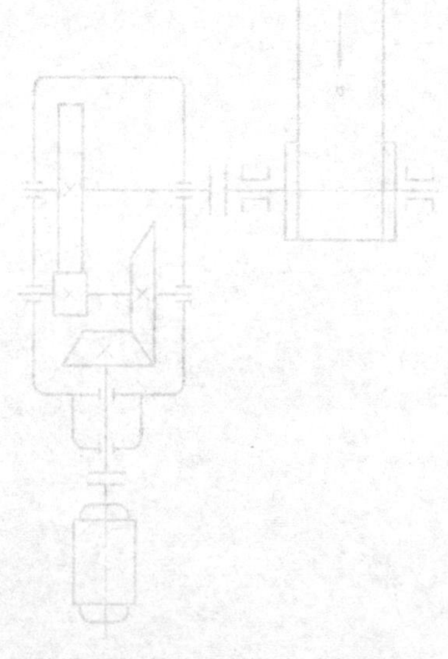

题目2　设计电动卷扬机传动装置(见图Ⅰ.2)

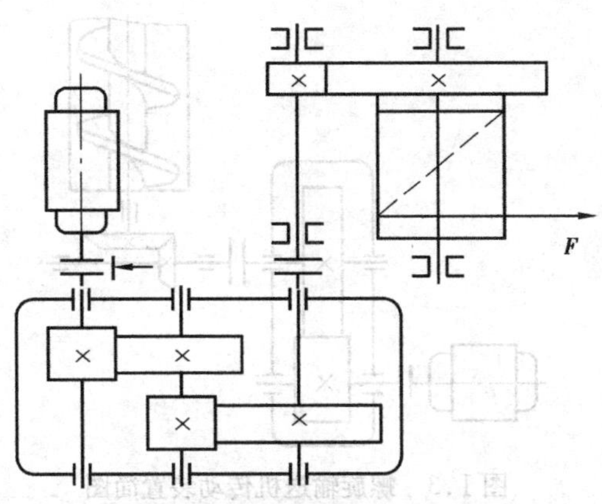

图Ⅰ.2　电动卷扬机传动装置简图

(1)**原始数据**(见表Ⅰ.2)

表Ⅰ.2

数据编号	1	2	3	4	5	6	7	8	9	10
卷扬机卷筒轴输入功率 P/kW	3.1	3.2	3.3	3.4	3.5	3.6	3.7	3.8	3.9	4.0
卷扬机卷筒轴转速 $n/(\mathrm{r}\cdot\mathrm{min}^{-1})$	22	23	24	25	26	22	23	24	25	26

(2)**工作条件及要求**

①使用期10年,单班制工作。

②工作中有中等振动;经常正反转、启动和制动。

③转速允许误差为±5%。

④在中等规模机械厂小批量生产。

(3)**要求完成的工作**

①减速器装配图1张(图幅A0)。

②轴类零件工作图1张(比例1:1)。

③齿轮零件工作图1张(比例1:1)。

④设计计算说明书1份。

题目3 设计螺旋输送机传动装置(见图Ⅰ.3)

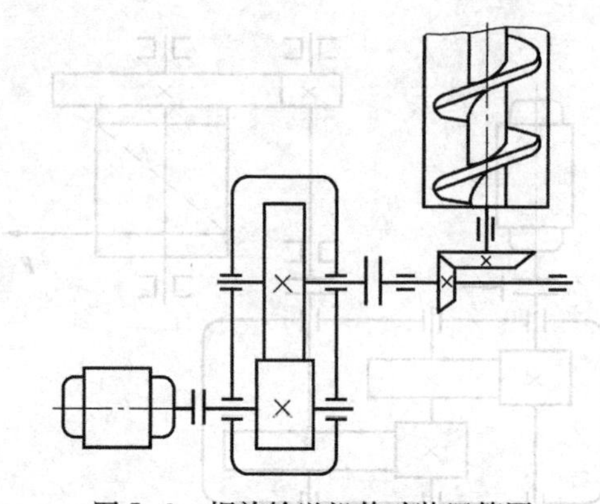

图Ⅰ.3 螺旋输送机传动装置简图

(1)**原始数据**(见表Ⅰ.3)

表Ⅰ.3

数据编号	1	2	3	4	5	6	7	8	9	10
输送机工作轴转矩 $T/(\mathrm{N\cdot m})$	250	260	270	290	300	320	350	380	400	420
输送机工作轴转速 $n/(\mathrm{r\cdot min^{-1}})$	120	118	115	120	118	115	110	108	105	102

(2)**工作条件及要求**

①使用期5年,双班制工作。

②单向连续运转,工作中有轻微振动。

③转速允许误差为±5%。

④在中等规模机械厂小批量生产。

(3)**要求完成的工作**

①减速器装配图1张(图幅A0)。

②轴类零件工作图1张(比例1:1)。

③齿轮零件工作图1张(比例1:1)。

④设计计算说明书1份。

附录Ⅱ 机械设计常用标准及规范

Ⅱ.1 常用数据和一般标准

Ⅱ.1.1 常用数据

表Ⅱ.1 金属材料熔点、热导率及比热容

名称	熔点/℃	热导率/[W·(m·K)$^{-1}$]	比热容/[J·(kg·K)$^{-1}$]	名称	熔点/℃	热导率/[W·(m·K)$^{-1}$]	比热容/[J·(kg·K)$^{-1}$]
灰铸铁	1 200	46.4～92.8	544.3	铝	658	203	904.3
铸钢	1 425		489.9	铅	327	34.8	129.8
低碳钢	1 400～1 500	46.4	502.4	锡	232	62.6	234.5
黄铜	950	92.8	393.6	锌	419	110	393.6
青铜	995	63.8	385.2	镍	1 452	59.2	452.2

注:表中的热导率(导热系数)值为0～100 ℃范围内的值。

表Ⅱ.2 材料线[膨]胀系数 $\alpha \times 10^{-6}$/℃

材料	温度范围/℃								
	20	20～100	20～200	20～300	20～400	20～600	20～700	20～900	70～1 000
黄铜		17.8	18.8	20.9					
青铜		17.6	17.9	18.2					
铸铝合金	18.44～24.5								
铝合金		22.0～24.0	23.4～24.8	24.0～25.9					
碳钢		10.6～12.2	11.3～13	12.1～13.5	12.9～13.9	13.5～14.3	14.7～15		
铬钢		11.2	11.8	12.4	13	13.6			
3Cr13		10.2	11.1	11.6	11.9	12.3	12.8		
1Cr18Ni9Ti		16.6	17	17.2	17.5	17.9	18.6	19.3	
铸铁		8.7～11.1	8.5～11.6	10.1～12.1	11.5～12.7	12.9～13.2			

续表

材料	温度范围/℃								
	20	20～100	20～200	20～300	20～400	20～600	20～700	20～900	70～1 000
镍铬合金		14.5							17.6
砖	9.5								
水泥、混凝土	10～14								
胶木、硬橡胶	64～77								
玻璃		4～11.5							
有机玻璃		130							

表Ⅱ.3　常用材料的[质量]密度

材料名称	[质量]密度/(g·cm^{-3})	材料名称	[质量]密度/(g·cm^{-3})	材料名称	[质量]密度/(g·cm^{-3})
碳钢	7.8～7.85	铅	11.37	无填料的电木	1.2
合金钢	7.9	锡	7.29	赛璐珞	1.4
球墨铸铁	7.3	镁合金	1.74	酚醛层压板	1.3～1.45
灰铸铁	7.0	硅钢片	7.55～7.8	尼龙6	1.13～1.14
紫铜	8.9	锡基轴承合金	7.34～7.75	尼龙66	1.14～1.15
黄铜	8.4～8.85	铅基轴承合金	9.33～10.67	尼龙1010	1.04～1.06
锡青铜	8.7～8.9	胶木板、纤维板	1.3～1.4	木材	0.7～0.9
无锡青铜	7.5～8.2	玻璃	2.4～2.6	石灰石	2.4～2.6
碾压磷青铜	8.8	有机玻璃	1.18～1.19	花岗石	2.6～3
冷拉青铜	8.8	矿物油	0.92	砌砖	1.9～2.3
工业用铝	2.7	橡胶石棉板	1.5～2.0	混凝土	1.8～2.45

表Ⅱ.4　常用材料的弹性模量及泊松比

名称	弹性模量 E/GPa	切变模量 G/GPa	泊松比 μ	名称	弹性模量 E/GPa	切变模量 G/GPa	泊松比 μ
灰铸铁、白口铸铁	115～160	45	0.23～0.27	铸铝青铜	105	42	0.25
球墨铸铁	151～160	61	0.25～0.29	硬铝合金	71	27	
碳钢	200～220	81	0.24～0.28	冷拔黄铜	91～99	35～37	0.32～0.42
合金钢	210	81	0.25～0.3	轧制纯铜	110	40	0.31～0.34
铸钢	175	70～84	0.25～0.29	轧制锌	84	32	0.27
轧制磷青铜	115	42	0.32～0.35	轧制铝	69	26～27	0.32～0.36
轧制锰黄铜	110	40	0.35	铅	17	7	0.42

表Ⅱ.5 机械传动和摩擦副的效率概略值

种类		效率 η	种类		效率 η
圆柱齿轮传动	很好跑合的6级和7级精度齿轮传动(油润滑)	0.98~0.99	摩擦传动	平摩擦轮传动	0.85~0.92
	8级精度的一般齿轮传动(油润滑)	0.97		槽摩擦轮传动	0.88~0.90
	9级精度的齿轮传动(油润滑)	0.96		卷绳轮	0.95
	加工齿的开式齿轮传动(脂润滑)	0.94~0.96	联轴器	十字滑块联轴器	0.97~0.99
	铸造齿的开式齿轮传动	0.90~0.93		齿式联轴器	0.99
锥齿轮传动	很好跑合的6级和7级精度的齿轮传动(油润滑)	0.97~0.98		弹性联轴器	0.99~0.995
	8级精度的一般齿轮传动(油润滑)	0.94~0.97		万向联轴器($\alpha \leqslant 3°$)	0.97~0.98
	加工齿的开式齿轮传动(脂润滑)	0.92~0.95		万向联轴器($\alpha > 3°$)	0.95~0.97
	铸造齿的开式齿轮传动	0.88~0.92	滑动轴承	润滑不良	0.94(一对)
蜗杆传动	自锁蜗杆(油润滑)	0.40~0.45		润滑正常	0.97(一对)
	单头螺杆(油润滑)	0.70~0.75		润滑特好(压力润滑)	0.98(一对)
	双头螺杆(油润滑)	0.75~0.82		液体摩擦	0.99(一对)
	四头螺杆(油润滑)	0.80~0.92	滚动轴承	球轴承(稀油润滑)	0.99(一对)
	环面蜗杆传动(油润滑)	0.85~0.95		滚子轴承(稀油润滑)	0.98(一对)
带传动	平带无压紧轮的开式传动	0.98	卷筒		0.96
	平带有压紧轮的开式传动	0.97	减(变)速器	单级圆柱齿轮减速器	0.97~0.98
	平带交叉传动	0.90		二级圆柱齿轮减速器	0.95~0.96
	V带传动	0.96		行星圆柱齿轮减速器	0.95~0.98
链传动	焊接链	0.93		单级锥齿轮减速器	0.95~0.96
	片式关节链	0.95		二级圆锥-圆柱齿轮减速器	0.94~0.95
	滚子链	0.96		无级变速器	0.92~0.95
	齿形链	0.97		摆线-针轮减速器	0.90~0.97
复合轮组	滑动轴承($i=2\sim6$)	0.90~0.98	螺旋传动	滑动螺旋	0.30~0.60
	滚动轴承($i=2\sim6$)	0.95~0.99		滚动螺旋	0.85~0.95

表Ⅱ.6　各种传动的传动比(参考值)

传动类型	传动比	传动类型	传动比
		锥齿轮传动:	
平带传动	≤5	1)开式	≤5
V带传动	≤7	2)单级减速器	≤3
圆柱齿轮传动:		蜗杆传动:	
1)开式	≤8	1)开式	15~60
2)单级减速器	≤4~6	2)单级减速器	8~40
3)单级外啮合和内啮合行星减速器	3~9	链传动	≤6
		摩擦轮传动	≤5

表Ⅱ.7　黑色金属硬度对照表(GB/T 1172—1999 摘录)

洛氏 HRC	维氏 HV	布氏 F/D^2 = 30HBW	洛氏 HRC	维氏 HV	布氏 F/D^2 = 30HBW	洛氏 HRC	维氏 HV	布氏 F/D^2 = 30HBW	洛氏 HRC	维氏 HV	布氏 F/D^2 = 30HBW
68	909	—	55	596	585	42	404	392	29	280	276
67	879	—	54	578	569	41	393	381	28	273	269
66	850	—	53	561	552	40	381	370	27	266	263
65	822	—	52	544	535	39	371	360	26	259	257
64	795	—	51	527	518	38	360	350	25	253	251
63	770	—	50	512	502	37	350	341	24	247	245
62	745	—	49	497	486	36	340	332	23	241	240
61	721	—	48	482	470	35	331	323	22	235	234
60	698	647	47	468	455	34	321	314	21	230	229
59	676	639	46	454	441	33	313	306	20	226	225
58	655	628	45	441	428	32	304	298			
57	635	616	44	428	415	31	296	291			
56	615	601	43	416	403	30	288	283			

注:表中 F 为试验力,kgf(1 kgf = 9.806 65 N);D 为试验用球的直径,mm。

表Ⅱ.8 常用材料的摩擦系数

摩擦副材料	摩擦系数 f		摩擦副材料	摩擦系数 f	
	无润滑	有润滑		无润滑	有润滑
钢-钢	0.1	0.05~0.1	青铜-青铜	0.15~0.20	0.04~0.10
钢-软钢	0.2	0.1~0.2	青铜-钢	0.16	—
钢-铸铁	0.18	0.05~0.15	青铜-夹布胶木	0.23	—
钢-黄铜	0.19	0.03	铝-不淬火的T8钢	0.18	0.03
钢-青铜	0.15~0.18	0.1~0.15	铝-淬火的T8钢	0.17	0.02
钢-铝	0.17	0.02	铝-黄铜	0.27	0.02
钢-轴承合金	0.2	0.04	铝-青铜	0.22	—
钢-夹布胶木	0.22	—	铝-钢	0.30	0.02
铸铁-铸铁	0.15	0.07~0.12	铝-夹布胶木	0.26	—
铸铁-青铜	0.15~0.21	0.07~0.15	钢-粉末冶金	0.35~0.55	—
软钢-铸铁	—	0.05~0.15	木材-木材	0.2~0.5	0.07~0.10
软钢-青铜	—	0.07~0.15	铜-铜	0.20	—

表Ⅱ.9 物体的摩擦系数

名称		摩擦系数 f	名称		摩擦系数 f
滑动轴承	液体摩擦	0.001~0.008	滚动轴承	深沟球轴承	0.002~0.004
	半液体摩擦	0.008~0.08		调心球轴承	0.001 5
	半干摩擦	0.1~0.5		圆柱滚子轴承	0.002
密封软填料盒中填料与轴的摩擦		0.2		调心滚子轴承	0.004
制动器普通石棉制动带（无润滑）$p=0.2\sim0.6$ MPa		0.35~0.46		角接触球轴承	0.003~0.005
离合器装有黄铜丝的压制石棉 $p=0.2\sim1.2$ MPa		0.40~0.43		圆锥滚子轴承	0.008~0.02
				推力球轴承	0.003

Ⅱ.1.2 一般标准

表Ⅱ.10 图纸幅面、图样比例

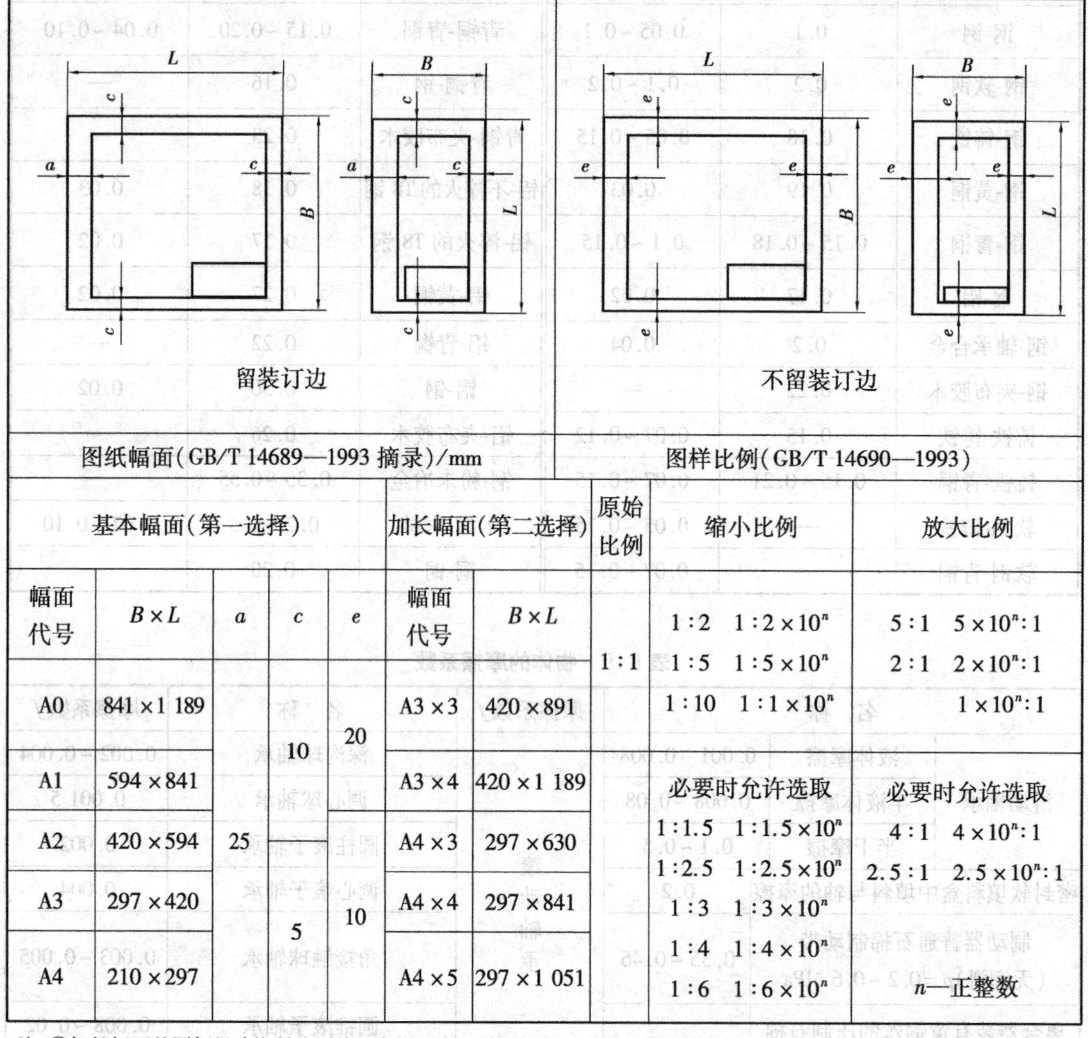

图纸幅面(GB/T 14689—1993 摘录)/mm							图样比例(GB/T 14690—1993)		
基本幅面(第一选择)					加长幅面(第二选择)		原始比例	缩小比例	放大比例
幅面代号	$B \times L$	a	c	e	幅面代号	$B \times L$			
A0	841×1 189	25	10	20	A3×3	420×891	1:1	1:2　$1:2\times10^n$ 1:5　$1:5\times10^n$ 1:10　$1:1\times10^n$	5:1　$5\times10^n:1$ 2:1　$2\times10^n:1$ $1\times10^n:1$
A1	594×841				A3×4	420×1 189		必要时允许选取 1:1.5　$1:1.5\times10^n$ 1:2.5　$1:2.5\times10^n$ 1:3　$1:3\times10^n$ 1:4　$1:4\times10^n$ 1:6　$1:6\times10^n$	必要时允许选取 4:1　$4\times10^n:1$ 2.5:1　$2.5\times10^n:1$ n—正整数
A2	420×594			10	A4×3	297×630			
A3	297×420		5		A4×4	297×841			
A4	210×297				A4×5	297×1 051			

注:①加长幅面的图框尺寸按所选用的基本幅面大一号图框尺寸确定。例如,对 A3×4,按 A2 的图框尺寸确定,即 e 为 10(或 c 为 10)。

②加长幅面(第三选择)的尺寸见 GB/T 14689—1993。

表Ⅱ.11　标准尺寸(直径、长度、高度等 GB/T 2822—2005 摘录)/mm

R			R′			R			R′			R			R′		
R10	R20	R40	R′10	R′20	R′40	R10	R20	R40	R′10	R′20	R′40	R10	R20	R40	R′10	R′20	R′40
2.50	2.50		2.5	2.5		40.0	40.0	40.0	40	40	40		280	280		280	280
	2.80			2.8				42.5			42			300			300
3.15	3.15		3.0	3.0			45.0	45.0		45	45	315	315	315	320	320	320
	3.55			3.5				47.5			48			335			340
4.00	4.00		4.0	4.0		50.0	50.0	50.0	50	50	50		355	355		360	360
	4.50			4.5				53.0			53			375			380
5.00	5.00		5.0	5.0			56.0	56.0		56	56	400	400	400	400	400	400
	5.60			5.5				60.0			60			425			420
6.30	6.30		6.0	6.0		63.0	63.0	63.0	63	63	63		450	450		450	450
	7.10			7.0				67.0			67			475			480
8.00	8.00		8.0	8.0			71.0	71.0		71	71	500	500	500	500	500	500
	9.00			9.0				75.0			75			530			530
10.0	10.0		10.0	10.0		80.0	80.0	80.0	80	80	80		560	560		560	560
	11.2			11				85.0			85			600			600
12.5	12.5	12.5	12	12	12		90.0	90.0		90	90	630	630	630	630	630	630
		13.2			13			95.0			95			670			670
	14.0	14.0		14	14	100	100	100	100	100	100		710	710		710	710
		15.0			15			106			105			750			750
16.0	16.0	16.0	16	16	16		112	112		110	110	800	800	800	800	800	800
		17.0			17			118			120			850			850
	18.0	18.0		18	18	125	125	125	125	125	125		900	900		900	900
		19.0			19			132			130			950			950
20.0	20.0	20.0	20	20	20		140	140		140	140	1 000	1 000	1 000	1 000	1 000	1 000
		21.2			21			150			150			1 060			
	22.4	22.4		22	22	160	160	160	160	160	160		1 120	1 120			
		23.6			24			170			170			1 180			
25.0	25.0	25.0	25	25	25		180	180		180	180	1 250	1 250	1 250			
		26.5			26			190			190			1 320			
	28.0	28.0		28	28	200	200	200	200	200	200		1 400	1 400			
		30.0			30			212			210			1 500			
31.5	31.5	31.5	32	32	32		224	224		220	220	1 600	1 600	1 600			
		33.5			34			236			240			1 700			
	35.5	35.5		36	36	250	250	250	250	250	250		1 800	1 800			
		37.5			38			265			260			1 900			

注:①选择系列及单位尺寸时,应首先在优先数系 R 系列中选用标准尺寸,选用顺序为 R10,R20,R40;如果必须将数值圆整,可在相应的 R′系列中选用标准尺寸,选用顺序为 R′10,R′20,R′40。

②本标准适用于有互换性或系列化要求的主要尺寸,其他结构尺寸也应尽可能采用;本标准不适用于由主要尺寸导出的因变量尺寸和工艺上工序间的尺寸和已有专用标准规定的尺寸。

表Ⅱ.12 中心孔(GB/T 145—2001 摘录)/mm

D	D_1		L_1(参考)		t(参考)	l_{min}	r_{max}	r_{min}	D	D_1	D_2	l	l_1(参考)	选择中心孔的参考数据		
A型			B型						C型					R型		
A,B,R型	A,R型	B型	A型	B型	A,B型	R型			C型					原料端部最小直径 D_0	轴状原料最大直径 D_e	工件最大质量
1.60	3.35	5.00	1.52	1.99	1.4	3.5	5.00	4.00								
2.00	4.25	6.30	1.95	2.54	1.8	4.4	6.30	5.00						8	>10 ~ 18	0.12
2.50	5.30	8.00	2.42	3.20	2.2	5.5	8.00	6.30						10	>18 ~ 30	0.2
3.15	6.70	10.00	3.07	4.03	2.8	7.0	10.00	8.00	M3	3.2	5.8	2.6	1.8	12	>30 ~ 50	0.5
4.00	8.50	12.50	3.90	5.05	3.5	8.9	12.50	10.00	M4	4.3	7.4	3.2	2.1	15	>50 ~ 80	0.8
(5.00)	10.60	16.00	4.85	6.41	4.4	11.2	16.00	12.5	M5	5.3	8.8	4.0	2.4	20	>80 ~ 120	1
6.30	13.20	18.00	5.98	7.36	5.5	14.0	20.00	16.00	M6	6.4	10.5	5.0	2.8	25	>120 ~ 180	1.5
(8.00)	17.00	22.40	7.79	9.36	7.0	17.9	25.00	20.00	M8	8.4	13.2	6.0	3.3	30	>180 ~ 220	2
10.00	21.20	28.00	9.70	11.66	8.7	22.5	31.50	25.00	M10	10.5	16.3	7.5	3.8	35	>180 ~ 220	2.5
									M12	13.0	19.8	9.5	4.4	42	>220 ~ 260	3

注:①A 型和 B 型中心孔的尺寸 l 取决于中心钻的长度,此值不应小于 t 值;

②括号内的尺寸尽量不采用;

③选择中心孔的参考数据不属 GB/T 145—2001 内容,仅供参考。

表Ⅱ.13 中心孔表示法(GB/T 4459.5—1999 摘录)

标注示例	解 释	标注示例	解 释
GB/T 4459.5—1999 B3.15/10	要求制出 B 型中心孔 $B=31.5$ mm,$D_1=10$ mm 在完工的零件上要求保留中心孔	GB/T 4459.5—1999 A4/8.5	用 A 型中心孔 $D=4$ mm, $D_1=8.5$ mm 在完工的零件上不允许保留中心孔

续表

标注示例	解　释	标注示例	解　释
GB/T 4459.5—1999 A4/8.5	用A型中心孔 $D=4$ mm,$D_1=8.5$ mm 在完工的零件上是否保留中心孔都可以	2×GB/T 4459.5—1999 B3.15/10	同一轴的两端中心孔相同,可只在其一端标注,但应注出数量

表Ⅱ.14　齿轮滚刀外径尺寸(GB/T 6083—2001 摘录)/mm

模数 m		1,1.25	1.5	2	2.5	3	4	5	6	7	8	9	10
滚刀外径 d_e	Ⅰ型	63	71	80	90	100	112	125	140	140	160	180	200
	Ⅱ型	50	63	71	71	80	90	100	112	118	125	140	150

注:Ⅰ型适用于技术条件按 JB/T 3327 的高精度齿轮滚刀或按 GB/T 6084 中 AA 级的齿轮滚刀,Ⅱ型适用于技术条件按 GB/T 6084 中其他精度等级的齿轮滚刀。

表Ⅱ.15　回转面及端面砂轮越程槽(GB/T 6403.5—1986 摘录)/mm

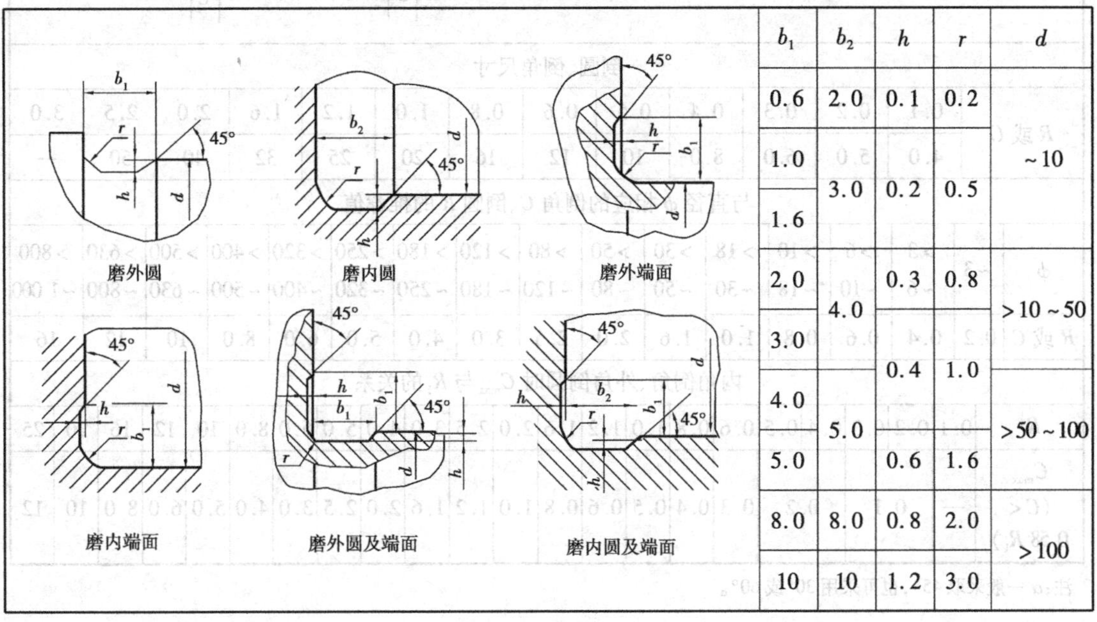

b_1	b_2	h	r	d
0.6	2.0	0.1	0.2	~10
1.0	3.0	0.2	0.5	
1.6				
2.0	4.0	0.3	0.8	>10~50
3.0		0.4	1.0	
4.0	5.0			>50~100
5.0		0.6	1.6	
8.0	8.0	0.8	2.0	>100
10	10	1.2	3.0	

表Ⅱ.16　零件倒圆与倒角(GB/T 6403.4—1986 摘录)/mm

倒圆、倒角形式	倒圆、倒角(45°)的 4 种装配形式
R　R	$C_1>R$　C_1　R　　$R_1>R$　R_1　R
C　α　C　α	$C<0.58R_1$　R_1　C　　$C_1>C$　C_1　C

倒圆、倒角尺寸

R 或 C													
R 或 C	0.1	0.2	0.3	0.4	0.5	0.6	0.8	1.0	1.2	1.6	2.0	2.5	3.0
	4.0	5.0	6.0	8.0	10	12	16	20	25	32	40	50	—

与直径 ϕ 相应的倒角 C、倒圆 R 的推荐值

ϕ	~3	>3 ~6	>6 ~10	>10 ~18	>18 ~30	>30 ~50	>50 ~80	>80 ~120	>120 ~180	>180 ~250	>250 ~320	>320 ~400	>400 ~500	>500 ~630	>630 ~800	>800 ~1 000
R 或 C	0.2	0.4	0.6	0.8	1.0	1.6	2.0	2.5	3.0	4.0	5.0	6.0	8.0	10	12	16

内角倒角、外角倒圆时 C_{max} 与 R_1 的关系

R_1	0.1	0.2	0.3	0.4	0.5	0.6	0.8	1.0	1.2	1.6	2.0	2.5	3.0	4.0	5.0	6.0	8.0	10	12	16	20	25
C_{max} ($C<0.58R_1$)	—	0.1		0.2		0.3	0.4	0.5	0.6	0.8	1.0	1.2	1.6	2.0	2.5	3.0	4.0	5.0	6.0	8.0	10	12

注:α 一般采取 45°,也可采用 30°或 60°。

表Ⅱ.17　圆形零件自由表面过渡圆角(参考)/mm

R　D　d										
	$D-d$	2	5	8	10	15	20	25	30	35	40
	R	1	2	3	4	5	8	10	12	12	16
	$D-d$	50	55	65	70	90	100	130	140	170	180
	R	16	20	20	25	25	30	30	40	40	50

注:尺寸 $D-d$ 是表中数值的中间值时,则按较小尺寸来选取 R。例如 $D-d=98$ mm,则 90 mm 选 $R=25$ mm。

表Ⅱ.18　圆柱形轴伸(GB/T 1569—2005 摘录)/mm

d	L 长系列	L 短系列	d	L 长系列	L 短系列
6,7	16	—	80,85,90,95	170	130
8,9	20	—	100,110,120,125	210	165
10,11	23	20	130,140,150	250	200
12,14	30	25	160,170,180	300	240
16,18,19	40	28	190,200,220	350	280
20,22,24	50	36	240,250,260	410	330
25,28	60	42	280,300,320	470	380
30,32,35,38	80	58	340,360,380	550	450
40, 42, 45, 48, 50,55,56	110	82	400,420,440,450 460,480,500	650	540
60, 63, 65, 70, 71,75	140	105	530,560,600,630	800	680

d的极限偏差			
d	6~30	32~50	55~630
极限偏差	j6	k6	m6

表Ⅱ.19　机器轴高(GB/T 12217—2005 摘录)/mm

系列	轴高的基本尺寸 h
Ⅰ	25,40,63,100,160,250,400,630,1 000,1 600
Ⅱ	25,32,40,50,63,80,100,125,160,200,250,315,400,500,630,800,1 000,1 250,1 600
Ⅲ	25,28,32,36,40,45,50,56,63,71,80,90,100,112,125,140,160,180,200,225,250,280,315,355,400,450,500,560,630,710,800,900,1 000,1 120,1 250,1 400,1 600
Ⅳ	25,26,28,30,32,34,36,38,40,42,45,48,50,53,56,60,63,67,71,75,80,85,90,95,100,105,112,118,125,132,140,150,160,170,180,190,200,212,225,236,250,265,280,300,315,335,355,375,400,425,450,475,500,530,560,600,630,670,710,750,800,850,900,950,1 000,1 060,1 120,1 180,1 250,1 320,1 400,1 500,1 600

轴高 h	轴高的极限偏差：电动机、从动机器减速器等	轴高的极限偏差：除电动机以外的主动机器	平行度公差：$L>2.5h$	平行度公差：$2.5h\leqslant L\leqslant 4h$	平行度公差：$L>4h$
25~50	0 -0.4	+0.4 0	0.2	0.3	0.4
>50~250	0 -0.5	+0.5 0	0.25	0.4	0.5
>250~630	0 -1.0	+1.0 0	0.5	0.75	1.0
>630~1 000	0 -1.5	+1.5 0	0.75	1.0	1.5
>1 000	0 -2.0	+2.0 0	1.0	1.5	2.0

注：①机器轴高应优先选用第Ⅰ系列数值，如不能满足需要时，可选用第Ⅱ系列数值，其次选用第Ⅲ系列数值，尽量不采用第Ⅳ系列数值；

②h 不包括安装时所用的垫片；L 为轴的全长。

表Ⅱ.20　轴肩和轴环尺寸(参考)/mm

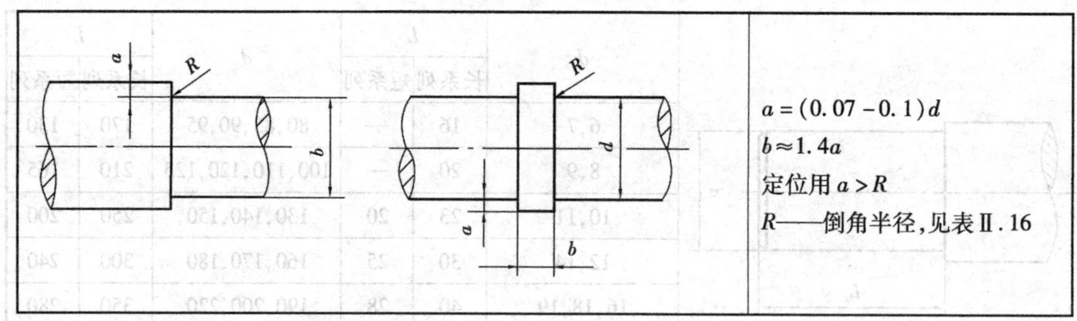

表Ⅱ.21　铸件最小壁厚(不小于)/mm

铸造方法	铸件尺寸	铸钢	灰铸铁	球墨铸铁	可锻铸铁	铝合金	铜合金
砂型	~200×200	8	~6	6	5	3	3~5
	>200×200~500×500	10~12	>6~10	12	8	4	6~8
	>500×500	15~20	15~20			6	

表Ⅱ.22　铸造斜度(JB/ZQ 4257—1997 摘录)

斜度 $b:h$	角度 β	使用范围
1:5	11°30′	$h<25$ mm 的钢和铁铸件
1:10 1:20	5°30′ 3°	h 在 25~500 mm 时的钢和铁铸件
1:50	1°	$h>500$ mm 时的钢和铁铸件
1:100	30′	有色金属铸件

注:当设计不同壁厚的铸件时,在转折点处的斜角最大还可增加 30°~45°。

表Ⅱ.23　铸造过渡斜度(JB/ZQ 4254—1997 摘录)/mm

	铸铁和铸钢件的壁厚 δ	K	h	R
适用于减速器、连接管、汽缸及其他连接法兰	10~15	3	15	5
	>15~20	4	20	5
	>20~25	5	25	5
	>25~30	6	30	8
	>30~35	7	35	8
	>35~40	8	40	10
	>40~45	9	45	10
	>45~50	10	50	10

表Ⅱ.24　铸造外圆角(JB/ZQ 4256—1997 摘录)

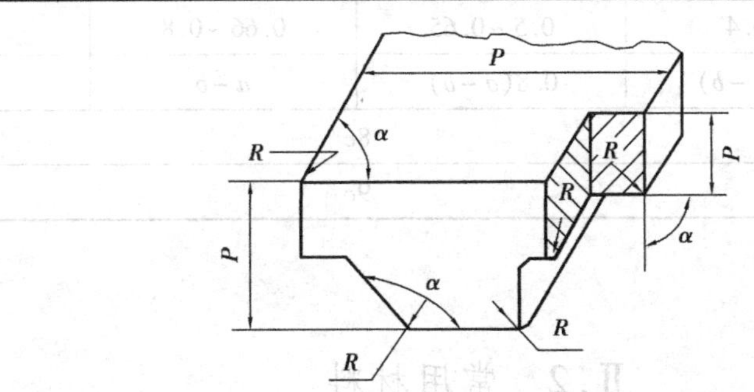

表面的最小边尺寸 P/mm	R/mm					
	外圆角 α					
	<50°	51°~75°	76°~105°	106°~135°	136°~165°	>165°
≤25	2	2	2	4	6	8
>25~60	2	4	4	6	10	16
>60~160	4	4	6	8	16	25
>160~250	4	6	8	12	20	30
>250~400	6	8	10	16	25	40
>400~600	6	8	12	20	30	50

表Ⅱ.25　铸造内圆角(JB/ZQ 4255—1997 摘录)

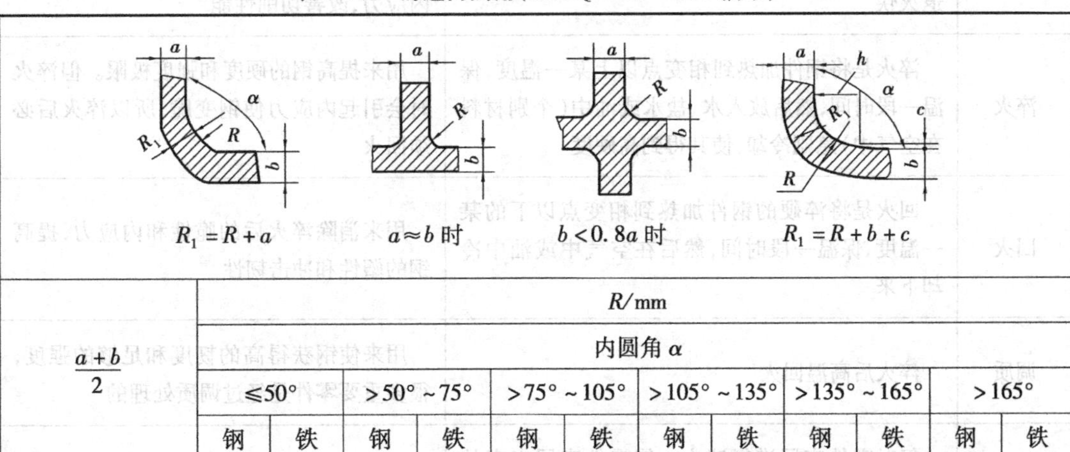

$\frac{a+b}{2}$	R/mm											
	内圆角 α											
	≤50°		>50°~75°		>75°~105°		>105°~135°		>135°~165°		>165°	
	钢	铁	钢	铁	钢	铁	钢	铁	钢	铁	钢	铁
≤8	4	4	4	4	6	4	8	6	16	10	20	16
9~12	4	4	4	4	6	6	10	8	16	12	25	20
13~16	4	4	6	4	8	6	12	10	20	16	30	25
17~20	6	4	8	6	10	8	16	12	25	20	40	30
21~27	6	6	10	8	12	10	20	16	30	25	50	40
c 和 h/mm												

续表

b/a		<0.4	0.5 ~ 0.65	0.66 ~ 0.8	>0.8
c≈		0.7(a − b)	0.8(a − b)	a − b	—
h≈	钢	8c			
	铁	9c			

Ⅱ.2 常用材料

Ⅱ.2.1 黑色金属材料

表Ⅱ.26 钢的常用热处理方法及应用

名称	说 明	应 用
退火（焖火）	退火是将钢件（或钢坯）加热到适当温度，保温一段时间，然后再缓慢地冷却下来（一般用炉冷）	用来消除铸、锻、焊零件的内应力，降低硬度，以易于切削加工，细化金属晶粒，改善组织，增强韧度
正火（正常化）	正火是将钢件加热到相变点以上 30 ~ 50 ℃，保温一段时间，然后在空气中冷却，冷却速度比退火快	用来处理低碳和中碳结构钢材及渗碳零件，使其组织细化，增强强度和韧度，减小内应力，改善切削性能
淬火	淬火是将钢件加热到相变点以上某一温度，保温一段时间，然后放入水、盐水或油中（个别材料在空气中）急剧冷却，使其得到高硬度	用来提高钢的硬度和强度极限。但淬火时会引起内应力使钢变脆，所以淬火后必须回火
回火	回火是将淬硬的钢件加热到相变点以下的某一温度，保温一段时间，然后在空气中或油中冷却下来	用来消除淬火后的脆性和内应力，提高钢的塑性和冲击韧性
调质	淬火后高温回火	用来使钢获得高的韧度和足够的强度，很多重要零件是经过调质处理的
表面淬火	仅对零件表层进行淬火。使零件表层有高的硬度和耐磨性，而心部保持原有的强度和韧度	常用来处理齿轮的表面
时效	使钢加热≤120 ~ 130 ℃，长时间保温后，随炉或取出在空气中冷却	用来消除或减小淬火后的微观应力，防止变形和开裂，稳定工件形状和尺寸以及消除机械加工的残余应力

续表

名称	说 明	应 用
渗碳	使表面增碳，渗碳层深度 0.4 ~ 6 mm 或 >6 mm，硬度为 56 ~65 HRC	增加钢件的耐磨性能、表面硬度、抗拉强度及疲劳极限 适用于低碳、中碳结构钢的中小型零件和大型的重负荷、受冲击、耐磨的零件
碳氮共渗	使表面增加碳与氮，扩散层深度较浅，为 0.02 ~ 0.03 mm；硬度高，在共渗层为 0.02 ~0.04 mm 时具有 66 ~70 HRC	增加结构钢、工具钢零件的耐磨性能、表面硬度和疲劳极限，提高刀具切削性能和使用寿命 适用于要求硬度高、耐磨的中、小型及薄片的零件和刀具等
渗氮	表面增氮，氮化层为 0.025 ~0.8 mm，而渗氮时间需 40 ~50 h，硬度很高（1 200 HV），耐磨、抗蚀性能高	增加钢件的耐磨性能、表面硬度、疲劳极限和抗蚀能力 适用于结构钢和铸铁件，如汽缸套、气门座、机床主轴、丝杠等耐磨零件，以及在潮湿碱水和燃烧气体介质的环境中工作的零件，如水泵轴、排气阀等零件

表Ⅱ.27 常用热处理工艺及代号（GB/T 12063—2005 摘录）

工 艺	代 号	工 艺	代 号	工艺代号意义
退火	511	表面淬火和回火	521	例
正火	512	感应淬火和回火	521-04	5 1 3-0
调质	515	火焰淬火和回火	521-05	
淬火	513	渗碳	531	冷却介质（油）
空冷淬火	513-A	固体渗碳	531-09	工艺名称（淬火）
油冷淬火	513-O	盐浴（液体）渗碳	531-03	
水冷淬火	513-W	可控气氛（气体）渗碳	531-01	工艺类型（整体热处理）
感应加热淬火	513-04	渗氮	533	
淬火和回火	514	碳氮共渗	532	热处理

表Ⅱ.28 灰铸铁（GB/T 9439—1988）

牌 号	铸件厚度/mm		最小抗拉强度 σ_b/MPa	硬度 HBW	应用举例
	大于	至			
HT100	2.5	10	130	110 ~ 166	盖、外罩、油盘、手轮、手把、支架等
	10	20	100	93 ~ 140	
	20	30	90	87 ~ 131	
	30	50	80	82 ~ 122	

续表

牌号	铸件厚度/mm		最小抗拉强度 σ_b/MPa	硬度 HBW	应用举例
	大于	至			
HT150	2.5	10	175	137~205	端盖、汽轮泵体、轴承座、阀壳、管子及管路附件、手轮、一般机床底座、床身及其他复杂零件、滑座、工作台等
	10	20	145	119~179	
	20	30	130	110~166	
	30	50	120	141~157	
HT200	2.5	10	220	157~236	汽缸、齿轮、底架、箱体、飞轮、齿条、衬筒、一般机床铸有导轨的床身及中等压力(8 MPa 以下)油缸、液压泵和阀的壳体等
	10	20	195	148~222	
	20	30	170	134~200	
	30	50	160	128~192	
HT250	4.0	10	270	175~262	壳体、油缸、汽缸、联轴器、箱体、齿轮、齿轮箱外壳、飞轮、衬筒、凸轮、轴承座等
	10	20	240	164~246	
	20	30	220	157~236	
	30	50	200	150~225	
HT300	10	20	290	182~272	齿轮、凸轮、车床卡盘、剪床、压力机的机身、导板、转塔自动车床及其他重负荷机床铸有导轨的床身、高压油缸、液压泵和滑阀的壳体等
	20	30	250	168~251	
	30	50	230	161~241	
HT350	10	20	340	199~299	
	20	30	290	182~272	
	30	50	260	171~257	

注:灰铸铁的硬度,系由经验关系式计算:当 $\sigma_b \geqslant 196$ MPa 时,HBW = RH(100 + 0.438σ_b);当 $\sigma_b < 196$ MPa 时,HBW = RH(44 + 0.724σ_b)。RH 称为相对硬度,一般取 0.80~1.20。

表Ⅱ.29 球墨铸铁(GB/T 1348—1988 摘录)

牌号	抗拉强度 σ_b/MPa	屈服强度 $\sigma_{0.2}$/MPa	伸长率 δ/%	供参考 布氏硬度 HBW	用途
	最小值				
QT 400-18	400	250	18	130~180	减速器箱体、管路、阀体、阀盖、压缩机汽缸、拨叉、离合器壳等
QT 400-15	400	250	15	130~180	
QT 450-10	450	310	10	160~210	油泵齿轮、阀门体、车辆轴瓦、凸轮、犁铧、减速器箱体、轴承座等
QT 500-7	500	320	7	170~230	
QT 600-3	600	370	3	190~270	曲轴、凸轮轴、齿轮轴、机床主轴、缸体、缸套、连杆、矿车轮、农机零件等
QT 700-2	700	420	2	225~305	
QT 800-2	800	480	2	245~335	

续表

牌　号	抗拉强度 σ_b/MPa	屈服强度 $\sigma_{0.2}$/MPa	伸长率 δ/%	供参考	用　途
	最小值			布氏硬度 HBW	
QT900-2	900	600	2	280～360	曲轴、凸轮轴、连杆、履带式拖拉机链轨板等

注:表中牌号系由单铸试块测定的性能。

表Ⅱ.30　一般工程用铸造碳钢(GB/T 11352—1989 摘录)

牌　号	抗拉强度 σ_b/MPa	屈服强度 σ_s或 $\sigma_{0.2}$/MPa	伸长率 δ/%	根据合同选择		硬　度		应用举例
				收缩率 ψ/%	冲击功 A_{kv}/J	正火回火 HBW	表面淬火 HRC	
	最小值							
ZG 200-400	400	200	25	40	30			各种形状的机件,如机座、变速箱壳等
ZG 230-450	450	230	22	32	25	≥131		铸造平坦的零件,如机座、机盖、箱体、铁毡台,工作温度在 450 ℃以下的管路附件等。焊接性良好
ZG 270-500	500	270	18	25	22	≥143	40～50	各种形状的机件,如飞轮、机架、蒸汽锤、桩锤、联轴器、水压机工作缸、横梁等。焊接性尚可
ZG 310-570	570	310	15	21	15	≥153	40～50	各种形状的机件,如联轴器、汽缸、齿轮、齿轮圈及重负荷机架等
ZG 340-600	640	340	10	18	10	169～229	45～55	起重运输机中的齿轮、联轴器及重要的机件等

注:①各牌号铸钢的性能,适用于厚度为 100 mm 以下的铸件;当厚度超过 100 mm 时,仅表中规定的 $\sigma_{0.2}$屈服强度可供设计使用;

②表中力学性能的试验环境温度为 20±10 ℃;

③表中硬度值非 GB/T 11352—1989 内容,仅供参考。

表Ⅱ.31　普通碳素结构钢(GB/T 700—1988 摘录)

牌号	等级	力学性能														冲击试验		应用举例
		屈服点 σ_s/MPa						抗拉强度 σ_b/MPa	伸长率 δ/%							温度/℃	V形冲击功(纵向)/J	
		钢材厚度(直径)/mm							钢材厚度(直径)/mm									
		≤16	>16~40	>40~60	>60~100	>100~150	>150		≤16	>16~40	>40~60	>60~100	>100~150	>150				
		不小于							不小于								不小于	
Q195	—	(195)	(185)	—	—	—	—	315~390	33	32	—	—	—	—		—	—	塑性好,常用其轧制薄板、拉制线材、制钉和焊接钢管
Q215	A	215	205	195	185	175	165	335~410	31	30	29	28	27	26		—	—	金属结构件、拉杆、套圈、螺栓、短轴、心轴、凸轮(载荷不大时)、垫圈、渗碳零件及焊接件
	B															20	27	
Q235	A	235	225	215	205	195	185	375~460	26	25	24	23	22	21		—	—	金属结构件,心部强度要求不高的渗碳或渗氮共渗零件、吊钩、拉杆、套圈、汽缸、齿轮、螺栓、螺母、轮轴、楔、盖及焊接件
	B															20	27	
	C															0		
	D															-20		
Q255	A	255	245	235	225	215	205	410~510	24	23	22	21	20	19				轴、轴销、刹车杆、螺母、螺栓、垫圈、连杆、齿轮以及其他强度较高的零件,焊接性尚可
	B															20	27	
Q275	—	275	265	255	245	235	225	490~610	20	19	18	17	16	15		—	—	

注:括号内的数值仅供参考。表中 A,B,C,D 为 4 种质量等级。

表Ⅱ.32　优质碳素结构钢(GB/T 699—1999 摘录)

牌号	推荐热处理/℃			试样毛坯尺寸/mm	力学性能					钢材交货状态硬度 HBW		应用举例
					抗拉强度 σ_b/MPa	屈服强度 σ_s/MPa	伸长率 δ_5/%	收缩率 ψ/%	冲击功 A_k/J	不大于		
	正火	淬火	回火		≥					未热处理	退火钢	
08F	930			25	295	175	35	60		131		用于塑性好的零件,如管子、垫片、垫圈;心部强度要求不高的渗碳和碳氮共渗零件,如套筒、短轴、挡块、支架、靠模、离合器盘
10	930			25	335	205	31	55		137		用于制造拉杆、卡头、钢管垫片、垫圈、铆钉。这种钢无回火脆性,焊接性好,用来制造焊接零件
15	920			25	375	225	27	55		143		用于受力不大、韧性要求较高的零件、渗碳零件、紧固件、冲模锻件及不需要热处理的低负荷零件,如螺栓、螺钉、拉条、法兰盘及化工贮器、蒸汽锅炉
20	910			25	410	245	25	55		156		用于不经受很大应力而要求很大韧性的机械零件,如杠杆、轴套、螺钉、起重钩等。也用于制造压力小于 6 MPa,温度低于 450 ℃,在非腐蚀介质中使用的零件,如管子、导管等。还可用于表面硬度高而心部强度要求不大的渗碳与氰化零件

续表

牌号	推荐热处理/℃			试样毛坯尺寸/mm	力学性能					钢材交货状态硬度 HBW		应用举例
					抗拉强度 σ_b/MPa	屈服强度 σ_s/MPa	伸长率 δ_5/%	收缩率 ψ/%	冲击功 A_k/J	不大于		
	正火	淬火	回火		≥					未热处理	退火钢	
25	900	870	600	25	450	275	23	50	71	170		用于制造焊接设备，以及经锻造、热冲压和机械加工的不承受高应力的零件，如轴、辊子、联轴器、垫圈、螺栓、螺钉及螺母
35	870	850	600	25	530	315	20	45	55	197		用于制造曲轴、转轴、轴销、杠杆、连杆、横梁、链轮、圆盘、套筒钩环、垫圈、螺钉、螺母。这种钢多在正火和调质状态下使用，一般不作焊接
40	860	840	600	25	570	335	19	45	47	217	187	用于制造辊子、轴、曲柄销、活塞杆、圆盘
45	850	840	600	25	600	335	16	40	39	229	197	用于制造齿轮、齿条、链轮、轴、键、销、蒸汽透平机的叶轮、压缩机及泵的零件、轧辊等。可替代渗碳钢制作齿轮、轴、活塞销等，但要经高频或火焰表面淬火
50	830	830	600	25	630	375	14	40	31	241	207	用于制造齿轮、拉杆、轧辊、轴、圆盘
55	820	820	600	25	645	380	13	35		255	217	用于制造齿轮、连杆、轮缘、扁弹簧及轧辊等
60	810			25	675	400	12	35		255	229	用于制造轧辊、轴、轮箍、弹簧、弹簧垫圈、离合器、凸轮、钢绳等
20Mn	910			25	450	275	24	50		197		用于制造凸轮轴、齿轮、联轴器、铰链、拖杆等

续表

牌号	推荐热处理/℃			试样毛坯尺寸/mm	力学性能					钢材交货状态硬度 HBW		应用举例
					抗拉强度 σ_b /MPa	屈服强度 σ_s /MPa	伸长率 δ_5 /%	收缩率 ψ /%	冲击功 A_k /J	不大于		
	正火	淬火	回火		≥					未热处理	退火钢	
30Mn	880	860	6 000	25	540	315	20	45	63	217	187	用于制造螺栓、螺母、螺钉、杠杆及刹车踏板等
40Mn	860	840	600	25	590	355	17	45	47	229	207	用以制造承受疲劳负荷的零件，如轴、万向联轴器、曲轴、连杆及在高应力工作的螺栓、螺母等
50Mn	830	830	600	25	645	390	13	40	31	255	217	用于制造耐磨性要求很高、在高负荷作用下的热处理零件，如齿轮、齿轮轴、摩擦盘、凸轮和在截面在80 mm以下的心轴等
60Mn	810			25	695	410	11	35		269	229	适于制造弹簧、弹簧垫圈、弹簧环和片以及冷拔钢丝(≤7 mm)和发条

注：①表中所列正火推荐保温时间不少于30 min，空冷；

②淬火推荐保温时间不少于30 min，水冷；

③回火推荐保温时间不少于1 h。

表Ⅱ.33　合金结构钢(GB/T 307—1999 摘录)

牌　号	热处理				试样毛坯尺寸/mm	力学性能					钢材退火或高温回火供应状态布氏硬度100/3 000HB不大于	特性及应用举例
	淬火		回火			抗拉强度 σ_b /MPa	屈服强度 σ_s /MPa	伸长率 δ_5 /%	收缩率 ψ /%	冲击功 A_k /J		
	温度/℃	冷却剂	温度/℃	冷却剂		≥						
20Mn2	850 880	水、油 水、油	200 440	水、空 水、空	15	785	590	10	40	47	187	截面小时与20Cr相当，用于制作渗碳小齿轮、小轴、钢套、链板等，渗碳淬火后硬度为56～62 HRC
35Mn2	840	水	500	水	25	835	685	12	45	55	207	对于截面较小的零件可替代40Cr，可制作直径≤15 mm的重要用途的冷镦螺栓及小轴等，表面淬火后硬度40～50 HRC
45Mn2	840	油	550	水、油	25	885	735	10	45	47	217	用于制造在较高应力与磨损条件下的零件。在直径≤60 mm时，与40Cr相当。可制作万向联轴器、齿轮、齿轮轴、曲轴、连杆、花键轴和摩擦盘等，表面淬火后硬度为45～55 HRC

续表

牌　号	热处理				试样毛坯尺寸/mm	力学性能					钢材退火或高温回火供应状态布氏硬度100/3 000HB不大于	特性及应用举例
	淬火		回火			抗拉强度 σ_b /MPa	屈服强度 σ_s /MPa	伸长率 δ_5 /%	收缩率 ψ %	冲击功 A_k /J		
	温度/℃	冷却剂	温度/℃	冷却剂		≥						
35SiMn	900	水	570	水、油	25	885	735	15	45	47	229	除了要求低温(－20 ℃以下)及冲击韧性很高的情况外，可全面代替40Cr作调质钢，也可部分代替40CrNi，可制作中小型轴类、齿轮等零件以及在430 ℃以下工作的重要紧固件，表面淬火后硬度45～55 HRC
42SiMn	880	水	590	水	25	885	735	15	40	47	229	与35SiMn钢相同。可替代40Cr，34CrMo钢制作大齿圈。适于作表面淬火件，表面淬火后硬度44～55 HRC
20MnV	880	水、油	200	水、空	15	785	590	10	40	55	187	相当于20CrNi的渗碳钢，渗碳淬火后硬度56～62 HRC

续表

牌号	热处理				试样毛坯尺寸/mm	力学性能					钢材退火或高温回火供应状态布氏硬度100/3 000HB不大于	特性及应用举例
	淬火		回火			抗拉强度σ_b/MPa	屈服强度σ_s/MPa	伸长率δ_5/%	收缩率ψ%	冲击功A_k/J		
	温度/℃	冷却剂	温度/℃	冷却剂		≥						
40MnB	850	油	500	水、油	25	980	785	10	45	47	207	可替代40Cr制作重要调质件,如齿轮、轴、连杆、螺栓等
37SiMn2MoV	870	水、油	650	水、空	25	980	835	12	50	63	269	可替代34CrNi-Mo等制作高强度重负荷轴、曲轴、齿轮、蜗杆等零件,表面淬火后硬度50~55 HRC
20CrMnTi	第一次880第二次870	油	200	水、空	15	1 080	850	10	45	55	217	强度、韧性均高,是铬镍钢的代用品。用于制造承受高速、中等或重负荷以及冲击磨损等的重要零件,如渗碳齿轮、凸轮等,渗碳淬火后硬度56~62 HRC

续表

牌号	热处理				试样毛坯尺寸/mm	力学性能					钢材退火或高温回火供应状态布氏硬度100/3 000HB不大于	特性及应用举例
	淬火		回火			抗拉强度 σ_b/MPa	屈服强度 σ_s/MPa	伸长率 δ_5/%	收缩率 ψ%	冲击功 A_k/J		
	温度/℃	冷却剂	温度/℃	冷却剂		≥						
20CrMnMo	850	油	200	水、空	15	1 180	885	10	45	55	217	用于要求表面硬度高、耐磨、心部有较高强度、韧性的零件,如传动齿轮和曲轴等,渗碳淬火后硬度56~62 HRC
38CrMoA1	940	水、油	640	水、油	30	980	835	14	50	71	229	用于要求高耐磨性、高疲劳强度和相当高的强度且热处理变形最小的零件,如镗杆、主轴、蜗杆、齿轮、套筒、套环等,渗氮后表面硬度1 100 HV
20Cr	第一次880 第二次780~820	水、油	200	水、空	15	835	540	10	40	47	179	用于要求心部强度较高,承受磨损、尺寸较大的渗碳零件,如齿轮、齿轮轴、蜗杆、凸轮、活塞销等;也用于速度较大受中等冲击的调质零件,渗碳淬火后硬度56~62 HRC

续表

牌　号	热处理				试样毛坯尺寸/mm	力学性能					钢材退火或高温回火供应状态布氏硬度100/3 000HB不大于	特性及应用举例
	淬火		回火			抗拉强度σ_b/MPa	屈服强度σ_s/MPa	伸长率δ_5/%	收缩率ψ%	冲击功A_k/J		
	温度/℃	冷却剂	温度/℃	冷却剂		≥						
40Cr	850	油	520	水、油	25	980	785	9	45	47	207	用于承受交变负荷、中等速度、中等负荷、强烈磨损而无很大冲击的重要零件，如重要的齿轮、轴、曲轴、连杆、螺栓、螺母等零件，并用于直径大于400 mm要求低温冲击韧性的轴与齿轮等，表面淬火后硬度48~55 HRC
20CrNi	850	水、油	460	水、油	25	785	590	10	50	63	197	用于制造承受较高载荷的渗碳零件，如齿轮、轴、花键轴、活塞销等
40CrNi	820	油	500	水、油	25	980	785	10	45	55	241	用于制造要求强度高、韧性高的零件，如齿轮、轴、链条、连杆等
40CrNiMoA	850	油	600	水、油	25	980	835	12	55	78	269	用于特大截面的重要调质件，如机床主轴、传动轴、转子轴等

注：表中100/3 000 HB表示试验用球直径的平方为100 mm^2，试验力为3 000 kgf。

Ⅱ.2.2 型钢及型材

表Ⅱ.34 冷轧钢板和钢带(GB/T 708—1998 摘录)

厚度	0.20,0.25,0.30,0.35,0.40,0.45,0.55,0.6,0.65,0.70,0.75,0.80,0.90,1.00,1.1,1.2,1.3,1.4,1.5,1.6,1.7,1.8,2.0,2.2,2.5,2.8,3.0,3.2,3.5,3.8,3.9,4.0,4.2,4.5,4.8,5.0

注:①本标准适用于宽度≥600 mm、厚度为0.2~5 mm的冷轧钢板和厚度不大于3 mm的冷轧钢带;

②宽度系列为600,650,700,(710),750,800,850,900,950,1 000,1 100,1 250,1 400,(1 420),1 500~2 000(100进位)。

表Ⅱ.35 热轧钢板(GB/T 709—1988 摘录)

厚度	0.50,0.55,0.60,0.65,0.75,0.80,0.90,1.0,1.2~1.6(0.1进位),1.8,2.0,2.2,2.5,2.8,3.0,3.2,3.5,3.8,3.9,4.0,4.5,5,6,7,8,9,10~22(1进位),25,26~42(2进位),45,48.50,52.55~95(5进位),100,105,110,120,125,130~160(10进位),165,170,180~200(5进位)

注:钢板宽度系列为600,620,700,710,750~1 000(50进位),1 250,1 400,1 420,1 500~3 000(100进位),3 200~3 800(200进位)。

表Ⅱ.36 热轧圆钢直径和方钢边长尺寸(GB/T 702—2004 摘录)

5.5	6	6.5	7	8	9	10	11	12	13	14	15	16	17	18	19	20	21	22	23	24	25	26
27	28	29	30	31	32	33	34	35	36	38	40	42	45	48	50	53	55	56	58	60	63	65
68	710	75	80	85	90	95	100	105	110	115	120	125	130	140	150	160	170	180				
190	200	210	220	230	240	250																

注:①本标准适用于直径为5.5~250 mm的热轧圆钢和边长为5.5~200 mm的热轧方钢;

②普通质量钢的长度为4~10 m(截面尺寸≤25 mm),3~9 m(截面尺寸>25 mm);工具钢(截面尺寸>75 mm)的长度为1~6 m,优质及特殊质量钢长度为2~7 m。

Ⅱ.2.3 有色金属材料

表Ⅱ.37 铸造铜合金、铸造铝合金和铸造轴承合金

合金牌号	合金名称(或代号)	铸造方法	合金状态	力学性能(不低于)				应用举例
				抗拉强度 σ_b /MPa	屈服强度 $\sigma_{0.2}$ /MPa	伸长率 δ_5 /%	布氏硬度 HBS	
铸造铜合金(GB 1176—1987 摘录)								
ZCuSnPb5Zn5	5-5-5 锡青铜	S,J, Li,La		200 250	90 100	13	590* 635*	较高负荷、中速下工作的耐磨耐蚀件,如轴瓦、衬套、缸套及蜗轮等

续表

合金牌号	合金名称(或代号)	铸造方法	合金状态	力学性能(不低于) 抗拉强度 σ_b/MPa	屈服强度 $\sigma_{0.2}$/MPa	伸长率 δ_5/%	布氏硬度 HBS	应用举例
ZCuSnP1	10-1 锡青铜	S		220	130	3	785*	高负荷(20 MPa 以下)和高滑动速度(8 m/s)下工作的耐磨件,如连杆、衬套、轴瓦、蜗轮等
		J		310	170	2	885*	
		Li		330	170	4	885*	
		La		360	170	6	885*	
ZCuSn10Pb5	10-5 锡青铜	S		194		10	685	耐蚀、耐酸件及破碎机衬套、轴瓦等
		J		245				
ZCuPb17Sn4Zn4	17-4-4 铅青铜	S		150		5	540	一般耐磨件、轴承等
		J		175		7	590	
ZCuAl10Fe3	10-3 铝青铜	S		490	180	13	980*	要求强度高、耐磨、耐蚀的零件,如轴套、螺母、蜗轮、齿轮等
		J		540	200	15	1 080*	
		Li, La		540	200	14	1 080*	
ZCuAl10Fe3Mn2	10-3-2 铝青铜	S		490		15	1 080	
		J		540		20	1 175	
ZCuZn38	38 黄铜	S		295		30	590	一般结构件和耐蚀件,如法兰、阀座、螺母等
		J					685	
ZCuZn40Pb2	40-2 铅黄铜	S		220	120	15	785*	一般用途的耐磨、耐蚀件,如轴套、齿轮等
		J		280		20	885*	
ZCuZn38Mn2Pb2	38-2-2 锰黄铜	S		245		10	685	一般用途的结构件,如套筒、衬套、轴瓦、滑块等
		J		345		18	785	
ZCuZn16Si4	16-4 硅黄铜	S		345		15	885	接触海水工作的管配件以及水泵、叶轮等
		J		390		20	980	
铸造铝合金(GB/T 1173—1995 摘录)								
ZAlSi12	ZL102 铝硅合金	SB, JB, RB, KB	F	145		4	50	汽缸活塞以及高温工作的承受冲击载荷的复杂薄壁零件
			T2	135				
		J	F	155		2		
			T2	145		3		
ZAlSi9Mg	ZL104 铝硅合金	S, J, R, K, J	F	145		2	50	形状复杂的高温静载荷或受冲击作用的大型零件,如扇风机叶片、水冷汽缸头
			T1	195		1.5	65	
		SB, RB, KB, J, JB	T6	225		2	70	
			T6	235		2	70	

续表

合金牌号	合金名称(或代号)	铸造方法	合金状态	力学性能(不低于) 抗拉强度 σ_b /MPa	屈服强度 $\sigma_{0.2}$ /MPa	伸长率 δ_5 /%	布氏硬度 HBS	应用举例
ZAlMg5Si1	ZL303 铝镁合金	S,J, R,K	F	145		1	55	高耐蚀性或在高温度下工作的零件
ZAlZn11Si7	ZL401 铝锌合金	S,R, K,J	T1	195 245		2 1.5	80 90	铸造性能较好,可不热处理,用于形状复杂的大型薄壁零件,耐蚀性差
铸造轴承合金(GB/T 1174—1992 摘录)								
ZSnSb12Pb10Cu4 ZSnSb11Cu6 ZSnSb8Cu4	锡基轴承合金	J J J					29 27 24	汽轮机、压缩机、机车、发电机、球磨机、轧机减速器、发动机等各种机器的滑动轴承衬
ZPbSb16Sn16Cu2 ZPbSb15Sn10 ZPbSb15Sn5	铅基轴承合金	J J J					30 24 20	

注:①铸造方法代号:S—砂型铸造;J—金属型铸造;Li—离心铸造;La—连续铸造;R—熔模铸造;K—壳型铸造;B—变质处理。

②合金状态代号:F—铸态;T1—人工时效;T2—退火;T6—固溶处理加人工完全时效。

③铸造铜合金的布氏硬度试验力的单位为N,有*者为参考值。

Ⅱ.2.4　常用材料大致价格比

表Ⅱ.38　常用材料大致价格比

材料种类	Q235	45	40Cr	铸铁	角钢	槽钢工字钢	铝锭	黄铜	青铜	尼龙
价格比	1	1.05~1.15	1.4~1.6	~0.5	0.8~0.9	~1	4~5	8~9	9~10	10~11

注:①本表以Q235中等尺寸圆钢单位质量价格为1计算,其他为相对值。

②由于市场价格变化,本表仅供课程设计参考。

Ⅱ.3　常用联接件与紧固件

Ⅱ.3.1　螺纹联接和螺纹零件结构要素

表Ⅱ.39　普通螺纹基本尺寸(GB/T 196—2003 摘录)/mm

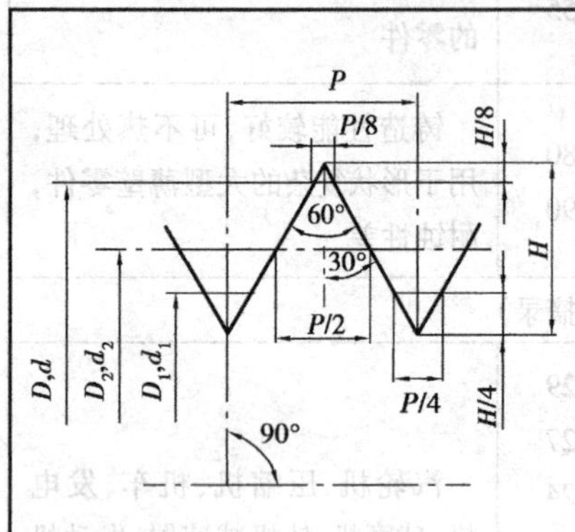

$H=0.866P$

$d_2=d-0.6495P$

$d_1=d-1.0825P$

D,d——内、外螺纹基本大径(公称直径)

D_2,d_2——内、外螺纹基本中径

D_1,d_1——内、外螺纹基本小径

P——螺距

标记示例：

M20-6H(公称直径 20 粗牙右旋内螺纹，中径和大径公差带均为 6H)

M20-6g(公称直径 20 粗牙右旋外螺纹，中径和大径公差带均为 6g)

M20-6H/6g(上述规格的螺纹副)

M20×2 左-5g6g-S(公称直径 20、螺距 2 细牙左旋外螺纹，中径、大径的公差带分别为 5g,6g，短旋合长度)

公称直径 D、d 第一系列	公称直径 D、d 第二系列	螺距 P	中径 D_2,d_2	小径 D_1,d_1
3		**0.5**	2.675	2.459
		0.35	2.773	2.621
	3.5	(**0.6**)	3.110	2.850
		0.35	3.273	3.121
4		**0.7**	3.545	3.242
		0.5	3.675	3.459
	4.5	(**0.75**)	4.013	3.688
		0.5	4.175	3.959
5		**0.8**	4.480	4.134
		0.5	4.675	4.459

公称直径 D,d 第一系列	公称直径 D,d 第二系列	螺距 P	中径 D_2,d_2	小径 D_1,d_1
	18	1.5	17.026	16.376
		1	17.350	16.917
20		**2.5**	18.376	17.294
		2	18.701	17.835
		1.5	19.026	18.376
		1	19.350	18.917
	22	**2.5**	20.376	19.294
		2	20.701	19.835
		1.5	21.026	20.376
		1	21.350	20.917

公称直径 D,d 第一系列	公称直径 D,d 第二系列	螺距 P	中径 D_2,d_2	小径 D_1,d_1
	39	2	37.701	36.835
		1.5	38.026	37.376
42		**4.5**	39.077	37.129
		3	40.051	38.752
		2	40.701	39.835
		1.5	41.026	40.376
	45	**4.5**	42.077	40.129
		4	42.402	40.670
		3	43.051	41.752
		2	43.701	42.835
		1.5	44.026	43.376

续表

公称直径 D、d 第一系列	公称直径 D、d 第二系列	螺距 P	中径 D_2,d_2	小径 D_1,d_1
6		**1**	5.350	4.917
		0.75	5.513	5.188
	7	**1**	6.350	5.917
		0.75	6.513	6.188
8		**1.25**	7.188	6.647
		1	7.350	6.917
		0.75	7.513	7.188
10		**1.5**	9.026	8.376
		1.25	9.188	8.647
		1	9.350	8.917
		0.75	9.513	9.188
12		**1.75**	10.863	10.106
		1.5	11.026	10.376
		1.25	11.188	10.647
		1	11.350	10.917
	14	**2**	12.701	11.835
		1.5	13.026	12.376
		1	13.350	12.917
16		**2**	14.701	13.835
		1.5	15.026	14.376
		1	15.350	14.917
	18	**2.5**	16.376	15.294
		2	16.701	15.835

公称直径 D,d 第一系列	公称直径 D,d 第二系列	螺距 P	中径 D_2,d_2	小径 D_1,d_1
24		**3**	22.051	20.752
		2	22.701	21.835
		1.5	23.026	22.376
		1	23.350	22.917
	27	**3**	25.051	23.752
		2	25.701	24.835
		1.5	26.026	25.376
		1	26.350	25.917
30		**3.5**	27.727	26.211
		3	28.051	26.752
		2	28.701	27.853
		1.5	29.026	28.376
		1	29.350	28.917
	33	**3.5**	30.727	29.211
		3	31.051	29.752
		2	31.701	30.835
		1.5	32.026	31.376
36		**4**	33.402	31.670
		3	34.051	32.752
		2	34.701	33.835
		1.5	35.026	34.376
	39	**4**	36.402	34.670
		3	37.051	35.572

公称直径 D,d 第一系列	公称直径 D,d 第二系列	螺距 P	中径 D_2,d_2	小径 D_1,d_1
48		**5**	44.752	42.587
		4	45.402	43.670
		3	46.051	44.752
		2	46.701	45.835
		1.5	47.026	46.376
	52	**5**	48.752	46.587
		4	49.402	47.670
		3	50.051	48.752
		2	50.701	49.835
		1.5	51.026	50.376
56		**5.5**	52.428	50.046
		4	53.402	51.670
		3	54.051	52.752
		2	54.701	53.835
		1.5	55.026	54.376
	60	**5.5**	56.428	54.046
		4	57.402	55.670
		3	58.051	56.752
		2	58.701	57.835
		1.5	59.026	58.376
64		**6**	60.103	57.505
		4	61.402	59.670
		3	62.051	60.752

注：①“螺距 P”栏中第一个数值（黑体字）为粗牙螺距，其余为细牙螺距；

②优先选用第一系列，其次第二系列，第三系列（表中未列出）尽可能不用；

③括号内尺寸尽可能不用。

表Ⅱ.40　普通螺纹旋合长度(GB/T 197—2003 摘录)/mm

公称直径 D,d		螺距 P	旋合长度				公称直径 D,d		螺距 P	旋合长度			
			S	N		L				S	N		L
>	≤		≤	>	≤	>	>	≤		≤	>	≤	>
1.4	2.8	0.25	0.6	0.6	1.9	1.9	22.4	45	1	4	4	12	12
		0.35	0.8	0.8	2.6	2.6			1.5	6.3	6.3	19	19
		0.4	1	1	3	3			2	8.5	8.5	25	25
		0.45	1.3	1.3	3.8	3.8			3	12	12	36	36
2.8	5.6	0.35	1	1	3	3			3.5	15	15	45	45
		0.5	1.5	1.5	4.5	4.5			4	18	18	53	53
		0.6	1.7	1.7	5	5			4.5	21	21	63	63
		0.7	2	2	6	6	45	90	1.5	7.5	7.5	22	22
		0.75	2.2	2.2	6.7	6.7			2	9.5	9.5	28	28
		0.8	2.5	2.5	7.5	7.5			3	15	15	45	45
5.6	11.2	0.75	2.4	2.4	7.1	7.1			4	19	19	56	56
		1	3	3	9	9			5	24	24	71	71
		1.25	4	4	12	12			5.5	28	28	85	85
		1.5	5	5	15	15			6	32	32	95	95
11.2	22.4	1	3.8	3.8	11	11	90	180	2	12	12	36	36
		1.25	4.5	4.5	13	13			3	18	18	53	53
		1.5	5.6	5.6	16	16			4	24	24	71	71
		1.75	6	6	18	18	180	335	3	20	20	60	60
		2	8	8	24	24			4	26	26	80	80
		2.5	10	10	30	30			6	40	40	118	118
									8	50	50	150	150

注：S——短旋合长度；N——等旋合长度；L——长旋合长度。

表Ⅱ.41　梯形螺纹设计牙型尺寸（GB/T 5796.1—2005 摘录）/mm

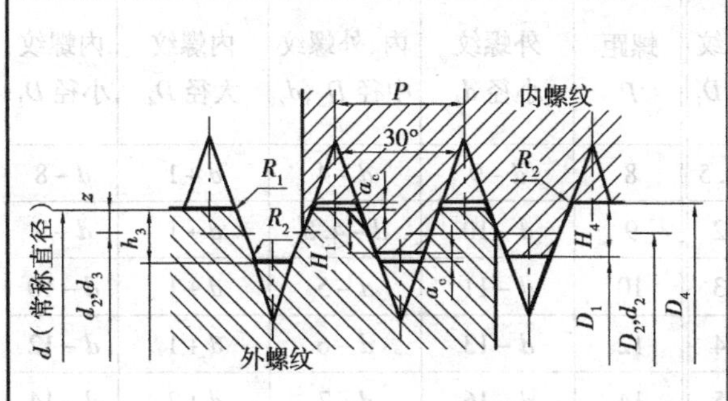

标记示例：

Tr40 ×7-7H（梯形内螺纹，公称直径 $d=40$、螺距 $P=7$、精度等级 7H）

Tr40 ×14（P7）LH-7e（多线左旋梯形外螺纹，公称直径 $d=40$，导程 =14，螺距 $P=7$，精度等级 7e）

Tr40 ×7-7H/7e（梯形螺旋副，公称直径 $d=40$，螺距 $P=7$，内螺纹精度等级 7H，外螺纹精度等级 7e）

螺距 P	a_c	$H_4=h_3$	R_{1max}	R_{2max}	螺距 P	a_c	$H_4=h_3$	R_{1max}	R_{2max}	螺距 P	a_c	$H_4=h_3$	R_{1max}	R_{2max}
1.5	0.15	0.9	0.075	0.15	9		5			24		13		
2		1.25			10	0.5	5.5	0.25	0.5	28		15		
3		1.75			12		6.5			32		17		
4	0.25	2.25	0.125	0.25	14		8			36	1	19	0.5	1
5		2.75			16		9			40		21		
6		3.5			18	1	10	0.5	1	44		23		
7	0.5	4	0.25	0.5	20		11							
8		4.5			22		12							

表Ⅱ.42　梯形螺纹直径与螺距系列（GB/T 5796.2—2005 摘录）/mm

公称直径 d		螺距 P	公称直径 d		螺距 P	公称直径 d		螺距 P	公称直径 d		螺距 P
第一系列	第二系列		第一系列	第二系列		第一系列	第二系列		第一系列	第二系列	
8	9	1.5*	28	26	8,5*,3	52	50	12,8*,3		110	20,12*,4
10		2*,1.5		30	10,6*,3		55	14,9*,3	120	130	22,14*,6
	11	3.2*	32		10,6*,3	60	65	14,9*,3	140		22,14*,6
12		3*,2	36	34		70		16,10*,4		150	24,16*,6
	14	3*,2	38		10,7*,3		75	16,10*,4	160		28,16*,6
16	18	4*,2	40	42		80	85	18,12*,4		170	28,16*,6
20	22	4*,2	44	46	12,7*,3	90	95	18,12*,4	180		28,18*,8
24		8,5*,3	48		12,8*,3	100		20,12*,4		190	32,18*,8

注：优先选用第一系列的直径，带 * 者为对应直径优先选用的螺距。

表Ⅱ.43 梯形螺纹基本尺寸(GB/T 5796.3—2005 摘录)/mm

螺距 P	外螺纹小径 d_3	内、外螺纹中径 D_2, d_2	内螺纹大径 D_4	内螺纹小径 D_1	螺距 P	外螺纹小径 d_3	内、外螺纹中径 D_2, d_2	内螺纹大径 D_4	内螺纹小径 D_1
1.5	$d-1.8$	$d-0.75$	$d+0.3$	$d-1.5$	8	$d-9$	$d-4$	$d+1$	$d-8$
2	$d-2.5$	$d-1$	$d+0.5$	$d-2$	9	$d-10$	$d-4.5$	$d+1$	$d-9$
3	$d-3.5$	$d-1.5$	$d+0.5$	$d-3$	10	$d-11$	$d-5$	$d+1$	$d-10$
4	$d-4.5$	$d-2$	$d+0.5$	$d-4$	12	$d-13$	$d-6$	$d+1$	$d-12$
5	$d-5.5$	$d-2.5$	$d+0.5$	$d-5$	14	$d-16$	$d-7$	$d+2$	$d-14$
6	$d-7$	$d-3$	$d+1$	$d-6$	16	$d-18$	$d-8$	$d+2$	$d-16$
7	$d-8$	$d-3.5$	$d+1$	$d-7$	18	$d-20$	$d-9$	$d+2$	$d-18$

注:①d 为公称直径(即外螺纹大径);

②表中所列的数值是按下式计算:$d_3 = d - 2h_3$;$D_2, d_2 = d - 0.5P$;$D_4 = d + 2ac$;$D_1 = d - P$。

表Ⅱ.44 六角头螺栓——A 和 B 级(GB/T 5782—2000 摘录)、

六角头螺栓——全螺纹——A 和 B 级(GB/T 5783—2000 摘录)/mm

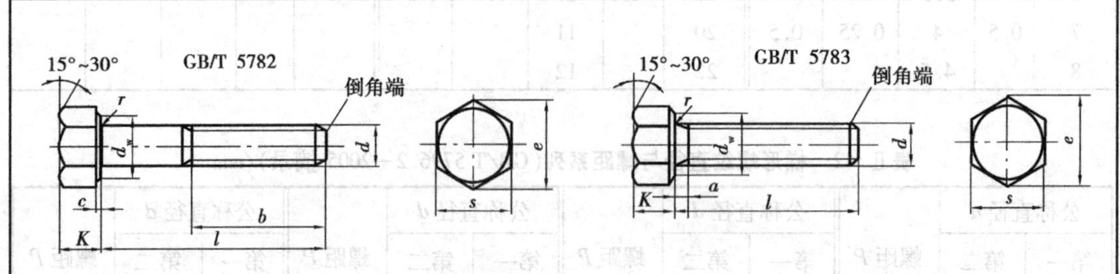

标记示例:

螺纹规格 d = M12、公称长度 l = 80、性能等级为 8.8 级、表面氧化、A 级的六角头螺栓的标记为

螺栓 GB/T 5782 M12×80

标记示例:

螺纹规格 d = M12、公称长度 l = 80、性能等级为 8.8 级、表面氧化、全螺纹、A 级的六角头螺栓的标记为

螺栓 GB/T 5783 M12×80

螺纹规格 d			M3	M4	M5	M6	M8	M10	M12	(M14)	M16	(M18)	M20	(M22)	M24	(M27)	M30	M36
b 参考	$l \leqslant 125$		12	14	16	18	22	26	30	34	38	42	46	50	54	60	66	
	$125 < l \leqslant 200$		18	20	22	24	28	32	36	40	44	48	52	56	60	66	72	84
	$l > 200$		31	33	33	37	41	45	49	53	57	61	65	69	73	79	85	97
a	max		1.5	2.1	2.4	3	3.75	4.5	5.25	6	6	7.5	7.5	7.5	9	9	10.5	12
c	max		0.4	0.4	0.5	0.5	0.6	0.6	0.6	0.6	0.8	0.8	0.8	0.8	0.8	0.8	0.8	0.8
	min		0.15	0.15	0.15	0.15	0.15	0.15	0.15	0.15	0.2	0.2	0.2	0.2	0.2	0.2	0.2	0.2
d_w	min	A	4.6	5.9	6.9	8.9	11.6	14.6	16.6	19.6	22.5	25.3	28.2	31.7	33.6			
		B	4.5	5.7	6.7	8.7	11.5	14.5	16.5	19.2	22	24.9	27.7	31.4	33.3	38	42.8	51.1

续表

螺纹规格 d			M3	M4	M5	M6	M8	M10	M12	(M14)	M16	(M18)	M20	(M22)	M24	(M27)	M30	M36
e	min	A	6.01	7.66	8.79	11.1	14.38	17.77	20.03	23.35	26.75	30.14	33.53	37.72	39.98			
		B	5.88	7.5	8.63	10.9	14.2	17.59	19.85	22.78	26.17	29.56	32.95	37.29	39.55	45.2	50.85	60.79
K	公称		2	2.8	3.5	4	5.3	6.4	7.5	8.8	10	11.5	12.5	14	15	17	18.7	22.5
r	min		0.1	0.2	0.2	0.25	0.4	0.4	0.6	0.6	0.6	0.6	0.8	0.8	0.8	1	1	1
s	公称		5.5	7	8	10	13	16	18	21	24	27	30	34	36	41	46	55
l 范围			20 ~ 30	25 ~ 40	25 ~ 50	30 ~ 60	35 ~ 80	40 ~ 100	45 ~ 120	60 ~ 140	55 ~ 160	60 ~ 180	65 ~ 200	70 ~ 220	80 ~ 240	90 ~ 260	90 ~ 300	110 ~ 360
l 范围(全螺线)			6 ~ 30	8 ~ 40	10 ~ 50	12 ~ 60	16 ~ 80	20 ~ 100	25 ~ 120	30 ~ 140	30 ~ 150	35 ~ 180	40 ~ 150	45 ~ 200	50 ~ 150	55 ~ 200	60 ~ 200	70 ~ 200
l 系列			6,8,10,12,16,20 ~ 70(5 进位),80 ~ 160(10 进位),180 ~ 360(20 进位)															

技术条件	材料	力学性能等级	螺纹公差	公差产品等级	表面处理
	钢	8.8	6g	A 级用于 $d \leqslant 24$ 和 $l \leqslant 10d$ 或 $l \leqslant 150$	氧化或镀锌钝化
				B 级用于 $d > 24$ 或 $l > 10d$ 或 $l > 150$	

注:① A、B 为产品等级,A 级最精确,C 级最不准确,C 级产品详见 GB/T 5780—2000、GB/T 5781—2000;

②l 系列中,M14 中的 55,65,M18 和 M20 中的 65,全螺纹中的 55,65 等规格尽量不采用;

③括号内为第二系列螺纹直径规格,尽量不采用。

表Ⅱ.45　六角头铰制孔用螺栓——A 和 B 级(GB/T 27—1988 摘录)/mm

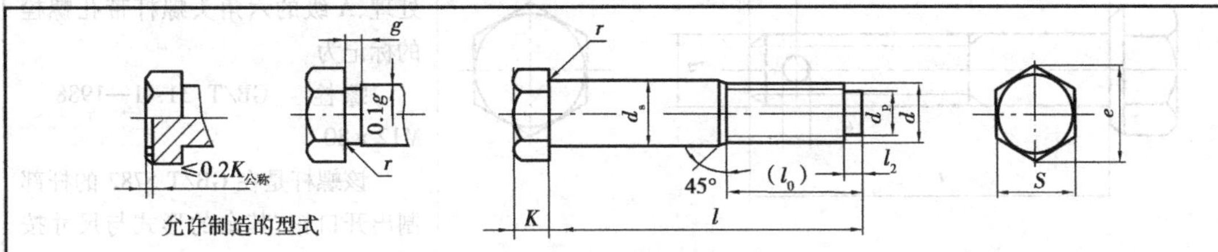

标记示例:

螺纹规格 d = M12、d_s 尺寸按表Ⅱ.45 规定,公称长度 l = 80、机械性能 8.8 级、表面氧化处理、A 级的六角头铰制孔用螺栓的标记为

螺栓　GB/T 27　M12 × 80

当 d_s 按 m6 制造时应标记为　螺栓　GB/T 27　M12　M6 × 80

螺纹规格 d		M6	M8	M10	M12	(M14)	M16	(M18)	M20	(M22)	M24	(M27)	M30	M36
d_s(h9)	max	7	9	11	13	15	17	19	21	23	25	28	32	38
s	max	10	13	16	18	21	24	27	30	34	36	41	46	55
K	公称	4	5	6	7	8	9	10	11	12	13	15	17	20
r	min	0.25	0.4	0.4	0.6	0.6	0.6	0.6	0.8	0.8	0.8	1	1	1
d_p		4	5.5	7	8.5	10	12	13	15	17	18	21	23	28

续表

螺纹规格 d		M6	M8	M10	M12	(M14)	M16	(M18)	M20	(M22)	M24	(M27)	M30	M36
l_2		1.5		2			3			4		5		6
e_{min}	A	11.1	14.4	17.77	20.03	23.35	26.75	30.14	33.53	37.72	39.98			
	B	10.9	14.2	17.59	19.85	22.78	26.17	29.56	32.95	37.29	39.55	45.2	50.85	60.79
g			2.5					3.5					5	
l_0		12	15	18	22	25	28	30	32	35	38	42	50	55
l 范围		25 ~ 65	25 ~ 80	30 ~ 120	35 ~ 180	40 ~ 180	45 ~ 200	50 ~ 200	55 ~ 200	60 ~ 200	65 ~ 200	75 ~ 200	80 ~ 230	90 ~ 300
l 系列		25,(28),30,(32),35,(38),40,45,50,(55),60,(65),70,(75),80,85,90,(95),100 ~ 260(10 进位),280,300												

注:①技术条件见表Ⅱ.44;

②尽量不用括号内的规格。

③根据使用要求,螺杆上无螺纹部分杆径(d_s)允许按 M6,u8 制造。

表Ⅱ.46　六角头螺杆带孔螺栓——A 和 B 级(GB/T 31.1—1988 摘录)/mm

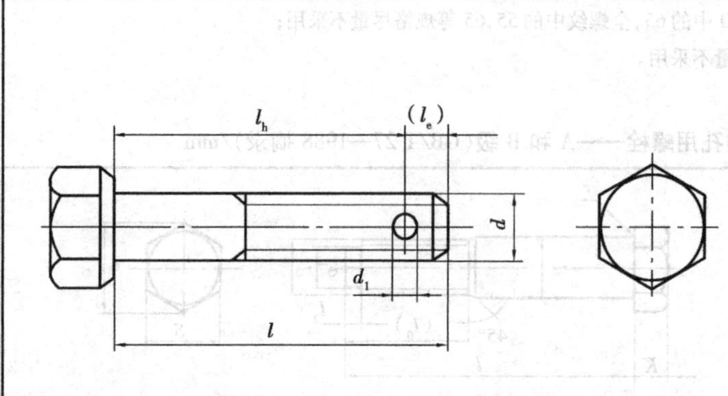

标记示例:

螺纹规格 d = M12、公称长度 l = 80、性能等级为 8.8 级、不经表面处理、A 级的六角头螺杆带孔螺栓的标记为

螺栓　GB/T 31.1—1988　M12 × 80

该螺杆是在 GB/T 5782 的杆部制出开口销,其余的形式与尺寸按 GB/T 5782 规定,参见表Ⅱ.44。

螺纹规格 d		M6	M8	M10	M12	(M14)	M16	(M18)	M20	(M22)	M24	(M27)	M30	M36
d_1	max	1.85	2.25	2.75	3.5	3.5	4.3	4.3	4.3	5.3	5.3	5.3	6.66	6.66
	min	1.6	2	2.5	3.2	3.2	4	4	4	5	5	5	6.3	6.3
l_e		3	4	4	5	5	6	6	6	7	7	8	9	10

注:①l_e 数值是根据标准中 l-l_h 得到的;

②l_h 的公差按 IT14。

表Ⅱ.47　双头螺柱 $b_m=d$(GB/T 897—1988 摘录)、$b_m=1.25d$(GB/T 898—1988 摘录)、$b_m=1.5d$(GB/T 899—1988 摘录)/mm

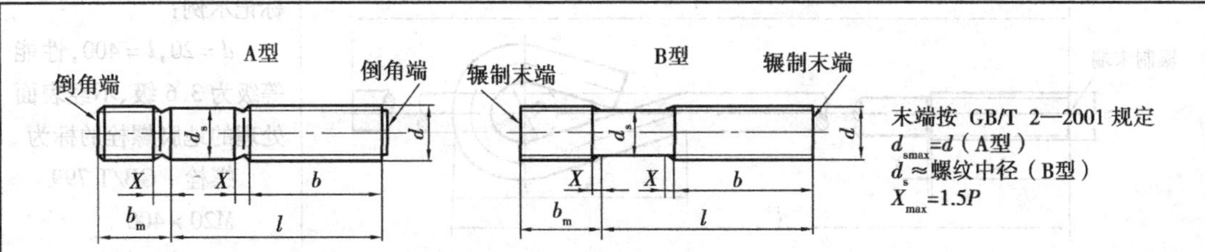

标记示例：

两端均为粗牙普通螺纹，$d=10$，$l=50$，性能等级为 4.8 级、不经表面处理、B 型、$b_m=1.25d$ 的双头螺柱的标记为

螺柱 GB/T 898　M10×50

旋入机体一端为粗牙普通螺纹，旋螺母一端为螺距 $P=1$ 的细牙普通螺纹，$d=10$，$l=50$，性能等级为 4.8 级、不经表面处理、A 型、$b_m=1.25d$ 的双头螺柱的标记为　螺柱 GB/T 898　AM10-M10×1×50

旋入机体一端为过渡配合螺纹的第一种配合，旋入螺母一端为粗牙普通螺纹，$d=10$，$l=50$，性能等级为 8.8 级、镀锌钝化，B 型、$b_m=1.25d$ 的双头螺柱的标记为　螺柱 GB/T 898　GM10-M10×50-8.8-Zn·D

螺纹规格 d		M5	M6	M8	M10	M12	(M14)	M16
b_m（公称）	$b_m=d$	5	6	8	10	12	14	16
	$b_m=1.25d$	6	8	10	12	15	18	20
	$b_m=1.5d$	8	10	12	15	18	21	24
l(公称)/b		(16~22)/10	(20~22)/10	(20~22)/12	(25~28)/14	(25~30)/16	(30~35)/18	(30~38)/20
		(25~50)/16	(25~30)/14	(25~30)/16	(30~38)/16	(32~40)/20	(38~45)/25	(40~55)/30
			(32~75)/18	(32~90)/22	(40~120)/26	(45~120)/30	(50~120)/34	(60~120)/38
					130/32	(130~180)/36	(130~180)/40	(130~200)/44
螺纹规格 d		(M18)	M20	(M22)	M24	(M27)	M30	M36
b_m（公称）	$b_m=d$	18	20	22	24	27	30	36
	$b_m=1.25d$	22	25	28	30	35	38	45
	$b_m=1.5d$	27	30	33	36	40	45	54
l(公称)/b		(35~40)/22	(35~40)/25	(40~45)/30	(45~50)/30	(50~60)/35	(60~65)/40	(65~75)/45
		(45~60)/35	(45~65)/35	(50~70)/40	(55~75)/45	(65~85)/50	(70~90)/50	(80~110)/60
		(65~120)/42	(70~120)/46	(75~120)/50	(80~120)/54	(90~120)/60	(95~120)/66	120/78
		(130~200)/48	(130~200)/52	(130~200)/56	(130~200)/60	(130~200)/66	(130~200)/72	(130~200)/84
							(210~250)/85	(210~300)/97
公称长度 l 的系列		16,(18),20,(22),25,(28),30,(32),35,(38),40,45,50,(55),60,(65),70,(75),80,(85),90,(95),100~260(10 进位),280,300						

注：①尽可能不采用括号内的规格。GB/T 897 中的 M24，M30 为括号内的规格；

②GB/T 898 为商品紧固件品种，应优先选用；

③当 $b-b_m\leqslant5$ mm 时，旋螺母一端应制成倒圆角。

表Ⅱ.48 地脚螺栓(GB/T 799—1988 摘录)/mm

标记示例：

$d=20$，$l=400$，性能等级为3.6级、不经表面处理的地脚螺栓的标为

螺栓 GB/T 799 M20×400

螺纹规格 d		M6	M8	M10	M12	M16	M20	M24	M30	M36	M42
b	max	27	31	36	40	50	58	68	80	94	106
	min	24	28	32	36	44	52	60	72	84	96
X	max	2.5	3.2	3.8	4.2	5	6.3	7.5	8.8	10	11.3
D		10	10	15	20	20	30	30	45	60	60
h		41	46	65	82	93	127	139	192	244	261
l_1		l+37	l+37	l+53	l+72	l+72	l+110	l+110	l+165	l+217	l+217
l范围		80 ~ 160	120 ~ 220	160 ~ 300	160 ~ 400	220 ~ 500	300 ~ 630	300 ~ 800	400 ~ 1 000	500 ~ 1 000	600 ~ 1 250
l系列		80,120,160,220,300,400,500,630,800,1 000,1 250									
技术条件		材料		性能等级			螺纹公差	产品等级	表面处理		
		钢		d<39,3.6级;d>39,按协议			8g	C	1.不处理;2.氧化;3镀锌		

表Ⅱ.49 内六角圆柱头螺钉(GB/T 70.1—2000 摘录)/mm

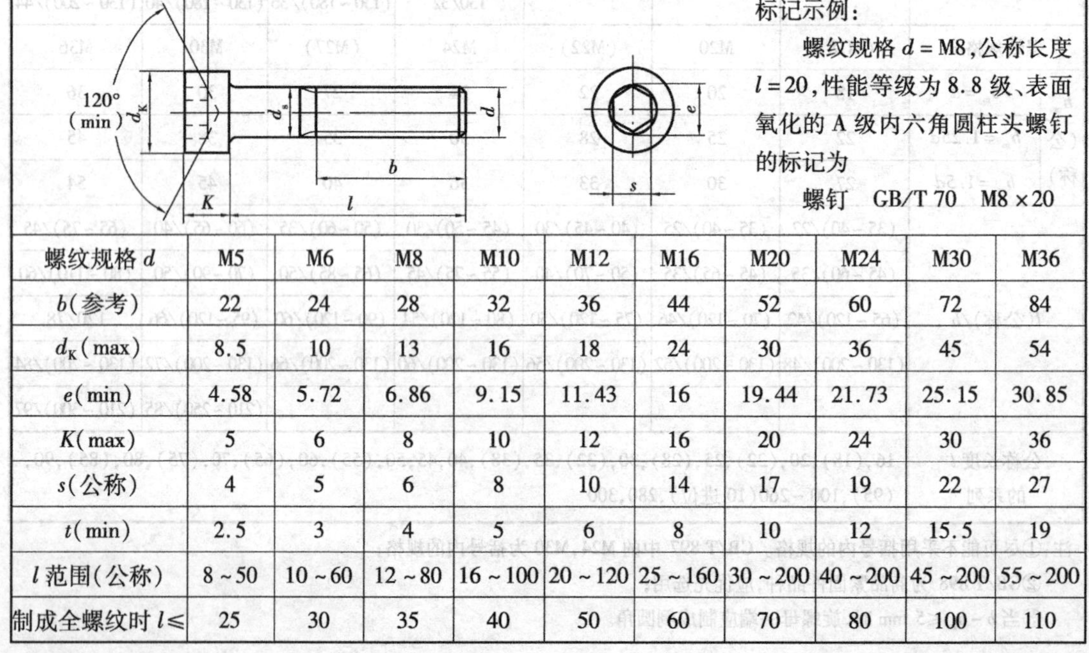

标记示例：

螺纹规格 d=M8，公称长度 l=20，性能等级为8.8级、表面氧化的A级内六角圆柱头螺钉的标记为

螺钉 GB/T 70 M8×20

螺纹规格 d	M5	M6	M8	M10	M12	M16	M20	M24	M30	M36
b(参考)	22	24	28	32	36	44	52	60	72	84
d_K(max)	8.5	10	13	16	18	24	30	36	45	54
e(min)	4.58	5.72	6.86	9.15	11.43	16	19.44	21.73	25.15	30.85
K(max)	5	6	8	10	12	16	20	24	30	36
s(公称)	4	5	6	8	10	14	17	19	22	27
t(min)	2.5	3	4	5	6	8	10	12	15.5	19
l范围(公称)	8 ~ 50	10 ~ 60	12 ~ 80	16 ~ 100	20 ~ 120	25 ~ 160	30 ~ 200	40 ~ 200	45 ~ 200	55 ~ 200
制成全螺纹时 l≤	25	30	35	40	50	60	70	80	100	110

续表

螺纹规格 d	M5	M6	M8	M10	M12	M16	M20	M24	M30	M36
l 系列(公称)	8,10,12,16,20~50(5 进位),(55),60,(65),70~160(10 进位),180,200									
技术条件	材料	性能等级		螺纹公差				产品等级	表面处理	
	钢	8.8,10.9,12.9		12.9 级为5g或6g,其他等级为6g				A	氧化	

注:括号内规格尽可能不采用。

表Ⅱ.50　十字槽盘头螺钉(GB/T 818—2000 摘录)、十字槽沉头螺钉(GB/T 819.1—2000 摘录)/mm

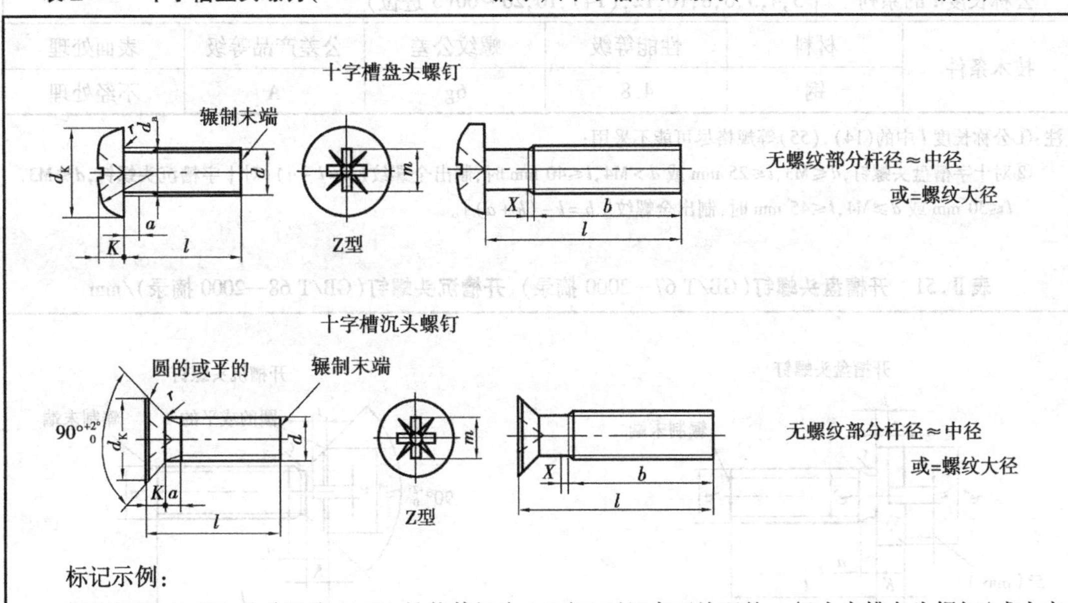

标记示例:

螺纹规格 d=M5,公称长度 l=20,性能等级为 4.8 级、不经表面处理的 A 级十字槽盘头螺钉(或十字槽沉头螺钉)的标记为　螺钉 GB/T 818　M5×20(或 GB/T 819.1　M5×20)

螺纹规格 d			M1.6	M2	M2.5	M3	M4	M5	M6	M8	M10
螺距 P			0.35	0.4	0.45	0.5	0.7	0.8	1	1.25	1.5
a		max	0.7	0.8	0.9	1	1.4	1.6	2	2.5	3
b		min	25	25	25	25	38	38	38	38	38
X		max	0.9	1	1.1	1.25	1.75	2	2.5	3.2	3.8
十字槽盘头螺钉	d_a	max	2	2.6	3.1	3.6	4.7	5.7	6.8	9.2	11.2
	d_K	max	3.2	4	5	5.6	8	9.5	12	16	20
	K	max	1.3	1.6	2.1	2.4	3.1	3.7	4.6	6	7.5
	r	min	0.1	0.1	0.1	0.1	0.2	0.2	0.25	0.4	0.4
	r_f	≈	2.5	3.2	4	5	6.5	8	10	13	16
	m	参考	1.6	2.1	2.6	2.8	4.3	4.7	6.7	8.8	9.9
	l 商品规格范围		3~16	3~20	3~25	4~30	5~40	6~45	8~60	10~60	12~60

续表

螺纹规格 d			M1.6	M2	M2.5	M3	M4	M5	M6	M8	M10
十字槽沉头螺钉	d_k	max	3	3.8	4.7	5.5	8.4	9.3	11.3	15.8	18.3
	K	max	1	1.2	1.5	1.65	2.7	2.7	3.3	4.65	5
	r	max	0.4	0.5	0.6	0.8	1	1.3	1.5	2	2.5
	m	参考	1.6	1.9	2.8	3	4.4	4.9	6.6	8.8	9.8
	l 商品规格范围		3~16	3~20	3~25	4~30	5~40	6~50	8~60	10~60	12~60
公称长度 l 的系列			3,4,5,6,8,10,12,(14),16,20~60(5 进位)								

技术条件	材料	性能等级	螺纹公差	公差产品等级	表面处理
	钢	4.8	6g	A	不经处理

注:①公称长度 l 中的(14),(55)等规格尽可能不采用;

②对十字槽盘头螺钉,$d \leqslant$ M3,$l \leqslant 25$ mm 或 $d >$ M4,$l \leqslant 40$ mm 时,制出全螺纹($b = l - a$);对十字槽沉头螺钉,$d \leqslant$ M3,$l \leqslant 30$ mm 或 $d \geqslant$ M4,$l \leqslant 45$ mm 时,制出全螺纹[$b = l - (k + a)$]。

表Ⅱ.51 开槽盘头螺钉(GB/T 67—2000 摘录)、**开槽沉头螺钉**(GB/T 68—2000 摘录)/mm

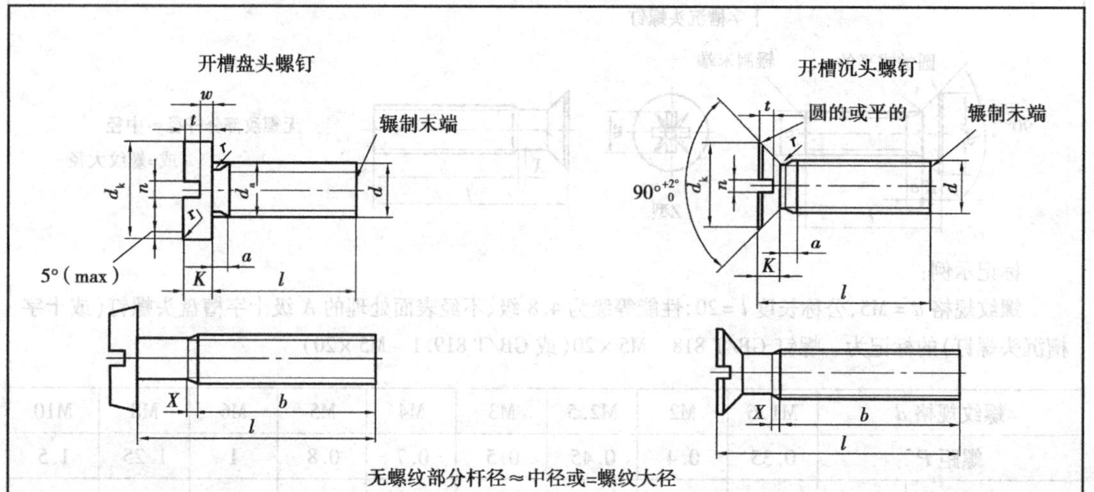

标记示例:

螺纹规格的 d=M5,公称长度 l=20,性能等级为 4.8 级、不经表面处理的 A 级开槽盘头螺钉(或开槽沉头螺钉)的标记为 螺钉 GB/T 67 M5×20(或 GB/T 68 M5×20)

螺纹规格 d		M1.6	M2	M2.5	M3	M4	M5	M6	M8	M10
螺距 P		0.35	0.4	0.45	0.5	0.7	0.8	1	1.25	1.5
a	max	0.7	0.8	0.9	1	1.4	1.6	2	2.5	3
b	min	25	25	25	25	38	38	38	38	38
n	公称	0.4	0.5	0.6	0.8	1.2	1.2	1.6	2	2.5
X	max	0.9	1	1.1	1.25	1.75	2	2.5	3.2	3.8

续表

螺纹规格 d			M1.6	M2	M2.5	M3	M4	M5	M6	M8	M10
开槽盘头螺钉	d_k	max	3.2	4	5	5.6	8	9.5	12	16	20
	d_a	max	2	2.6	3.1	3.6	4.7	5.7	6.8	9.2	11.2
	K	max	1	1.3	1.5	1.8	2.4	3	3.6	4.8	6
	r	min	0.1	0.1	0.1	0.1	0.2	0.2	0.25	0.4	0.4
	r_f	参考	0.5	0.6	0.8	0.9	1.2	1.5	1.8	2.4	3
	t	min	0.35	0.5	0.6	0.7	1	1.2	1.4	1.9	2.4
	w	min	0.3	0.4	0.5	0.7	1	1.2	1.4	1.9	2.4
	l 商品规格范围		2~16	2.5~20	3~25	4~30	5~40	6~50	8~60	10~80	12~80
开槽沉头螺钉	d_k	max	3	3.8	4.7	5.5	8.4	9.3	11.3	15.8	18.3
	K	max	1	1.2	1.5	1.65	2.7	2.7	3.3	4.65	5
	r	max	0.4	0.5	0.6	0.8	1	1.3	1.5	2	2.5
	t	min	0.32	0.4	0.5	0.6	1	1.1	1.2	1.8	2
	l 商品规格范围		2.5~16	3~20	4~25	5~30	6~40	8~50	8~60	10~80	12~80
公称长度 l 的系列			2,2.5,3,4,5,6,8,10,12,(14),16,20~80(5 进位)								

技术条件	材料	性能等级	螺纹公差	公差产品等级	表面处理
	钢	4.8,5.8	6g	A	不经处理

注:①公称长度 l 中的(14),(55),(65),(75)等规格尽可能不采用;

②对开槽盘头螺钉,$d \leqslant$ M3,$l \leqslant 30$ mm 或 $d \geqslant$ M4,$l \leqslant 40$ mm 时,制出全螺纹($b=l-a$);对开槽沉头螺钉,$d \leqslant$ M3,$l \leqslant 30$ mm或 $d \geqslant$ M4,$l \leqslant 45$ mm 时,制出全螺纹[$b=l-(k+a)$]。

表Ⅱ.52　紧定螺钉/mm

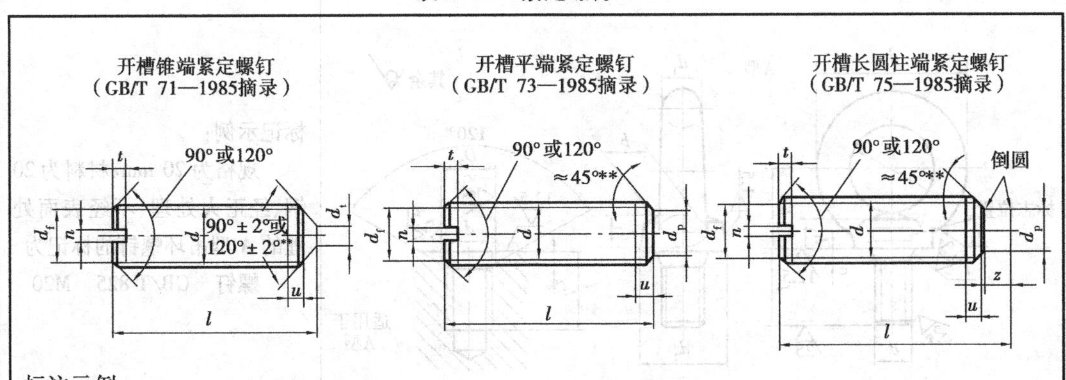

标注示例:

螺纹规格 d = M5,公称长度 l = 12,性能等级为 14H 级、表面氧化的开槽锥端紧定螺钉(或开槽平端,或开槽长圆柱端紧定螺钉)的标记为　螺钉 GB/T 71　M5 × 12(或 GB/T 73　M5 × 12,或 GB/T 75 M5 × 12)

续表

螺纹规格 d		M3	M4	M5	M6	M8	M10	M12
螺距 P		0.5	0.7	0.8	1	1.25	1.5	1.75
$d_f \approx$		螺纹小径						
d_t	max	0.3	0.4	0.5	1.5	2	2.5	3
d_p	max	2	2.5	3.5	4.0	5.5	7	8.5
n	公称	0.4	0.6	0.8	1.0	1.2	1.6	2
t	min	0.8	1.12	1.28	1.6	2	2.4	2.8
z	max	1.75	2.25	2.75	3.25	4.3	5.3	6.3
不完整螺纹的长度 u		≤2P						
l 范围（商品规格）	GB 71—1985	4~16	6~20	8~25	8~30	10~40	12~50	14~60
	GB 73—1985	3~16	4~20	5~25	6~30	8~40	10~50	12~60
	GB 75—1985	5~16	6~20	8~25	8~30	10~40	12~50	14~60
短螺钉	GB 73—1985	3	4	5	6	—	—	—
	GB 75—1985	5	6	8	8,10	10,12,14	12,14,16	14,16,20
公称长度 l 的系列		3,4,5,6,8,10,12,(14),16,20,25,30,35,40,45,50,(55),60						

技术条件	材料	性能等级	螺纹公差	公差产品等级	表面处理
	钢	14H,22H	6g	A	氧化或镀锌钝化

注:①尽可能不采用括号内的尺寸;

②＊公称长度在表中 l 范围内的短螺钉应制成120°。＊＊90°或120°和45°仅适用于螺纹小径以内的末端部分。

表Ⅱ.53　吊环螺钉(GB/T 825—1988 摘录)/mm

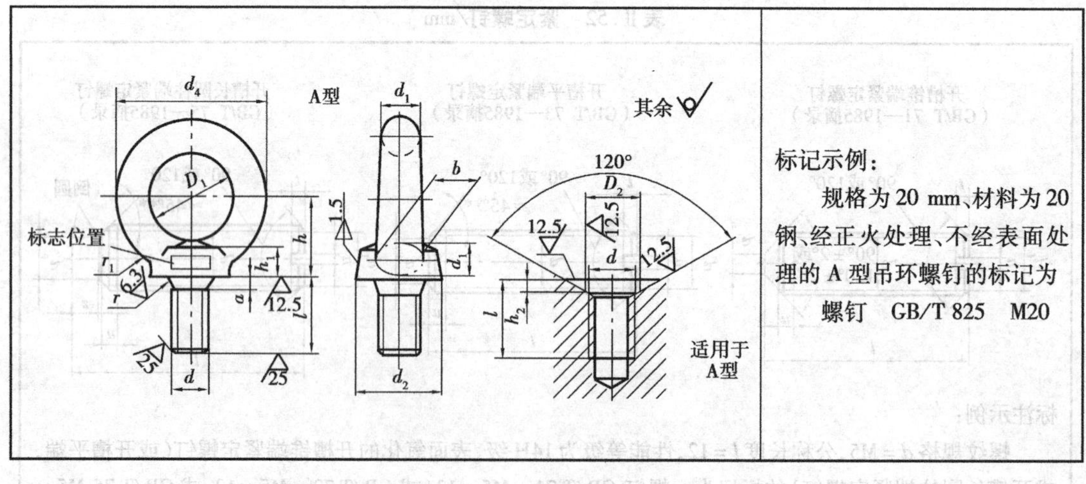

标记示例:

规格为 20 mm、材料为 20 钢、经正火处理、不经表面处理的 A 型吊环螺钉的标记为

螺钉　GB/T 825　M20

续表

B型

10 : 1

d_3 6.3 6.3 6.3 r a_1 6.3 45°

起吊方式

单螺钉起吊	双螺钉起吊
	45°(max)

螺纹规格 d		M8	M10	M12	M16	M20	M24	M30	M36	M42	M48
d_1	max	9.1	11.1	13.1	15.2	17.4	21.4	25.7	30	34.4	40.7
D_1	公称	20	24	28	34	40	48	56	67	80	95
d_2	max	21.1	25.1	29.1	35.2	41.4	49.4	57.7	69	82.4	97.7
h_1	max	7	9	11	13	15.1	19.1	23.2	27.4	31.7	36.9
l	公称	16	20	22	28	35	40	45	55	65	70
d_4	参考	36	44	52	62	72	88	104	123	144	171
h		18	22	26	31	36	44	53	63	74	87
r_1		4	4	6	6	8	12	15	18	20	22
r	min	1	1	1	1	1	2	2	3	3	3
a_1	max	3.75	4.5	5.25	6	7.5	9	10.5	12	13.5	15
d_3	公称(max)	6	7.7	9.4	13	16.4	19.6	25	30.8	35.6	41
a	max	2.5	3	3.5	4	5	6	7	8	9	10
b		10	12	14	16	19	24	28	32	38	46
D_2	公称(min)	13	15	17	22	28	32	38	45	52	60
h_2	公称(min)	2.5	3	3.5	4.5	5	7	8	9.5	10.5	11.5
最大起吊质量/t(参见右上图)	单螺钉起吊	0.16	0.25	0.4	0.63	1	1.6	2.5	4	6.3	8
	双螺钉起吊	0.08	0.13	0.2	0.32	0.5	0.8	1.25	2	3.2	4

减速器类型	一级圆柱齿轮减速器						二级圆柱齿轮减速器				
中心距 a	100	125	160	200	250	315	100×140	140×200	180×250	200×280	250×355
质量 W/kN	0.26	0.52	1.05	2.1	4	8	1	2.6	4.8	6.8	12.5

注:① M8 ~ M36 为商品规格;

②"减速器质量 W"非 GB/T 825 内容,仅供课程设计参考用。

表Ⅱ.54　I型六角螺母——A和B级(GB/T 6170—2000摘录)、六角薄螺母——A和B级——倒角(GB/T 6172.1—2000摘录)/mm

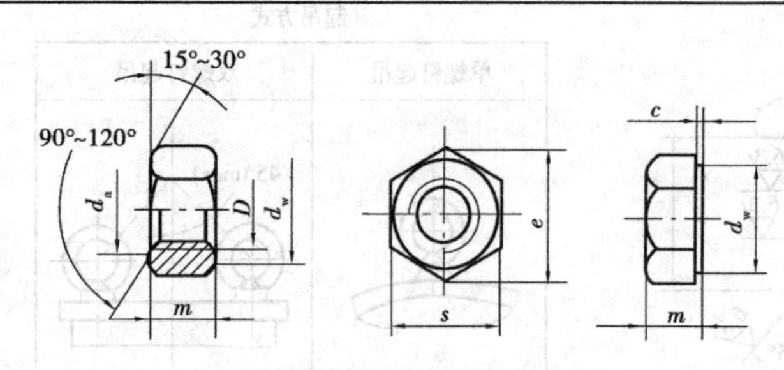

允许制造形式(GB/T 6170)

标记示例:

螺纹规格 D = M12,性能等级为8级,不经表面处理、A级的I型六角螺母的标记为

螺母　GB/T 6170　M12

螺纹规格 D = M12,性能等级为04级,不经表面处理、A级的六角薄螺母的标记为

螺母　GB/T 6172.1　M12

螺纹规格 D		M3	M4	M5	M6	M8	M10	M12	(M14)	M16	(M18)	M20	(M22)	M24	(M27)	M30	M36
d_a	max	3.45	4.6	5.75	6.75	8.75	10.8	13	15.1	17.30	19.5	21.6	23.7	25.9	29.1	32.4	38.9
d_w	min	4.6	5.9	6.9	8.9	11.6	14.6	16.6	19.6	22.5	24.8	27.7	31.4	33.2	38	42.8	51.1
e	min	6.01	7.66	8.79	11.05	14.38	17.77	20.03	23.35	26.75	29.56	32.95	37.29	39.55	45.2	50.85	60.79
s	max	5.5	7	8	10	13	16	18	21	24	27	30	34	36	41	46	55
c	max	0.4	0.4	0.5	0.5	0.6	0.6	0.6	0.6	0.8	0.8	0.8	0.8	0.8	0.8	0.8	0.8
m (max)	六角螺母	2.4	3.2	4.7	5.2	6.8	8.4	10.8	12.8	14.8	15.8	18	19.4	21.5	23.5	25.6	31
	薄螺母	1.8	2.2	2.7	3.2	4	5	6	7	8	9	10	11	12	13.5	15	18

技术条件	材料	力学性能等级	螺纹公差	表面处理	公差产品等级
	钢	6,8,10	6H	不经处理或镀锌钝化	A级用于D≤M16 B级用于D>M16

注:尽可能不采用括号内的规格。

表Ⅱ.55　小垫圈、平垫圈/mm

小垫圈—A级(GB/T 848—2002摘录)

平垫圈—A级(GB/T 97.1—2002摘录)

平垫圈—倒角型—A级(GB/T 97.2—2002摘录)

h　d_1　d_2　1.6 用于 h≤3 mm　3.2 用于 h>3 mm

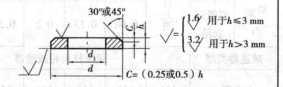

30°或45°　C　h　d_1　d　C=(0.25或0.5)h　1.6 用于 h≤3 mm　3.2 用于 h>3 mm

标记示例:

小系列(或标准系列),公称规格8 mm,由钢制造的硬度等级为200HV级,不经表面处理、产品等级为A级的平垫圈的标记为

垫圈　GB/T 848　8(或GB/T 97.1　8或GB/T 97.2　8)

续表

公称尺寸（螺纹规格 d）		1.6	2	2.5	3	4	5	6	8	10	12	14	16	20	24	30	36
d_1	GB 848—2002	1.7	2.2	2.7	3.2	4.3	5.3	6.4	8.4	10.5	13	15	17	21	25	31	37
	GB 97.1—2002																
	GB 97.2—2002	—	—	—	—	—											
d_2	GB 848—2002	3.5	4.5	5	6	8	9	11	15	18	20	24	28	34	39	50	60
	GB 97.1—2002	4	5	6	7	9	10	12	16	20	24	28	30	37	44	56	66
	GB 97.2—2002	—	—	—	—	—											
h	GB 848—2002	0.3	0.3	0.5	0.5	0.5	1	1.6	1.6	1.6	2	2.5	2.5	3	4	4	5
	GB 97.1—2002					0.8				2	2.5		3				
	GB 97.2—2002	—	—	—	—	—											

表Ⅱ.56　标准型弹簧垫圈（GB/T 93—1987 摘录）、轻型弹簧垫圈（GB/T 859—1987 摘录）/mm

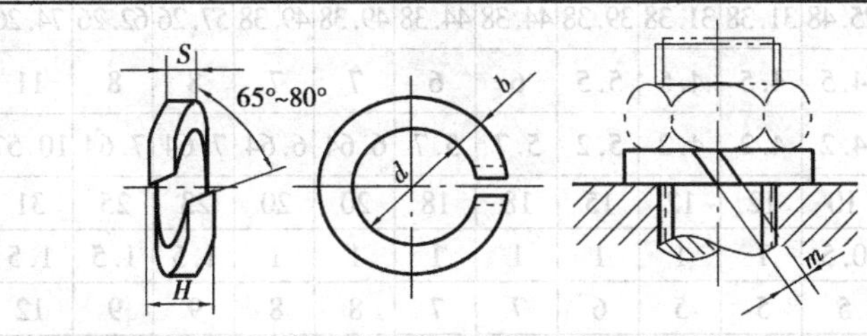

标记示例：

规格为16、材料为65Mn、表面氧化的标准型（或轻型）弹簧垫圈的标记为

垫圈　GB/T 93　16

（或 GB/T 859　16）

规格（螺纹大径）			3	4	5	6	8	10	12	(14)	16	(18)	20	(22)	24	(27)	30	(33)	36
GB/T 93—1987	s(b)	公称	0.8	1.1	1.3	1.6	2.1	2.6	3.1	3.6	4.1	4.5	5	5.5	6	6.8	7.5	8.5	9
	H	min	1.6	2.2	2.6	3.2	4.2	5.2	6.2	7.2	8.2	9	10	11	12	13.6	15	17	18
		max	2	2.75	3.25	4	5.25	6.5	7.75	9	10.25	11.25	12.5	13.75	15	17	18.75	21.25	22.5
	m	≤	0.4	0.55	0.65	0.8	1.05	1.3	1.55	1.8	2.05	2.25	2.5	2.75	3	3.4	3.75	4.25	4.5
GB/T 859—1987	s	公称	0.6	0.8	1.1	1.3	1.6	2	2.5	3	3.2	3.6	4	4.5	5	5.5	6	—	—
	b	公称	1	1.2	1.5	2	2.5	3	3.5	4	4.5	5	5.5	6	7	8	9	—	—
	H	min	1.2	1.6	2.2	2.6	3.2	4	5	6	6.4	7.2	8	9	10	11	12	—	—
		max	1.5	2	2.75	3.25	4	5	6.25	7.5	8	9	10	11.25	12.5	13.75	15	—	—
	m	≤	0.3	0.4	0.55	0.65	0.8	1	1.25	1.5	1.6	1.8	2	2.25	2.5	2.75	3	—	—

注：尽可能不采用括号内的规格。

表Ⅱ.57 外舌止动垫圈（GB/T 856—1988 摘录）/mm

标记示例：

规格为10、材料为Q235-A、经退火、表面氧化处理的外舌止动垫圈的标记为

垫圈 GB/T 856 10

规格（螺纹大径）		3	4	5	6	8	10	12	(14)	16	(18)	20	(22)	24	(27)	30	36
d	max	3.5	4.5	5.6	6.76	8.76	10.93	13.43	15.43	17.43	19.52	21.52	23.52	25.52	28.52	31.62	37.62
	min	3.2	4.2	5.3	6.4	8.4	10.5	13	15	17	19	21	23	25	28	31	37
D	max	12	14	17	19	22	26	32	32	40	45	45	50	50	58	63	75
	min	11.57	13.57	16.57	18.48	21.48	25.48	31.38	31.38	39.38	44.38	44.38	49.38	49.38	57.26	62.26	74.26
b	max	2.5	2.5	3.5	3.5	3.5	4.5	4.5	4.5	5.5	6	6	7	7	8	8	11
	min	2.25	2.25	3.2	3.2	3.2	4.2	4.2	4.2	5.2	5.7	5.7	6.64	6.64	7.64	7.64	10.57
L		4.5	5.5	7	7.5	8.5	10	12	12	15	18	18	20	20	23	25	31
s		0.4	0.4	0.5	0.5	0.5	0.5	1	1	1	1	1	1	1	1.5	1.5	1.5
d_1		3	3	4	4	4	5	5	5	6	7	7	8	8	9	9	12
t		3	3	4	4	4	5	6	6	6	7	7	7	7	10	10	10

注：尽可能不采用括号内的规格。

表Ⅱ.58 普通螺纹收尾、肩距、退刀槽、倒角（GB/T 3—1997 摘录）/mm

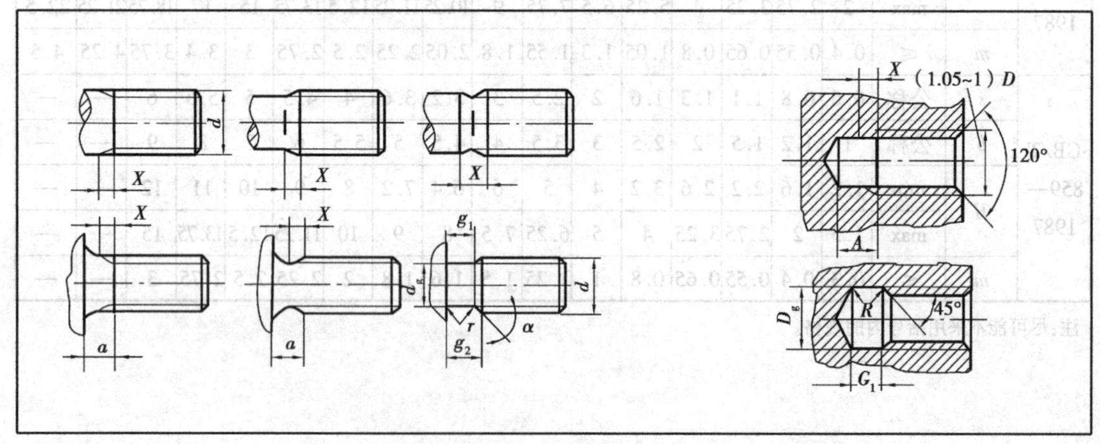

续表

螺距 P	外螺纹									内螺纹							
	收尾 X (max)		肩距 a (max)			退刀槽				收尾 X (max)		肩距 A		退刀槽			
						g_2 (max)	g_1 (max)	$r\approx$	D_g					G_1		$R\approx$	D_g
	一般	短的	一般	长的	短的					一般	短的	一般	长的	一般	短的		
0.5	1.25	0.7	1.5	2	1	1.5	0.8	0.2	$d-0.8$	2	1	3	4	2	1	0.2	
0.6	1.5	0.75	1.8	2.4	1.2	1.8	0.9	0.4	$d-1$	2.4	1.2	3.2	4.8	2.4	1.2	0.3	
0.7	1.75	0.9	2.1	2.8	1.4	2.1	1.1		$d-1.1$	2.8	1.4	3.5	5.6	2.8	1.4	0.4	$D+0.3$
0.75	1.9	1	2.25	3	1.5	2.25	1.2		$d-1.2$	3	1.5	3.8	6	3	1.5	0.4	
0.8	2	1	2.4	3.2	1.6	2.4	1.3		$d-1.3$	3.2	1.6	4	6.4	3.2	1.6	0.4	
1	2.5	1.25	3	4	2	3	1.6	0.6	$d-1.6$	4	2	5	8	4	2	0.5	
1.25	3.2	1.6	4	5	2.5	3.75	2		$d-2$	5	2.5	6	10	5	2.5	0.6	
1.5	3.8	1.9	4.5	6	3	4.5	2.5	0.8	$d-2.3$	6	3	7	12	6	3	0.8	
1.75	4.3	2.2	5.3	7	3.5	5.25	3	1	$d-2.6$	7	3.5	9	14	7	3.5	0.9	
2	5	2.5	6	8	4	6	3.4		$d-3$	8	4	10	16	8	4	1	
2.5	6.3	3.2	7.5	10	5	7.5	4.4	1.2	$d-3.6$	10	5	12	18	10	5	1.2	
3	7.5	3.8	9	12	6	9	5.2	1.6	$d-4.4$	12	6	14	22	12	6	1.5	$D+0.5$
3.5	9	4.5	10.5	14	7	10.5	6.2		$d-5$	14	7	16	24	14	7	1.8	
4	10	5	12	16	8	12	7	2	$d-5.7$	16	8	18	26	16	8	2	
4.5	11	5.5	13.5	18	9	13.5	8	2.5	$d-6.4$	18	9	21	29	18	9	2.2	
5	12.5	6.3	15	20	10	15	9		$d-7$	20	10	23	32	20	10	2.5	
5.5	14	7	16.5	22	11	17.5	11	3.2	$d-7.7$	22	11	25	35	22	11	2.8	
6	15	7.5	18	24	12	18	11		$d-8.3$	24	12	28	38	24	12	3	

注：①外螺纹倒角一般是45°，也可采用60°或30°倒角；倒角深度应大于或等于牙型高度，过渡角 α 应不小于30°。内螺纹入口端面的倒角一般应为120°，也可采用90°倒角。端面倒角直径为(1.05～1)D(D为螺纹公称直径)；

②应优先选用"一般"长度的收尾和肩距。

表Ⅱ.59 单头梯形外螺纹与内螺纹的退刀槽(JB/ZQ 0138—1980 摘录)/mm

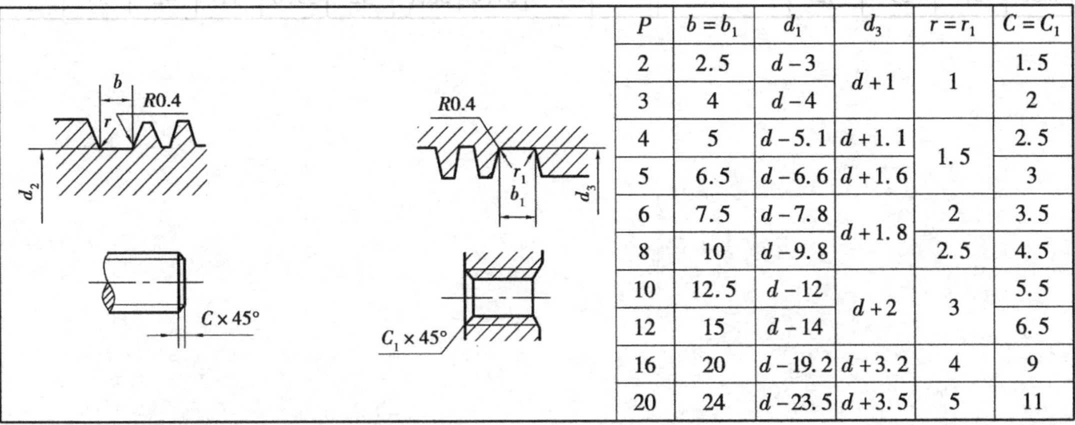

P	$b=b_1$	d_1	d_3	$r=r_1$	$C=C_1$
2	2.5	$d-3$	$d+1$	1	1.5
3	4	$d-4$			2
4	5	$d-5.1$	$d+1.1$	1.5	2.5
5	6.5	$d-6.6$	$d+1.6$		3
6	7.5	$d-7.8$	$d+1.8$	2	3.5
8	10	$d-9.8$		2.5	4.5
10	12.5	$d-12$	$d+2$	3	5.5
12	15	$d-14$			6.5
16	20	$d-19.2$	$d+3.2$	4	9
20	24	$d-23.5$	$d+3.5$	5	11

表Ⅱ.60　螺栓和螺钉通孔及沉孔尺寸/mm

螺纹规格	螺栓和螺钉通孔直径 d_h（GB/T 5277—1985 摘录）			沉头螺钉及半沉头螺钉的沉孔（GB/T 152.2—1988 摘录）				内六角圆柱头螺钉的圆柱头沉孔（GB/T 152.3—1988 摘录）				六角头螺栓和六角螺母的沉孔（GB/T 152.4—1988 摘录）			
d	精装配	中等装配	粗装配	d_2	$\tau\approx$	d_1	α	d_2	τ	d_3	d_1	d_2	d_3	d_1	τ
M3	3.2	3.4	3.6	6.4	1.6	3.4		6.0	3.4	—	3.4	9	—	3.4	只要能制出与通孔轴线垂直的圆平面即可
M4	4.3	4.5	4.8	9.6	2.7	4.5		8.0	4.6		4.5	10		4.5	
M5	5.3	5.5	5.8	10.6	2.7	5.5		10.0	5.7		5.5	11		5.5	
M6	6.4	6.6	7	12.8	3.3	6.6		11.0	6.8		6.6	13		6.6	
M8	8.4	9	10	17.6	4.6	9		15.0	9.0		9.0	18		9.0	
M10	10.5	11	12	20.3	5.0	11		18.0	11.0		11.0	22		11.0	
M12	13	13.5	14.5	24.4	6.0	13.5		20.0	13.0	16	13.5	26	16	13.5	
M14	15	15.5	16.5	28.4	7.0	15.5	$90^{\circ}{}^{-2^{\circ}}_{-1^{\circ}}$	24.0	15.0	18	15.5	30	18	13.5	
M16	17	17.5	18.5	32.4	8.0	17.5		26.0	17.5	20	17.5	33	20	17.5	
M18	19	20	21	—	—	—		—	—	—	—	36	22	20.0	
M20	21	22	24	40.4	10.0	22		33.0	21.5	24	22.0	40	24	22.0	
M22	23	24	26	—	—	—		—	—	—	—	43	26	24	
M24	25	26	28					40.0	25.5	28	26.0	48	28	26	
M27	28	30	32					—	—	—	—	53	33	30	
M30	31	33	35					48.0	32.0	36	33.0	61	36	33	
M36	37	39	42					57.0	38.0	42	39.0	71	42	39	

表Ⅱ.61　普通粗牙螺纹的余留长度、钻孔余留长度（JB/ZQ 4247—1997 摘录）/mm

拧入深度 L 参见Ⅱ.62 或由设计者决定；
钻孔深度 $L_2 = L + l_2$；螺孔深度 $L_1 = L + l_1$

螺纹直径 d	余留长度 内螺纹 l_1	余留长度 外螺纹 l	余留长度 钻孔 l_2	末端长度 a
5	1.5	2.5	6	2～3
6	2	3.5	7	2.5～4
8	2.5	4	9	
10	3	4.5	10	3.5～5
12	3.5	5.5	13	
14,16	4	6	14	4.5～6.5
18,20,22	5	7	17	
24,27	6	8	20	5.5～8
30	7	10	23	
36	8	11	26	7～11
42	9	12	30	
48	10	13	33	10～15
56	11	16	36	

表Ⅱ.62　粗牙螺栓、螺钉的拧入深度和螺纹孔尺寸（参考）/mm

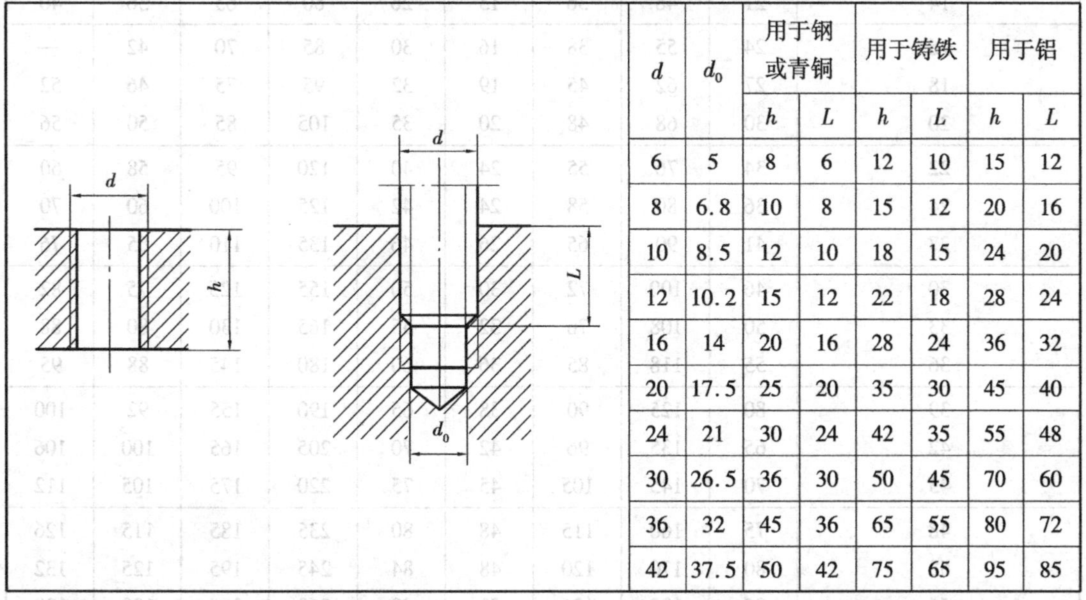

d	d_0	用于钢或青铜 h	用于钢或青铜 L	用于铸铁 h	用于铸铁 L	用于铝 h	用于铝 L
6	5	8	6	12	10	15	12
8	6.8	10	8	15	12	20	16
10	8.5	12	10	18	15	24	20
12	10.2	15	12	22	18	28	24
16	14	20	16	28	24	36	32
20	17.5	25	20	35	30	45	40
24	21	30	24	42	35	55	48
30	26.5	36	30	50	45	70	60
36	32	45	36	65	55	80	72
42	37.5	50	42	75	65	95	85

注：h 为内螺纹通孔长度；L 为双头螺栓或螺钉拧入深度；d_0 为攻螺纹前的钻孔直径。

表Ⅱ.63　扳手空间(JB/ZQ 4005—1985 摘录)/mm

螺纹直径 d	s	A	A_1	$E=K$	M	L	L_1	R	D
6	10	26	18	8	15	46	38	20	24
8	13	32	24	11	18	55	44	25	38
10	16	38	28	13	22	62	50	30	30
12	18	42	—	14	24	70	55	32	—
14	21	48	36	15	26	80	65	36	40
16	24	55	38	16	30	85	70	42	—
18	27	62	45	19	32	95	75	46	52
20	30	68	48	20	35	105	85	50	56
22	34	76	55	24	40	120	95	58	60
24	36	80	58	24	42	125	100	60	70
27	41	90	65	26	46	135	110	65	76
30	46	100	72	30	50	155	125	75	82
33	50	108	76	32	55	165	130	80	88
36	55	118	85	36	60	180	145	88	95
39	80	125	90	38	65	190	155	92	100
42	65	135	96	42	70	205	165	100	106
45	70	145	105	45	75	220	175	105	112
48	75	160	115	48	80	235	185	115	126
52	80	170	120	48	84	245	195	125	132
56	85	180	126	52	90	260	205	130	138
60	90	185	134	58	95	275	215	135	145
64	95	195	140	58	100	285	225	140	152
68	100	205	145	65	105	300	235	150	158

Ⅱ.3.2 键联接和销联接

表Ⅱ.64 平键联接的剖面和键槽尺寸(GB/T 1095—2003 摘录)、普通平键的形式和尺寸(GB/T 1096—2003 摘录)/mm

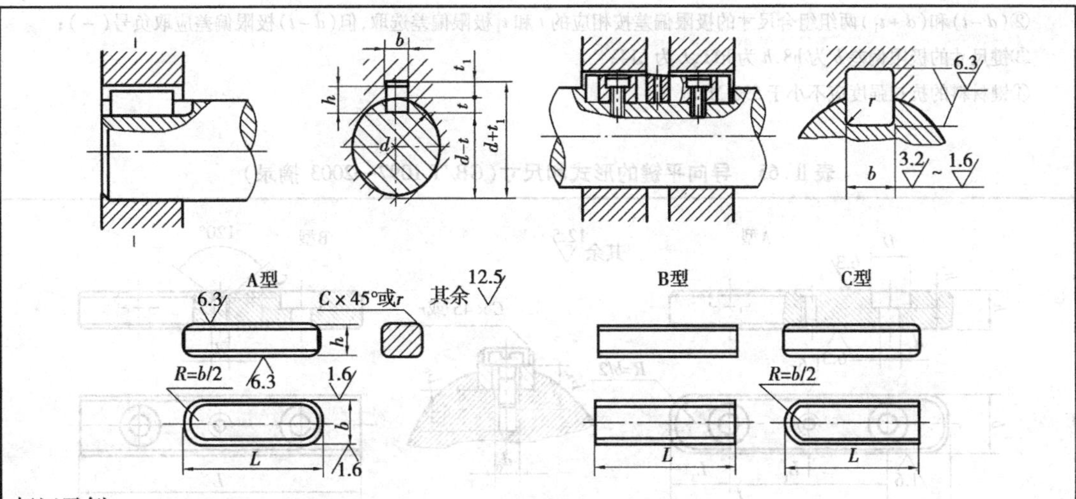

标记示例:

GB/T 1096 键 16×10×100[圆头普通平键(A 型),$b=16,h=10,L=100$]

GB/T 1096 键 B16×10×100[平头普通平键(B 型),$b=16,h=10,L=100$]

GB/T 1096 键 C16×10×100[单圆头普通平键(C 型),$b=16,h=10,L=100$]

轴	键	键槽											
公称直径 d	公称尺寸 $b\times h$	宽度 b						深度				半径 r	
		公称尺寸 b	极限偏差					轴 t		毂 t_1			
			松联接		正常联接		紧密联接						
			轴 H9	毂 D10	轴 N9	毂 JS9	轴和毂 P9	公称尺寸	极限偏差	公称尺寸	极限偏差	最小	最大
自 6~8	2×2	2	+0.025	+0.060	−0.004	±0.012 5	−0.006	1.2		1			
>8~10	3×3	3	0	+0.020	−0.029		−0.031	1.8	+0.1	1.4	+0.1	0.08	0.16
>10~12	4×4	4	+0.030	+0.078	0		−0.012	2.5	0	1.8	0		
>12~17	5×5	5	0	+0.030	−0.030	±0.015	−0.042	3.0		2.3			
>17~22	6×6	6						3.5		2.8		0.16	0.25
>22~30	8×7	8	+0.036	+0.098	0	±0.018	−0.015	4.0		3.3			
>30~38	10×8	10	0	+0.040	−0.036		−0.051	5.0		3.3			
>38~44	12×8	12						5.0		3.3			
>44~50	14×9	14	+0.043	+0.120	0	±0.021 5	−0.018	5.5		3.8		0.25	0.40
>50~58	16×10	16	0	+0.050	−0.043		−0.061	6.0	+0.2	4.3	+0.2		
>58~65	18×11	18						7.0	0	4.4	0		
>65~75	20×12	20						7.5		4.9			
>75~85	22×14	22	+0.052	+0.149	0	±0.026	−0.022	9.0		5.4			
>85~95	25×14	25	0	+0.065	−0.052		−0.074	9.0		5.4		0.40	0.60
>95~110	28×16	28						10.0		6.4			

续表

键的长度系列	6,8,10,12,14,16,18,20,22,25,28,32,36,40,45,50,56,63,70,80,90,100,110,125,140,160,180,200, 220,250,280,320,360

注:①在工作图中,轴槽深用 t 或 $(d+t_1)$ 标注,轮毂槽深用 $(d+t_1)$ 标注;

②$(d-t)$ 和 $(d+t_1)$ 两组组合尺寸的极限偏差按相应的 t 和 t_1 极限偏差选取,但 $(d-t)$ 极限偏差应取负号(-);

③键尺寸的极限偏差 b 为 h8,h 为 h11,L 为 h14;

④键材料的抗拉强度应不小于 590 MPa。

表Ⅱ.65 导向平键的形式和尺寸(GB/T 1097—2003 摘录)

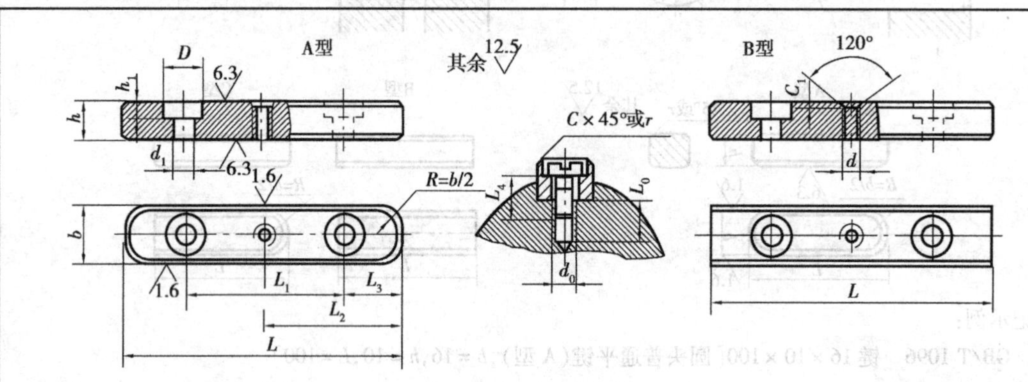

标记示例:

GB/T 1097 键 16×100[A 型导向平键(圆头),$b=16$,$h=10$,$L=100$]

GB/T 1097 键 B16×100[B 型导向平键(平头),$b=16$,$h=10$,$L=100$]

b	8	10	12	14	16	18	20	22	25	28	32
h	7	8	8	9	10	11	12	14	14	16	18
C 或 r	0.25~0.4	0.40~0.60					0.60~0.80				
h_1	2.4		3	3.5		4.5			6		7
d	M3		M4	M5		M6			M8		M10
d_1	3.4		4.5	5.5		6.6			9		11
D	6		8.5	10		12			15		18
C_1	0.3		0.5								
L_0	7	8	10			12			15		18
螺钉($d_0 \times L_4$)	M3×8	M3×10	M4×10	M5×10		M6×12		M6×16	M8×16		M10×20
L	25~90	25~110	28~140	36~160	45~180	50~200	56~220	63~250	70~280	80~320	90~360

L,L_1,L_2,L_3 对应长度系列	
L	25 28 32 36 40 45 50 56 63 70 80 90 100 110 125 140 160 180 200 220 250 280 320 360
L_1	13 14 16 18 20 23 26 30 35 40 48 54 60 66 75 80 90 100 110 120 140 160 180 200
L_2	12.5 14 16 18 20 22.5 25 28 31.5 35 40 45 50 55 62 70 80 90 100 110 125 140 160 180
L_3	6 7 8 9 10 11 12 13 14 15 16 18 20 22 25 30 35 40 45 50 55 60 70 80

注:①固定用螺钉应符合 GB/T 822 或 GB/T 65 的规定。

②键的截面尺寸 $(b \times h)$ 的选取及键槽尺寸见表Ⅱ.64。

③导向平键常用材料为 45 钢。

表Ⅱ.66　矩形花键的尺寸、公差(GB/T 1144—2001 摘录)/mm

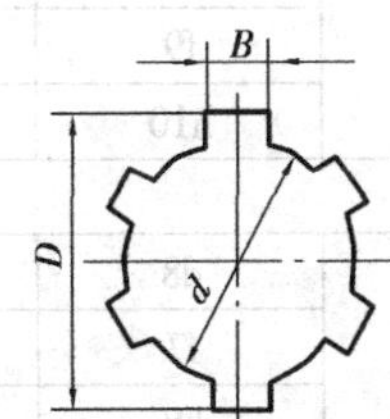

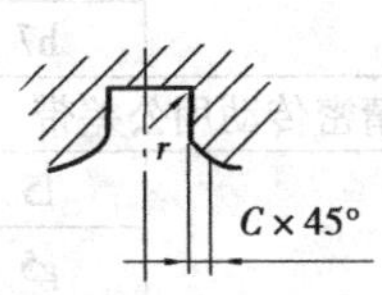

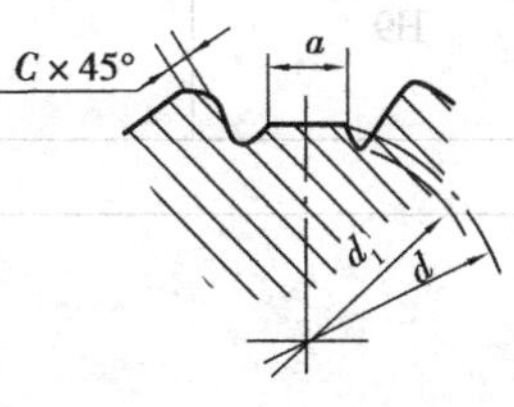

标记示例:花键,$N=6$,$d=23\frac{h7}{f7}$,$D=26\frac{h10}{a11}$,$B=6\frac{h11}{d10}$的标记为

花键规格:N×d×D×B

6×23×26×6

花键副:$6\times23\frac{H7}{f7}\times26\frac{H10}{a11}\times6\frac{H11}{d10}$　GB/T 1144—2001

内花键:6×23H7×26H10×6H11　GB/T 1144—2001

外花键:6×23f7×26a11×6d10　GB/T 1144—2001

基本尺寸系列和键槽截面尺寸

小径 d	轻系列 规格 $N\times d\times D\times B$	C	r	参考 $d_{1\min}$	参考 $a_{\min}$	中系列 规格 $N\times d\times D\times B$	C	r	参考 $d_{1\min}$	参考 $a_{\min}$
18						6×18×22×5	0.3	0.2	16.6	1.0
21						6×21×25×5			19.5	2.0
23	6×23×26×6	0.2	0.1	22	3.5	6×23×28×6			21.2	1.2
26	6×18×22×5	0.3	0.2	24.5	3.8	6×26×32×6	0.4	0.3	23.6	1.2
28	6×28×32×7			26.6	4.0	6×28×34×7			25.8	1.4
32	8×32×36×6			30.3	2.7	8×32×38×6			29.4	1.0
36	8×36×40×7			34.4	3.5	8×36×42×7			33.4	1.0
42	8×42×46×8			40.5	5.0	8×42×48×8			39.4	2.5
46	8×46×50×9			44.6	5.7	8×46×54×9	0.5	0.4	42.6	1.4
52	8×52×58×10	0.4	0.3	49.6	4.8	8×52×60×10			48.6	2.5
56	8×56×62×10			53.5	6.5	8×56×65×10			52.0	2.5
62	8×62×68×12			59.7	7.3	8×62×72×12	0.6	0.5	57.7	2.4
72	10×72×78×12			69.6	5.4	10×72×82×12			67.7	1.0
82	10×82×88×12			79.3	8.5	10×82×92×12			77.0	2.9
92	10×92×98×14			89.6	9.9	10×92×102×14			87.3	4.5
102	10×102×108×16			99.6	11.3	10×102×112×16			97.7	6.2

内、外花键尺寸公差带

内花键 d	内花键 D	内花键 B 拉削后不热处理	内花键 B 拉削后热处理	外花键 d	外花键 D	外花键 B	装配形式

续表

一般用公差带							
H7	H10	H9	H11	f7	a11	d10	滑　动
				g7		f9	紧滑动
				h7		h10	固　定
精密传动用公差带							
H5	H10	H7,H9		f5	a11	d8	滑　动
				g5		f7	紧滑动
				h5		h8	固　定
H6				f6		d8	滑　动
				g6		f7	紧滑动
				h6		d8	固　定

注:①精密传动用的内花键,当需要控制键侧配合间隙时,槽宽可选用 H7,一般情况下可选用 H9。

②d 为 H6 和 H7 的内花键,允许与提高一级的外花键配合。

表Ⅱ.67　圆柱销(GB/T 119.1—2000 摘录)、圆锥销(GB/T 117—2000 摘录)/mm

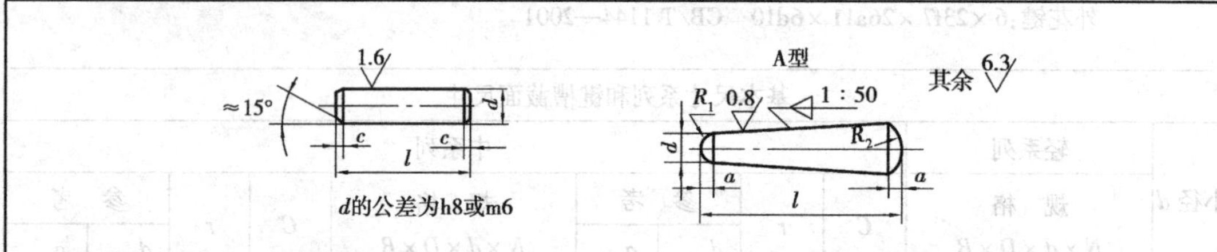

公差 m6:表面粗糙度 $R_a \leqslant 0.8\ \mu m$

公差 h8:表面粗糙度 $R_a \leqslant 1.6\ \mu m$

标记示例:

公称直径 $d=6$、公差为 $m6$、公称长度 $l=30$、材料为钢、不经淬火、不经表面处理的圆柱销的标记为销 GB/T 119.1　6 m6×30

公称直径 $d=6$、公差为 m6、长度 $l=30$、材料为 35 钢、热处理硬度 28~38HRC、表面氧化处理的 A 型圆锥销的标记为销 GB/T 117　6×30

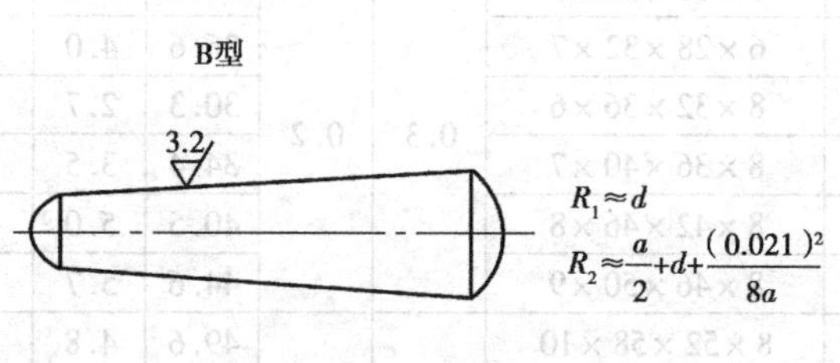

公称直径 d			3	4	5	6	8	10	12	16	20	25
圆柱销	d　h8 或 m6		3	4	5	6	8	10	12	16	20	25
	$c\approx$		0.5	0.63	0.8	1.2	1.6	2.0	2.5	3.0	3.5	4.0
	l(公称)		8~30	8~40	10~50	12~60	14~80	18~95	22~140	26~180	35~200	50~200
圆锥销	d　h10	min	2.96	3.95	4.95	5.95	7.94	9.94	11.93	15.93	19.92	24.92
		max	3	4	5	6	8	10	12	16	20	25
	$a\approx$		0.4	0.5	0.63	0.8	1.0	1.2	1.6	2.0	2.5	3.0
	l(公称)		12~45	14~55	18~60	22~90	22~120	26~160	32~180	40~200	45~200	50~200
l(公称)的系列			12~33(2 进位),35~100(5 进位),100~200(20 进位)									

表Ⅱ.68　螺尾锥销（GB/T 881—2000 摘录）/mm

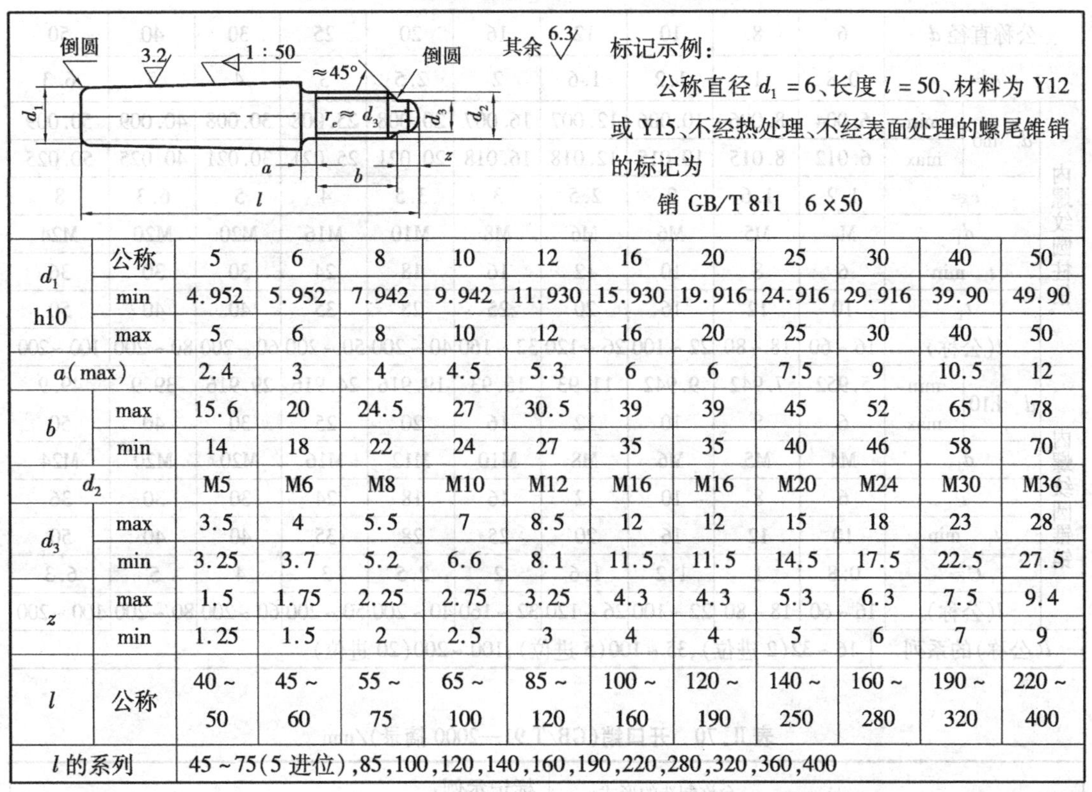

标记示例：

公称直径 $d_1=6$、长度 $l=50$、材料为 Y12 或 Y15、不经热处理、不经表面处理的螺尾锥销的标记为

销 GB/T 811　6×50

d_1 h10	公称	5	6	8	10	12	16	20	25	30	40	50
	min	4.952	5.952	7.942	9.942	11.930	15.930	19.916	24.916	29.916	39.90	49.90
	max	5	6	8	10	12	16	20	25	30	40	50
a(max)		2.4	3	4	4.5	5.3	6	6	7.5	9	10.5	12
b	max	15.6	20	24.5	27	30.5	39	39	45	52	65	78
	min	14	18	22	24	27	35	35	40	46	58	70
d_2		M5	M6	M8	M10	M12	M16	M16	M20	M24	M30	M36
d_3	max	3.5	4	5.5	7	8.5	12	12	15	18	23	28
	min	3.25	3.7	5.2	6.6	8.1	11.5	11.5	14.5	17.5	22.5	27.5
z	max	1.5	1.75	2.25	2.75	3.25	4.3	4.3	5.3	6.3	7.5	9.4
	min	1.25	1.5	2	2.5	3	4	4	5	6	7	9
l	公称	40 ~ 50	45 ~ 60	55 ~ 75	65 ~ 100	85 ~ 120	100 ~ 160	120 ~ 190	140 ~ 250	160 ~ 280	190 ~ 320	220 ~ 400
l 的系列		45 ~ 75（5 进位），85，100，120，140，160，190，220，280，320，360，400										

表Ⅱ.69　内螺纹圆柱销（GB/T 120.1—2000 摘录）、内螺纹圆锥销（GB/T 118—2000 摘录）/mm

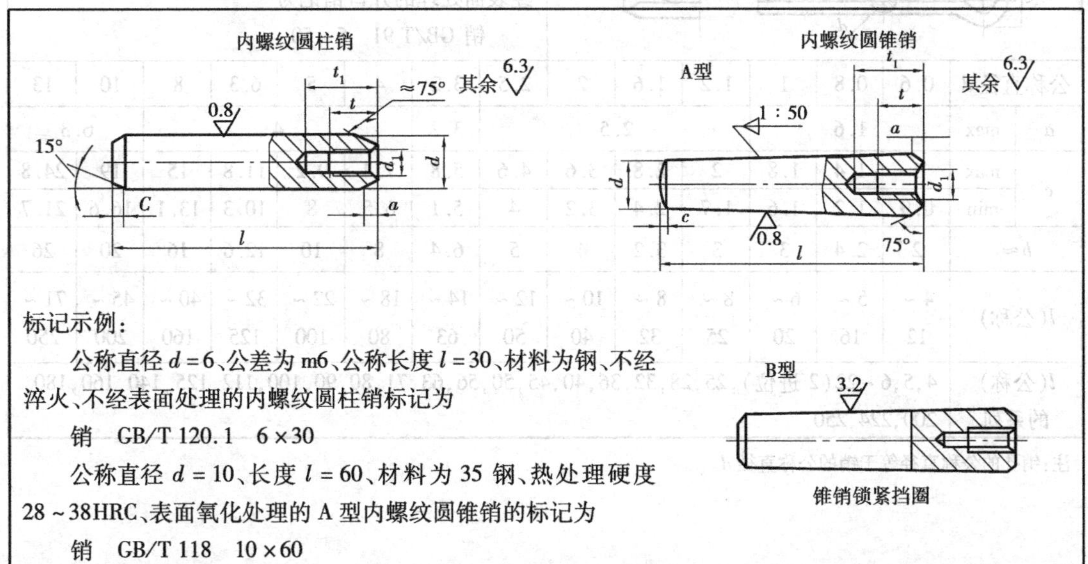

标记示例：

公称直径 $d=6$、公差为 m6、公称长度 $l=30$、材料为钢、不经淬火、不经表面处理的内螺纹圆柱销标记为

销　GB/T 120.1　6×30

公称直径 $d=10$、长度 $l=60$、材料为 35 钢、热处理硬度 28 ~ 38HRC、表面氧化处理的 A 型内螺纹圆锥销的标记为

销　GB/T 118　10×60

续表

公称直径 d			6	8	10	12	16	20	25	30	40	50
	$a\approx$		0.8	1	1.2	1.6	2	2.5	3	4	5	6.3
内螺纹圆柱销	d m6	min	6.004	8.006	10.006	12.007	16.007	20.008	25.008	30.008	40.009	50.009
		max	6.012	8.015	10.015	12.018	16.018	20.021	25.021	30.021	40.025	50.025
	$c\approx$		1.2	1.6	2	2.5	3	3.5	4	5	6.3	8
	d_1		M4	M5	M6	M6	M8	M10	M16	M20	M20	M24
	t min		6	8	10	12	16	18	24	30	30	36
	t_1		10	12	16	20	25	28	35	40	40	50
	l(公称)		16~60	18~80	22~100	26~120	32~160	40~200	50~200	60~200	80~200	100~200
内螺纹圆锥销	d h10	min	5.952	7.942	9.942	11.93	15.93	19.916	24.916	29.916	39.9	49.9
		max	6	8	10	12	16	20	25	30	40	50
	d_1		M4	M5	M6	M8	M10	M12	M16	M20	M20	M24
	t		6	8	10	12	16	18	24	30	30	36
	t_1 min		10	12	16	20	25	28	35	40	40	50
	$C\approx$		0.8	1	1.2	1.6	2	2.5	3	4	5	6.3
	l(公称)		16~60	18~80	22~100	26~120	32~160	40~200	50~200	60~200	80~200	100~200
l(公称)的系列			16~32(2 进位),35~100(5 进位),100~200(20 进位)									

表Ⅱ.70　开口销(GB/T 91—2000 摘录)/mm

标记示例：

公称直径 $d=5$、长度 $l=50$、材料为低碳钢、不经表面处理的开口销记为

销 GB/T 91　5×50

公称直径 d		0.6	0.8	1	1.2	1.6	2	2.5	3.2	4	5	6.3	8	10	13
a	max	1.6			2.5				3.2	4				6.3	
c	max	1	1.4	1.8	2	2.8	3.6	4.6	5.8	7.4	9.2	11.8	15	19	24.8
	min	0.9	1.2	1.6	1.7	2.4	3.2	4	5.1	6.5	8	10.3	13.1	16.6	21.7
$b\approx$		2	2.4	3	3	3.2	4	5	6.4	8	10	12.6	16	20	26
l(公称)		4~12	5~16	6~20	8~25	8~32	10~40	12~50	14~63	18~80	22~100	32~125	40~160	45~200	71~250
l(公称)的系列		4,5,6~22(2 进位),25,28,32,36,40,45,50,56,63,71,80,90,100,112,125,140,160,180,200,224,250													

注：销孔的公称直径等于销的公称直径 d。

Ⅱ.3.3　轴系零件的紧固件

表Ⅱ.71　轴肩挡圈(GB/T 886—1986 摘录)/mm

公称直径 d(轴径)	$D_1 \geqslant$	(0)2 尺寸系列径向轴承用		(0)3 尺寸系列径向轴承和(0)2 尺寸系列角接触轴承用		(0)4 尺寸系列径向轴承和(0)3 尺寸系列角接触轴承用	
		D	H	D	H	D	H
20	22	—	—	27		30	
25	27	—	—	32		35	
30	32	36		38		40	
35	37	42		45	4	47	5
40	42	47	4	50		52	
45	47	52		55		58	
50	52	58		60		65	
55	58	65		68		70	
60	63	70		72		75	
65	68	75	5	78	5	80	6
70	73	80		82		85	
75	78	85		88		90	
80	83	90		95		100	
85	88	95	6	100	6	105	8
90	93	100		10		110	
95	98	110		110		115	
100	103	115	8	115	8	120	10

标记示例：

挡圈　GB/T 886—1986—40×52

(直径 d=40、D=52、材料为 35 钢、不经热处理及表面处理的轴肩挡圈)

表Ⅱ.72 锥销锁紧挡圈（GB 883—1986 摘录）、**螺钉锁紧挡圈**（GB 884—1986 摘录）

锥销锁紧挡圈

螺钉锁紧挡圈

$d \leqslant 30$　　$d>30$

标记示例：

挡圈　GB/T 883　20

挡圈　GB/T 884　20

（直径 $d=20$、材料为 Q235-A、不经表面处理的锥销锁紧挡圈和螺钉锁紧挡圈）

d	D	锥销锁紧挡圈				螺钉锁紧挡圈			
		H	d_1	c	圆锥销 GB/T 117—2000（推荐）	H	d_0	c	螺钉 GB/T 71—1985（推荐）
16	30	12	4	0.5	4×32	12	M6	1	M6×10
(17)	32								
18									
(19)	35				4×35				
20									
22	38		5	1	5×40				
25	42	14			4×45	14	M8		M8×12
28	45								
30	48		6		6×50				
32	52				6×55				
35	56	16				16	M10		M10×16
40	62				6×60				
45	70	18			6×70	18			M10×20
50	80		8		8×80				
55	85				8×90				
60	90	20				20			
65	95		10		10×100				
70	100								
75	110	22			10×100	22	M12		M12×25
80	115				10×120				
85	120								
90	125								
95	130	25		1.5	10×130	25			
100	135				10×140			1.5	

注：①括号内的尺寸，尽可能不采用。

②加工锥销锁紧挡圈的 d_1 孔时，只钻一面；装配时钻透并铰孔。

表Ⅱ.73　轴端挡圈/mm

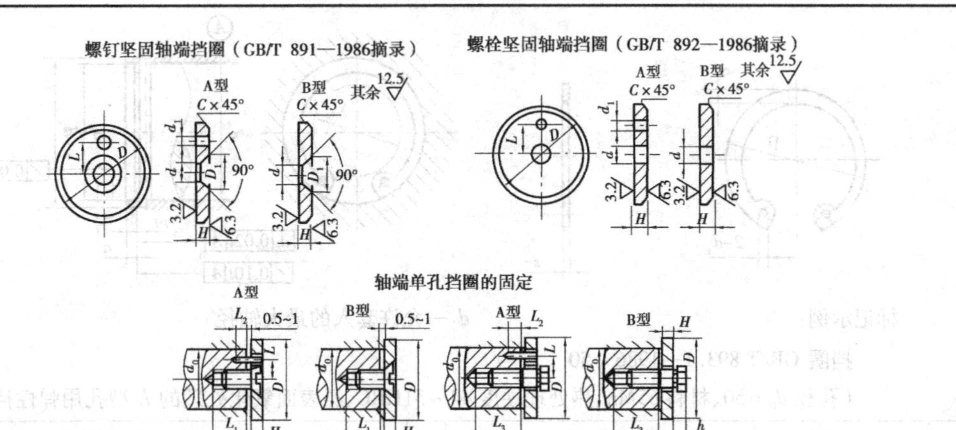

标记示例：

挡圈　GB/T 891　45（公称直径 D=45、材料为 Q235-A、不经表面处理的 A 型螺钉紧固轴端挡圈）

挡圈　GB/T 891　B45（公称直径 D=45、材料为 Q235-A、不经表面处理的 B 型螺钉紧固轴端挡圈）

轴径≤	公称直径 D	H	L	d	d_1	c	螺钉紧固轴端挡圈			螺栓紧固轴端挡圈			安装尺寸（参考）			
							D_1	螺钉 GB/T 819.1—2000（推荐）	圆柱销 GB/T 119.1—2000（推荐）	螺栓 GB/T 5783—2000（推荐）	圆柱销 GB/T 119.1—2000（推荐）	垫圈 GB/T 93—1987（推荐）	L_1	L_2	L_3	h
14	20	4	—	5.5	2.1	0.5	11	M5×12	A2×10	M5×16	A2×10	5	14	6	16	4.8
16	22	4	—													
18	25	4	—													
20	28	4	7.5													
22	30	4	7.5													
25	32	5	10	6.6	3.2	1	13	M6×16	A3×12	M6×20	A3×12	6	18	7	20	5.6
28	35	5	10													
30	38	5	10													
32	40	5	12													
35	45	5	12													
40	50	5	12													
45	55	6	16	9	4.2	1.5	17	M8×20	A4×14	M8×25	A4×14	8	22	8	24	7.4
50	60	6	16													
55	65	6	16													
60	70	6	20													
65	75	6	20													
70	80	6	20													
75	90	8	25	13	5.2	2	25	M12×25	A5×16	M12×30	A5×16	12	26	12	28	10.6
85	100	8	25													

注：①当挡圈装在带螺纹孔的轴端时，紧固用螺钉允许加长。

②材料：Q235-A，35 钢，45 钢。

③"轴端单孔挡圈的固定"不属于 GB/T 891—1986，GB/T 892—1986，仅供参考。

表Ⅱ.74 孔用弹性挡圈—A 型(GB/T 893.1—1986 摘录)/mm

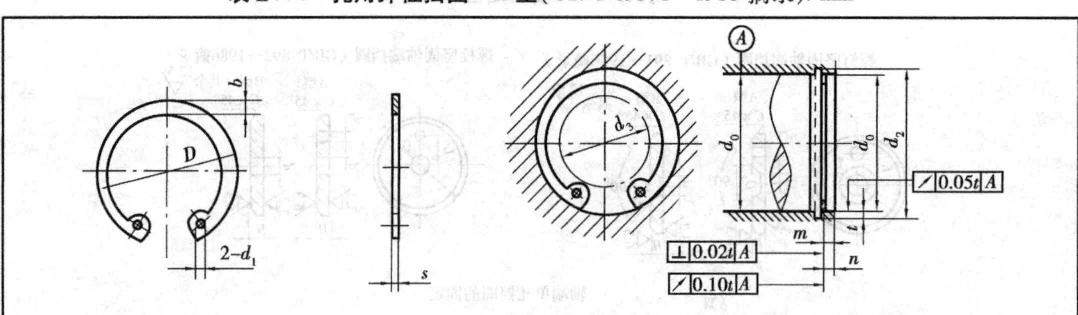

标记示例:

挡圈 GB/T 893.1—1986 50

(孔径 d_0 =50、材料 65Mn、热处理硬度 44 ~ 51HRC、经表面氧化处理的 A 型孔用弹性挡圈)

d_3—允许套入的最大轴径

孔径 d_0	挡圈 D	挡圈 s	挡圈 $b\approx$	挡圈 d_1	沟槽(推荐) d_2 基本尺寸	沟槽(推荐) d_2 极限偏差	沟槽(推荐) m 基本尺寸	沟槽(推荐) m 极限偏差	沟槽(推荐) $n\geqslant$	轴 $d_3\leqslant$	孔径 d_0	挡圈 D	挡圈 s	挡圈 $b\approx$	挡圈 d_1	沟槽(推荐) d_2 基本尺寸	沟槽(推荐) d_2 极限偏差	沟槽(推荐) m 基本尺寸	沟槽(推荐) m 极限偏差	沟槽(推荐) $n\geqslant$	轴 $d_3\leqslant$
8	8.7	0.6	1	1	8.4	+0.09 0	0.7				48	51.5	1.5			50.5		1.7		3.8	33
9	9.8		1.2		9.4				0.6	2	50	54.2		4.7		53					36
10	10.8				10.4						52	56.2				55					38
11	11.8	0.8	1.7	1.5	11.4		0.9			3	55	59.2				58					40
12	13				12.5					4	56	60.2	2			59		2.2			41
13	14.1				13.6	+0.11 0			0.9		58	62.2				61					43
14	15.1				14.6					5	60	64.2		5.2		63	+0.03 0				44
15	16.2			1.7	15.7					6	62	66.2				65				4.5	45
16	17.3		2.1		16.8				1.2	7	63	67.2				66					46
17	18.3				17.8					8	65	69.2				68					48
18	19.5	1			19		1.1			9	68	72.5				71					50
19	20.5				20	+0.13 0				10	70	74.5		5.7	3	73					53
20	21.5				21				1.5		72	76.5				75			+0.14 0		55
21	22.5		2.5		22					11	75	79.5		6.3		78					56
22	23.5				23					12	78	82.5				81					60
24	25.9			2	25.2			+0.14 0		13	80	85.5				83.5					63
25	26.9		2.8		26.2	+0.21 0			1.8	14	82	87.5	2.5	6.8		85.5		2.7			65
26	27.9				27.2					15	85	90.5				88.5					68
28	30.1	1.2			29.4		1.3		2.1	17	88	93.5		7.3		91.5	+0.035 0				70
30	32.1		3.2		31.4					18	90	95.5				93.5				5.3	72
31	33.4				32.7					19	92	97.5				95.5					73
32	34.4				33.7				2.6	20	95	100.5				98.5					75
34	36.5				35.7					22	98	103.5		7.7		101.5					78
35	37.8			2.5	37					23	100	105.5				103.5					80
36	38.8		3.6		38	+0.25 0			3	24	102	108				106					82
37	39.8				39					25	105	112		8.1		109					83
38	40.8	1.5			40		1.7			26	108	115		8.8		112	+0.54 0				86
40	43.5		4		42.5					27	110	117	3		4	114		3.2	+0.18 0	6	88
42	45.5				44.5				3.8	29	112	119		9.3		116					89
45	48.5		4.7	3	47.5					31	115	122				119					90
47	50.5				49.5					32	120	127		10		124	+0.63				95

表Ⅱ.75　轴用弹性挡圈—A型(GB/T 894.1—1986 摘录)/mm

标记示例：　　　　　　　　　　　　d_3—允许套入的最大孔径

挡圈 GB/T 894.1—1986　50

(轴径 d_0＝50、材料 65Mn、热处理 44～51HRC、经表面氧化处理的 A 型轴用弹性挡圈)

轴径 d_0	挡圈				沟槽(推荐)					孔 d_3 ≥
	d	s	b≈	d_1	d_2		m		n≥	
					基本尺寸	极限偏差	基本尺寸	极限偏差		
3	2.7	0.4	0.8		2.8	−0.04	0.5			7.2
4	3.7		0.88	1	3.8	0			0.3	8.8
5	4.7		1.12		4.8	−0.048				10.7
6	5.6	0.6			5.7		0.7			12.2
7	6.5		1.32	1.2	6.7				0.5	13.8
8	7.4	0.8			7.6	0	0.9			15.2
9	8.4		1.44		8.6	−0.058			0.6	16.4
10	9.3				9.6					17.6
11	10.2		1.52	1.5	10.5					18.6
12	11		1.72		11.5				0.8	19.6
13	11.9		1.88		12.4				0.9	20.8
14	12.9				13.4					22
15	13.8		2.00		14.3	0			1.1	23.2
16	14.7	1	2.32	1.7	15.2	−0.11	1.1		1.2	24.4
17	15.7				16.2					25.6
18	16.5		2.48		17			+0.14		27
19	17.5				18			0		28
20	18.5				19	0			1.5	29
21	19.5		2.68		20	−0.13				31
22	20.5				21					32
24	22.2				22.9					34
25	23.2		3.32	2	23.9				1.7	35
26	24.2				24.9	0				36
28	25.9	1.2	3.60		26.6	−0.21	1.3			38.4
29	26.9		3.72		27.6				2.1	39.8
30	27.9				28.6					42
32	29.6		3.92		30.3				2.6	44
34	31.5		4.32		32.3	0				46
35	32.2	1.5	4.52	2.5	33					48
36	33.2				34	−0.25	1.7		3	49
37	34.2				35					50

轴径 d_0	挡圈				沟槽(推荐)					孔 d_3 ≤
	d	s	b≈	d_1	d_2		m		n≥	
					基本尺寸	极限偏差	基本尺寸	极限偏差		
38	35.2			2.5	36				3	51
40	36.5				37.5					53
42	38.5	1.5	5.0		39.5	0	1.7		3.8	56
45	41.5				42.5	−0.25				59.4
48	44.5				45.5					62.8
50	45.8				47					64.8
52	47.8		5.48		49					67
55	50.8				52					70.4
56	51.8	2			53		2.2			71.7
58	53.8				55					73.6
60	55.8		6.12		57					75.8
62	57.8				59				4.5	79
63	58.8				60			+0.14		79.6
65	60.8				62	0		0		81.6
68	63.5			3	65	−0.30				85
70	65.5				67					87.2
72	67.5		6.32		69					89.4
75	70.5				72					92.8
78	73.5				75					96.2
80	74.5	2.5			76.5		2.7			98.2
82	76.5		7.0		78.5					101
85	79.5				81.5					104
88	82.5				84.5				5.3	107.3
90	84.5		7.6		86.5	0				110
95	89.5		9.2		91.5	−0.35				115
100	94.5				96.5					121
105	98		10.7		101					132
110	103		11.3		106	0				136
115	108	3	12		111	−0.54	3.2	+0.18	6	142
120	113			4	116			0		145
125	118		12.6		121	−0.63				151

表Ⅱ.76　圆螺母(GB/T 812—1988 摘录)、小圆螺母(GB/T 810—1988 摘录)/mm

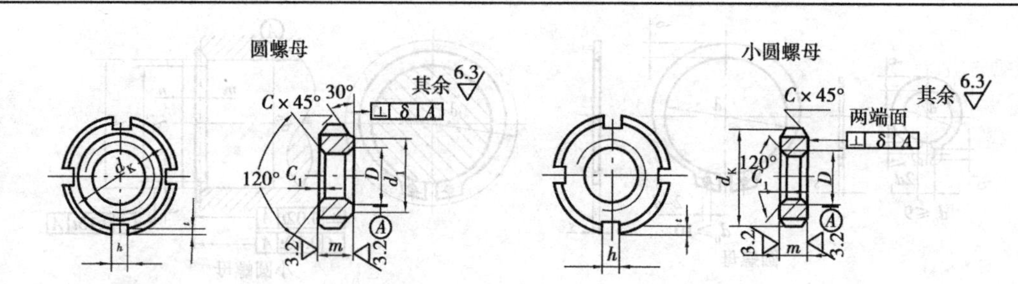

标记示例:螺母　GB/T 812　M16×1.5

螺母 GB/T 810　M16×1.5

(螺纹规格 D = M16×1.5、材料为 45 钢、槽或全部热处理硬度 35 ~ 45HRC、表面氧化的圆螺母和小圆螺母)

圆螺母(GB/T 812—1988)

螺纹规格 $D \times P$	d_k	d_1	m	h max	h min	t max	t min	C	C_1
M10×1	22	16	8	4.3	4	2.6	2	0.5	0.5
M12×1.25	25	19							
M14×1.5	28	20							
M16×1.5	30	22		5.3	5	3.1	2.5		
M18×1.5	32	24							
M20×1.5	35	27							
M22×1.5	38	30	10						
M24×1.5	42	34						1	
M25×1.5*									
M27×1.5	45	37							
M30×1.5	48	40							
M33×1.5	52	43		6.3	6	3.6	3		
M35×1.5*									
M36×1.5	55	46							
M39×1.5	58	49						1.5	
M40×1.5*									
M42×1.5	62	53							
M45×1.5	68	59							
M48×1.5	72	61	12	8.36	8	4.25	3.5		
M50×1.5*									
M52×1.5	78	67							
M55×2*									
M56×2	85	74							1
M60×2	90	79							
M64×2	95	84							
M65×2*									
M68×2	100	88		10.36	10	4.75	4		
M72×2	105	93	15						
M75×2									
M76×2	110	98							
M80×2	115	103							
M85×2	120	108							
M90×2	125	112	18	12.43	12	5.75	5		
M95×2	130	117							
M100×2	135	122							
M105×2	140	127							

小圆螺母(GB/T 810—1988)

螺纹规格 $D \times P$	d_k	m	h max	h min	t max	t min	C	C_1
M10×1	20	6	4.3	4	2.6	2	0.5	0.5
M12×1.25	22							
M14×1.5	25							
M16×1.5	28							
M18×1.5	30		5.3	5	3.1	2.5		
M20×1.5	32							
M22×1.5	35	8						
M24×1.5	38							
M27×1.5	42						1	
M30×1.5	45							
M33×1.5	48							
M36×1.5	52		6.3	6	3.6	3		
M39×1.5	55							
M42×1.5	58							
M45×1.5	62							
M48×1.5	68	10						
M52×1.5	72		8.36	8	4.25	3.5		
M56×2	78							1
M60×2	80							
M64×2	85							
M68×2	90							
M72×2	95	12						
M76×2	100		10.36	10	4.75	4		
M80×2	105						1.5	
M85×2	110							
M90×2	115							
M95×2	120							
M100×2	125		12.43	12	5.75	5		
M105×2	130	15						

注:1. 槽数 n:当 $D \leqslant$ M100×2,n = 4;当 $D \geqslant$ M105×2,n = 6。

2. *仅用于滚动轴承锁紧装置。

表Ⅱ.77　圆螺母用止动垫圈(GB/T 858—1988 摘录)/mm

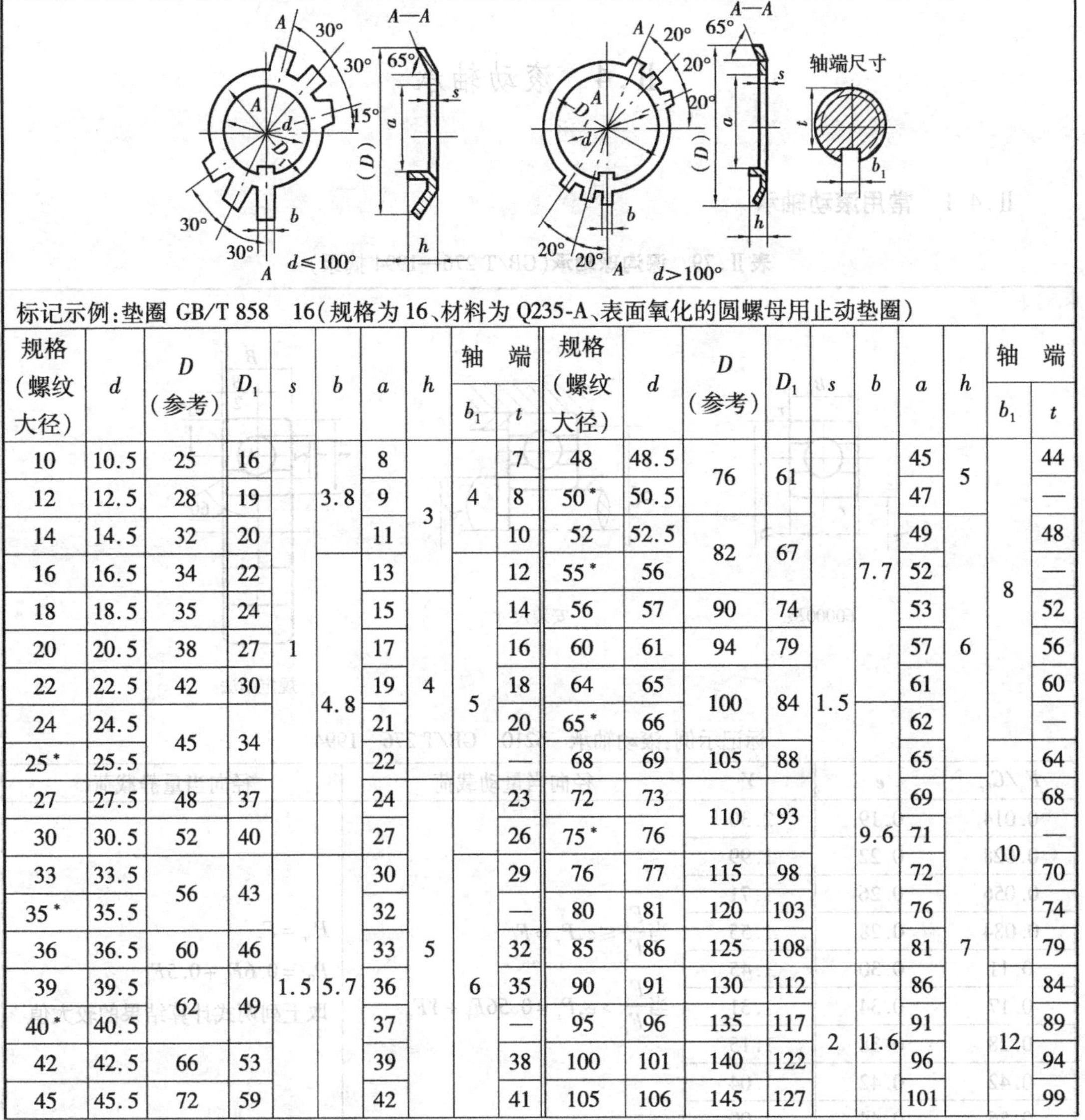

标记示例:垫圈 GB/T 858　16(规格为16、材料为Q235-A、表面氧化的圆螺母用止动垫圈)

规格(螺纹大径)	d	D(参考)	D_1	s	b	a	h	轴端 b_1	轴端 t	规格(螺纹大径)	d	D(参考)	D_1	s	b	a	h	轴端 b_1	轴端 t
10	10.5	25	16	1	3.8	8	3	4	7	48	48.5	76	61	1.5	7.7	45	5	8	44
12	12.5	28	19			9			8	50*	50.5					47			—
14	14.5	32	20			11			10	52	52.5	82	67			49	6		48
16	16.5	34	22		4.8	13		5	12	55*	56					52			—
18	18.5	35	24			15	4		14	56	57	90	74			53			52
20	20.5	38	27			17			16	60	61	94	79			57			56
22	22.5	42	30			19			18	64	65	100	84			61			60
24	24.5	45	34			21			20	65*	66				9.6	62			—
25*	25.5					22			—	68	69	105	88			65		10	64
27	27.5	48	37			24	5		23	72	73	110	93			69	7		68
30	30.5	52	40			27			26	75*	76					71			—
33	33.5	56	43	1.5	5.7	30		6	29	76	77	115	98			72			70
35*	35.5					32			—	80	81	120	103			76			74
36	36.5	60	46			33			32	85	86	125	108			81			79
39	39.5	62	49			36			35	90	91	130	112	2	11.6	86		12	84
40*	40.5					37			—	95	96	135	117			91			89
42	42.5	66	53			39			38	100	101	140	122			96			94
45	45.5	72	59			42			41	105	106	145	127			101			99

注:*仅用于滚动轴承锁紧装置。

表Ⅱ.78　轴上固定螺钉用的孔(JB/ZQ 4251—1997 摘录)/mm

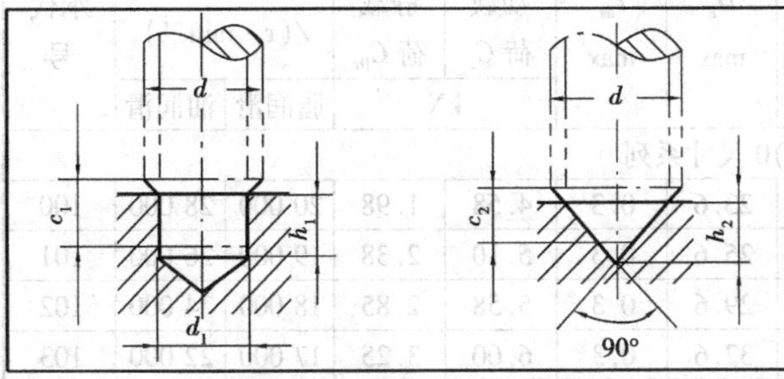

d	3	4	6	8	10	12	16	20	24
d_1			4.5	6	7	9	12	15	18
c_1			4	5	6	7	8	10	12
c_2	1.5	2	3	3	3.5	4	5	6	
$h_1 \geqslant$			4	5	6	7	8	10	12
h_2	1.5	2	3	3	3.5	4	5	6	

注:①工作图上除 c_1、c_2 外,其他尺寸应全部注出。

②d 为螺纹规格。

Ⅱ.4 滚动轴承

Ⅱ.4.1 常用滚动轴承

表Ⅱ.79 深沟球轴承(GB/T 276—1994 摘录)

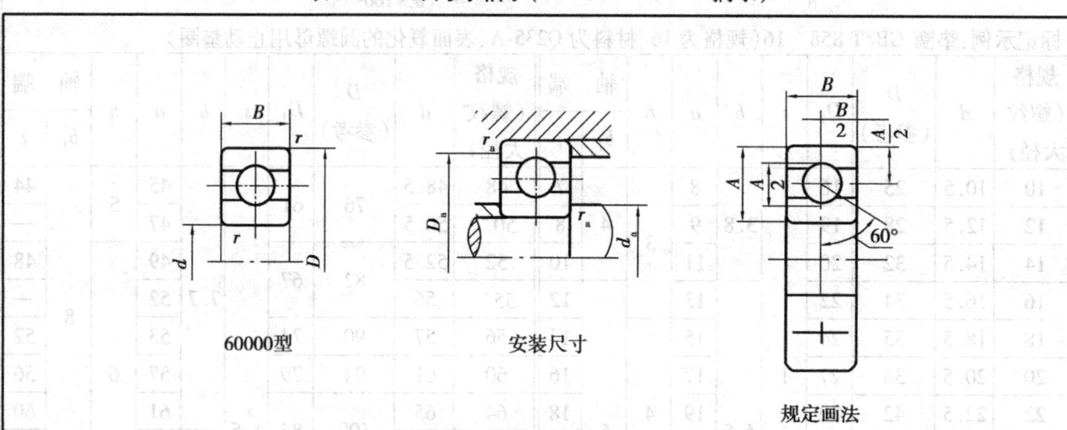

标记示例:滚动轴承 6210 GB/T 276—1994

F_a/C_{0r}	e	Y	径向当量动载荷	径向当量静载荷
0.014	0.19	2.30	当$\frac{F_a}{F_r}\leqslant e, P_r=F_r$ 当$\frac{F_a}{F_r}>e, P_r=0.56F_r+YF_a$	$P_{0r}=F_r$ $P_{0r}=0.6F_r+0.5F_a$ 取上列两式计算结果的较大值
0.028	0.22	1.99		
0.056	0.26	1.71		
0.084	0.28	1.55		
0.11	0.30	1.45		
0.17	0.34	1.31		
0.28	0.38	1.15		
0.42	0.42	1.04		
0.56	0.44	1.00		

轴承代号	基本尺寸/mm				安装尺寸/mm			基本额定动载荷 C_r	基本额定静载荷 C_{0r}	极限转速/(r·min^{-1})		原轴承代号
	d	D	B	r_s min	d_a min	D_a max	r_{as} max	kN		脂润滑	油润滑	
(1)0尺寸系列												
6000	10	26	8	0.3	12.4	23.6	0.3	4.58	1.98	20 000	28 000	100
6001	12	28	8	0.3	14.4	25.6	0.3	5.10	2.38	19 000	26 000	101
6002	15	32	9	0.3	17.4	29.6	0.3	5.58	2.85	18 000	24 000	102
6003	17	35	10	0.3	19.4	32.6	0.3	6.00	3.25	17 000	22 000	103
6004	20	42	12	0.6	25	37	0.6	9.38	5.02	15 000	19 000	104

续表

轴承代号	基本尺寸/mm				安装尺寸/mm			基本额定动载荷 C_r	基本额定静载荷 C_{0r}	极限转速/($r \cdot min^{-1}$)		原轴承代号
	d	D	B	r_s min	d_a min	D_a max	r_{as} max	kN		脂润滑	油润滑	
(1)0尺寸系列												
6005	25	47	12	0.6	30	42	0.6	10.0	5.85	13 000	17 000	105
6006	30	55	13	1	36	49	1	13.2	8.30	10 000	14 000	106
6007	35	62	14	1	41	56	1	16.2	10.5	9 000	12 000	107
6008	40	68	15	1	46	62	1	17.0	11.8	8 500	11 000	108
6009	45	75	16	1	51	69	1	21.0	14.8	8 000	10 000	109
6010	50	80	16	1	56	74	1	22.0	16.2	7 000	9 000	110
6011	55	90	18	1.1	62	83	1	30.2	21.8	6 300	8 000	111
6012	60	95	18	1.1	67	88	1	31.5	24.2	6 000	7 500	112
6013	65	100	18	1.1	72	93	1	32.0	24.8	5 600	7 000	113
6014	70	110	20	1.1	77	103	1	38.5	30.5	5 300	6 700	114
6015	75	115	20	1.1	82	108	1	40.2	33.2	5 000	6 300	115
6016	80	125	22	1.1	87	118	1	47.5	39.8	4 800	6 000	116
6017	85	130	22	1.1	92	123	1	50.8	42.8	4 500	5 600	117
6018	90	140	24	1.5	99	131	1.5	58.0	49.8	4 300	5 300	118
6019	95	145	24	1.5	104	136	1.5	57.8	50.0	4 000	5 000	119
6020	100	150	24	1.5	109	141	1.5	64.5	56.2	3 800	4 800	120
(0)2尺寸系列												
6200	10	30	9	0.6	15	25	0.6	5.10	2.38	19 000	26 000	200
6201	12	32	10	0.6	17	27	0.6	6.82	3.05	18 000	24 000	201
6202	15	35	11	0.6	20	30	0.6	7.65	3.72	17 000	22 000	202
6203	17	40	12	0.6	22	35	0.6	9.58	4.78	16 000	20 000	203
6204	20	47	14	1	26	41	1	12.8	6.65	14 000	18 000	204
6205	25	52	15	1	31	46	1	14.0	7.88	12 000	16 000	205
6206	30	62	16	1	36	56	1	19.5	11.5	9 500	13 000	206
6207	35	72	17	1.1	42	65	1	25.5	15.2	8 500	11 000	207
6208	40	80	18	1.1	47	73	1	29.5	18.0	8 000	10 000	208
6209	45	85	19	1.1	52	78	1	31.5	20.5	7 000	9 000	209
6210	50	90	20	1.1	57	83	1	35.0	23.2	6 700	8 500	210
6211	55	100	21	1.5	64	91	1.5	43.2	29.2	6 000	7 500	211
6212	60	110	22	1.5	69	101	1.5	47.8	32.8	5 600	7 000	212
6213	65	120	23	1.5	74	111	1.5	57.2	40.0	5 000	6 300	213
6214	70	125	24	1.5	79	116	1.5	60.8	45.0	4 800	6 000	214
6215	75	130	25	1.5	84	121	1.5	66.0	49.5	4 500	5 600	215
6216	80	140	26	2	90	130	2	71.5	54.2	4 300	5 300	216
6217	85	150	28	2	95	140	2	83.2	63.8	4 000	5 000	217
6218	90	160	30	2	100	150	2	95.8	71.5	3 800	4 800	218

续表

轴承代号	基本尺寸/mm				安装尺寸/mm			基本额定动载荷 C_r	基本额定静载荷 C_{0r}	极限转速/(r·min^{-1})		原轴承代号
	d	D	B	r_s min	d_a min	D_a max	r_{as} max	kN		脂润滑	油润滑	
(0)2 尺寸系列												
6219	95	170	32	2.1	107	158	2.1	110	82.8	3 600	4 500	219
6220	100	180	34	2.1	112	168	2.1	122	92.8	3 400	4 300	220
(0)3 尺寸系列												
6300	10	35	11	0.6	15	30	0.6	7.65	3.48	18 000	24 000	300
6301	12	37	12	1	18	31	1	9.72	5.08	17 000	22 000	301
6302	15	42	13	1	21	36	1	11.5	5.42	16 000	20 000	302
6303	17	47	14	1	23	41	1	13.5	6.58	15 000	19 000	303
6304	20	52	15	1.1	27	45	1	15.8	7.88	13 000	17 000	304
6305	25	62	17	1.1	32	55	1	22.2	11.5	10 000	14 000	305
6306	30	72	19	1.1	37	65	1	27.0	15.2	9 000	12 000	306
6307	35	80	21	1.5	44	71	1.5	33.2	19.2	8 000	10 000	307
6308	40	90	23	1.5	49	81	1.5	40.8	24.0	7 000	9 000	308
6309	45	100	25	1.5	54	91	1.5	52.8	31.8	6 300	8 000	309
6310	50	110	27	2	60	100	2	61.8	38.0	6 000	7 500	310
6311	55	120	29	2	65	110	2	71.5	44.8	5 300	6 700	311
6312	60	130	31	2.1	72	118	2.1	81.8	51.8	5 000	6 300	312
6313	65	140	33	2.1	77	128	2.1	93.8	60.5	4 500	5 600	313
6314	70	150	35	2.1	82	138	2.1	105	68.0	4 300	5 300	314
6315	75	160	37	2.1	87	148	2.1	112	76.8	4 000	5 000	315
6316	80	170	39	2.1	92	158	2.1	122	86.5	3 800	4 800	316
6317	85	180	41	3	99	166	2.5	132	96.5	3 600	4 500	317
6318	90	190	43	3	104	176	2.5	145	108	3 400	4 300	318
6319	95	200	45	3	109	186	2.5	155	122	3 200	4 000	319
6320	100	215	47	3	114	201	2.5	172	140	2 800	3 600	320
(0)4 尺寸系列												
6403	17	62	17	1.1	24	55	1	22.5	10.8	11 000	15 000	403
6404	20	72	19	1.1	27	65	1	31.0	15.2	9 500	13 000	404
6405	25	80	21	1.5	34	71	1.5	38.2	19.2	8 500	11 000	405
6406	30	90	23	1.5	39	81	1.5	47.5	24.5	8 000	10 000	406
6407	35	100	25	1.5	44	91	1.5	56.8	29.5	6 700	8 500	407
6408	40	110	27	2	50	100	2	65.5	37.5	6 300	8 000	408
6409	45	120	29	2	55	110	2	77.5	45.5	5 600	7 000	409
6410	50	130	31	2.1	62	118	2.1	92.2	55.2	5 300	6 700	410
6411	55	140	33	2.1	67	128	2.1	100	62.5	4 800	6 000	411
6412	60	150	35	2.1	72	138	2.1	108	70.0	4 500	5 600	412
6413	65	160	37	2.1	77	148	2.1	118	78.5	4 300	5 300	413

续表

轴承代号	基本尺寸/mm				安装尺寸/mm			基本额定动载荷 C_r	基本额定静载荷 C_{0r}	极限转速/(r·min^{-1})		原轴承代号
	d	D	B	r_s min	d_a min	D_a max	r_{as} max	kN		脂润滑	油润滑	
6414	70	180	42	3	84	166	2.5	140	99.5	3 800	4 800	414
6415	75	190	45	3	89	176	2.5	155	115	3 600	4 500	415
6416	80	200	48	3	94	186	2.5	162	125	3 400	4 300	416
6417	85	210	52	4	103	192	3	175	138	3 200	4 000	417
6418	90	225	54	4	108	207	3	192	158	2 800	3 600	418
6420	100	250	58	4	118	232	3	222	195	2 400	3 200	420

注：①表中 C_r 值适用于轴承为真空脱气轴承钢材料。如为普通电炉钢，C_r 值降低；如为真空重熔或电渣重熔轴承钢，C_r 值提高。

②r_{smin} 为 r 的单向最小倒角尺寸；r_{asmax} 为 r_{as} 的单向最大倒角尺寸。

③原轴承标准为 GB 276—1989，GB 277—1989，GB 278—1989，GB 279—1988，GB 4221—1984。

表Ⅱ.80　圆柱滚子轴承（GB/T 283—1994 摘录）

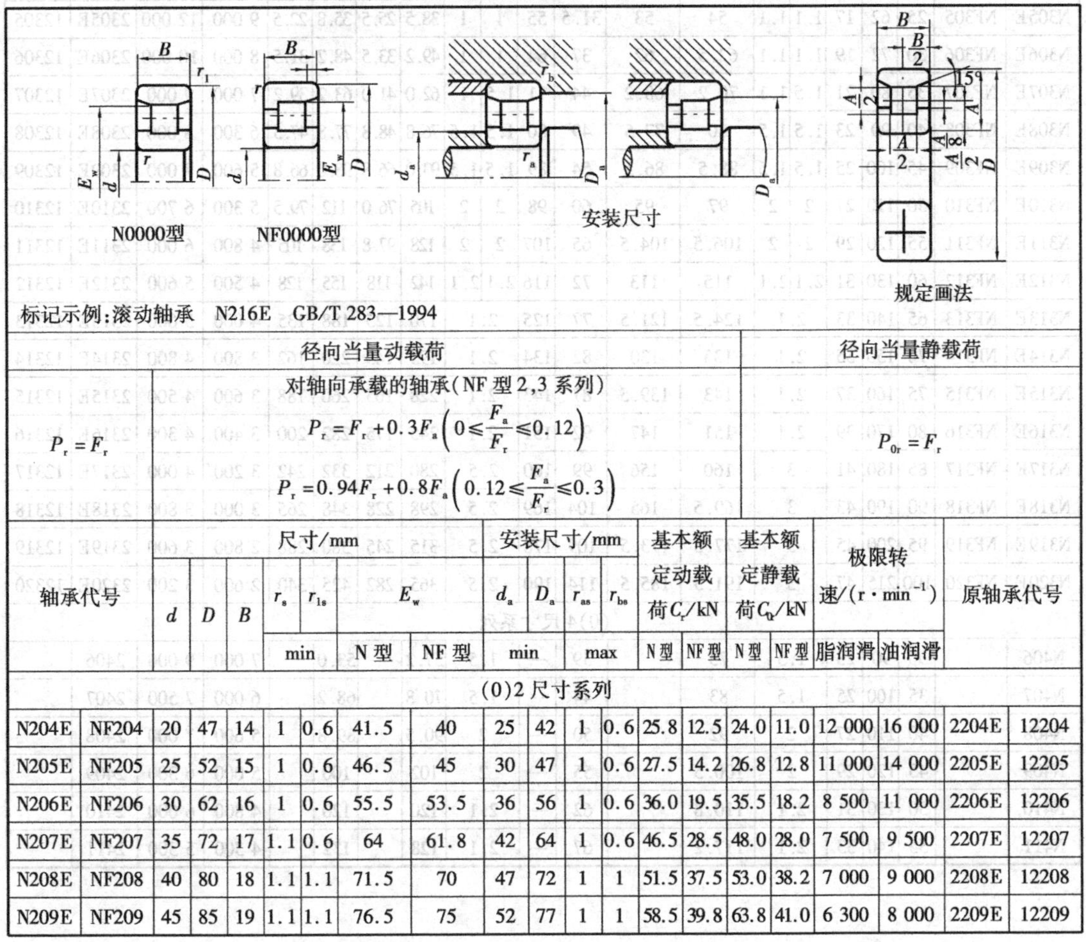

标记示例：滚动轴承　N216E　GB/T 283—1994

径向当量动载荷

$P_r = F_r$

对轴向承载的轴承（NF 型 2,3 系列）

$P_r = F_r + 0.3F_a \left(0 \leqslant \frac{F_a}{F_r} \leqslant 0.12\right)$

$P_r = 0.94F_r + 0.8F_a \left(0.12 \leqslant \frac{F_a}{F_r} \leqslant 0.3\right)$

径向当量静载荷

$P_{0r} = F_r$

轴承代号		尺寸/mm							安装尺寸/mm				基本额定动载荷 C_r/kN		基本额定静载荷 C_{0r}/kN		极限转速/(r·min^{-1})		原轴承代号	
		d	D	B	r_s min	r_{1s} min	E_w N型	E_w NF型	d_a min	D_a	r_{as} max	r_{bs} max	N型	NF型	N型	NF型	脂润滑	油润滑		
(0)2尺寸系列																				
N204E	NF204	20	47	14	1	0.6	41.5	40	25	42	1	0.6	25.8	12.5	24.0	11.0	12 000	16 000	2204E	12204
N205E	NF205	25	52	15	1	0.6	46.5	45	30	47	1	0.6	27.5	14.2	26.8	12.8	11 000	14 000	2205E	12205
N206E	NF206	30	62	16	1	0.6	55.5	53.5	36	56	1	0.6	36.0	19.5	35.5	18.2	8 500	11 000	2206E	12206
N207E	NF207	35	72	17	1.1	0.6	64	61.8	42	64	1	0.6	46.5	28.5	48.0	28.0	7 500	9 500	2207E	12207
N208E	NF208	40	80	18	1.1	1.1	71.5	70	47	72	1	1	51.5	37.5	53.0	38.2	7 000	9 000	2208E	12208
N209E	NF209	45	85	19	1.1	1.1	76.5	75	52	77	1	1	58.5	39.8	63.8	41.0	6 300	8 000	2209E	12209

续表

轴承代号		尺寸/mm							安装尺寸/mm				基本额定动载荷 C_r/kN		基本额定静载荷 C_0/kN		极限转速/(r·min^{-1})		原轴承代号	
		d	D	B	r_s	r_{1s}	E_w		d_a	D_a	r_{as}	r_{bs}								
					min		N 型	NF 型	min		max		N 型	NF 型	N 型	NF 型	脂润滑	油润滑		
N210E	NF210	50	90	20	1.1	1.1	81.5	80.4	57	83	1	1	61.2	43.2	69.2	48.5	6 000	7 500	2210E	12210
N211E	NF211	55	100	21	1.5	1.1	90	88.5	64	91	1.5	1	80.2	52.8	95.5	60.2	5 300	6 700	2211E	12211
N212E	NF212	60	110	22	1.5	1.5	100	97	69	100	1.5	1.5	89.8	60.8	102	73.5	5 000	6 300	2212E	12212
N213E	NF213	65	120	23	1.5	1.5	108.5	105.5	74	108	1.5	1.5	102	73.2	118	87.5	4 500	5 600	2213E	12213
N214E	NF214	70	125	24	1.5	1.5	113.5	110.5	79	114	1.5	1.5	112	73.2	135	87.5	4 300	5 300	2214E	12214
N215E	NF215	75	130	25	1.5	1.5	118.5	118.3	84	120	1.5	1.5	125	89.0	155	110	4 000	5 000	2215E	12215
N216E	NF216	80	140	26	2	2	127.3	125	90	128	2	2	132	102	165	125	3 800	4 800	2216E	12216
N217E	NF217	85	150	28	2	2	136.5	135.5	95	137	2	2	158	115	192	145	3 600	4 500	2217E	12217
N218E	NF218	90	160	30	2	2	145	143	100	146	2	2	172	142	215	178	3 400	4 300	2218E	12218
N219E	NF219	95	170	32	2.1	2.1	154.5	151.5	107	155	2.1	2.1	208	152	262	190	3 200	4 000	2219E	12219
N220E	NF220	100	180	34	2.1	2.1	163	160	112	164	2.1	2.1	235	168	302	212	3 000	3 800	2220E	12220
(0)3 尺寸系列																				
N304E	NF304	20	52	15	1.1	0.6	45.5	44.5	26.5	47	1	0.6	29.0	18.0	25.5	15.0	11 000	15 000	2304E	12304
N305E	NF305	25	62	17	1.1	1.1	54	53	31.5	55	1	1	38.5	25.5	35.8	22.5	9 000	12 000	2305E	12305
N306E	NF306	30	72	19	1.1	1.1	62.5	62	37	64	1	1	49.2	33.5	48.2	31.5	8 000	10 000	2306E	12306
N307E	NF307	35	80	21	1.5	1.1	70.2	68.2	44	71	1.5	1	62.0	41.0	63.2	39.2	7 000	9 000	2307E	12307
N308E	NF308	40	90	23	1.5	1.5	80	77.5	49	80	1.5	1.5	76.8	48.8	77.8	47.5	6 300	8 000	2308E	12308
N309E	NF309	45	100	25	1.5	1.5	88.5	86.5	54	89	1.5	1.5	93.0	66.8	98.0	66.8	5 600	7 000	2309E	12309
N310E	NF310	50	110	27	2	2	97	95	60	98	2	2	105	76.0	112	79.5	5 300	6 700	2310E	12310
N311E	NF311	55	120	29	2	2	106.5	104.5	65	107	2	2	128	97.8	138	105	4 800	6 000	2311E	12311
N312E	NF312	60	130	31	2.1	2.1	115	113	72	116	2.1	2.1	142	118	155	128	4 500	5 600	2312E	12312
N313E	NF313	65	140	33	2.1		124.5	121.5	77	125	2.1		170	125	188	135	4 000	5 000	2313E	12313
N314E	NF314	70	150	35	2.1		133	130	82	134	2.1		195	145	220	162	3 800	4 800	2314E	12314
N315E	NF315	75	160	37	2.1		143	139.5	87	143	2.1		228	165	260	188	3 600	4 500	2315E	12315
N316E	NF316	80	170	39	2.1		151	147	92	151	2.1		245	175	282	200	3 400	4 300	2316E	12316
N317E	NF317	85	180	41	3		160	156	99	160	2.5		280	212	332	242	3 200	4 000	2317E	12317
N318E	NF318	90	190	43	3		169.5	165	104	169	2.5		298	228	348	265	3 000	3 800	2318E	12318
N319E	NF319	95	200	45	3		177.5	173.5	109	178	2.5		315	245	380	288	2 800	3 600	2319E	12319
N320E	NF320	100	215	47	3		191.5	185.5	114	190	2.5		365	282	425	340	2 600	3 200	2320E	12320
(0)4 尺寸系列																				
N406		30	90	23	1.5		73		39	—	1.5		57.2		53.0		7 000	9 000	2406	
N407		35	100	25	1.5		83		44	—	1.5		70.8		68.2		6 000	7 500	2407	
N408		40	110	27	2		92		50	—	2		90.5		89.8		5 600	7 000	2408	
N409		45	120	29	2		100.5		55	—	2		102		100		5 000	6 300	2409	
N410		50	130	31	2.1		110.8		62	—	2.1		120		120		4 800	6 000	2410	
N411		55	140	33	2.1		117.2		67	—	2.1		128		132		4 300	5 300	2411	

续表

轴承代号	尺寸/mm							安装尺寸/mm				基本额定动载荷C_r/kN		基本额定静载荷C_{0r}/kN		极限转速/(r·min^{-1})		原轴承代号
	d	D	B	r_s	r_{1s}	E_w		d_a	D_a	r_{as}	r_{bs}							
				min	min	N型	NF型	min	min	max	max	N型	NF型	N型	NF型	脂润滑	油润滑	
(0)4尺寸系列																		
N412	60	150	35	2.1		127		72	—	2.1		155		162		4 000	5 000	2412
N413	65	160	37	2.1		135.3		77	—	2.1		170		178		3 800	4 800	2413
N414	70	180	42	3		152		84	—	2.5		215		232		3 400	4 300	2414
N415	75	190	45	3		160.5		89	—	2.5		250		272		3 200	4 000	2415
N416	80	200	48	3		170		94	—	2.5		285		315		3 000	3 800	2416
N417	85	210	52	4		179.5		103	—	3		312		345		2 800	3 600	2417
N418	90	225	54	4		191.5		108	—	3		352		392		2 400	3 200	2418
N419	95	240	55	4		201.5		113	—	3		378		428		2 200	3 000	2419
N420	100	250	58	4		211		118	—	3		418		480		2 000	2 800	2420
22尺寸系列																		
N2204E	20	47	18	1	0.6	41.5		25	42	1	0.6	30.8		30.0		12 000	16 000	2504E
N2205E	25	52	18	1	0.6	46.5		30	47	1	0.6	32.8		33.8		11 000	14 000	2505E
N2206E	30	62	20	1	0.6	55.5		36	56	1	0.6	45.5		48.0		8 500	11 000	2506E
N2207E	35	72	23	1.1	0.6	64		42	64	1	0.6	57.5		63.0		7 500	9 500	2507E
N2208E	40	80	23	1.1	1.1	71.5		47	72	1	1	67.5		75.2		7 000	9 000	2508E
N2209E	45	85	23	1.1	1.1	76.5		52	77	1	1	71.0		82.0		6 300	8 000	2509E
N2210E	50	90	23	1.1	1.1	81.5		57	83	1	1	74.2		88.8		6 000	7 500	2510E
N2211E	55	100	25	1.5	1.1	90		64	91	1.5	1.1	94.8		118		5 300	6 700	2511E
N2212E	60	110	28	1.5	1.5	100		69	100	1.5	1.5	122		152		5 000	6 300	2512E
N2213E	65	120	31	1.5	1.5	108.5		74	108	1.5	1.5	142		180		4 500	5 600	2513E
N2214E	70	125	31	1.5	1.5	113.5		79	114	1.5	1.5	148		192		4 300	5 300	2514E
N2215E	75	130	31	1.5	1.5	118.5		84	120	1.5	1.5	155		205		4 000	5 000	2515E
N2216E	80	140	33	2	2	127.3		90	128	2	2	178		242		3 800	4 800	2516E
N2217E	85	150	36	2	2	136.5		95	137	2	2	205		272		3 600	4 500	2517E
N2218E	90	160	40	2	2	145		100	146	2	2	230		312		3 400	4 300	2518E
N2219E	95	170	43	2.1	2.1	154.5		107	155	2.1	2.1	275		368		3 200	4 000	2519E
N2220E	100	180	46	2.1	2.1	163		112	164	2.1	2.1	318		440		3 000	3 800	2520E

注:①同表Ⅱ.79中注①。

②r_{smin},r_{1smin}分别为r,r_1的单向最小倒角尺寸;r_{asmax},r_{bsmax}分别为r_{as},r_{bs}的单向最大倒角尺寸。

③后缀带E为加强型圆柱滚子轴承、应优先选用。

④原轴承标准为GB 283—1987,GB 284—1987。

表Ⅱ.81 调心球轴承(GB/T 281—1994 摘录)

10000型　　安装尺寸　　规定画法

标记示例:滚动轴承 1207 GB/T 281—1994

径向当量动载荷	径向当量静载荷
当$\frac{F_a}{F_r}\leqslant e, P_r = F_r + Y_1F_a$ 当$\frac{F_a}{F_r} > e, P_r = 0.65F_r + Y_2F_a$	$P_{0r} = F_r + Y_0F_a$

轴承代号	基本尺寸/mm				安装尺寸/mm			计算系数				基本额动载荷 C_r	基本额定静载荷 C_{0r}	极限转速 /(r·min⁻¹)		原轴承代号
	d	D	B	r_s min	d_a max	D_a max	r_{as} max	e	Y_1	Y_2	Y_0	kN		脂润滑	油润滑	
(0)2 尺寸系列																
1200	10	30	9	0.6	15	25	0.6	0.32	2.0	3.0	2.0	5.48	1.20	24 000	28 000	1200
1201	12	32	10	0.6	17	27	0.6	0.33	1.9	2.9	2.0	5.55	1.25	22 000	26 000	1201
1202	15	35	11	0.6	20	30	0.6	0.33	1.9	3.0	2.0	7.48	1.75	18 000	22 000	1202
1203	17	40	12	0.6	22	35	0.6	0.31	2.0	3.2	2.1	7.90	2.02	16 000	20 000	1203
1204	20	47	14	1	26	41	1	0.27	2.3	3.6	2.4	9.95	2.65	14 000	17 000	1204
1205	25	52	15	1	31	46	1	0.27	2.3	3.6	2.4	12.0	3.30	12 000	14 000	1205
1206	30	62	16	1	36	56	1	0.24	2.6	4.0	2.7	15.8	4.70	10 000	12 000	1206
1207	35	72	17	1.1	42	65	1	0.23	2.7	4.2	2.9	15.8	5.08	8 500	10 000	1207
1208	40	80	18	1.1	47	73	1	0.22	2.9	4.4	3.0	19.2	6.40	7 500	9 000	1208
1209	45	85	19	1.1	52	78	1	0.21	2.9	4.6	3.1	21.8	7.32	7 100	8 500	1209
1210	50	90	20	1.1	57	83	1	0.20	3.1	4.8	3.3	22.8	8.08	6 300	8 000	1210
1211	55	100	21	1.5	64	91	1.5	0.20	3.2	5.0	3.4	26.8	10.0	6 000	7 000	1211
1212	60	110	22	1.5	69	101	1.5	0.19	3.4	5.3	3.6	30.2	11.5	5 300	6 300	1212
1213	65	120	23	1.5	74	111	1.5	0.17	3.7	5.7	3.9	31.0	12.5	4 800	6 000	1213
1214	70	125	24	1.5	79	116	1.5	0.18	3.5	5.4	3.7	34.5	13.5	4 800	5 600	1214
1215	75	130	25	1.5	84	121	1.5	0.17	3.6	5.6	3.8	38.8	15.2	4 300	5 300	1215
1216	80	140	26	2	90	130	2	0.18	3.6	5.5	3.7	39.5	16.8	4 000	5 000	1216
1217	85	150	28	2	95	140	2	0.17	3.7	5.7	3.9	48.8	20.5	3 800	4 500	1217
1218	90	160	30	2	100	150	2	0.17	3.8	5.7	4.0	56.5	23.2	3 600	4 300	1218
1219	95	170	32	2.1	107	158	2.1	0.17	3.7	5.7	3.9	63.5	27.0	3 400	4 000	1219
1220	100	180	34	2.1	112	168	2.1	0.18	3.5	5.4	3.7	68.5	29.2	3 200	3 800	1220

续表

轴承代号	基本尺寸/mm				安装尺寸/mm			计算系数				基本额动载荷 C_r	基本额定静载荷 C_{0r}	极限转速/(r·min^{-1})		原轴承代号
	d	D	B	r_s min	d_a max	D_a max	r_{as} max	e	Y_1	Y_2	Y_0	kN		脂润滑	油润滑	
(0)3尺寸系列																
1300	10	35	11	0.6	15	30	0.6	0.33	1.9	3.0	2.0	7.22	1.62	20 000	24 000	1300
1301	12	37	12	1	18	31	1	0.35	1.8	2.8	1.9	9.42	2.12	18 000	22 000	1301
1302	15	42	13	1	21	36	1	0.33	1.9	2.9	2.0	9.50	2.28	16 000	20 000	1302
1303	17	47	14	1	23	41	1	0.33	1.9	3.0	2.0	12.5	3.18	14 000	17 000	1303
1304	20	52	15	1.1	27	45	1	0.29	2.2	3.4	2.3	12.5	3.38	12 000	15 000	1304
1305	25	62	17	1.1	32	55	1	0.27	2.3	3.5	2.4	17.8	5.05	10 000	13 000	1305
1306	30	72	19	1.1	37	65	1	0.26	2.4	3.8	2.6	21.5	6.28	8 500	11 000	1306
1307	35	80	21	1.5	44	71	1.5	0.25	2.6	4.0	2.7	25.0	7.95	7 500	9 500	1307
1308	40	90	23	1.5	49	81	1.5	0.24	2.6	4.0	2.7	29.5	9.50	6 700	8 500	1308
1309	45	100	25	1.5	54	91	1.5	0.25	2.5	3.9	2.6	38.0	12.8	6 000	7 500	1309
1310	50	110	27	2	60	100	2	0.24	2.7	4.1	2.8	43.2	14.2	5 600	6 700	1310
1311	55	120	29	2	65	110	2	0.23	2.7	4.2	2.8	51.5	18.2	5 000	6 300	1311
1312	60	130	31	2.1	72	118	2.1	0.23	2.8	4.3	2.9	57.2	20.8	4 500	5 600	1312
1313	65	140	33	2.1	77	128	2.1	0.23	2.8	4.3	2.9	61.8	22.8	4 300	5 300	1313
1314	70	150	35	2.1	82	138	2.1	0.22	2.8	4.4	2.9	74.5	27.5	4 000	5 000	1314
1315	75	160	37	2.1	87	148	2.1	0.22	2.8	4.4	3.0	79.0	29.8	3 800	4 500	1315
1316	80	170	39	2.1	92	158	2.1	0.22	2.9	4.5	3.1	88.5	32.8	3 600	4 300	1316
1317	85	180	41	3	99	166	2.5	0.22	2.9	4.5	3.0	97.8	37.8	3 400	4 000	1317
1318	90	190	43	3	104	176	2.5	0.22	2.8	4.4	2.9	115	44.5	3 200	3 800	1318
1319	95	200	45	3	109	186	2.5	0.23	2.8	4.3	2.9	132	50.8	3 000	3 600	1319
1320	100	215	47	3	114	201	2.5	0.24	2.7	4.1	2.8	142	57.2	2 800	3 400	1320
22尺寸系列																
2200	10	30	14	0.6	15	25	0.6	0.62	1.0	1.6	1.1	7.12	1.58	24 000	28 000	1500
2201	12	32	14	0.6	17	27	0.6	—	—	—	—	8.80	1.80	22 000	26 000	1501
2202	15	35	14	0.6	20	30	0.6	0.50	1.3	2.0	1.3	7.65	1.80	18 000	22 000	1502
2203	17	40	16	0.6	22	35	0.6	0.50	1.2	1.9	1.3	9.00	2.45	16 000	20 000	1503
2204	20	47	18	1	26	41	1	0.48	1.3	2.0	1.4	12.5	3.28	14 000	17 000	1504
2205	25	52	18	1	31	46	1	0.41	1.5	2.3	1.5	12.5	3.40	12 000	14 000	1505
2206	30	62	20	1	36	56	1	0.39	1.6	2.4	1.7	15.2	4.60	10 000	12 000	1506
2207	35	72	23	1.1	42	65	1	0.38	1.7	2.6	1.8	21.8	6.65	8 500	10 000	1507
2208	40	80	23	1.1	47	73	1	0.24	1.9	2.9	2.0	22.5	7.38	7 500	9 000	1508
2209	45	85	23	1.1	52	78	1	0.24	1.9	2.9	2.0	22.5	7.38	7 500	9 000	1508
2210	50	90	23	1.1	57	83	1	0.29	2.2	3.4	2.3	23.2	8.45	6 300	8 000	1510
2211	55	100	25	1.5	64	91	1.5	0.288	2.3	3.5	2.4	26.8	9.95	6 000	7 100	1511
2212	60	110	28	1.5	69	101	1.5	0.28	2.3	3.5	2.4	34.0	12.5	5 300	6 300	1512
2213	65	120	31	1.5	74	111	1.5	0.28	2.3	3.5	2.4	43.5	16.2	4 800	6 000	1513
2214	70	125	31	1.5	79	116	1.5	0.27	2.4	3.7	2.5	44.0	17.0	4 500	5 600	1514

续表

轴承代号	基本尺寸/mm				安装尺寸/mm			计算系数				基本额动载荷 C_r	基本额定静载荷 C_{0r}	极限转速 /(r·min^{-1})		原轴承代号
	d	D	B	r_s min	d_a max	D_a max	r_{as} max	e	Y_1	Y_2	Y_0	kN		脂润滑	油润滑	
22尺寸系列																
2215	75	130	31	1.5	84	121	1.5	0.25	2.5	3.9	2.6	44.2	18.0	4 300	5 300	1515
2216	80	140	33	2	90	130	2	0.25	2.5	3.9	2.6	48.8	20.2	4 000	5 000	1516
2217	85	150	36	2	95	140	2	0.25	2.5	3.8	2.6	58.2	23.5	3 800	4 500	1517
2218	90	160	40	2	100	150	2	0.27	2.4	3.7	2.5	70.0	28.5	3 600	4 300	1518
2219	95	170	43	2.1	107	158	2.1	0.26	2.4	3.7	2.5	82.8	33.8	3 400	4 000	1519
2220	100	180	46	2.1	112	168	2.1	0.27	2.3	3.6	2.5	97.2	40.5	3 200	3 800	1520
23尺寸系列																
2300	10	35	17	0.6	15	30	0.6	0.66	0.95	1.5	1.0	11.0	2.45	18 000	22 000	1600
2301	12	37	17	1	18	31	1	—	—	—	—	12.55	2.72	17 000	22 000	1601
2302	15	42	17	1	21	36	1	0.51	1.2	1.9	1.3	12.0	2.88	14 000	18 000	1602
2303	17	47	19	1	23	41	1	0.52	1.2	1.9	1.3	14.5	3.58	13 000	16 000	1603
2304	20	52	21	1.1	27	45	1	0.51	1.2	1.9	1.3	17.8	4.75	11 000	14 000	1604
2305	25	62	24	1.1	32	55	1	0.47	1.3	2.1	1.4	24.5	6.48	9 500	12 000	1605
2306	30	72	27	1.1	37	65	1	0.44	1.4	2.2	1.5	31.5	8.68	8 000	10 000	1606
2307	35	80	31	1.5	44	71	1.5	0.46	1.4	2.1	1.4	39.2	11.0	7 100	9 000	1607
2308	40	90	33	1.5	49	81	1.5	0.43	1.5	2.3	1.5	44.8	13.2	6 300	8 000	1608
2309	45	100	36	1.5	54	91	1.5	0.42	1.5	2.3	1.6	55.0	16.2	5 600	7 100	1609
2310	50	110	40	2	60	100	2	0.43	1.5	2.3	1.6	64.5	19.8	5 000	6 300	1610
2311	55	120	43	2	65	110	2	0.41	1.5	2.4	1.6	75.2	23.5	4 800	6 000	1611
2312	60	130	46	2.1	72	118	2.1	0.41	1.6	2.5	1.6	86.8	27.5	4 300	5 300	1612
2313	65	140	48	2.1	77	128	2.1	0.38	1.6	2.6	1.7	96.0	32.5	3 800	4 800	1613
2314	70	150	51	2.1	82	138	2.1	0.38	1.7	2.6	1.8	110	37.5	3 600	4 500	1614
2315	75	160	55	2.1	87	148	2.1	0.38	1.7	2.6	1.7	122	42.8	3 400	4 300	1615
2316	80	170	58	2.1	92	158	2.1	0.39	1.6	2.5	1.7	128	45.5	3 200	4 000	1616
2317	85	180	60	3	99	166	2.5	0.38	1.7	2.6	1.7	140	51.0	3 000	3 800	1617
2318	90	190	64	3	104	176	2.5	0.39	1.6	2.5	1.7	142	57.2	2 800	3 600	1618
2319	95	200	67	3	109	186	2.5	0.38	1.7	2.6	1.8	162	64.2	2 800	3 400	1619
2320	100	215	73	3	114	201	2.5	0.37	1.7	2.6	1.8	192	78.5	2 400	3 200	1620

注：①同表Ⅱ.79 中注①、②。

②原轴承标准为 GB 281—1984，GB 282—1987。

表Ⅱ.82　角接触球轴承(GB/T 292—1994 摘录)

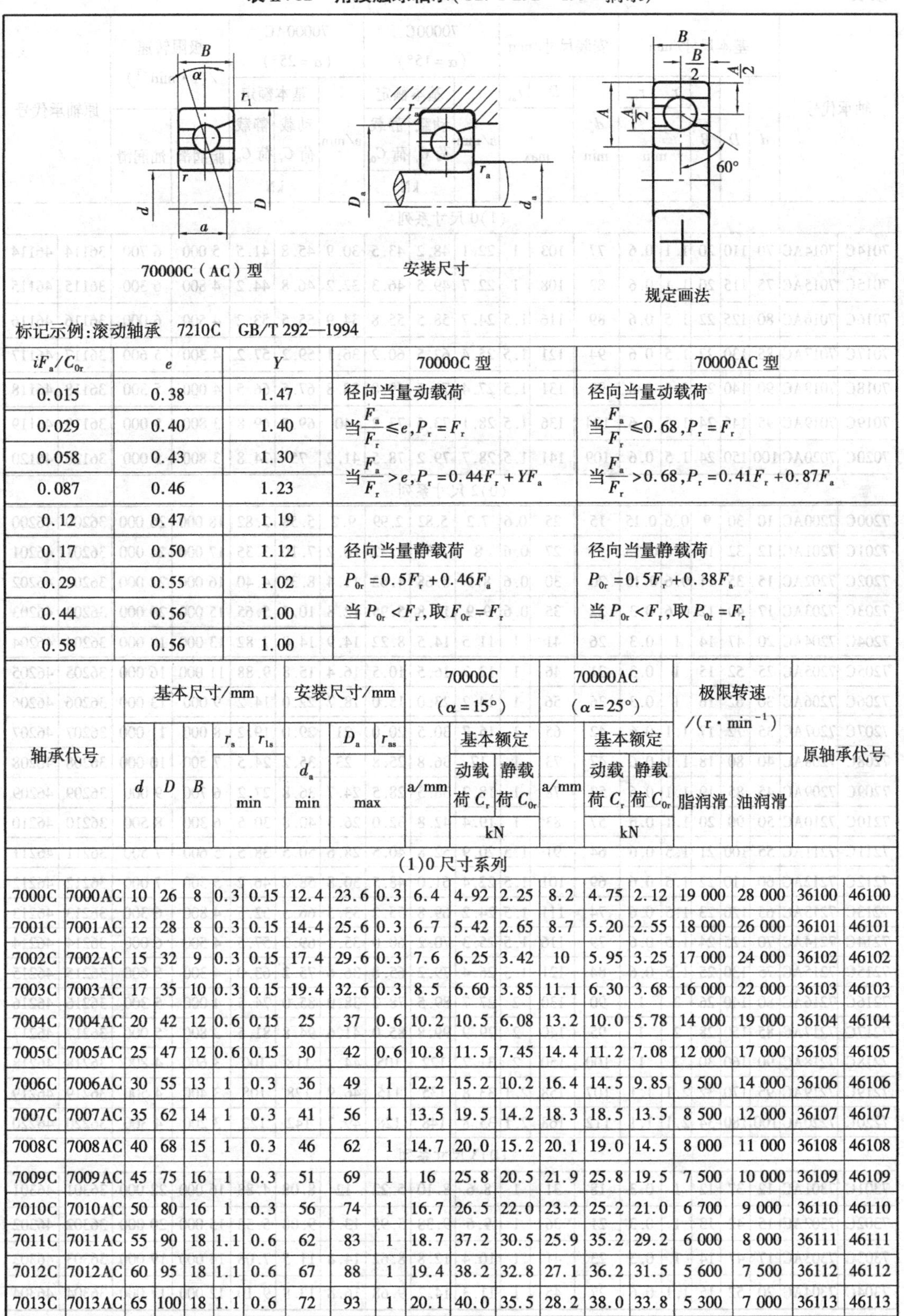

70000C（AC）型　　安装尺寸　　规定画法

标记示例:滚动轴承　7210C　GB/T 292—1994

iF_a/C_{0r}	e	Y	70000C 型	70000AC 型
0.015	0.38	1.47	径向当量动载荷	径向当量动载荷
0.029	0.40	1.40	当$\frac{F_a}{F_r}\leqslant e$, $P_r=F_r$	当$\frac{F_a}{F_r}\leqslant 0.68$, $P_r=F_r$
0.058	0.43	1.30	当$\frac{F_a}{F_r}>e$, $P_r=0.44F_r+YF_a$	当$\frac{F_a}{F_r}>0.68$, $P_r=0.41F_r+0.87F_a$
0.087	0.46	1.23		
0.12	0.47	1.19		
0.17	0.50	1.12	径向当量静载荷	径向当量静载荷
0.29	0.55	1.02	$P_{0r}=0.5F_r+0.46F_a$	$P_{0r}=0.5F_r+0.38F_a$
0.44	0.56	1.00	当 $P_{0r}<F_r$,取 $F_{0r}=F_r$	当 $P_{0r}<F_r$,取 $P_{0r}=F_r$
0.58	0.56	1.00		

轴承代号		基本尺寸/mm					安装尺寸/mm			70000C ($\alpha=15°$)			70000AC ($\alpha=25°$)			极限转速/($r\cdot min^{-1}$)		原轴承代号	
		d	D	B	r_s min	r_{1s} min	d_a min	D_a max	r_{as} max	a/mm	基本额定动载荷 C_r kN	基本额定静载荷 C_{0r} kN	a/mm	基本额定动载荷 C_r kN	基本额定静载荷 C_{0r} kN	脂润滑	油润滑		
(1)0 尺寸系列																			
7000C	7000AC	10	26	8	0.3	0.15	12.4	23.6	0.3	6.4	4.92	2.25	8.2	4.75	2.12	19 000	28 000	36100	46100
7001C	7001AC	12	28	8	0.3	0.15	14.4	25.6	0.3	6.7	5.42	2.65	8.7	5.20	2.55	18 000	26 000	36101	46101
7002C	7002AC	15	32	9	0.3	0.15	17.4	29.6	0.3	7.6	6.25	3.42	10	5.95	3.25	17 000	24 000	36102	46102
7003C	7003AC	17	35	10	0.3	0.15	19.4	32.6	0.3	8.5	6.60	3.85	11.1	6.30	3.68	16 000	22 000	36103	46103
7004C	7004AC	20	42	12	0.6	0.15	25	37	0.6	10.2	10.5	6.08	13.2	10.0	5.78	14 000	19 000	36104	46104
7005C	7005AC	25	47	12	0.6	0.15	30	42	0.6	10.8	11.5	7.45	14.4	11.2	7.08	12 000	17 000	36105	46105
7006C	7006AC	30	55	13	1	0.3	36	49	1	12.2	15.2	10.2	16.4	14.5	9.85	9 500	14 000	36106	46106
7007C	7007AC	35	62	14	1	0.3	41	56	1	13.5	19.5	14.2	18.3	18.5	13.5	8 500	12 000	36107	46107
7008C	7008AC	40	68	15	1	0.3	46	62	1	14.7	20.0	15.2	20.1	19.0	14.5	8 000	11 000	36108	46108
7009C	7009AC	45	75	16	1	0.3	51	69	1	16	25.8	20.5	21.9	25.8	19.5	7 500	10 000	36109	46109
7010C	7010AC	50	80	16	1	0.3	56	74	1	16.7	26.5	22.0	23.2	25.2	21.0	6 700	9 000	36110	46110
7011C	7011AC	55	90	18	1.1	0.6	62	83	1	18.7	37.2	30.5	25.9	35.2	29.2	6 000	8 000	36111	46111
7012C	7012AC	60	95	18	1.1	0.6	67	88	1	19.4	38.2	32.8	27.1	36.2	31.5	5 600	7 500	36112	46112
7013C	7013AC	65	100	18	1.1	0.6	72	93	1	20.1	40.0	35.5	28.2	38.0	33.8	5 300	7 000	36113	46113

续表

轴承代号		基本尺寸/mm					安装尺寸/mm			70000C ($\alpha=15°$)			70000AC ($\alpha=25°$)			极限转速 /$(r \cdot min^{-1})$		原轴承代号	
		d	D	B	r_s	r_{1s}	d_a	D_a	r_{as}	a/mm	基本额定 动载荷 C_r	基本额定 静载荷 C_{0r}	a/mm	基本额定 动载荷 C_r	基本额定 静载荷 C_{0r}	脂润滑	油润滑		
					min	min	min	max	max		kN	kN		kN	kN				
(1)0尺寸系列																			
7014C	7014AC	70	110	20	1.1	0.6	77	103	1	22.1	48.2	43.5	30.9	45.8	41.5	5 000	6 700	36114	46114
7015C	7015AC	75	115	20	1.1	0.6	82	108	1	22.7	49.5	46.3	32.2	46.8	44.2	4 800	6 300	36115	46115
7016C	7016AC	80	125	22	1.5	0.6	89	116	1.5	24.7	58.5	55.8	34.9	55.5	53.2	4 500	6 000	36116	46116
7017C	7017AC	85	130	22	1.5	0.6	94	121	1.5	25.4	62.5	60.2	36.1	59.2	57.2	4 300	5 600	36117	46117
7018C	7018AC	90	140	24	1.5	0.6	99	131	1.5	27.4	71.5	69.8	38.8	67.5	66.5	4 000	5 300	36118	46118
7019C	7019AC	95	145	24	1.5	0.6	104	136	1.5	28.1	73.5	73.2	40	69.5	69.8	3 800	5 000	36119	46119
7020C	7020AC	100	150	24	1.5	0.6	109	141	1.5	28.7	79.2	78.5	41.2	75	74.8	3 800	5 000	36120	46120
(0)2尺寸系列																			
7200C	7200AC	10	30	9	0.6	0.15	15	25	0.6	7.2	5.82	2.99	9.2	5.58	2.82	18 000	26 000	36200	46200
7201C	7201AC	12	32	10	0.6	0.15	17	27	0.6	8	7.35	3.52	10.2	7.10	3.35	17 000	24 000	36201	46201
7202C	7202AC	15	35	11	0.6	0.15	20	30	0.6	8.9	8.68	4.62	11.4	8.35	4.40	16 000	22 000	36202	46202
7203C	7203AC	17	40	12	0.6	0.3	22	35	0.6	9.9	10.8	5.95	12.8	10.5	5.65	15 000	20 000	36203	46203
7204C	7204AC	20	47	14	1	0.3	26	41	1	11.5	14.5	8.22	14.9	14.0	7.82	13 000	18 000	36204	46204
7205C	7205AC	25	52	15	1	0.3	31	46	1	12.7	16.5	10.5	16.4	15.8	9.88	11 000	16 000	36205	46205
7206C	7206AC	30	62	16	1	0.3	36	56	1	14.2	23.0	15.0	18.7	22.0	14.2	9 000	13 000	36206	46206
7207C	7207AC	35	72	17	1.1	0.6	42	65	1	15.7	30.5	20.0	21	29.0	19.2	8 000	11 000	36207	46207
7208C	7208AC	40	80	18	1.1	0.6	47	73	1	17	36.8	25.8	23	35.2	24.5	7 500	10 000	36208	46208
7209C	7209AC	45	85	19	1.1	0.6	52	78	1	18.2	38.5	28.5	24.7	36.8	27.2	6 700	9 000	36209	46209
7210C	7210AC	50	90	20	1.1	0.6	57	83	1	19.4	42.8	32.0	26.3	40.8	30.5	6 300	8 500	36210	46210
7211C	7211AC	55	100	21	1.5	0.6	64	91	1.5	20.9	52.8	40.5	28.6	50.5	38.5	5 600	7 500	36211	46211
7212C	7212AC	60	110	22	1.5	0.6	69	101	1.5	22.4	61.0	48.5	30.8	58.2	46.2	5 300	7 000	36212	46212
7213C	7213AC	65	120	23	1.5	0.6	74	111	1.5	24.2	69.8	55.2	33.5	66.5	52.5	4 800	6 300	36213	46213
7214C	7214AC	70	125	24	1.5	0.6	79	116	1.5	25.3	70.2	60.0	35.1	69.2	57.5	4 500	6 000	36214	46214
7215C	7215AC	75	130	25	1.5	0.6	84	121	1.5	26.4	79.2	65.8	36.6	75.2	63.0	4 300	5 600	36215	46215
7216C	7216AC	80	140	26	2	1	90	130	2	27.7	89.5	78.2	38.9	85.0	74.5	4 000	5 300	36216	46216
7217C	7217AC	85	150	28	2	1	95	140	2	29.9	99.8	85.0	41.6	94.8	81.5	3 800	5 000	36217	46217
7218C	7218AC	90	160	30	2	1	100	150	2	31.7	122	105	44.2	118	100	3 600	4 800	36218	46218
7219C	7219AC	95	170	32	2.1	1.1	107	158	2.1	33.8	135	115	46.9	128	108	3 400	4 500	36219	46219
7220C	7220AC	100	180	34	2.1	1.1	112	168	2.1	35.8	148	128	49.7	142	122	3 200	4 300	36220	46220
(0)3尺寸系列																			
7301C	7301AC	12	37	12	1	0.3	18	31	1	8.6	8.10	5.22	12	8.08	4.88	16 000	22 000	36301	46301
7302C	7302AC	15	42	13	1	0.3	21	36	1	9.6	9.38	5.95	13.5	9.08	5.58	15 000	20 000	36302	46302
7303C	7303AC	17	47	14	1	0.3	23	41	1	10.4	12.8	8.62	14.8	11.5	7.08	14 000	19 000	36303	46303
7304C	7304AC	20	52	15	1.1	0.6	27	45	1	11.3	14.2	9.68	16.8	13.8	9.10	12 000	17 000	36304	46304

续表

轴承代号		基本尺寸/mm					安装尺寸/mm			70000C ($\alpha=15°$)			70000AC ($\alpha=25°$)			极限转速 /($r \cdot min^{-1}$)		原轴承代号	
		d	D	B	r_s	r_{1s}	d_a	D_a	r_{as}	a/mm	基本额定		a/mm	基本额定		脂润滑	油润滑		
					min		min	max			动载荷 C_r	静载荷 C_{0r}		动载荷 C_r	静载荷 C_{0r}				
											kN			kN					
(0)3 尺寸系列																			
7305C	7305AC	25	62	17	1.1	0.6	32	55	1	13.1	21.5	15.8	19.1	20.8	14.8	9 500	14 000	36305	46305
7306C	7306AC	30	72	19	1.1	0.6	37	65	1	15	26.5	19.8	22.2	25.2	18.5	8 500	12 000	36306	46306
7307C	7307AC	35	80	21	1.5	0.6	44	71	1.5	16.6	34.2	26.8	24.5	32.8	24.8	7 500	10 000	36307	46307
7308C	7308AC	40	90	23	1.5	0.6	49	81	1.5	18.5	40.2	32.3	27.5	38.5	30.5	6 700	9 000	36308	46308
7309C	7309AC	45	100	25	1.5	0.6	54	91	1.5	20.2	49.2	39.8	30.2	47.5	37.2	6 000	8 000	36309	46309
7310C	7310AC	50	110	27	2	1	60	100	2	22	53.5	47.2	33	55.5	44.5	5 600	7 500	36310	46310
7311C	7311AC	55	120	29	2	1	65	110	2	23.8	70.5	60.5	35.8	67.2	56.8	5 000	6 700	36311	46311
7312C	7312AC	60	130	31	2.1	1.1	72	118	2.1	25.6	80.5	70.2	38.7	77.8	65.8	4 800	6 300	36312	46312
7313C	7313AC	65	140	33	2.1	1.1	77	128	2.1	27.4	91.5	80.5	41.5	89.8	75.5	4 300	5 600	36313	46313
7314C	7314AC	70	150	35	2.1	1.1	82	138	2.1	29.2	102	91.5	44.3	98.5	86.0	4 000	5 300	36314	46314
7315C	7315AC	75	160	37	2.1	1.1	87	148	2.1	31	112	105	47.2	108	97.0	3 800	5 000	36315	46315
7316C	7316AC	80	170	39	2.1	1.1	92	158	2.1	32.8	122	118	50	118	108	3 600	4 800	36316	46316
7317C	7317AC	85	180	41	3	1.1	99	166	2.5	34.6	132	128	52.8	125	122	3 400	4 500	36317	46317
7318C	7318AC	90	190	43	3	1.1	104	176	2.5	36.4	142	142	55.6	135	135	3 200	4 300	36318	46318
7319C	7319AC	95	200	45	3	1.1	109	186	2.5	38.2	152	158	58.5	145	148	3 000	4 000	36319	46319
7320C	7320AC	100	215	47	3	1.1	114	201	2.5	40.2	162	175	61.9	165	178	2 600	3 600	36320	46320

注:①表中 C_r 值,对(1)0,(0)2 系列为真空脱氧轴承钢的负荷能力,对(0)3 系列为电炉轴承钢的负荷能力。

②原轴承标准为 GB 292—1983,GB 293—1984,GB 295—1983。

表Ⅱ.83 圆锥滚子轴承(GB/T 297—1994 摘录)

30000型　　安装尺寸　　规定画法

径向当量动载荷	当 $\frac{F_a}{F_r} \leqslant e, P_r = F_r$ 当 $\frac{F_a}{F_r} > e, P_r = 0.4F_r + YF_a$
径向当量静载荷	$P_{0r} = F_r$ $P_{0r} = 0.5F_r + Y_0F_a$ 取上列两式计算结果的较大值

标记示例:滚动轴承　30310 GB/T 297—1994

轴承代号	尺寸/mm								安装尺寸/mm										计算系数			基本额定		极限转速/(r·min⁻¹)		原轴承代号
	d	D	T	B	C	r_s min	r_{1s} min	a ≈	d_a min	d_b max	D_a min	D_a max	D_b min	a_1 min	a_2 min	r_{as} max	r_{bs} max	e	Y	Y_0	动载荷 C_r (kN)	静载荷 C_{0r} (kN)	脂润滑	油润滑	
02尺寸系列																									
30203	17	40	13.25	12	11	1	1	9.9	23	23	34	34	37	2	2.5	1	1	0.35	1.7	1	20.8	21.8	9 000	12 000	7203E
30204	20	47	15.25	14	12	1	1	11.2	26	27	40	41	43	2	3.5	1	1	0.35	1.7	1	28.2	30.5	8 000	10 000	7204E
30205	25	52	16.25	15	13	1	1	12.5	31	31	44	46	48	2	3.5	1	1	0.37	1.6	0.9	32.2	37.0	7 000	9 000	7205E
30206	30	62	17.25	16	14	1	1	13.8	36	37	53	56	58	2	3.5	1	1	0.37	1.6	0.9	43.2	50.5	6 000	7 500	7206E
30207	35	72	18.25	17	15	1.5	1.5	15.3	42	44	62	65	67	3	3.5	1.5	1.5	0.37	1.6	0.9	54.2	63.5	5 300	6 700	7207E
30208	40	80	19.75	18	16	1.5	1.5	16.9	47	49	69	73	75	3	4	1.5	1.5	0.37	1.6	0.9	63.0	74.0	5 000	6 300	7208E
30209	45	85	20.75	19	16	1.5	1.5	18.6	52	53	74	78	80	3	5	1.5	1.5	0.4	1.5	0.8	67.8	83.5	4 500	5 600	7209E
30210	50	90	21.75	20	17	1.5	1.5	20	57	58	79	83	86	3	5	1.5	1.5	0.42	1.4	0.8	73.2	92.0	4 300	5 300	7210E
30212	60	110	23.75	22	19	2	1.5	22.3	69	69	96	101	103	4	5	2	1.5	0.4	1.5	0.8	102	130	3 600	4 500	7212E
30213	65	120	24.75	23	20	2	1.5	23.8	74	77	106	111	114	4	5	2	1.5	0.4	1.5	0.8	120	152	3 200	4 000	7213E
30214	70	125	26.25	24	21	2	1.5	25.8	79	81	110	116	119	4	5.5	2	1.5	0.42	1.4	0.8	132	175	3 000	3 800	7214E
30215	75	130	27.25	25	22	2	1.5	27.4	84	85	115	121	125	4	5.5	2	1.5	0.44	1.4	0.8	138	185	2 800	3 600	7215E
30216	80	140	28.25	26	22	2.5	2	28.1	90	90	124	130	133	4	6	2.1	2	0.42	1.4	0.8	160	212	2 600	3 400	7216E

30217	85	150	30.5	28	24	2.5	2	30.3	95	96	132	140	142	5	6.5	2.1	2	0.42	1.4	0.8	178	238	2 400	3 200	7217E
30218	90	160	32.5	30	26	2.5	2	32.3	100	102	140	150	151	5	6.5	2.1	2	0.42	1.4	0.8	200	270	2 200	3 000	7218E
30219	95	170	34.5	32	27	3	2.5	34.2	107	108	149	158	160	5	7.5	2.5	2.1	0.42	1.4	0.8	228	308	2 000	2 800	7219E
30220	100	180	37	34	29	3	2.5	36.4	112	114	157	168	169	5	8	2.5	2.1	0.42	1.4	0.8	255	350	1 900	2 600	7220E
03 尺寸系列																									
30302	15	42	14.25	13	11	1	1	9.6	21	22	36	36	38	2	3.5	1	1	0.29	2.1	1.2	22.8	21.5	9 000	12 000	7302E
30303	17	47	15.25	14	12	1	1	10.4	23	25	40	41	43	3	3.5	1	1	0.29	2.1	1.2	28.2	27.2	8 500	11 000	7303E
30304	20	52	16.25	15	13	1.5	1.5	11.1	27	28	44	45	48	3	3.5	1.5	1.5	0.3	2	1.1	33.0	33.2	7 500	9 500	7304E
30305	25	62	18.25	17	15	1.5	1.5	13	32	34	54	55	58	3	3.5	1.5	1.5	0.3	2	1.1	46.8	48.0	6 300	8 000	7305E
30306	30	72	20.75	19	16	1.5	1.5	15.3	37	40	62	65	66	3	5	1.5	1.5	0.31	1.9	1.1	59.0	63.0	5 600	7 000	7306E
30307	35	80	22.75	21	18	2	1.5	16.8	44	45	70	71	74	3	5	2	1.5	0.31	1.9	1.1	75.2	82.5	5 000	6 300	7307E
30308	40	90	25.25	23	20	2	1.5	19.5	49	52	77	81	84	3	5.5	2	1.5	0.35	1.7	1	90.8	108	4 500	5 600	7308E
30309	45	100	27.25	25	22	2	1.5	21.3	54	59	86	91	94	3	5.3	2	1.5	0.35	1.7	1	108	130	4 000	5 000	7309E
30310	50	110	29.25	27	23	2.5	2	23	60	65	95	100	103	4	6.5	2	2	0.35	1.7	1	130	158	3 800	4 800	7310E
30311	55	120	31.5	29	25	2.5	2	24.9	65	70	104	110	112	4	6.5	2.5	2	0.35	1.7	1	152	188	3 400	4 300	7311E
30312	60	130	33.5	31	26	3	2.5	26.6	72	76	112	118	121	5	7.5	2.5	2.1	0.35	1.7	1	170	210	3 200	4 000	7312E
30313	65	140	36	33	28	3	2.5	28.7	77	83	122	128	131	5	8	2.5	2.1	0.35	1.7	1	195	242	2 800	3 600	7313E
30314	70	150	38	35	30	3	2.5	30.7	82	89	130	138	141	5	8	2.5	2.1	0.35	1.7	1	218	272	2 600	3 400	7314E
30315	75	160	40	37	31	3	2.5	32	87	95	139	148	150	5	9	2.5	2.1	0.35	1.7	1	252	318	2 400	3 200	7315E
30316	80	170	42.5	39	33	3	2.5	34.4	92	102	148	158	160	5	9.5	2.5	2.1	0.35	1.7	1	278	352	2 200	3 000	7316E
30317	85	180	44.5	41	34	4	3	35.9	99	107	156	166	168	6	10.5	3	2.5	0.35	1.7	1	305	388	2 000	2 800	7317E
30318	90	190	46.5	43	36	4	3	37.5	104	113	165	176	178	6	10.5	3	2.5	0.35	1.7	1	342	440	1 900	2 600	7318E
30319	95	200	49.5	45	38	4	3	40.1	109	118	172	186	185	6	11.5	3	2.5	0.35	1.7	1	370	478	1 800	2 400	7319E
30320	100	215	51.5	47	39	4	3	42.2	114	127	184	201	199	6	12.5	3	2.5	0.35	1.7	1	405	525	1 600	2 000	7320E

续表

轴承代号	尺寸/mm								安装尺寸/mm									计算系数			基本额定		极限转速/(r·min^{-1})		原轴承代号
	d	D	T	B	C	r_s min	r_{1s} min	a ≈	d_a min	d_b max	D_a min	D_a max	D_b min	a_1 min	a_2 min	r_{as} max	r_{bs} max	e	Y	Y_0	动载荷 C_r	静载荷 C_{0r}	脂润滑	油润滑	
																					kN				
22 尺寸系列																									
32206	30	62	21.25	20	17	1	1	15.6	36	36	52	56	58	3	4.5	1	1	0.37	1.6	0.9	51.8	63.8	6 000	7 500	7506E
32207	35	72	24.25	23	19	1.5	1.5	17.9	42	42	61	65	68	3	5.5	1.5	1.5	0.37	1.6	0.9	70.5	89.5	5 300	6 700	7507E
32208	40	80	24.75	23	19	1.5	1.5	18.9	47	48	68	73	75	3	6	1.5	1.5	0.37	1.6	0.9	77.8	97.2	5 000	6 300	7508E
32209	45	85	24.75	23	19	1.5	1.5	20.1	52	53	73	78	81	3	6	1.5	1.5	0.4	1.5	0.8	80.8	105	4 500	5 600	7509E
32210	50	90	24.75	23	19	1.5	1.5	21	57	57	78	83	86	3	6	1.5	1.5	0.42	1.4	0.8	82.8	108	4 300	5 300	7510E
32211	55	100	26.75	25	21	2	1.5	22.8	64	62	87	91	96	4	6	2	1.5	0.4	1.5	0.8	108	142	3 800	4 800	7511E
32212	60	110	29.75	28	24	2	1.5	25	69	68	95	101	105	4	6	2	1.5	0.4	1.5	0.8	132	180	3 600	4 500	7512E
32213	65	120	32.75	31	27	2	1.5	27.3	74	75	104	111	115	4	6	2	1.5	0.4	1.5	0.8	160	222	3 200	4 000	7513E
32214	70	125	33.25	31	27	2	1.5	28.8	79	79	108	116	120	4	6.5	2	1.5	0.42	1.4	0.8	168	238	3 000	380	7514E
32215	75	130	33.25	31	27	2	1.5	30	84	84	115	121	126	4	6.5	2	1.5	0.44	1.4	0.8	170	242	2 800	3 600	7515E
32216	80	140	35.25	33	28	2.5	2	31.4	90	89	122	130	135	5	7.5	2.1	2	0.42	1.4	0.8	198	278	2 600	3 400	7516E
32217	85	150	38.5	36	30	2.5	2	33.9	95	95	130	140	143	5	8.5	2.1	2	0.42	1.4	0.8	228	325	2 400	3 200	7517E
32218	90	160	42.5	40	34	2.5	2	36.8	100	101	138	150	153	5	8.5	2.1	2	0.42	1.4	0.8	270	395	2 200	3 000	7518E
32219	95	170	45.5	43	37	3	2.5	39.2	107	106	145	158	163	5	8.5	2.5	2.1	0.42	1.4	0.8	302	448	2 000	2 800	7519E
32220	100	180	49	46	39	3	2.5	41.9	112	113	154	168	172	5	10	2.5	2.1	0.42	1.4	0.8	340	512	1 900	2 600	7520E
23 尺寸系列																									
32303	17	47	20.25	19	16	1	1	12.3	23	24	39	41	43	3	4.5	1	1	0.29	2.1	1.2	35.2	36.2	8 500	11 000	7603E
32304	20	52	22.25	21	18	1.5	1.5	13.6	27	26	43	45	48	3	4.5	1.5	1.5	0.3	2	1.1	42.8	46.2	7 500	9 500	7604E
32305	25	62	25.25	24	20	1.5	1.5	15.9	32	32	52	55	58	3	5.5	1.5	1.5	0.3	2	1.1	61.5	68.8	6 300	8 000	7605E
32306	30	72	28.75	27	23	1.5	1.5	18.9	37	38	59	65	66	4	6	1.5	1.5	0.31	1.9	1.1	81.5	96.5	5 600	7 000	7606E
32307	35	80	32.75	31	25	2	1.5	20.4	44	43	66	71	74	4	8.5	2	1.5	0.31	1.9	1.1	99.0	118	5 000	6 300	7607E
32308	40	90	35.25	33	27	2	1.5	23.3	49	49	73	81	83	4	8.5	2	1.5	0.35	1.7	1	115	148	4 500	5 600	7608E

32309	45	100	38.25	36	30	2	1.5	25.6	54	56	82	91	93	4	8.5	2	1.5	0.35	1.7	1	145	188	4 000	5 000	7609E
32310	50	110	42.25	40	33	2.5	2	28.2	60	61	90	100	102	5	9.5	2	2	0.35	1.7	1	178	235	3 800	4 800	7610E
32311	55	120	45.5	43	35	2.5	2	30.4	65	66	99	110	111	5	10	2.5	2	0.35	1.7	1	202	270	3 400	4 300	7611E
32312	60	130	48.5	46	37	3	2.5	32	72	72	107	118	122	6	11.5	2.5	2.1	0.35	1.7	1	228	302	3 200	4 000	7612E
32313	65	140	51	48	39	3	2.5	34.3	77	79	117	128	131	6	12	2.5	2.1	0.35	1.7	1	260	350	2 800	3 600	7613E
32314	70	150	54	51	42	3	2.5	36.5	82	84	125	138	141	6	12	2.5	2.1	0.35	1.7	1	298	408	2 600	3 400	7614E
32315	75	160	58	55	45	3	2.5	39.4	87	91	133	148	150	7	13	2.5	2.1	0.35	1.7	1	348	482	2 400	3 200	7615E
32316	80	170	61.5	58	48	3	2.5	42.1	92	97	142	158	160	7	13.5	2.5	2.1	0.35	1.7	1	388	542	2 200	3 000	7616E
32317	85	180	63.5	60	49	4	3	43.5	99	102	150	166	168	8	14.5	3	2.5	0.35	1.7	1	422	592	2 000	2 800	7617E
32318	90	190	67.5	64	53	4	3	46.2	104	107	157	176	178	8	14.5	3	2.5	0.35	1.7	1	478	682	1 900	2 600	7618E
32319	95	200	71.5	67	55	4	3	49	109	114	166	186	187	8	16.5	3	2.5	0.35	1.7	1	515	738	1 800	2 400	7619E
32320	100	215	77.5	73	60	4	3	52.9	114	122	177	201	201	8	17.5	3	2.5	0.35	1.7	1	600	872	1 600	2 000	7620E

注:①同表Ⅱ.79 中注①。

②同表Ⅱ.80 中注②。

③原轴承标准为 GB 297—1984。

表Ⅱ.84　推力球轴承(GB/T 301—1995 摘录)

51000型　　52000型

安装尺寸

规定画法

标记示例：

滚动轴承 51208　GB/T 301—1995

轴向当量动载荷　$P_a = F_a$

轴向当量静载荷　$P_{0a} = F_a$

轴承代号		尺寸/mm											安装尺寸/mm						基本额定		极限转速		原轴承代号	
		d	d_2	D	T	T_1	d_1	D_1	D_2	B	r_s	r_{1s}	d_a	D_a	D_b	d_b	r_{as}	r_{1as}	动载荷 C_a	静载荷 C_{0a}	/(r·min^{-1})			
							min	max	max		min	min	min	max	min	max	max	max	/kN		脂润滑	油润滑		
12(51000 型)、22(52000 型)尺寸系列																								
51200	—	10	—	26	11	—	12	26	—	—	0.6	—	20	16		—	0.6	—	12.5	17.0	6 000	8 000	8200	—
51201	—	12	—	28	11	—	14	28	—	—	0.6	—	22	18		—	0.6	—	13.2	19.0	5 300	7 500	8201	—
51202	52202	15	10	32	12	22	17	32	32	5	0.6	0.3	25	22		15	0.6	0.3	16.5	24.8	4 800	6 700	8202	38202
51203	—	17	—	35	12	—	19	35	—	—	0.6	—	28	24		—	0.6	—	17.0	27.2	4 500	6 300	8203	—
51204	52204	20	15	40	14	26	22	40	40	6	0.6	0.3	32	28		20	0.6	0.3	22.2	37.5	3 800	5 300	8204	38204
51205	52205	25	20	47	15	28	27	47	47	7	0.6	0.3	38	34		25	0.6	0.3	27.8	50.5	3 400	4 800	8205	38205
51206	52206	30	25	52	16	29	32	52	52	7	0.6	0.3	43	39		30	0.6	0.3	28.0	54.2	3 200	4 500	8206	38206
51207	52207	35	30	62	18	34	37	62	62	8	1	0.3	51	46		35	1	0.3	39.2	78.2	2 800	4 000	8207	38207
51208	52208	40	30	68	19	36	42	68	68	9	1	0.6	57	51		40	1	0.6	47.0	98.2	2 400	3 600	8208	38208

51209	52209	45	35	73	20	37	47	73	73	9	1	0.6	62	56		45	1	0.6	47.8	105	2 200	3 400	8209	38209
51210	52210	50	40	78	22	39	52	78	78	9	1	0.6	67	61		50	1	0.6	48.5	112	2 000	3 200	8210	38210
51211	52211	55	45	90	25	45	57	90	90	10	1	0.6	76	69		55	1	0.6	67.5	158	1 900	3 000	8211	38211
51212	52212	60	50	95	26	46	62	95	95	10	1	0.6	81	74		60	1	0.6	73.5	178	1 800	2 800	8212	38212
51213	52213	65	55	100	27	47	67	100		10	1	0.6	86	79	79	65	1	0.6	74.8	188	1 700	2 600	8213	38213
51214	52214	70	55	105	27	47	72	105		10	1	1	91	84	84	70	1	1	73.5	188	1 600	2 400	8214	38214
51215	52215	75	60	110	27	47	77	110		10	1	1	96	89	89	75	1	1	74.8	198	1 500	2 200	8215	38215
51216	52216	80	65	115	28	48	82	115		10	1	1	101	94	94	80	1	1	83.8	222	1 400	2 000	8216	38216
51217	52217	85	70	125	31	55	88	125		12	1	1	109	101	109	85	1	1	102	280	1 300	1 900	8217	38217
51218	52218	90	75	135	35	62	93	135		14	1.1	1	117	108	108	90	1	1	115	315	1 200	1 800	8218	38218
51220	52220	100	85	150	38	67	103	150		15	1.1	1	130	120	120	100	1	1	132	375	1 100	1 700	8220	38220
13(51000 型)、23(52000 型)尺寸系列																								
51304	—	20	—	47	18	—	22	47		—	1	—	36	31	—	—	1	—	35.0	55.8	3 600	4 500	8304	—
51305	52305	25	20	52	18	34	27	52		8	1	0.3	41	36	36	25	1	0.3	35.5	61.5	3 000	4 300	8305	38305
51306	52306	30	25	60	21	38	32	60		9	1	0.3	48	42	42	30	1	0.3	42.8	78.5	2 400	3 600	8306	38306
51307	52307	35	30	68	24	44	37	68		10	1	0.3	55	48	48	35	1	0.3	55.2	105	2 000	3 200	8307	38307
51308	52308	40	30	78	26	49	42	78		12	1	0.6	63	55	55	40	1	0.6	69.2	135	1 900	3 000	8308	38308
51309	52309	45	35	85	28	52	47	85		12	1	0.6	69	61	61	45	1	0.6	75.8	150	1 700	2 600	8309	38309
51310	52310	50	40	95	31	58	52	95		14	1.1	0.6	77	68	68	50	1	0.6	96.5	202	1 600	2 400	8310	38310
51311	52311	55	45	105	35	64	57	105		15	1.1	0.6	85	75	75	55	1	0.6	115	242	1 500	2 200	8311	38311
51312	52312	60	50	110	35	64	62	110		15	1.1	0.6	90	80	80	60	1	0.6	118	262	1 400	2 000	8312	38312
51313	52313	65	55	115	36	65	67	115		15	1.1	0.6	95	85	85	65	1	0.6	115	262	1 300	1 900	8313	38313
51314	52314	70	55	125	40	72	72	125		16	1.1	1	103	92	92	70	1	1	148	340	1 200	1 800	8314	38314

续表

轴承代号		尺寸/mm											安装尺寸/mm						基本额定		极限转速 /(r·min^{-1})		原轴承代号	
		d	d_2	D	T	T_1	d_1 min	D_1 max	D_2 max	B	r_s min	r_{1s} min	d_a min	D_a max	D_b min	d_b max	r_{as} max	r_{1as} max	动载荷 C_a /kN	静载荷 C_{0a} /kN	脂润滑	油润滑		
13(51000 型)、23(52000 型)尺寸系列																								
51315	52315	75	60	135	44	79	77	135		18	1.5	1	111	99	99	75	1.5	1	162	380	1 100	1 700	8315	38315
51316	52316	80	65	140	44	79	82	140		18	1.5	1	116	104	104	80	1.5	1	160	380	1 000	1 600	8316	38316
51317	52317	85	70	150	49	87	88	150		19	1.5	1	124	111	114	85	1.5	1	208	495	950	1 500	8317	38317
51318	52318	90	75	155	50	88	93	155		19	1.5	1	129	116	116	90	1.5	1	205	495	900	1 400	8318	38318
51320	52320	100	85	170	55	97	103	170		21	1.5	1	142	128	128	100	1.5	1	235	595	800	1 200	8320	38320
14(51000 型)、24(52000 型)尺寸系列																								
51405	52405	25	15	60	24	45	27	60		11	1	0.6	46	39		25	1	0.6	55.5	89.2	2 200	3 400	8405	38405
51406	52406	30	20	70	28	52	32	70		12	1	0.6	54	46		30	1	0.6	72.5	125	1 900	3 000	8406	38406
51407	52407	35	25	80	32	59	37	80		14	1.1	0.6	62	53		35	1	0.6	86.8	155	1 700	2 600	8407	38407
51408	52408	40	30	90	36	65	42	90		15	1.1	0.6	70	60		40	1	0.6	112	205	1 500	2 000	8408	38408
51409	52409	45	35	100	39	72	47	100		17	1.1	0.6	78	67		45	1	0.6	140	262	1 400	2 000	8409	38409
51410	52410	50	40	110	43	78	52	110		18	1.5	0.6	86	74		50	1.5	0.6	160	302	1 300	1 900	8410	38410
51411	52411	55	45	120	48	87	57	120		20	1.5	0.6	94	81		55	1.5	0.6	182	355	1 100	1 700	8411	38411
51412	52412	60	50	130	51	93	62	130		21	1.5	0.6	102	88		60	1.5	0.6	200	395	1 000	1 600	8412	38412
51413	52413	65	50	140	56	101	68	140		23	2	1	110	95		65	2.0	1	215	448	900	1 400	8413	38413
51414	52414	70	55	150	60	107	73	150		24	2	1	118	102		70	2.0	1	255	560	850	1 300	8414	38414
51415	52415	75	60	160	65	115	78	160	160	26	2	1	125	110		75	2.0	1	268	615	800	1 200	8415	38415
51416	—	80	—	170	68	—	83	170	—	—	2.1	—	133	117		—	2.1	—	292	692	750	1 100	8416	—
51417	52417	85	65	180	72	128	88	177	179.5	29	2.1	1.1	141	124		85	2.1	1	318	782	700	1 000	8417	38417
51418	52418	90	70	190	77	135	93	187	189.5	30	2.1	1.1	149	131		90	2.1	1	325	825	670	950	8418	38418
51420	52420	100	80	210	85	150	103	205	209.5	33	3	1.1	165	145		100	2.5	1	400	1080	600	850	8420	38420

注:①同表Ⅱ.79 中注①。

②r_{smin},r_{1smin}为r,r_1的最小单向倒角尺寸;r_{asmax},r_{1smax}为r_{as},r_{as1}的最大单向倒角尺寸。

③原轴承标准为 GB 301—1984。

Ⅱ.4.2　滚动轴承的配合(GB/T 275—1993 摘录)

表Ⅱ.85　向心轴承载荷的区分

载荷大小	轻载荷	正常载荷	重载荷
$\frac{P_r(\text{径向当量动载荷})}{C_r(\text{径向额定动载荷})}$	≤0.07	>0.07~0.15	>0.15

表Ⅱ.86　安装向心轴承的轴公差带代号

运转状态		载荷状态	深沟球轴承、调心球轴承和角接触球轴承	圆柱滚子轴承和圆锥滚子轴承	调心滚子轴承	公差带
说　明	举　例		轴承公称内径/mm			
旋转的内圈载荷及摆动载荷	一般通用机械、电动机、机床主轴、泵、内燃机、直齿轮传动装置、铁路机车车辆轴箱、破碎机等	轻载荷	≤18	—	—	h5
			>80~100	≤40	≤40	j6①
			>100~200	>40~100	>40~100	k6①
		正常载荷	≤18	—	—	j5,js5
			>80~100	≤40	≤40	k5②
			>100~140	>40~100	>40~65	m5②
			>140~200	>100~140	>65~100	m6
		重载荷	—	>50~140	>50~100	n6
			—	>140~200	>100~140	p6③
固定的内圈载荷	静止于轴上的各种轮子,张紧轮、绳轮、振动筛、惯性振动器	所有载荷	所有尺寸			f6 g6① h6 j6
仅有轴向载荷			所有尺寸			j6,js6

注:①凡对精度有较高要求场合,应用 j5,k5,…代替 j6,k6,…。

②圆锥滚子轴承、角接触球轴承配合对游隙影响不大,可用 k6,m6 代替 k5,m5。

③重载荷下轴承游隙应选大于 0 组。

表Ⅱ.87　安装向心轴承的孔公差带代号

运转状态		载荷状态	其他状况	公差带①	
说明	举例			球轴承	滚子轴承
固定的外圈载荷	一般机械、铁路机车车辆轴箱、电动机、泵、曲轴主轴承	轻、正常、重	轴向易移动,可采用剖分式外壳	H7,G7②	
		冲击	轴向能移动。可采用整体或剖分式外壳	J7,JS7	
摆动载荷		轻、正常			
		正常、重	轴向不移动,采用整体式外壳	K7	
		冲击		M7	
旋转的外圈载荷	张紧滑轮,轮毂轴承	轻		J7	K7
		正常		K7,M7	M7,N7
		重		—	N7,P7

注:①并列公差带随尺寸的增大从左至右选择,对旋转精度有较高要求时,可相应提高一个公差等级。

②不适用于剖分式外壳。

表Ⅱ.88　安装推力轴承的轴和孔公差带代号

运转状态	载荷状态	安装推力轴承的轴公差带		安装推力轴承的外壳孔公差带	
		轴承类型	公差带	轴承类型	公差带
仅有轴向载荷		推力球轴承和推力滚子轴承	j6,js6	推力球轴承	H8
				推力圆柱、圆锥滚子轴承	H7

表Ⅱ.89　轴和外壳的形位公差

基本尺寸/mm		圆柱度 t				端面圆跳动 t_1			
		轴颈		外壳孔		轴肩		外壳孔肩	
		轴承公差等级							
		/P0	/P6 (P6x)	/P0	/P6 (P6x)	/P0	/P6 (P6x)	/P0	/P6 (P6x)
大于	至	公差值/μm							
	6	2.5	1.5	4	2.5	5	3	8	5
6	10	2.5	1.5	4	2.5	6	4	10	6
10	18	3.0	2.0	5	10	8	5	12	8
18	30	4.0	2.5	6	4.0	10	6	15	10
30	50	4.0	2.5	7	4.0	12	8	20	12
50	80	5.0	3.0	8	5.0	15	10	25	15
80	120	6.0	4.0	10	6.0	15	10	25	15
120	180	8.0	5.0	12	8.0	20	12	30	20
180	250	10.0	7.0	14	10.0	20	12	30	20
250	315	12.0	8.0	16	12.0	25	15	40	25

注:轴承公差等级新、旧标准代号对照:/P0—G 级;/P6—E 级;/P6x—Ex 级。

表Ⅱ.90 配合面的表面粗糙度

轴或轴承座直径 /mm		轴或外壳配合表面直径公差等级								
		IT7			IT6			IT5		
		表面粗糙度/μm								
超过	到	Rz	Ra 磨	Ra 车	Rz	Ra 磨	Ra 车	Rz	Ra 磨	Ra 车
	80	10	1.6	3.2	6.3	0.8	1.6	4	0.4	0.8
80	500	16	1.6	3.2	10	1.6	3.2	6.3	0.8	1.6
端面		25	3.2	6.3	25	3.2	6.3	10	1.6	3.2

注:与/P0,/P6(/P6x)级公差轴承配合的轴,其公差等级一般为IT6,外壳孔一般为IT7。

Ⅱ.4.3 滚动轴承座(GB/T 7813—1998 摘录)

表Ⅱ.91 滚动轴承座/mm

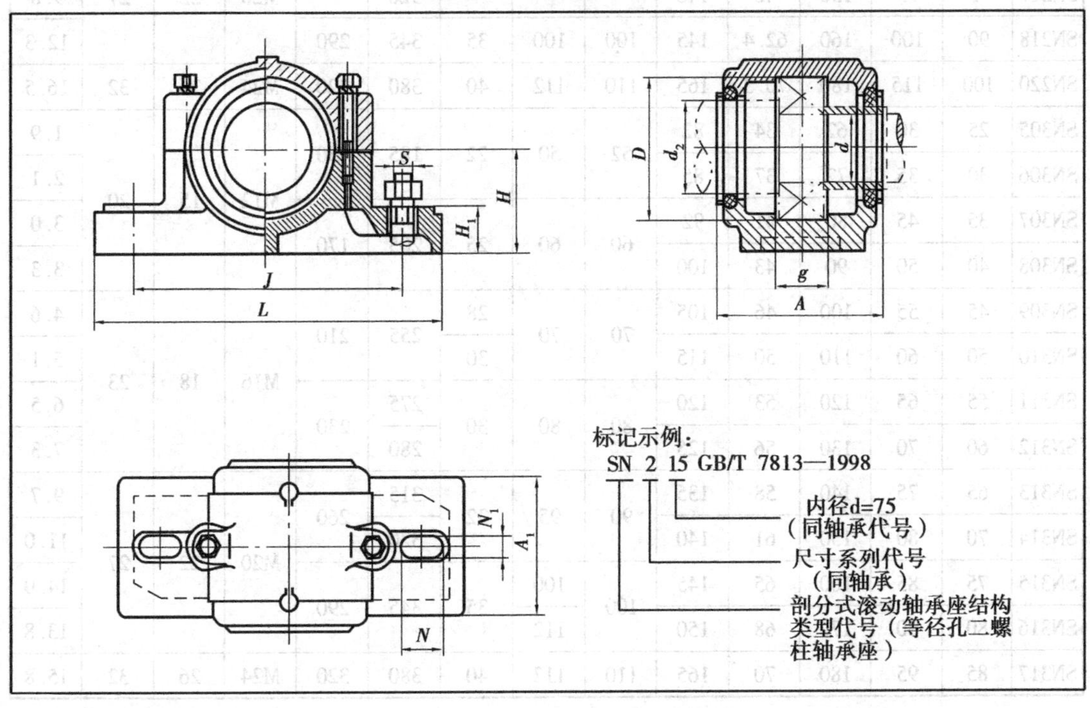

续表

型　号	d	d_2	D	g	A max	A_1	H	H_1 max	L	J	S 螺栓	N_1	N	质量≈ /kg
SN205	25	30	52	25	72	46	40	22	165	130	M12	15	20	1.3
SN206	30	35	62	30	82	52	50		185	150				1.8
SN207	35	45	72	33	85	60	60	25	205	170	M12	15	20	2.1
SN208	40	50	80	33	92									2.6
SN209	45	55	85	31										2.8
SN210	50	60	90	33	100									3.1
SN211	55	65	100	33	105	70	70	28	225	210	M16	18	23	4.3
SN212	60	70	110	38	115			30						5.0
SN213	65	75	120	43	120	80	80	30	275	230				6.3
SN214	70	80	125	44	120									6.1
SN215	75	85	130	41	125				280					7.0
SN216	80	90	140	43	135	90	95	32	315	260	M20	22	27	9.3
SN217	85	95	150	46	140				320					9.8
SN218	90	100	160	62.4	145	100	100	35	345	290				12.3
SN220	100	115	180	70.3	165	110	112	40	380	320	M24	26	32	16.5
SN305	25	30	62	34	82	52	50	22	185	150	M12	15	20	1.9
SN306	30	35	72	37	85									2.1
SN307	35	45	80	41	92	60	60	25	205	170				3.0
SN308	40	50	90	43	100									3.3
SN309	45	55	100	46	105	70	70	28	255	210	M16	18	23	4.6
SN310	50	60	110	50	115			30						5.1
SN311	55	65	120	53	120	80	80	30	275	230				6.5
SN312	60	70	130	56	125				280					7.3
SN313	65	75	140	58	135	90	95	32	315	260	M20	22	27	9.7
SN314	70	80	150	61	140				320					11.0
SN315	75	85	160	65	145	100	100	35	345	290				14.0
SN316	80	90	170	68	150		112							13.8
SN317	85	95	180	70	165	110	112	40	380	320	M24	26	32	15.8

Ⅱ.4.4　其他

表Ⅱ.92　向心推力轴承和推力轴承的轴向游隙(参考)/μm

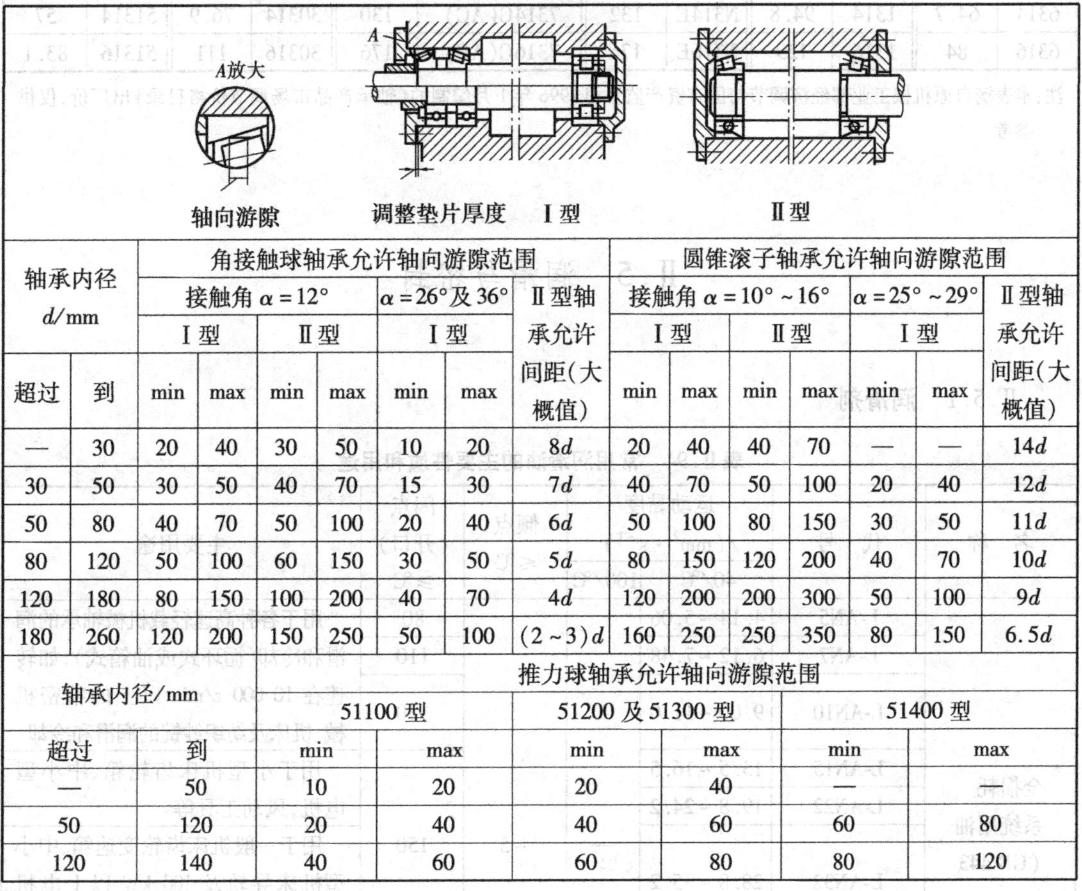

轴承内径 d/mm		角接触球轴承允许轴向游隙范围							圆锥滚子轴承允许轴向游隙范围						
		接触角 α=12°				α=26°及36°		Ⅱ型轴承允许间距(大概值)	接触角 α=10°~16°				α=25°~29°		Ⅱ型轴承允许间距(大概值)
		Ⅰ型		Ⅱ型		Ⅰ型			Ⅰ型		Ⅱ型		Ⅰ型		
超过	到	min	max	min	max	min	max		min	max	min	max	min	max	
—	30	20	40	30	50	10	20	8*d*	20	40	40	70	—	—	14*d*
30	50	30	50	40	70	15	30	7*d*	40	70	50	100	20	40	12*d*
50	80	40	70	50	100	20	40	6*d*	50	100	80	150	30	50	11*d*
80	120	50	100	60	150	30	50	5*d*	80	150	120	200	40	70	10*d*
120	180	80	150	100	200	40	70	4*d*	120	200	200	300	50	100	9*d*
180	260	120	200	150	250	50	100	(2~3)*d*	160	250	250	350	80	150	6.5*d*

轴承内径/mm		推力球轴承允许轴向游隙范围					
		51100型		51200及51300型		51400型	
超过	到	min	max	min	max	min	max
—	50	10	20	20	40	—	—
50	120	20	40	40	60	60	80
120	140	40	60	60	80	80	120

表Ⅱ.93　部分轴承的价格

轴承代号	单价/元	轴承代号	单价/元	轴承代号	单价/元	轴承代号	单价/元	轴承代号	单价/元	轴承代号	单价/元
6204	5.7	1204	11.1	N204	17.7	7204C(AC)	15.4	30204	12.9	51204	7.6
6206	10.4	1206	15.4	N206	24.2	7206C(AC)	20.9	30206	17.7	51206	11.2
6208	13.8	1208	21.1	N208	32.5	7208C(AC)	29.5	30208	22.7	51208	13.8
6210	17.8	1210	27.3	N210	39.8	7210C(AC)	38.6	30210	27.3	51210	17.4
6212	28.4	1212	41.9	N212E	68.7	7212C(AC)	56.4	30212	37.1	51212	24.9
6214	36.4	1214	56.2	N214	56.3	7214C(AC)	71.7	30214	47.5	51214	32.3
6216	48.6	1216	72.9	N216E	90.6	7216C(AC)	95.9	30216	65.1	51216	41.3
6304	8.7	1304	16.1	N304	20.9	7304C(AC)	20	30304	16.5	51305	7.7
6306	13.8	1306	20.7	N306	30	7306C(AC)	28.1	30306	22.9	51306	11.9
6308	20	1308	33.2	N308E	57	7308C(AC)	39.8	30308	31.3	51308	19.2
6310	30.8	1310	49.8	N310E	75.2	7310C(AC)	57.2	30310	36	51310	27.4
6312	46.8	1312	71.1	N312E	98.3	7312C(AC)	88.8	30312	51.9	51312	40.2

续表

轴承代号	单价/元	轴承代号	单价/元	轴承代号	单价/元	轴承代号	单价/元	轴承代号	单价/元	轴承代号	单价/元
6314	64.7	1314	94.8	N314E	132	7314C(AC)	130	30314	76.9	51314	57
6316	84	1316	129	N316E	176	7316C(AC)	176	30316	111	51316	83.1

注:本表摘自原机械工业部经济调节与国有资产监督司 1996 年 1 月编制的《轴承产品市场调节价格目录》出厂价,仅供参考。

Ⅱ.5 润滑与密封

Ⅱ.5.1 润滑剂

表Ⅱ.94 常用润滑油的主要性质和用途

名称	代号	运动黏度/($mm^2 \cdot s^{-1}$) 40/℃	100/℃	倾点≤℃	闪点(开口)≥℃	主要用途
全损耗系统用油(GB 443—1989)	L-AN5	4.14~5.06	—	-5	80	用于各种高速轻载机械轴承的润滑和冷却(循环式或油箱式),如转速在 10 000 r/min 以上的精密机械、机床及纺织纱锭的润滑和冷却
	L-AN7	6.12~7.48			110	
	L-AN10	9.00~11.0			130	
	L-AN15	13.5~16.5			150	用于小型机床齿轮箱、中小型电机,风动工具等
	L-AN22	19.8~24.2				
	L-AN32	28.8~35.2				用于一般机床齿轮变速箱、中小型机床导轨及 100 kW 以上电机轴承
	L-AN46	41.4~50.6			160	主要用在大型机床、大型刨床上
	L-AN68	61.2~74.8				
	L-AN100	90.0~110			180	主要用在低速重载的纺织机械及重型机床,锻压、铸造设备上
	L-AN150	135~165				
工业闭式齿轮油(GB 5903—1995)	L-CKC68	61.2~74.8	—	-8	180	适用于煤炭、水泥、冶金工业部门大型封闭式齿轮传动装置的润滑
	L-CKC100	90.0~110				
	L-CKC150	135~165			200	
	L-CKC220	198~242				
	L-CKC320	288~352				
	L-CKC460	414~506				
	L-CKC680	612~748		-5	200	

续表

名　称	代　号	运动黏度/($mm^2 \cdot s^{-1}$) 40/℃	运动黏度/($mm^2 \cdot s^{-1}$) 100/℃	倾点≤℃	闪点(开口)≥℃	主要用途
液压油(GB 11118.1—1994)	L-HL15	13.5~16.5	—	-12	140	适用于机床和其他设备的低压齿轮泵,也可用于使用其他抗氧防锈型润滑油的机械设备(如轴承和齿轮等)
	L-HL22	19.8~24.2		-9		
	L-HL32	28.8~35.2		-6	160	
	L-HL46	41.4~50.6			180	
	L-HL68	61.2~74.8				
	L-HL100	90.0~110				
汽轮机油(GB/T 11120—1989)	L-TSA32	28.8~35.2	—	-7	180	
	L-TSA46	41.4~50.6				
	L-TSA68	61.2~74.8			195	
	L-TSA100	90.0~110				
SC 汽油机油(GB 11121—1995)	5W/20		5.6~<9.3	-35	200	
	10W/30		9.3~<12.5	-30	205	
	15W/40		12.5~<16.3	-23	215	
L-CKE/P 蜗轮蜗杆油(SH/T 0094—1991)	220	198~242		-12		用于铜-钢配对的圆柱形、承受重负荷、传动中有振动和冲击的蜗轮蜗杆副
	320	288~352				
	460	414~506				
	680	612~748				
	1 000	900~1 100				
仪表油(SH/T 0318—1992)		9~11		-60(凝点)	125	适用于各种仪表(包括低温下操作)的润滑

表 Ⅱ.95　常用润滑脂的主要性质和用途

名　称	代　号	滴点/℃不低于	工作锥入度(25 ℃,150 g)/0.1 mm	主要用途
钙基润滑脂(GB 491—1987)	L-XAAMHA1	80	310~340	有耐水性能。用于工作温度低于 55~60 ℃的各种工农业、交通运输机械设备的轴承润滑,特别是有水或潮湿处
	L-XAAMHA2	85	265~295	
	L-XAAMHA3	90	220~250	
	L-XAAMHA4	95	175~205	
钠基润滑脂(GB/T 492—1989)	L-XACMGA2	160	265~295	不耐水(或潮湿)。用于工作温度在 -10~110 ℃的一般中负载机械设备轴承润滑
	L-XACMGA3		220~250	
通用锂基润滑脂(GB 7324—1994)	ZL-1	170	310~340	有良好的耐水性和耐热性。适用于温度在 -20~120 ℃范围内各种机械的滚动轴承、滑动轴承及其他摩擦部位的润滑
	ZL-2	175	265~295	
	ZL-3	180	220~250	

续表

名　称	代　号	滴点/℃ 不低于	工作锥入度 (25 ℃,150 g) /0.1 mm	主要用途
钙钠基润滑脂 (SH/T 0360—1992)	2 号	120	250 ~ 290	用于工作温度在 80 ~ 100 ℃、有水分或较潮湿环境中工作的机械润滑,多用于铁路机车、列车、小电动机、发电机滚动轴承(温度较高者)的润滑。不适于低温工作
	3 号	135	200 ~ 240	
铝基润滑脂 (ZBE 36004—1988)		75	235 ~ 280	有高度的耐水性,用于航空机器的摩擦部位及金属表面防腐剂
滚珠轴承脂 (SH 0386—1992)		120	250 ~ 290	用于机车、汽车、电机及其他机械的滚动轴承润滑
7407 号齿轮润滑脂 (SY 4036—1984)		160	70 ~ 90	适用于各种低速,中、重载荷齿轮、链和联轴器等的润滑,使用温度≤120 ℃,可承受冲击载荷
高温润滑脂 (GB/T 11124—1989)	7014-1 号	280	62 ~ 75	适用于高温下各种滚动轴承的润滑,也可用于一般滑动轴承和齿轮的润滑。使用温度为 -40 ~ +200 ℃
精密机床主轴润滑脂 (SH 0382—1992)	2 3	180	265 ~ 295 220 ~ 250	用于精密机床主轴润滑

Ⅱ.5.2　润滑装置

表Ⅱ.96　直通式压注油杯(JB/T 7940.1—1995)/mm

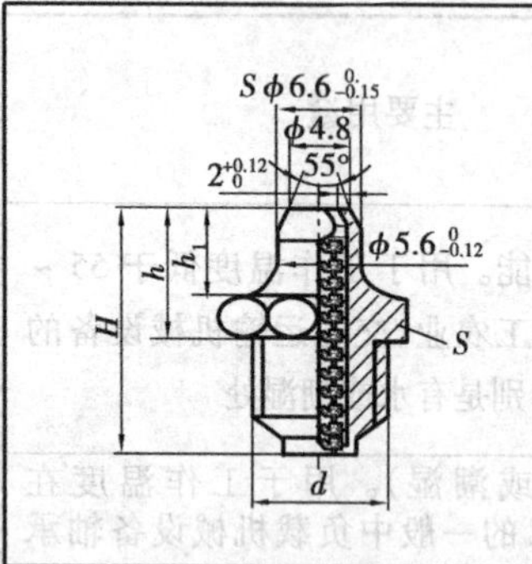

d	H	h	h_1	S	钢球 (按 GB/T 308)
M6	13	8	6	8	3
M8	16	9	6.5	10	
M10×1	18	10	7	11	

标记示例:

联接螺纹 M10×1、直通式压注油杯的标记:油杯 M10×1　JB/T 7940.1—1995

表Ⅱ.97　接头式压注油杯(JB/T 7940.2—1995)/mm

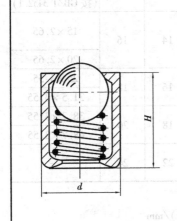

d	d_1	α	S	直通式压注油杯(按 JB/T 7940.1)
M6	3	45°,90°	11	M6
M8×1	4			
M10×1	5			

标记示例：

联接螺纹 M10×1、45°接头式压注油杯的标记：

油杯 45°　M10×1　JB/T 7940.2—1995

表 Ⅱ.98　压配式压注油杯(JB/T 7940.4—1995)/mm

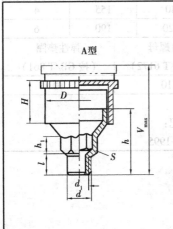

d 基本尺寸	d 极限偏差	H	钢球(按 GB/T 308)
6	+0.040 +0.028	6	4
8	+0.049 +0.034	10	5
10	+0.058 +0.040	12	6
16	+0.063 +0.045	20	11
25	+0.085 +0.064	30	12

标记示例：

d=6、压配式压注油杯的标记：油杯　6　JB/T 7940.4—1995

表 Ⅱ.99　旋盖式油杯(JB/T 7940.3—1995 摘录)/mm

最小容量/cm³	d	l	H	h	h_1	d_1	D	L_{max}	S
1.5	M8×1	8	14	22	7	3	16	33	10
3	M10×1		15	23	8	4	20	35	13
6			17	26			26	40	
12	M14×1.5	12	20	30	10	5	32	47	18
18			22	32			36	50	
25			24	34			41	55	
50	M16×1.5		30	44			51	70	21
100			38	52			68	85	

标记示例：

最小容量 25 cm³、A 型旋盖式油杯的标记：油杯　A25　JB/T 7940.3—1995

注：B 型旋盖式油杯见 JB/T 7940.3—1995。

表Ⅱ.100　压配式圆形油标(JB/T 7941.1—1995 摘录)/mm

标记示例：

视孔 $d=32$、A 型压配式圆形油标的标记：

油标　A32　JB/T 7941.1—1995

d	D	d_1		d_2		d_3		H	H_1	O 形橡胶密封圈(按 GB/T 3452.1)
		基本尺寸	极限偏差	基本尺寸	极限偏差	基本尺寸	极限偏差			
12	22	12	−0.050 −0.160	17	−0.050 −0.160	20	−0.065 −0.195	14	16	15×2.65
16	27	18		22	−0.065 −0.195	25				20×2.65
20	34	22	−0.065 −0.195	28		32	−0.080 −0.240	16	18	25×3.55
25	40	28		34	−0.080 −0.240	38				31.5×3.55
32	48	35	−0.080 −0.240	41		45		18	20	38.7×3.55
40	58	45		51	−0.100 −0.290	55	−0.100 −0.290			48.7×3.55
50	70	55	−0.100 −0.290	61		65		22	24	—
63	85	70		76		80				

表 Ⅱ.101　长形油标(JB/T 7941.3—1995 摘录)/mm

H 基本尺寸	H 极限偏差	H_1	L	n(条数)
80	±0.17	40	110	2
100		60	130	3
125	±0.20	80	155	4
160		120	190	6

O 形橡胶密封圈(按 GB/T 3452.1)	六角螺母(按 GB/T 6172)	弹性垫圈(按 GB/T 861)
10×2.65	M10	10

标记示例：

$H=80$、A 型长形油标的标记：

油标　A80　JB/T 7941.3—1995

注：B 型长形油标见 JB/T 7941.3—1995。

表Ⅱ.102 管状油标(JB/T 7941.4—1995 摘录)/mm

A型	H	O形橡胶密封圈(按 GB/T 3452.1)	六角薄螺母(按 GB/T 6172)	弹性垫圈(按 GB/T 861)
	80,100,125,160,200	11.8×2.65	M12	12

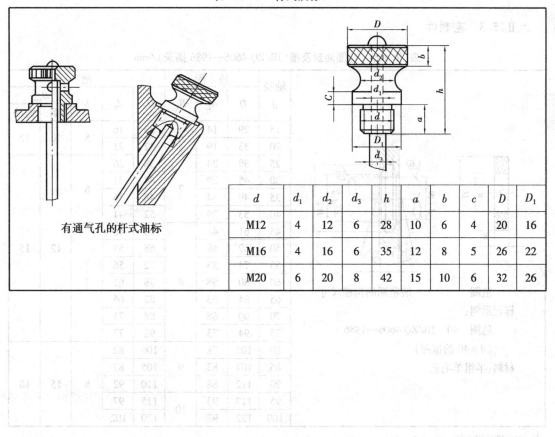

标记示例:

H=200、A型管状油标的标记:油标 A200 JB/T 7941.4—1995

注:B型管状油标尺寸见 JB/T 7941.4—1995。

表 Ⅱ.103 杆式油标/mm

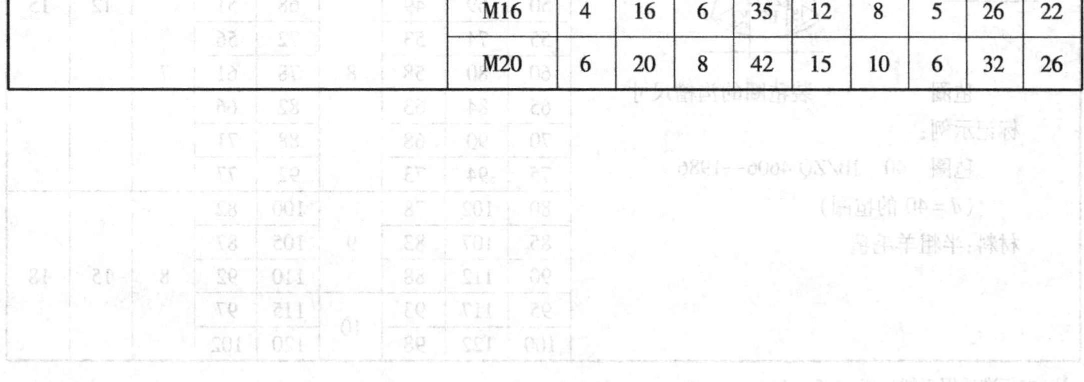

有通气孔的杆式油标

d	d_1	d_2	d_3	h	a	b	c	D	D_1
M12	4	12	6	28	10	6	4	20	16
M16	4	16	6	35	12	8	5	26	22
M20	6	20	8	42	15	10	6	32	26

表Ⅱ.104　外六角螺塞（JB/ZQ 4450—1997）、纸封油圈、皮封油圈/mm

外六角螺塞

d	d_1	D	e	s	L	h	b	b_1	R	C	D_0	H 纸圈	H 皮圈
M10×1	8.5	18	12.7	11	20	10	3	3	1	0.7	18	2	2
M12×1.25	10.2	22	15	13	24	12				1.0	22		
M14×1.5	11.8	23	20.8	18	25								
M18×1.5	15.8	28	24.2	21	27	15					25		
M20×1.5	17.8	30			30		4				30		
M22×1.5	19.8	32	27.7	24						1.5	32	3	
M24×2	21	34	31.2	27	32	16		4			35		2.5
M27×2	24	38	34.6	30	35	17					40		
M30×2	27	42	39.3	34	38	18					45		

标记示例：螺塞　M20×1.5　JB/ZQ 4450—1997

油圈　30×20　（D_0=30、d=20 的纸封油圈）

油圈　30×20　（D_0=30、d=20 的皮封油圈）

材料：纸封油圈—石棉橡胶纸；皮封油圈—工业用革；螺塞—Q235

Ⅱ.5.3　密封件

表 Ⅱ.105　毡圈油封及槽（JB/ZQ 4606—1986 摘录）/mm

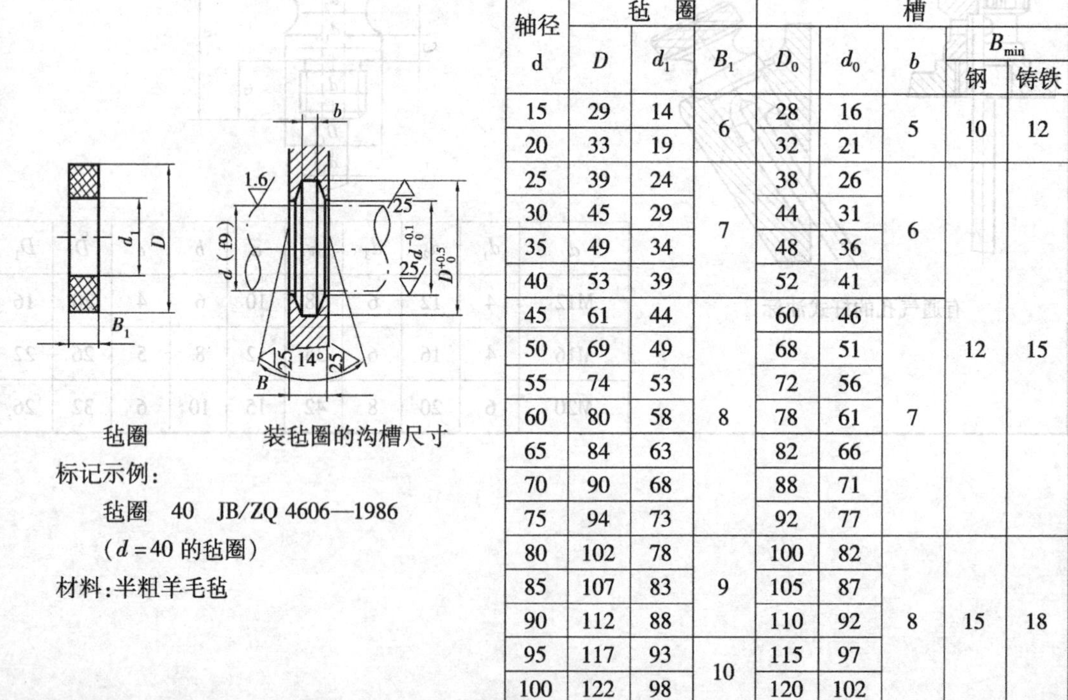

毡圈　　装毡圈的沟槽尺寸

标记示例：

毡圈　40　JB/ZQ 4606—1986

（d=40 的毡圈）

材料：半粗羊毛毡

轴径 d	毡圈 D	毡圈 d_1	毡圈 B_1	槽 D_0	槽 d_0	槽 b	B_{min} 钢	B_{min} 铸铁
15	29	14	6	28	16	5	10	12
20	33	19		32	21			
25	39	24	7	38	26	6	12	15
30	45	29		44	31			
35	49	34		48	36			
40	53	39		52	41			
45	61	44	8	60	46	7		
50	69	49		68	51			
55	74	53		72	56			
60	80	58		78	61			
65	84	63		82	66			
70	90	68		88	71			
75	94	73		92	77			
80	102	78	9	100	82	8	15	18
85	107	83		105	87			
90	112	88		110	92			
95	117	93	10	115	97			
100	122	98		120	102			

注：本标准适用于线速度 v<5 m/s。

表Ⅱ.106 液压气动用 O 形橡胶密封圈(GB/T 3452.1—2005)/mm

沟槽尺寸(GB/T 3452.3—2005)

d_2	$b^{+0.25}_{0}$	$h^{+0.10}_{0}$	d_3 偏差值	r_1	r_2
1.8	2.4	1.38	0 −0.04	0.2 ~0.4	0.1 ~0.3
2.65	3.6	2.07	0 −0.05	0.4 ~0.8	0.1 ~0.3
3.55	4.8	2.74	0 −0.06	0.4 ~0.8	0.1 ~0.3
5.3	7.1	4.19	0 −0.07	0.8 ~1.2	0.1 ~0.3
7.0	9.5	5.67	0 −0.09	0.8 ~1.2	0.1 ~0.3

标记示例:

O 形圈 32.5×2.65-A-N GB/T 3452.1—2005

(内径 d_1 =32.5 mm,截面直径 d_2 =2.65 mm,G 系列 N 级 O 形密封圈)

d_1 尺寸	d_1 公差 ±	d_2 1.8 ±0.08	d_2 2.65 ±0.09	d_2 3.55 ±0.10
13.2	0.21	*	*	
14	0.22	*	*	
15	0.22	*	*	
16	0.23	*	*	
17	0.24	*	*	
18	0.25	*	*	*
19	0.25	*	*	*
20	0.26	*	*	*
21.2	0.27	*	*	*
22.4	0.28	*	*	*
23.6	0.29	*	*	*
25	0.30	*	*	*
25.8	0.31	*	*	*
26.5	0.31	*	*	*
28.0	0.32	*	*	*
30.0	0.34	*	*	*
31.5	0.35	*	*	*
32.5	0.36	*	*	*

d_1 尺寸	d_1 公差 ±	d_2 1.8 ±0.08	d_2 2.65 ±0.09	d_2 3.55 ±0.10	d_2 5.3 ±0.13
33.5	0.36	*	*	*	
34.5	0.37	*	*	*	
35.5	0.38	*	*	*	
36.5	0.38	*	*	*	
37.5	0.39	*	*	*	
38.7	0.40	*	*	*	
40	0.41	*	*	*	*
41.2	0.42	*	*	*	*
42.5	0.43	*	*	*	*
43.7	0.44	*	*	*	*
45	0.44	*	*	*	*
46.2	0.45	*	*	*	*
47.5	0.46	*	*	*	*
48.7	0.47	*	*	*	*
50	0.48	*	*	*	*
51.5	0.49		*	*	*
53	0.50		*	*	*
54.5	0.51		*	*	*

d_1 尺寸	d_1 公差 ±	d_2 2.65 ±0.09	d_2 3.55 ±0.10	d_2 5.3 ±0.13
56	0.52	*	*	*
58	0.54	*	*	*
60	0.55	*	*	*
61.5	0.56	*	*	*
63	0.57	*	*	*
65	0.58	*	*	*
67	0.60	*	*	*
69	0.61	*	*	*
71	0.63	*	*	*
73	0.64	*	*	*
75	0.65	*	*	*
77.5	0.67	*	*	*
80	0.69	*	*	*
82.5	0.71	*	*	*
85	0.72	*	*	*
87.5	0.74	*	*	*
90	0.76	*	*	*
92.5	0.77	*	*	*

d_1 尺寸	d_1 公差 ±	d_2 2.65 ±0.09	d_2 3.55 ±0.10	d_2 5.3 ±0.13	d_2 7 ±0.15
95	0.79	*	*	*	
97.5	0.81	*	*	*	
100	0.82	*	*	*	
103	0.85	*	*	*	
106	0.87	*	*	*	
109	0.89	*	*	*	*
112	0.81	*	*	*	*
115	0.93	*	*	*	*
118	0.95	*	*	*	*
122	0.97	*	*	*	*
125	0.99	*	*	*	*
128	1.01	*	*	*	*
132	10.4	*	*	*	*
136	1.07	*	*	*	*
140	1.09	*	*	*	*
145	1.13	*	*	*	*
150	1.16	*	*	*	*
155	1.19	*	*	*	*

注:* 为可选规格。

表Ⅱ.107 旋转轴唇形密封圈的形式、尺寸及其安装要求(GB 13871—1992 摘录)/mm

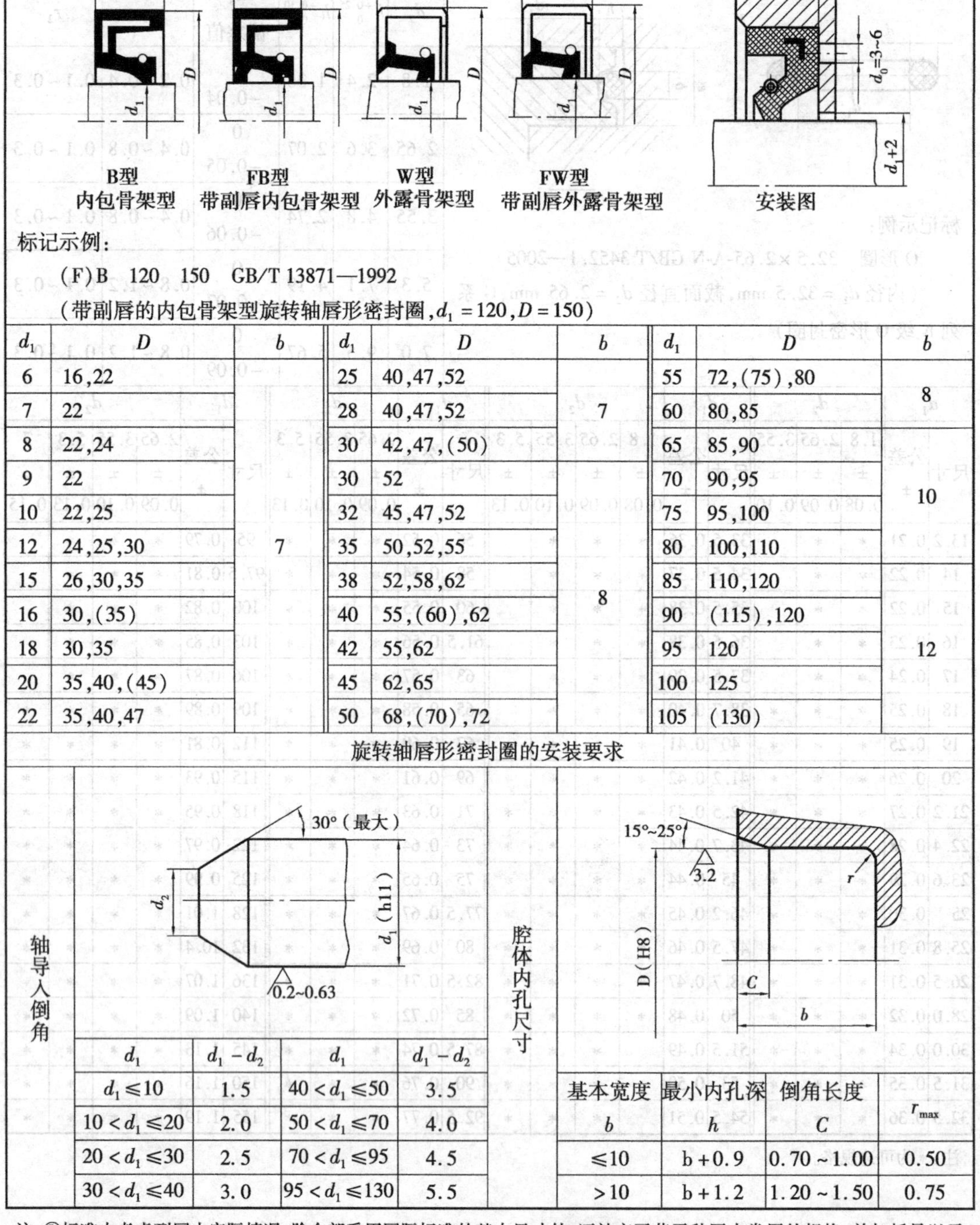

标记示例:

(F)B 120 150 GB/T 13871—1992

(带副唇的内包骨架型旋转轴唇形密封圈,$d_1=120$,$D=150$)

d_1	D	b	d_1	D	b	d_1	D	b
6	16,22		25	40,47,52		55	72,(75),80	8
7	22		28	40,47,52	7	60	80,85	
8	22,24		30	42,47,(50)		65	85,90	
9	22		30	52		70	90,95	
10	22,25		32	45,47,52		75	95,100	10
12	24,25,30	7	35	50,52,55		80	100,110	
15	26,30,35		38	52,58,62		85	110,120	
16	30,(35)		40	55,(60),62	8	90	(115),120	
18	30,35		42	55,62		95	120	12
20	35,40,(45)		45	62,65		100	125	
22	35,40,47		50	68,(70),72		105	(130)	

旋转轴唇形密封圈的安装要求

d_1	d_1-d_2	d_1	d_1-d_2
$d_1\leqslant10$	1.5	$40<d_1\leqslant50$	3.5
$10<d_1\leqslant20$	2.0	$50<d_1\leqslant70$	4.0
$20<d_1\leqslant30$	2.5	$70<d_1\leqslant95$	4.5
$30<d_1\leqslant40$	3.0	$95<d_1\leqslant130$	5.5

基本宽度 b	最小内孔深 h	倒角长度 C	r_{max}
≤10	b+0.9	0.70~1.00	0.50
>10	b+1.2	1.20~1.50	0.75

注:①标准中考虑到国内实际情况,除全部采用国际标准的基本尺寸外,还补充了若干种国内常用的规格,并加括号以示区别。

②安装要求中若轴端采用倒圆导入倒角,则倒圆的圆角半径不小于表中的 d_1-d_2 之值。

表Ⅱ.108　J型无骨架橡胶油封（HG 4-338—1966 摘录）（1988 确认继续执行）/mm

	轴径 d	30 ~ 95（按 5 进位）	100 ~ 170（按 10 进位）
油封尺寸	D	$d+25$	$d+30$
	D_1	$d+16$	$d+20$
	d_1	$d-1$	
	H	12	16
油封槽尺寸	s	6 ~ 8	8 ~ 10
	D_0	$D+15$	
	D_2	D_0+15	
	n	4	6
	H_1	$H-(1 \sim 2)$	

标记示例：

J 型油封　50×75×12 橡胶 I-1　HG 4-338—1966

（$d=50$，$D=75$，$H=12$，材料为耐油橡胶 I-1 的 J 型无骨架橡胶油封）

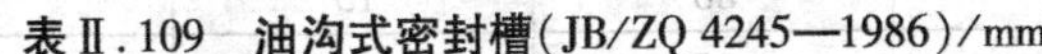

表Ⅱ.109　油沟式密封槽（JB/ZQ 4245—1986）/mm

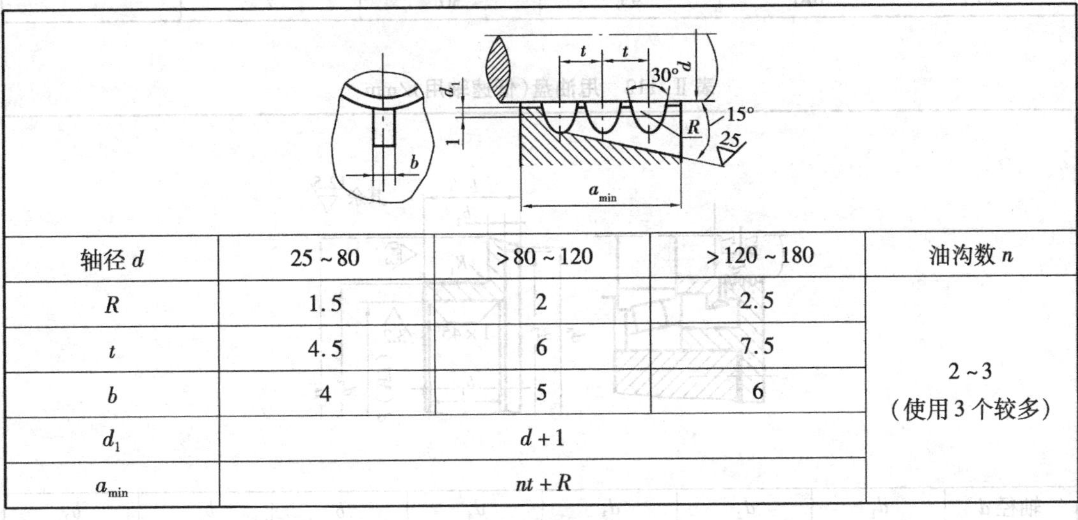

轴径 d	25 ~ 80	>80 ~ 120	>120 ~ 180	油沟数 n
R	1.5	2	2.5	2 ~ 3（使用 3 个较多）
t	4.5	6	7.5	
b	4	5	6	
d_1	$d+1$			
a_{min}	$nt+R$			

表Ⅱ.110　迷宫式密封槽/mm

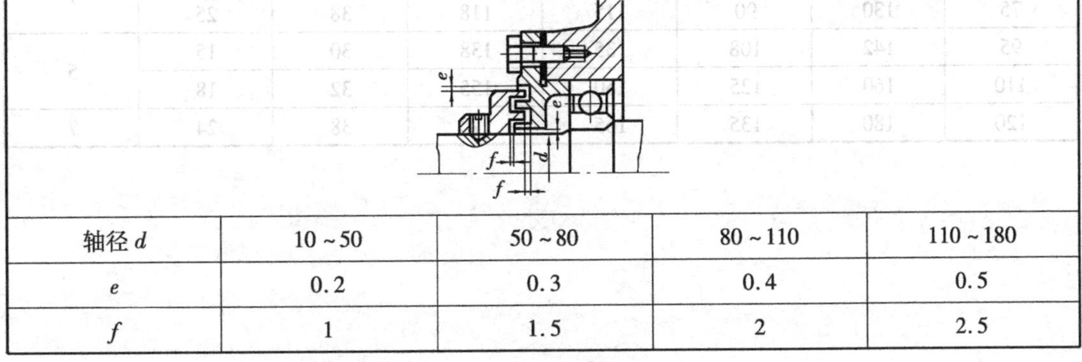

轴径 d	10 ~ 50	50 ~ 80	80 ~ 110	110 ~ 180
e	0.2	0.3	0.4	0.5
f	1	1.5	2	2.5

表Ⅱ.111　甩油环（高速轴用）/mm

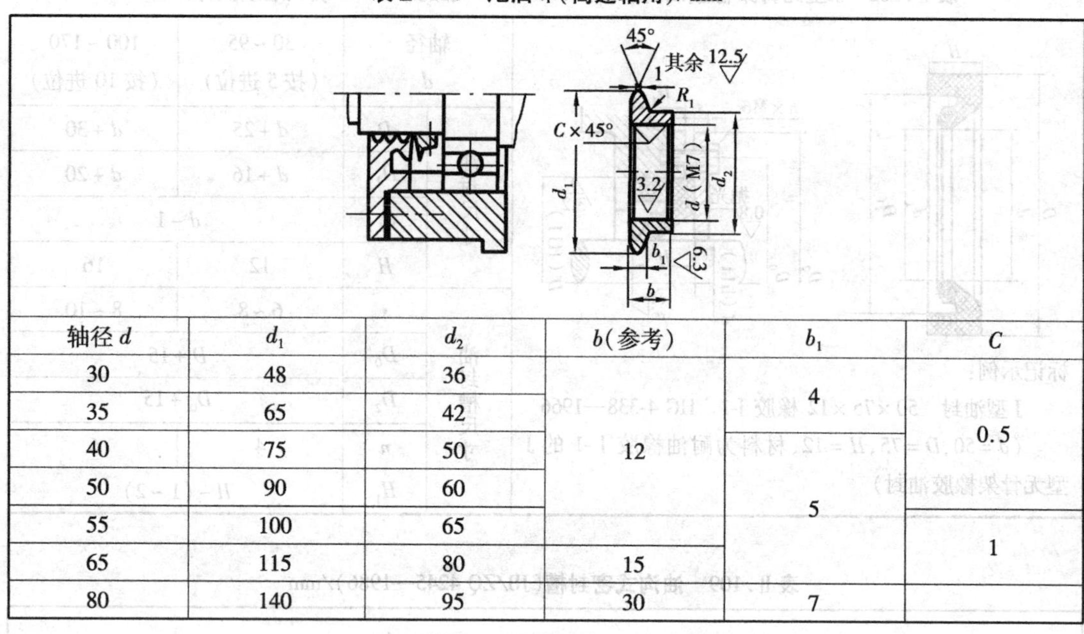

轴径 d	d_1	d_2	b（参考）	b_1	C
30	48	36	12	4	0.5
35	65	42			
40	75	50		5	
50	90	60			
55	100	65			1
65	115	80	15		
80	140	95	30	7	

表Ⅱ.112　甩油盘（低速轴用）/mm

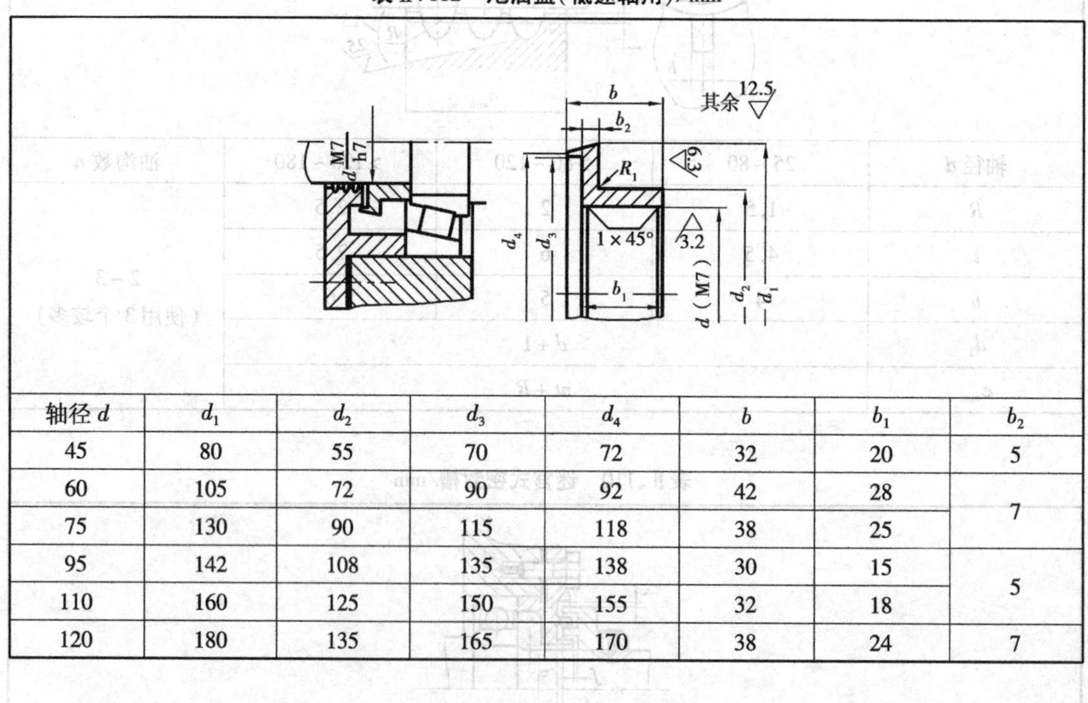

轴径 d	d_1	d_2	d_3	d_4	b	b_1	b_2
45	80	55	70	72	32	20	5
60	105	72	90	92	42	28	7
75	130	90	115	118	38	25	
95	142	108	135	138	30	15	5
110	160	125	150	155	32	18	
120	180	135	165	170	38	24	7

Ⅱ.6　联轴器

Ⅱ.6.1　联轴器轴孔和键槽形式

表Ⅱ.113　轴孔和键槽的形式、代号及系列尺寸(GB/T 3852—1997 摘录)

	长圆柱形轴孔(Y 型)	有沉孔的短圆柱形轴孔(J 型)	无沉孔的短圆柱形轴孔(J_1 型)	有沉孔的长圆锥形轴孔(Z 型)
轴孔	d　L	d　d_1　R　L　L_1	d　L	d_2　1:10　d_1　L　L_1
键槽		A型 b t　B型 b t 120° t b	b,t 尺寸见 GB/T 1095—2003 (表Ⅱ.64)	C型 b t_2

轴孔和 C 型键槽尺寸/mm

直径	轴孔长度			沉孔		C 型键槽			直径	轴孔长度			沉孔		C 型键槽		
	L						t_2			L						t_2(长系列)	
d,d_z	长系列	短系列	L_1	d_1	R	b	公称尺寸	极限偏差	d,d_z	Y 型	J,J_1,Z 型	L_1	d_1	R	b	公称尺寸	极限偏差
16						3	8.7		55	112	84	112	95		14	29.2	
18	42	30	42				10.1		56							29.7	
19							10.6		60							31.7	
20				38		4	10.9		63				105		16	32.2	
22	52	38	52		1.5		11.9		65					2.5		34.2	
24							13.4	±0.1	70	142	107	142				36.8	
25							13.7		71				120		18	37.3	
28	62	44	62	48		5	15.2		75							39.3	
30							15.8		80							41.6	±0.2
32				55			17.3		85				140		20	44.1	
35	82	60	82			6	18.8		90	172	132	172				47.1	
38							20.3		95				160		22	49.6	
40				65			21.2		100					3		51.3	
42					2	10	22.2		110				180		25	56.3	
45	112	84	112				23.7	±0.2	120	212	167	212				62.3	
48				80		12	25.2		125				210		28	64.8	
50				95			26.2		130	252	202	252	235	4		66.4	

轴孔和轴伸的配合、键槽宽度 b 的极限偏差

d,d_z/mm	圆柱形轴孔与轴伸的配合		圆锥形轴孔的直径偏差	键槽宽度 b 的极限偏差
6~30	H7/j6	根据使用要求也可选用 H7/p6 和 H7/p6	H8（圆锥角度及圆锥形状公差应小于直径公差）	P9（或 JS9）
>30~50	H7/k6			
>50	H7/m6			

注：无沉孔的圆锥形轴孔（Z_1 型）和 B_1 型、D 型键槽尺寸，详见 GB/T 3852—1997。

Ⅱ.6.2 联轴器

表Ⅱ.114 凸缘联轴器（GB/T 5843—2003 摘录）

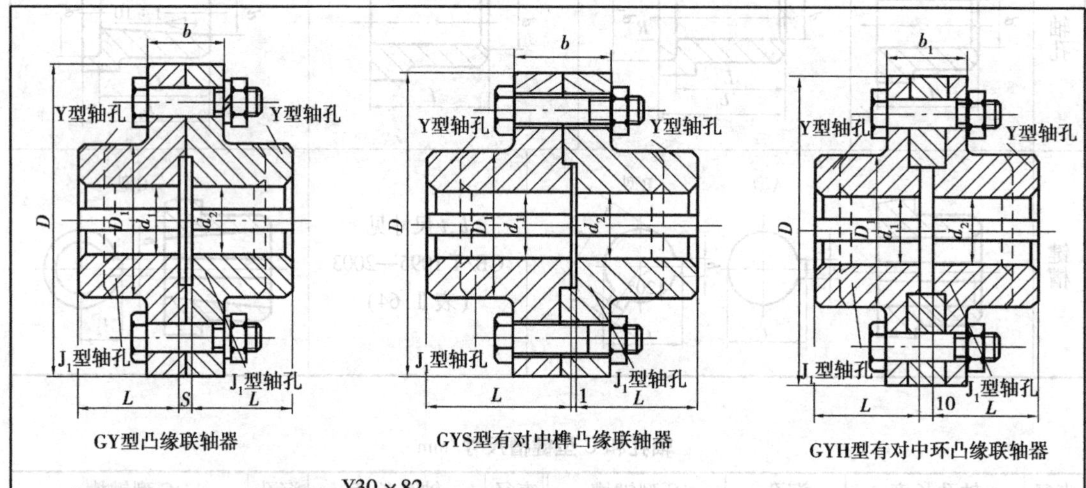

标记示例：GY5 凸缘联轴器 $\frac{Y30\times82}{J_1 30\times60}$ GB/T 5843—2003

主动端：Y 型轴孔，A 型键槽，$d_1=30$ mm，$L=82$ mm

从动端：J_1 型轴孔，A 型键槽，$d_1=30$ mm，$L=60$ mm

型号	公称转矩 /(N·m)	许用转速 /(r·min⁻¹)	轴孔直径 d_1,d_2/mm	轴孔长度 Y 型	轴孔长度 J_1 型	D/mm	D_1/mm	b/mm	b_1/mm	s/mm	转动惯量 /(kg·m²)	质量 /kg
GY1 GYS1 GYH1	25	12 000	12,14	32	27	80	30	26	42	6	0.000 8	1.16
			16,18,19	42	30							
GY2 GYS2 GYH2	63	10 000	16,18,19	42	30	90	40	28	44	6	0.001 5	1.72
			20,22,24	52	38							
			25	62	44							
GY3 GYS3 GYH3	112	9 500	20,22,24	52	38	100	45	30	46	6	0.002 5	2.38
			25,28	62	44							

续表

型号	公称转矩 /(N·m)	许用转速 /(r·min^{-1})	轴孔直径 d_1,d_2/mm	轴孔长度 Y型	轴孔长度 J_1型	D/mm	D_1/mm	b/mm	b_1/mm	s/mm	转动惯量 /(kg·m^2)	质量 /kg
GY4 GYS4 GYH4	224	9 000	25,28	62	44	105	55	32	48	6	0.003	3.15
			30,32,35	82	60							
GY5 GYS5 GYH5	400	8 000	30,32,35,38	82	60	120	68	36	52	8	0.007	5.43
			40,42	112	84							
GY6 GYS6 GYH	900	6 800	38	82	60	140	80	40	56	8	0.015	7.59
			40,42,45,48,50	112	84							
GY7 GYS7 GYH7	1 600	6 000	48,50,55,56	112	84	160	100	40	56	8	0.031	13.1
			60,63	142	107							
GY8 GYS8 GYH8	3 150	4 800	60,63,65,70,71,75	142	107	200	130	50	68	10	0.103	27.5
			80	172	132							
GY9 GYS9 GYH9	6 300	3 600	75	142	107	260	160	66	84	10	0.319	47.8
			80,85,90,95	172	132							
			100	212	167							

注:本联轴器不具备径向、轴向和角向的补偿性能,刚性好,传递转矩大,结构简单,工作可靠,维护简便,适用于两轴对中精度良好的一般轴系转动。

表Ⅱ.115　滚子链联轴器(GB/T 6069—2002 摘录)

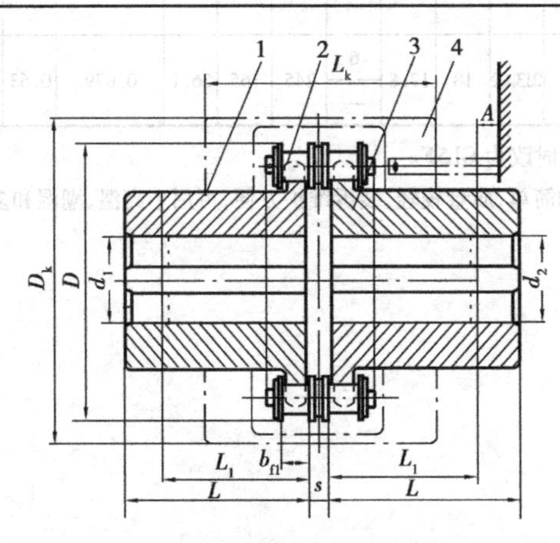

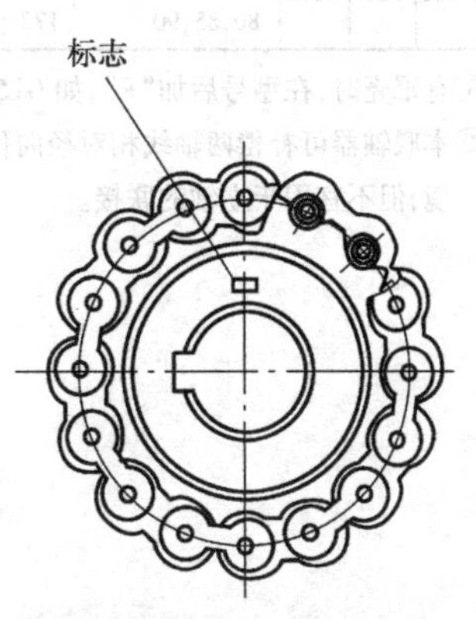

标记示例:GL7 联轴器$\dfrac{J_1B45\times84}{J_1B_150\times84}$　GB/T 6069—2002

主动端:J_1型轴孔,B 型键槽,$d_1=45$ mm,$L=84$ mm

从动端:J_1型轴孔,B_1 型键槽,$d_2=50$ mm,$L_1=84$ mm

1—半联轴器;2—双排滚子链;
3—半联轴器;4—罩壳

续表

型号	公称转矩/(N·m)	许用转速/(r·min^{-1}) 不装罩壳	许用转速/(r·min^{-1}) 装罩壳	轴孔直径 d_1,d_2	轴孔长度 Y型 L	轴孔长度 J_1型 L_1	链号	链条节距 p/mm	齿数 z	D	b_{f1}	s	A	D_k（最大）	L_k（最大）	质量/kg	转动惯量/(kg·m^2)	许用补偿量 径向 ΔY	许用补偿量 轴向 ΔX	许用补偿量 角向 $\Delta\alpha$
				mm						mm								mm		
GL1	40	1 400	4 500	16,18,19	42	—	06B	9.525	14	51.06	5.3	4.9	—	70	70	0.4	0.000 10	0.19	1.4	1°
				20	52	38							4							
GL2	63	1 250	4 500	19	42	—			16	57.08			—	75	75	0.7	0.000 20			
				20,22,24	52	38							4							
GL3	100	1 000	4 000	20,22,24	52	38	08B	12.7	14	68.88	7.2	6.7	12	85	85	1.1	0.000 38	0.25	1.9	
				25	62	44							6							
GL4	160	1 000	4 000	24	52	—			16	76.91			—	95	88	1.8	0.000 86			
				25,28	62	44							6							
				30,32	82	60							—							
GL5	250	800	3 150	28	62	—	10A	15.875	16	94.46	8.9	9.2	—	112	100	3.2	0.000 25	0.32	2.3	
				30,32,35,38	82	60														
				40	112	84														
GL6	400	630	2 500	32,35,38	82	60			20	116.57				140	105	5.0	0.000 58			
				41,42,45,48,50	112	84														
GL7	630	630	2 500	40,42,45,48	112	84	12A	19.05	18	127.78	11.9	10.9		150	122	7.4	0.012	0.38	2.8	
				50.55																
				60	142	107														
GL8	1 000	500	2 240	45,48,50,55	112	84	16A	25.40	16	154.33	15	14,3	12	180	135	11.1	0.025	0.50	3.8	
				60,65,70	142	107							—							
GL9	1 600	400	2 000	50,55	112	84			20	186.50			12	215	145	20	0.016			
				60,65,70,75	142	107														
				80	172	132														
GL10	2 500	315	1 600	60,65,70,75	142	107	20A	31.75	18	213.02	18	17.8	6	245	165	26.1	0.079	0.63	4.7	
				80,85,90	172	132							—							

注：①有罩壳时，在型号后加“F”，如 GL5 型联轴器，有罩壳时改为 GL5F。

②本联轴器可补偿两轴线相对径向位移和角位移，结构简单，质量较轻，装拆维护方便，可用于高温、潮湿和多灰尘环境，但不宜用于立轴的联接。

表Ⅱ.116　弹性套柱销联轴器(GB/T 4323—2002)

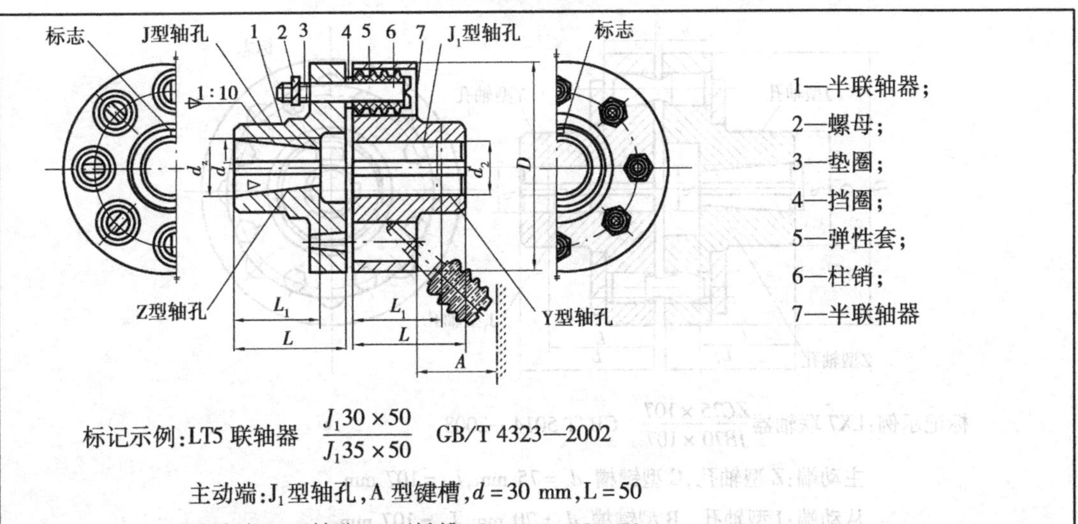

标记示例:LT5 联轴器 $\dfrac{J_1 30\times50}{J_1 35\times50}$ GB/T 4323—2002

主动端:J_1型轴孔,A 型键槽,d = 30 mm,L = 50

从动端:J_1型轴孔,A 型键槽,d = 35 mm,L = 50

型号	公称转矩 /(N·m)	许用转速 /(r·min^{-1})	轴孔直径 d_1,d_2,d_z /mm	轴孔长度/mm Y型 L	J,J_1,Z型 L_1	J,J_1,Z型 L	D /mm	A /mm	质量 /kg	转动惯量 /(kg·m^2)	许用补偿量 径向 ΔY/mm	角向 Δα
LT1	6.3	8 800	9	20	14	—	71	18	0.82	0.000 5	0.2	1°30′
			10,11	25	17							
			12,14	32	20							
LT2	16	7 600	12,14			42	80		1.20	0.000 8		
			16,18,19	42	30							
LT3	31.5	6 300	16,18,19				95	35	2.2	0.002 3		
			20,22	52	38	52						
LT4	63	5 700	20,22,24				106		2.84	0.003 7		
			25,28	62	44	62						
LT5	125	4 600	25,28				130	45	6.05	0.012	0.3	
			30,32,35	82	60	82						
LT6	250	3 800	32,35,38				160		9.57	0.028		
			40,42	112	84	112						
LT7	500	3 600	40,42,45,48				190		14.01	0.055		
LT8	710	3 000	45,48,50,55,56				224	65	23.12	0.134		1°
			60,63	142	107	142						
LT9	1 000	2 850	50,55,56	112	84	112	250		30.69	0.213	0.4	
			60,63,65,70,71	142	107	142						
LT10	2 000	2 300	63,65,70,71,75				315	80	61.4	0.66		
			80,85,90,95	172	132	172						
LT11	4 000	1 800	80,85,90,95				400	100	120.7	2.112	0.5	
			100,110	212	167	212						
LT12	8 000	1 450	100,110,120,125				475	130	210.34	5.39		0°30′
			130	252	202	252						
LT13	16 000	1 150	120,125	212	167	212	600	180	419.36	17.58	0.3	
			130,140,150	252	202	252						
			160,170	302	242	302						

注:①质量、转动惯量按材料为铸钢。

②本联轴器具有一定补偿两轴线相对偏移和减振缓冲能力,适用于安装底座刚性好,冲击载荷不大的中、小功率轴系传动,可用于经常正反转、启动频繁的场合,工作温度为 -20 ~ +70 ℃。

表Ⅱ.117 弹性柱销联轴器(GB/T 5014—2003)

标记示例:LX7 联轴器$\dfrac{ZC75\times107}{JB70\times107}$ GB/T 5014—2003

主动端:Z 型轴孔,C 型键槽,$d_z=75$ mm,$L_1=107$ mm

从动端:J 型轴孔,B 型键槽,$d_z=70$ mm,$L_1=107$ mm

型号	公称转矩 /(N·m)	许用转速 /(r·min⁻¹)	轴孔直径 d_1,d_2,d_z /mm	轴孔长度/mm Y型 L	J,J_1,Z型 L	L_1	D /mm	D_1 /mm	B /mm	S /mm	转动惯量 /(kg·m²)	质量 /kg
LX1	250	8 500	12,14	32	27	—	90	40	20	2.5	0.002	2
			16,18,19	42	30	42						
			20,22,24	52	38	52						
LX2	560	6 300	20,22,24	52	38	52	120	55	28	2.5	0.009	5
			25,28	62	44	62						
			30,32,35	82	60	82						
LX3	1 250	4 700	30,32,35,38	82	60	82	160	75	36	2.5	0.026	8
			40,42,45,48	112	84	112						
LX4	2 500	3 870	40,42,45,50,55,56	112	84	112	195	100	45	3	0.109	22
			60,63	142	107	142						
LX5	3 150	3 450	50,55,56	112	84	112	220	120	45	3	0.191	30
			60,63,65,70,71,75	142	107	142						
LX6	6 300	2 720	60,63,65,70,71,75	142	107	142	280	140	56	4	0.543	53
			80,85	172	132	172						
LX7	11 200	2 360	70,71,75	142	107	142	320	170	56	4	1.314	98
			80,85,90,95	172	132	172						
			100,110	212	167	212						
LX8	16 000	2 120	80,85,90,95	172	132	172	360	200	56	5	2.023	119
			100,110,120,125	212	167	212						
LX9	22 500	1 850	100,110,120,125	212	167	212	410	230	63	5	4.386	197
			130,140	252	202	252						
LX10	35 500	1 600	110,12,125	212	167	212	480	280	75	6	9.760	322
			130,140,150	252	202	252						
			160,170,180	302	242	302						

注:本联轴器适用于联接两同轴线的传动轴系,并具有补偿两轴相对位移和一般减振性能。工作温度 -20 ~ +70 ℃。

表Ⅱ.118 滑块联轴器

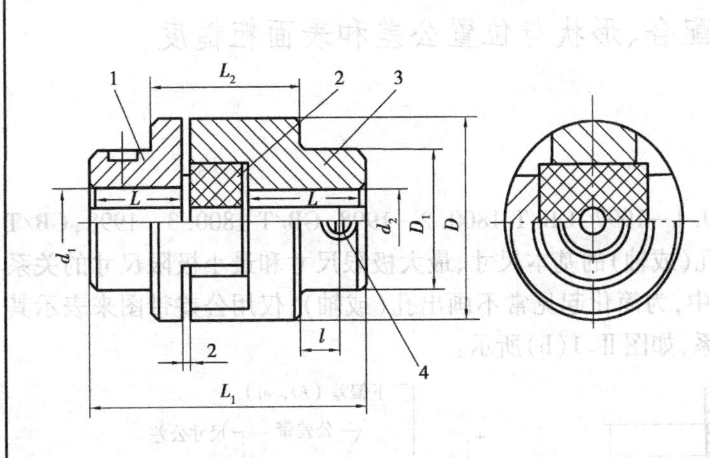

标记示例：

KL6 联轴器 $\frac{35\times 82}{J_1 38\times 60}$

JB/ZQ 4384—1997

主动端：Y 型轴孔，A 型键槽，$d_1=35$ mm，$L=82$ mm

从动端：J_1 型轴孔，A 型键槽，$d_2=38$ mm，$L=60$ mm

1，3—半联轴器，材料为 HT200，35 钢等；

2—滑块、材料为尼龙 6；

4—紧定螺钉

型号	公称转矩 /(N·m)	许用转速 /(r·min⁻¹)	轴孔直径 d_1,d_2	轴孔长度 L Y 型	轴孔长度 L J_1 型	D	D_1	L_2	l	质量 /kg	转动惯量 /(kg·m²)
			/mm								
WH1	16	10 000	10,11	25	22	40	30	52	5	0.6	0.000 7
			12,14	32	27						
WH2	31.5	8 200	12,14			50	32	56	5	1.5	0.003 8
			16，(17)，18	42	30						
WH3	63	7 000	(17)，18，19			70	40	60	5	1.8	0.006 3
			20，22	52	38						
WH4	160	5 700	20，22，24			80	50	64	8	2.5	0.013
			25，28	62	44						
WH5	280	4 700	25，28			100	70	75	10	5.8	0.045
			30，32，35	82	60						
WH6	500	3 800	30，32，35，38			120	80	90	15	9.5	0.12
			40，42，45	112	84						
WH7	900	3 200	40，42，45，48			150	100	120	25	25	0.43
			50，55								
WH8	1 800	2 400	50，55			190	120	150	25	55	1.98
			60，63，65，70	142	107						
WH9	3 550	1 800	65，70，75			250	150	180	25	85	4.9
			80，85	172	132						
WH10	5 000	1 500	80，85，90，95			330	190	180	40	120	7.5
			100	212	167						

注：①装配时两轴的需用补偿量：轴向 $\Delta X=1\sim2$ mm；径向 $\Delta Y\leqslant0.2$ mm；角向 $\Delta\alpha\leqslant0°40'$。

②括号内的数值尽量不用。

③本联轴器具有一定补偿两轴相对偏移量、减振和缓冲性能，适用于中、小功率，转速较高，转矩较小的轴系传动，如控制器、油泵装置等，工作温度为 $-20\sim+70$ ℃。

Ⅱ.7 极限与配合、形状与位置公差和表面粗糙度

Ⅱ.7.1 极限与配合

GB/T 1800 包括 GB/T 1800.1—1997,GB/T 1800.2—1998,GB/T 1800.3—1998,GB/T 1800.4—1999。GB/T 1800 中,孔(或轴)的基本尺寸、最大极限尺寸和最小极限尺寸的关系如图Ⅱ.1(a)所示。在实际使用中,为简化起见常不画出孔(或轴),仅用公差带图来表示其基本尺寸、尺寸公差及偏差的关系,如图Ⅱ.1(b)所示。

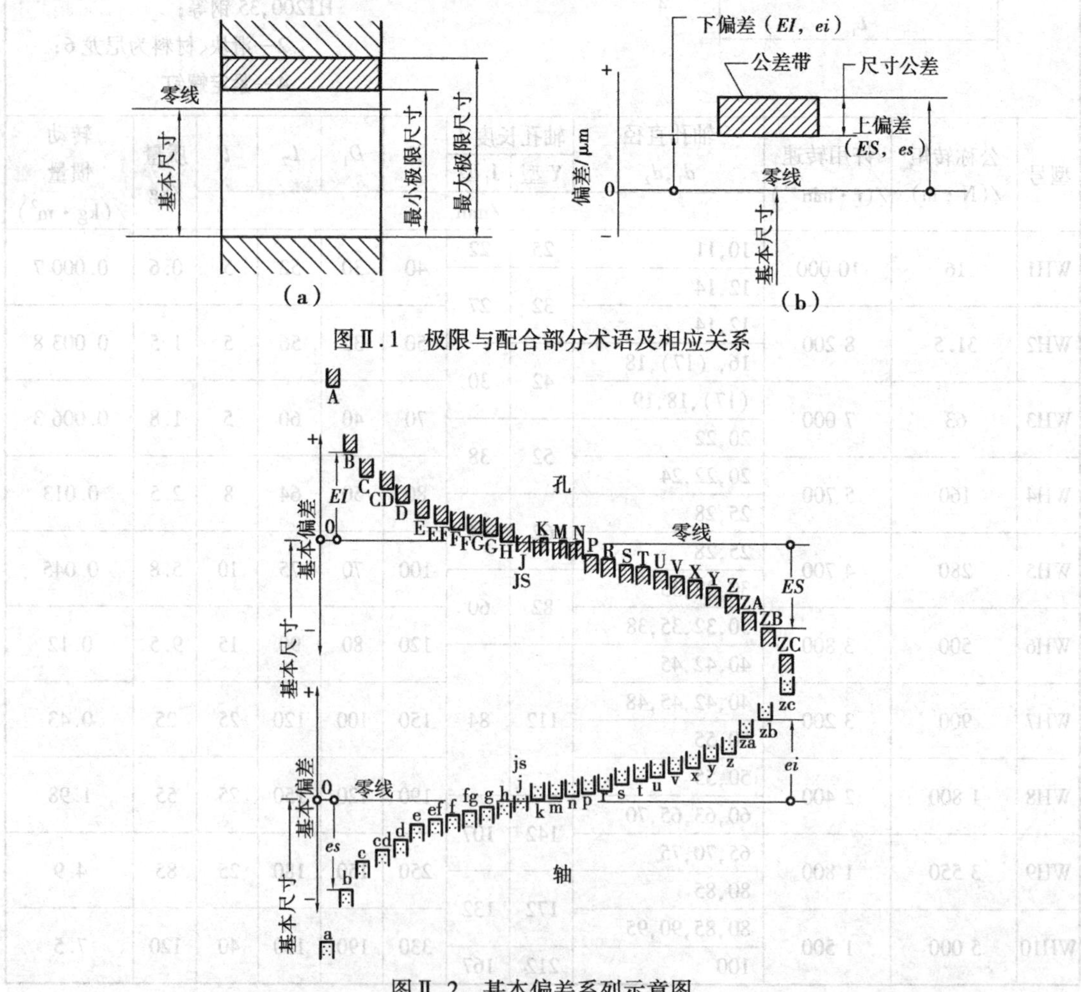

图Ⅱ.1 极限与配合部分术语及相应关系

图Ⅱ.2 基本偏差系列示意图

基本偏差是确定公差带相对零线位置的那个极限偏差,它可以是上偏差或下偏差,一般为靠近零线的那个偏差,如图Ⅱ.1(b)的基本偏差为下偏差。基本偏差代号,对孔用大写字母A,…,ZC 表示,对轴用小写字母 a,…,zc 表示(见图Ⅱ.2)。其中,基本偏差 H 代表基准孔,h 代表基准轴。极限偏差即上偏差和下偏差。上偏差的代号,对孔用大写字母“*ES*”表示,对轴用小写字母“*es*”表示。下偏差的代号,对孔用大写字母“*EI*”表示,对轴用小写字母“*ei*”。

标准公差等级代号用符号 IT 和数字组成,如 IT7。当其与代表基本偏差的字母一起组成公差带时,省略 IT 字母,即公差带用基本偏差的字母和公差等级数字表示。例如,H7 表示孔公差带;h7 表示轴公差带。标准公差等级分 IT01,IT0,IT1 至 IT18 共 20 级。标注公差的尺寸用基本尺寸后跟所要求的公差带或(和)对应的偏差值表示。例如,ϕ32H7,ϕ100g6,$\phi 100^{-0.012}_{-0.034}$、$\phi$100g6($^{-0.012}_{-0.034}$)。基本尺寸至800 mm的各级的标准公差数值见表Ⅱ.119。

表Ⅱ.119 基本尺寸至 800 mm 的标准公差数值(GB/T 1800.3—1998 摘录)/μm

基本尺寸/mm	标准公差等级																	
	IT1	IT2	IT3	IT4	IT5	IT6	IT7	IT8	IT9	IT10	IT11	IT12	IT13	IT14	IT15	IT16	IT17	IT18
≤3	0.8	1.2	2	3	4	6	10	14	25	40	60	100	140	250	400	600	1 000	1 400
>3~6	1	1.5	2.5	4	5	8	12	18	30	48	75	120	180	300	480	750	1 200	1 800
>6~10	1	1.5	2.5	4	6	9	15	22	36	58	90	150	220	360	580	900	1 500	2 200
>10~18	1.2	2	3	5	8	11	18	27	43	70	110	180	270	430	700	1 100	1 800	2 700
>18~30	1.5	2.5	4	6	9	13	21	33	52	84	130	210	330	520	840	1 300	2 100	3 300
>30~50	1.5	2.5	4	7	11	16	25	39	62	100	160	250	390	620	1 000	1 600	2 500	3 900
>50~80	2	3	5	8	13	19	30	46	74	120	190	300	460	740	1 200	1 900	3 000	4 600
>80~120	2.5	4	6	10	15	22	35	54	87	140	220	350	540	870	1 400	2 200	3 500	5 400
>120~180	3.5	5	8	12	18	25	40	63	100	160	250	400	630	1 000	1 600	2 500	4 000	6 300
>180~250	4.5	7	10	14	20	29	46	72	115	185	290	460	720	1 150	1 850	2 900	4 600	7 200
>250~315	6	8	12	16	23	32	52	81	130	210	320	520	810	1 300	2 100	3 200	5 200	8 100
>315~400	7	9	13	18	25	36	57	89	140	230	360	570	890	1 400	2 300	3 600	5 700	8 900
>400~500	8	10	15	20	27	40	63	97	155	250	400	630	970	1 550	2 500	4 000	6 300	9 700
>500~630	9	11	16	22	32	44	70	110	175	280	440	700	1 100	1 750	2 800	4 400	7 000	11 000
>630~800	10	13	18	25	36	50	80	125	200	320	500	800	1 250	2 000	3 200	5 000	8 000	12 500

注:①基本尺寸大于 500 mm 的 IT1—IT5 的数值为试行的。

②基本尺寸小于或等于 1 mm 时,无 IT14—IT18。

配合用相同的基本尺寸后跟孔、轴公差带表示。孔轴公差带写成分数形式,分子为孔公差带,分母为轴公差带。例如,ϕ52H7/g6 或 $\phi 52\ \frac{H7}{g6}$。

配合分基孔制配合和基轴制配合。在一般情况下,优先选用基孔制配合。如有特殊需求,允许将任一孔、轴公差带组合成配合。配合有间隙配合、过渡配合和过盈配合。属于哪一种配合取决于孔、轴公差带的相互关系。基孔制(基轴制)配合中,基本偏差 a—h(A—H)用于间隙配合;基本偏差 j—zc(J—ZC)用于过渡配合和过盈配合。各种偏差的应用及具体数值见表Ⅱ.120—表Ⅱ.124。

表Ⅱ.120　轴的各种基本偏差的应用

配合种类	基本偏差	配合特性及应用
间隙配合	a,b	可得到特别大的间隙,很少应用
	c	可得到很大的间隙,一般适用于缓慢、较松的动配合。用于工作条件较差(如农业机械)、受力变形,或为了便于装配而必须保证有较大的间隙时。推荐配合为 H11/c11,其较高级的配合,如 H8/c7 适用于轴在高温工作的紧密动配合,如内燃机排气阀和导管
	d	一般用于 IT7—IT11,适用于松的转动配合,如密封盖、滑轮、空转带轮等与轴的配合,也适用于大直径滑动轴承配合,如透平机、球磨机、轧滚成形和重型弯曲机及其他重型机械中的一些滑动支承
	e	多用于 IT7—IT9,通常适用于要求有明显间隙、易于转动的支承配合,如大跨距、多支点支承等。高等级的轴适用于大型、高速、重载支承配合,如涡轮发动机、大型电动机、内燃机、凸轮轴及摇臂支承等
	f	多用于 IT6—IT8 的一般转动配合。当温度影响不大时,广泛用于普通润滑油(或润滑脂)润滑的支承,如齿轮箱、小电动机、泵等的转轴与滑动支承的配合
	g	配合间隙很小,制造成本高,除很轻负荷的精密装置外,不推荐用于转动配合。多用于 IT5—IT7,最适合不回转的精密滑动配合,也用于插销等定位配合,如精密连杆轴承、活塞、滑阀及连杆销等
	h	多用于 IT4—IT11。广泛用于无相对转动的零件,作为一般的定位配合。若没有温度、变形影响,也用于精密滑动配合
过渡配合	js	为完全对称偏差(±IT/2)平均为稍有间隙的配合,多用于 IT4—IT7,要求间隙比 h 轴小,并允许略有过盈的定位配合,如联轴器,可用手或木锤装配
	k	平均为没有间隙的配合,适用于 IT4—IT7。推荐用于稍有过盈的定位配合,如为了消除振动用的定位配合,一般用木锤装配
	m	平均为具有小过盈的过渡配合,适用于 IT4—IT7,一般用木锤装配,但在最大过盈时,要求相当的压入力
	n	平均过盈比 m 轴稍大,很少得到间隙,适用 IT4—IT7,用锤或压力机装配,通常推荐用于紧密的组件配合。H6/n5 配合为过盈配合
过盈配合	p	与 H6 孔或 H7 孔配合时是过盈配合,与 H8 孔配合时则为过渡配合。对非铁类零件,为较轻的压入配合,易于拆卸;对钢、铸铁或钢、钢组件装配是标准压入配合
	r	对铁类零件为中等打入配合;对非铁类零件,为轻打入配合,可拆卸。与 H8 孔配合,直径在 100 mm 以上时为过盈配合,直径小时为过渡配合
	s	用于钢和铁类零件永久性和半永久装配,可产生相当的接合力。当用弹性材料,如轻合金时,配合性质与铁类零件的 p 轴相当,如用于套环压装在轴上、阀座与机体等配合。尺寸较大时,为了避免损伤配合表面,需用热胀或冷缩法装配
	t,u,v x,y,z	过盈量依次增大,一般不推荐采用

表Ⅱ.121 公差等级与加工方法的关系

加工方法	公差等级(IT)																	
	01	0	1	2	3	4	5	6	7	8	9	10	11	12	13	14	15	16
研磨	—	—	—	—	—	—	—											
珩						—	—	—	—									
圆磨、平磨							—	—	—	—								
金刚石车、金刚石镗							—	—	—									
拉削							—	—	—	—								
铰孔								—	—	—	—	—						
车、镗									—	—	—	—	—					
铣										—	—	—	—					
刨、插												—	—					
钻孔												—	—	—	—			
滚压、挤压												—	—					
冲压												—	—	—	—	—		
压铸													—	—	—	—		
粉末冶金成型								—	—	—								
粉末冶金烧结									—	—	—	—						
砂型铸造、气割																		—
锻造																	—	

表Ⅱ.122 优先配合特性及应用举例

基孔制	基轴制	优先配合特性及应用举例
$\frac{H11}{c11}$	$\frac{C11}{h11}$	间隙非常大,用于很松的、转动很慢的动配合,或要求大公差与大间隙的外露组件,或要求装配方便的很松的配合
$\frac{H9}{d9}$	$\frac{D9}{h9}$	间隙很大的自由转动配合,用于精度非主要要求时,或有大的温度变动、高转速或大的轴颈压力时
$\frac{H8}{f7}$	$\frac{F8}{h7}$	间隙不大的转动配合,用于中等转速与中等轴颈压力的精确转动,也用于装配较易的中等定位配合
$\frac{H7}{g6}$	$\frac{G7}{h6}$	间隙很小的滑动配合,用于不希望自由转动,但可自由移动和滑动并精密定位时,也可用于要求明确的定位配合
$\frac{H7}{h6}$ $\frac{H8}{h7}$ $\frac{H9}{h9}$ $\frac{H11}{h11}$	$\frac{H7}{h8}$ $\frac{H8}{h7}$ $\frac{H9}{h9}$ $\frac{H11}{h11}$	均为间隙定位配合,零件可自由装拆,而工作时一般相对静止不动。在最大实体条件下的间隙为零,在最小实体条件下的间隙由公差等级决定
$\frac{H7}{k6}$	$\frac{K7}{h6}$	过渡配合,用于精密定位
$\frac{H7}{n6}$	$\frac{N7}{h6}$	过渡配合,允许有较大过盈的更精密定位
$\frac{H7^{*}}{p6}$	$\frac{P7}{h6}$	过盈定位配合,即小过盈配合,用于定位精度特别重要时,能以最好的定位精度达到部件的刚性及对中性要求,而对内孔承受压力无特殊要求,不依靠配合的紧固性传递摩擦负荷
$\frac{H7}{s6}$	$\frac{S7}{h6}$	中等压入配合,适用于一般钢件,或用于薄壁件的冷缩配合,用于铸铁件可得到最紧的配合
$\frac{H7}{u6}$	$\frac{U7}{h6}$	压入配合,适用于可承受大压入力的零件或不宜承受大压入力的冷缩配合

注:* 基本尺寸小于或等于 3 mm 为过渡配合。

表Ⅱ.123　轴的极限偏差(GB/T 1800.4—1999 摘录)/μm

基本尺寸/mm		公　差														
		a		b			c					d				
大于	至	10	11*	10	11*	12*	8	9*	10*	▲11	12	7	8*	▲9	10*	11*
—	3	-270 -310	-270 -330	-140 -180	-140 -200	-140 -240	-60 -74	-60 -85	-60 -100	-60 -120	-60 -160	-20 -30	-20 -34	-20 -45	-20 -60	-20 -80
3	6	-270 -318	-270 -345	-140 -188	-140 -215	-140 -260	-70 -88	-70 -100	-70 -118	-70 -145	-70 -190	-30 -42	-30 -48	-30 -60	-30 -78	-30 -105
6	10	-280 -338	-280 -370	-150 -208	-150 -240	-150 -300	-80 -102	-80 -116	-80 -138	-80 -170	-80 -230	-40 -55	-40 -62	-40 -76	-40 -98	-40 -130
10	14	-290 -360	-290 -400	-150 -220	-150 -260	-150 -330	-95 -122	-95 -138	-95 -165	-95 -205	-95 -275	-50 -68	-50 -77	-50 -93	-50 -120	-50 -160
14	18															
18	24	-300 -384	-300 -430	-160 -244	-160 -290	-160 -370	-110 -143	-110 -162	-110 -194	-110 -240	-110 -320	-65 -86	-65 -98	-65 -117	-65 -149	-65 -195
24	30															
30	40	-310 -410	-310 -470	-170 -270	-170 -330	-170 -420	-120 -159	-120 -182	-120 -220	-120 -280	-120 -370	-80 -105	-80 -119	-80 -142	-80 -180	-80 -240
40	50	-320 -420	-320 -480	-180 -280	-180 -340	-180 -430	-130 -169	-130 -192	-130 -230	-130 -290	-130 -380					
50	65	-340 -460	-340 -530	-190 -310	-190 -380	-190 -490	-140 -186	-140 -214	-140 -260	-140 -330	-140 -440	-100 -130	-100 -146	-100 -174	-100 -220	-100 -290
65	80	-360 -480	-360 -550	-200 -320	-200 -390	-200 -500	-150 -196	-150 -224	-150 -270	-150 -340	-150 -450					
80	100	-380 -520	-380 -600	-220 -360	-220 -440	-220 -570	-170 -224	-170 -257	-170 -310	-170 -390	-170 -520	-120 -155	-120 -174	-120 -207	-120 -260	-120 -340
100	120	-410 -550	-410 -630	-240 -380	-240 -460	-240 -590	-180 -234	-180 -267	-180 -320	-180 -400	-180 -530					
120	140	-460 -620	-460 -710	-260 -420	-260 -510	-260 -660	-200 -263	-200 -300	-200 -360	-200 -450	-200 -600	-145 -185	-145 -208	-145 -245	-145 -305	-145 -395
140	160	-520 -680	-520 -770	-280 -440	-280 -530	-280 -680	-210 -273	-210 -310	-210 -370	-210 -460	-210 -610					
160	180	-580 -740	-580 -830	-310 -470	-310 -560	-310 -710	-230 -293	-230 -330	-230 -390	-230 -480	-230 -630					
180	200	-660 -845	-660 -950	-340 -525	-340 -630	-340 -800	-240 -312	-240 -355	-240 -425	-240 -530	-240 -700	-170 -216	-170 -242	-170 -285	-170 -355	-170 -460
200	225	-740 -925	-740 -1 030	-380 -565	-380 -670	-380 -840	-260 -332	-260 -375	-260 -445	-260 -550	-260 -720					
225	250	-820 -1 005	-820 -1 110	-420 -605	-420 -710	-420 -880	-280 -352	-280 -395	-280 -465	-280 -570	-280 -740					
250	280	-920 -1 130	-920 -1 240	-480 -690	-480 -800	-480 -1 000	-300 -381	-300 -430	-300 -510	-300 -620	-300 -820	-190 -242	-190 -271	-190 -320	-190 -400	-190 -510
280	315	-1 050 -1 260	-1 050 -1 370	-540 -750	-540 -860	-540 -1 060	-330 -411	-330 -460	-330 -540	-330 -650	-330 -850					
315	255	-1 200 -1 430	-1 200 -1 560	-600 -830	-600 -960	-600 -1 170	-360 -449	-350 -500	-350 -590	-350 -720	-350 -930	-210 -267	-210 -299	-210 -350	-210 -440	-210 -570
355	400	-1 350 -1 580	-1 350 -1 710	-680 -910	-680 -1 040	-680 -1 250	-400 -489	-400 -540	-400 -630	-400 -760	-400 -970					
400	450	-1 500 -1 750	-1 500 -1 900	-760 -1 010	-760 -1 160	-760 -1 390	-440 -537	-440 -595	-440 -690	-440 -840	-440 -1 070	-230 -293	-230 -327	-230 -385	-230 -480	-230 -630
450	500	-1 650 -1 900	-1 650 -2 050	-840 -1 090	-840 -1 240	-840 -1 470	-480 -577	-480 -635	-480 -730	-480 -880	-480 -1 110					

注:①基本尺寸小于 1 mm 时,各级的 a 和 b 均不采用。

②▲为优先公差带,* 为常用公差带,其余为一般用途公差带。

带																					
e				f					g			h									
6	7*	8*	9*	5*	6*	▲7	8*	9*	5*	▲6	7*	4	5*	▲6	▲7	8*	▲9	10*	▲11	12*	13
-14 -20	-14 -24	-14 -28	-14 -39	-6 -10	-6 -12	-6 -16	-6 -20	-6 -31	-2 -6	-2 -8	-2 -12	0 -3	0 -4	0 -6	0 -10	0 -14	0 -25	0 -40	0 -60	0 -100	0 -140
-20 -28	-20 -32	-20 -38	-20 -50	-10 -15	-10 -18	-10 -22	-10 -28	-10 -40	-4 -9	-4 -12	-4 -16	0 -4	0 -5	0 -8	0 -12	0 -18	0 -30	0 -48	0 -75	0 -120	0 -180
-25 -34	-25 -40	-25 -47	-25 -61	-13 -19	-13 -22	-13 -28	-13 -35	-13 -49	-5 -11	-5 -14	-5 -20	0 -4	0 -6	0 -9	0 -15	0 -22	0 -36	0 -58	0 -90	0 -150	0 -220
-32 -43	-32 -50	-32 -59	-32 -75	-16 -24	-16 -27	-16 -34	-16 -43	-16 -59	-6 -14	-6 -17	-6 -24	0 -5	0 -8	0 -11	0 -18	0 -27	0 -43	0 -70	0 -110	0 -180	0 -270
-40 -53	-40 -61	-40 -73	-40 -92	-20 -29	-20 -33	-20 -41	-20 -53	-20 -72	-7 -16	-7 -20	-7 -28	0 -6	0 -9	0 -13	0 -21	0 -33	0 -52	0 -84	0 -130	0 -210	0 -330
-50 -66	-50 -75	-50 -89	-50 -112	-25 -36	-25 -41	-25 -50	-25 -64	-25 -87	-9 -20	-9 -25	-9 -34	0 -7	0 -11	0 -16	0 -25	0 -39	0 -62	0 -100	0 -160	0 -250	0 -390
-60 -79	-60 -90	-60 -106	-60 -134	-30 -43	-30 -49	-30 -60	-30 -76	-30 -104	-10 -23	-10 -29	-10 -40	0 -8	0 -13	0 -19	0 -30	0 -46	0 -74	0 -120	0 -190	0 -300	0 -460
-72 -94	-72 -107	-72 -126	-72 -159	-36 -51	-36 -58	-36 -71	-36 -90	-36 -123	-12 -27	-12 -34	-12 -47	0 -10	0 -15	0 -22	0 -35	0 -54	0 -87	0 -140	0 -220	0 -350	0 -540
-85 -110	-85 -125	-85 -148	-85 -185	-43 -61	-43 -68	-43 -83	-43 -106	-43 -143	-14 -32	-14 -39	-14 -54	0 -12	0 -18	0 -25	0 -40	0 -63	0 -100	0 -160	0 -250	0 -400	0 -630
-100 -129	-100 -146	-100 -172	-100 -215	-100 -70	-50 -79	-50 -96	-50 -122	-50 -165	-15 -35	-15 -44	-15 -61	0 -14	0 -20	0 -29	0 -46	0 -72	0 -115	0 -185	0 -290	0 -460	0 -720
-110 -142	-110 -162	-110 -191	-110 -240	-56 -79	-56 -88	-56 -108	-56 -137	-56 -185	-17 -40	-17 -49	-17 -69	0 -16	0 -23	0 -32	0 -52	0 -81	0 -130	0 -210	0 -320	0 -520	0 -810
-125 -161	-125 -182	-125 -214	-125 -265	-62 -87	-62 -98	-62 -119	-62 -151	-62 -202	-18 -43	-18 -54	-18 -75	0 -18	0 -25	0 -36	0 -57	0 -89	0 -140	0 -230	0 -360	0 -570	0 -890
-135 -175	-135 -198	-135 -232	-135 -290	-68 -95	-68 -108	-68 -131	-68 -165	-68 -223	-20 -47	-20 -60	-20 -83	0 -20	0 -27	0 -40	0 -63	0 -97	0 -115	0 -250	0 -400	0 -630	0 -970

续表

基本尺寸		公差																	
/mm		j			js						k			m			n		
大于	至	5	6	7	5*	6*	7*	8	9	10	5*	▲6	7*	5*	6*	7*	5*	▲6	7*
—	3	±2	+4 −2	+6 −4	±2	±3	±5	±7	±12	±20	+4 0	+6 0	+10 0	+6 +2	+8 +2	+12 +2	+8 +4	+10 +4	+14 +4
3	6	+3 −2	+6 −2	+8 −4	±2.5	±4	±6	±9	±15	±24	+6 +1	+9 +1	+13 +1	+9 +4	+12 +4	+16 +4	+13 +8	+16 +8	+20 +8
6	10	+4 −2	+7 −2	+10 −5	±3	±4.5	±7	±11	±18	±29	+7 +1	+10 +1	+16 +1	+12 +6	+15 +6	+21 +6	+16 +10	+19 +10	+25 +10
10	14	+5 −3	+8 −3	+12 −6	±4	±5.5	±9	±13	±21	±35	+9 +1	+12 +1	+19 +1	+15 +7	+18 +7	+25 +7	+20 +12	+23 +12	+30 +12
14	18																		
18	24	+5 −4	+9 −4	+13 −8	±4.5	±6.5	±10	±16	±26	±42	+11 +2	+15 +2	+23 +2	+17 +8	+21 +8	+29 +8	+24 +15	+28 +15	+36 +15
24	30																		
30	40	+6 −5	+11 −5	+15 −10	±5.5	±8	±12	±19	±31	±50	+13 +2	+18 +2	+27 +2	+20 +9	+25 +9	+34 +9	+28 +17	+33 +17	+42 +17
40	50																		
50	65	+6 −7	+12 −7	+18 −12	±6.5	±9.5	±15	±23	±37	±60	+15 +2	+21 +2	+32 +2	+24 +11	+30 +11	+41 +11	+33 +20	+39 +20	+50 +20
65	80																		
80	100	+6 −9	+13 −9	+20 −15	±7.5	±11	±17	±27	±43	±70	+18 +3	+25 +3	+38 +3	+35 +13	+35 +13	+48 +13	+38 +23	+45 +23	+58 +23
100	120																		
120	140	+7 −11	+14 −11	+22 −18	±9	±12.5	±20	±31	±50	±80	+21 +3	+28 +3	+43 +3	+33 +15	+40 +15	+55 +15	+45 +27	+52 +27	+67 +27
140	160																		
160	180																		
180	200	+7 −13	+16 −13	+25 −21	±10	±14.5	±23	±36	±57	±92	+24 +4	+33 +4	+50 +4	+37 +17	+46 +17	+63 +17	+51 +31	+60 +31	+77 +31
200	225																		
225	250																		
250	280	+7 −16	±16	±26	±11.5	±16	±26	±40	±65	±105	+27 +4	+36 +4	+56 +4	+43 +20	+52 +20	+72 +20	+57 +34	+66 +34	+86 +34
280	315																		
315	355	+7 −18	±18	+29 −28	±12.5	±18	±28	±44	±70	±115	+29 +4	+40 +4	+61 +4	+46 +21	+57 +21	+78 +21	+62 +37	+73 +37	+94 +37
355	400																		
400	450	+7 −20	±20	+31 −32	±13.5	±20	±31	±48	±77	±125	+32 +5	+45 +5	+68 +5	+50 +23	+63 +23	+86 +23	+80 +40	+80 +40	+103 +40
450	500																		

带																			
p			r			s			t			u				v	x	y	z
5*	▲6	7*	5*	6*	7*	5*	▲6	7*	5*	6*	7*	5	▲6	7*	8	6*	6*	6*	6*
+10 +6	+12 +6	+16 +6	+14 +10	+16 +10	+20 +10	+18 +14	+20 +14	+24 +14	—	—	—	+22 +18	+24 +18	+28 +18	+32 +18	—	+26 +20	—	+32 +26
+17 +12	+20 +12	+24 +12	+20 +15	+23 +15	+27 +15	+24 +19	+27 +19	+31 +19	—	—	—	+28 +23	+31 +23	+35 +23	+41 +23	—	+36 +28	—	+43 +35
+21 +15	+24 +15	+30 +15	+25 +19	+28 +19	+34 +19	+29 +23	+32 +23	+38 +23	—	—	—	+34 +28	+37 +28	+43 +28	+50 +28	—	+43 +34	—	+51 +42
+26 +18	+29 +18	+36 +18	+31 +23	+34 +23	+41 +23	+36 +28	+39 +28	+46 +28	—	—	—	+41 +33	+44 +33	+51 +33	+60 +33	—	+51 +40	—	+61 +50
									—	—	—					+50 +39	+56 +45	—	+71 +60
+31 +22	+35 +22	+43 +22	+37 +28	+41 +28	+49 +28	+44 +35	+48 +35	+56 +35	—	—	—	+50 +41	+54 +41	+62 +41	+74 +41	+60 +47	+67 +54	+76 +63	+86 +73
									+50 +41	+54 +41	+62 +41	+57 +48	+61 +48	+69 +48	+81 +48	+68 +55	+77 +64	+88 +75	+101 +88
+37 +26	+42 +26	+51 +26	+45 +34	+50 +34	+59 +34	+54 +43	+59 +43	+68 +43	+59 +48	+64 +48	+73 +48	+71 +60	+76 +60	+85 +60	+99 +60	+84 +68	+96 +80	+110 +94	+128 +112
									+65 +54	+70 +54	+79 +54	+81 +70	+86 +70	+95 +70	+109 +70	+97 +81	+113 +97	+130 +114	+152 +136
+45 +32	+51 +32	+62 +32	+54 +41	+60 +41	+71 +41	+66 +53	+72 +53	+33 +53	+79 +66	+85 +66	+96 +66	+100 +87	+106 +87	+117 +87	+133 +87	+121 +102	+141 +122	+163 +144	+191 +172
			+56 +43	+62 +43	+72 +43	+72 +59	+78 +59	+89 +59	+88 +75	+94 +75	+105 +75	+115 +102	+121 +102	+132 +102	+148 +102	+139 +120	+165 +146	+193 +174	+229 +210
+52 +37	+59 +37	+72 +37	+66 +51	+73 +51	+86 +51	+86 +71	+93 +71	+106 +71	+106 +91	+113 +91	+126 +91	+139 +124	+146 +124	+159 +124	+178 +124	+168 +146	+200 +178	+236 +214	+280 +258
			+69 +54	+76 +54	+89 +54	+94 +79	+101 +79	+114 +79	+119 +104	+126 +104	+139 +104	+159 +144	+166 +144	+179 +144	+198 +144	+194 +172	+232 +210	+276 +254	+332 +310
+61 +43	+68 +43	+83 +43	+81 +63	+88 +63	+103 +63	+110 +92	+117 +92	+132 +92	+140 +122	+147 +122	+162 +122	+188 +170	+195 +170	+210 +170	+233 +170	+227 +202	+273 +248	+325 +300	+390 +356
			+83 +65	+90 +65	+105 +65	+118 +100	+125 +100	+140 +100	+152 +134	+159 +134	+174 +134	+208 +190	+215 +190	+230 +190	+253 +190	+253 +228	+305 +280	+365 +340	+440 +415
			+86 +68	+93 +68	+108 +68	+126 +108	+133 +108	+148 +108	+164 +146	+171 +146	+186 +146	+228 +210	+235 +210	+250 +210	+273 +210	+277 +252	+335 +310	+405 +380	+490 +465
+70 +50	+79 +50	+96 +50	+91 +77	+106 +77	+123 +77	+142 +122	+151 +122	+168 +122	+186 +166	+195 +166	+212 +166	+256 +236	+265 +236	+282 +236	+308 +236	+313 +284	+379 +350	+454 +425	+549 +520
			+100 +80	+109 +80	+126 +80	+150 +130	+159 +130	+176 +130	+200 +180	+209 +180	+226 +180	+278 +258	+287 +258	+304 +258	+330 +258	+339 +310	+414 +385	+499 +470	+604 +575
			+104 +84	+113 +84	+130 +84	+160 +140	+169 +140	+186 +140	+216 +196	+225 +196	+242 +196	+304 +284	+313 +284	+330 +284	+356 +284	+369 +340	+454 +425	+549 +520	+669 +640
+79 +56	+88 +56	+108 +56	+177 +94	+126 +94	+146 +94	+181 +158	+190 +158	+210 +158	+241 +218	+250 +218	+270 +218	+338 +315	+347 +315	+367 +315	+396 +315	+417 +385	+507 +475	+612 +580	+742 +710
			+121 +98	+130 +98	+150 +98	+193 +170	+202 +170	+222 +170	+263 +240	+272 +240	+292 +240	+373 +350	+382 +350	+402 +350	+431 +350	+457 +425	+557 +525	+682 +650	+822 +790
+87 +62	+98 +62	+119 +62	+133 +108	+144 +108	+165 +108	+215 +190	+226 +190	+247 +190	+293 +268	+304 +268	+325 +268	+415 +390	+426 +390	+447 +390	+479 +390	+511 +475	+626 +590	+766 +730	+936 +900
			+139 +114	+150 +114	+171 +114	+233 +208	+244 +208	+265 +208	+319 +294	+330 +294	+351 +294	+460 +435	+471 +435	+492 +435	+524 +435	+566 +530	+696 +660	+856 +820	+1 036 +1 000
+95 +68	+108 +68	+131 +68	+153 +126	+166 +126	+189 +126	+259 +232	+272 +232	+295 +232	+357 +330	+370 +330	+393 +330	+517 +490	+530 +490	+553 +490	+587 +490	+635 +595	+780 +740	+960 +920	+1 140 +1 100
			+159 +132	+172 +132	+195 +132	+279 +252	+292 +252	+315 +252	+387 +360	+400 +360	+423 +360	+567 +540	+580 +540	+603 +540	+637 +540	+700 +660	+860 +820	+1 040 +1 000	+1 290 +1 250

表Ⅱ.124　孔的极限偏差(GB/T 1800.4—1999 摘录)

基本尺寸 /mm		公差														
		A	B		C			D					E			F
大于	至	11*	11*	12*	10	▲11	12	7	8*	▲9	10*	11*	8*	9*	10	6*
—	3	+330 +270	+200 +140	+240 +140	+100 +60	+120 +60	+160 +60	+30 +20	+34 +20	+45 +20	+60 +20	+80 +20	+28 +14	+39 +14	+54 +14	+12 +6
3	6	+345 +270	+215 +140	+260 +140	+118 +70	+145 +70	+190 +70	+42 +30	+48 +30	+60 +30	+78 +30	+105 +30	+38 +20	+50 +20	+68 +20	+18 +10
6	10	+370 +280	+240 +150	+300 +150	+138 +80	+170 +80	+230 +80	+55 +40	+62 +40	+76 +40	+98 +40	+130 +40	+47 +25	+61 +25	+83 +25	+22 +13
10	14	+400 +290	+260 +150	+330 +150	+165 +95	+205 +95	+275 +95	+68 +50	+77 +50	+93 +50	+120 +50	+160 +50	+59 +32	+75 +32	+102 +32	+27 +16
14	18															
18	24	+430 +300	+290 +160	+370 +160	+194 +110	+240 +110	+320 +110	+86 +65	+98 +65	+117 +65	+149 +65	+195 +65	+73 +40	+92 +40	+124 +40	+33 +20
24	30															
30	40	+470 +310	+330 +170	+420 +170	+220 +120	+280 +120	+370 +120	+105 +80	+119 +80	+142 +80	+180 +80	+240 +80	+89 +50	+112 +50	+150 +50	+41 +25
40	50	+480 +320	+340 +180	+430 +180	+230 +130	+290 +130	+380 +130									
50	65	+530 +340	+380 +190	+490 +190	+260 +140	+330 +140	+440 +140	+130 +100	+146 +100	+174 +100	+220 +100	+290 +100	+106 +60	+134 +60	+180 +60	+49 +30
65	80	+550 +360	+390 +200	+500 +200	+270 +150	+340 +150	+450 +150									
80	100	+600 +380	+440 +220	+570 +220	+310 +170	+390 +170	+520 +170	+155 +120	+174 +120	+207 +120	+260 +120	+340 +120	+126 +72	+159 +72	+212 +72	+58 +36
100	120	+630 +410	+460 +240	+590 +240	+320 +180	+400 +180	+530 +180									
120	140	+710 +460	+510 +260	+660 +260	+360 +200	+450 +200	+600 +200	+185 +145	+208 +145	+245 +145	+305 +145	+395 +145	+148 +85	+185 +85	+245 +85	+68 +43
140	160	+770 +520	+530 +280	+680 +280	+370 +210	+460 +210	+610 +210									
160	180	+830 +580	+560 +310	+710 +310	+390 +230	+480 +230	+630 +230									
180	200	+950 +660	+630 +340	+800 +340	+425 +240	+530 +240	+700 +240	+216 +170	+242 +170	+285 +170	+355 +170	+460 +170	+172 +100	+215 +100	+285 +100	+79 +50
200	225	+1 030 +740	+670 +380	+840 +380	+445 +260	+550 +260	+720 +260									
225	250	+1 110 +820	+710 +420	+880 +420	+465 +280	+570 +280	+740 +280									
250	280	+1 240 +920	+800 +480	+1 000 +480	+510 +300	+620 +300	+820 +300	+242 +190	+271 +190	+320 +190	+400 +190	+510 +190	+191 +110	+240 +110	+320 +110	+88 +56
280	315	+1 370 +1 050	+860 +540	+1 060 +540	+540 +330	+650 +330	+850 +330									
315	355	+1 560 +1 200	+960 +600	+1 170 +600	+590 +360	+720 +360	+930 +360	+267 +210	+299 +210	+350 +210	+440 +210	+570 +210	+214 +125	+265 +125	+355 +125	+98 +62
355	400	+1 710 +1 350	+1 040 +680	+1 250 +680	+630 +400	+760 +400	+970 +400									
400	450	+1 900 +1 500	+1 160 +760	+1 390 +760	+690 +440	+840 +440	+1 070 +440	+293 +230	+327 +230	+385 +230	+480 +230	+630 +230	+232 +135	+290 +135	+385 +135	+108 +68
450	500	+2 050 +1 650	+1 240 +840	+1 470 +840	+730 +480	+880 +480	+1 110 +480									

注:①基本尺寸小于 1 mm 时,各级的 A 和 B 均不采用。

②▲为优先公差带,*为常用公差带,其余为一般用途公差带。

带														
F			G			H								
7*	▲8	9*	5	6*	▲7	5	6*	▲7	▲8	▲9	10*	▲11	12*	13
+16 +6	+20 +6	+31 +6	+6 +2	+8 +2	+12 +2	+4 0	+6 0	+10 0	+14 0	+25 0	+40 0	+60 0	+100 0	+140 0
+22 +10	+28 +10	+40 +10	+9 +4	+12 +4	+16 +4	+5 0	+8 0	+12 0	+18 0	+30 0	+48 0	+75 0	+120 0	+180 0
+28 +13	+35 +13	+49 +13	+11 +5	+14 +5	+20 +5	+6 0	+9 0	+15 0	+22 0	+36 0	+58 0	+90 0	+150 0	+220 0
+34 +16	+43 +16	+59 +16	+14 +6	+17 +6	+24 +6	+8 0	+11 0	+18 0	+27 0	+43 0	+70 0	+110 0	+180 0	+270 0
+41 +20	+53 +20	+72 +20	+16 +7	+20 +7	+28 +7	+9 0	+13 0	+21 0	+33 0	+52 0	+84 0	+130 0	+210 0	+330 0
+50 +25	+64 +25	+87 +25	+20 +9	+25 +9	+34 +9	+11 0	+16 0	+25 0	+39 0	+62 0	+100 0	+160 0	+250 0	+390 0
+60 +30	+76 +30	+104 +30	+23 +10	+29 +10	+40 +10	+13 0	+19 0	+30 0	+46 0	+74 0	+120 0	+190 0	+300 0	+460 0
+71 +36	+90 +36	+123 +36	+27 +12	+34 +12	+47 +12	+15 0	+22 0	+35 0	+54 0	+87 0	+140 0	+220 0	+350 0	+540 0
+83 +43	+106 +43	+143 +43	+32 +14	+39 +14	+54 +14	+18 0	+25 0	+40 0	+63 0	+100 0	+160 0	+250 0	+400 0	+630 0
+96 +50	+122 +50	+165 +50	+35 +15	+44 +15	+61 +15	+20 0	+29 0	+46 0	+72 0	+115 0	+185 0	+290 0	+460 0	+720 0
+108 +56	+137 +56	+186 +56	+40 +17	+49 +17	+69 +17	+23 0	+32 0	+52 0	+81 0	+130 0	+210 0	+320 0	+520 0	+810 0
+119 +62	+151 +62	+202 +62	+43 +18	+54 +18	+75 +18	+25 0	+36 0	+57 0	+89 0	+140 0	+230 0	+360 0	+570 0	+890 0
+131 +68	+165 +68	+223 +68	+47 +20	+60 +20	+83 +20	+27 0	+40 0	+63 0	+97 0	+155 0	+250 0	+400 0	+630 0	+970 0

续表

基本尺寸 /mm		公差														
		J			JS						K			M		
大于	至	6	7	8	5	6*	7*	8*	9	10	6*	▲7	8*	6*	7*	8*
—	3	+2 −4	+4 −6	+6 −8	±2	±3	±5	±7	±12	±20	0 −6	0 −10	0 −14	−2 −8	−2 −12	−2 −16
3	6	+5 −3	±6	+10 −8	±2.5	±4	±6	±9	±15	±24	+2 −6	+3 −9	+5 −13	−1 −9	0 −12	+2 −16
6	10	+5 −4	+8 −7	+12 −10	±3	±4.5	±7	±11	±18	±29	+2 −7	+5 −10	+6 −16	−3 −12	0 −15	+1 −21
10	14	+6 −5	+10 −8	+15 −12	±4	±5.5	±9	±13	±21	±36	+2 −9	+6 −12	+8 −19	−4 −15	0 −18	+2 −25
14	18															
18	24	+8 −5	+12 −9	+20 −13	±4.5	±6.5	±10	±16	±26	±42	+2 −11	+6 −15	+10 −23	−4 −17	0 −21	+4 −29
24	30															
30	40	+10 −6	+14 −11	+24 −15	±5.5	±8	±12	±19	±31	±50	+3 −13	+7 −18	+12 −27	−4 −20	0 −25	+5 −34
40	50															
50	65	+13 −6	+18 −12	+28 −18	±6.5	±9.5	±15	±23	±37	±60	+4 −15	+9 −21	+14 −32	−5 −24	0 −30	+5 −41
65	80															
80	100	+16 −6	+22 −13	+34 −20	±7.5	±11	±17	±27	±43	±70	+4 −18	+10 −25	+16 −38	−6 −28	0 −35	+6 −48
100	120															
120	140	+18 −7	+26 −14	+41 −22	±9	±12.5	±20	±31	±50	±80	+4 −21	+12 −28	+20 −43	−8 −33	0 −40	+8 −55
140	160															
160	180															
180	200	+22 −7	+30 −16	+47 −25	±10	±14.5	±23	±36	±57	±92	+5 −24	+13 −33	+22 −50	−8 −37	0 −46	+9 −63
200	225															
225	250															
250	280	+25 −7	+36 −16	+55 −26	±11.5	±16	±26	±40	±65	±105	+5 −27	+16 −36	+25 −56	−9 −41	0 −52	+9 −72
280	315															
315	355	+29 −7	+39 −18	+60 −29	±12.5	±18	±28	±44	±70	±115	+7 −29	+17 −40	+28 −61	−10 −46	0 −57	+11 −78
355	400															
400	450	+33 −7	+43 −20	+66 −31	±13.5	±20	±31	±48	±77	±125	+8 −32	+18 −45	+29 −68	−10 −50	0 −63	+11 −86
450	500															

带														
N			P				R			S		T		U
6*	▲7	8*	6*	▲7	8	9	6*	7*	8	6*	▲7	6*	7*	▲7
-4 -10	-4 -14	-4 -18	-6 -12	-6 -16	-6 -20	-6 -31	-10 -16	-10 -20	-10 -24	-14 -20	-14 -24	—	—	-18 -28
-5 -13	-4 -16	-2 -20	-9 -17	-8 -20	-12 -30	-12 -42	-12 -20	-11 -23	-15 -33	-16 -24	-15 -27	—	—	-19 -31
-7 -16	-4 -19	-3 -25	-12 -21	-9 -24	-15 -37	-15 -51	-16 -25	-13 -28	-19 -41	-20 -29	-17 -32	—	—	-22 -37
-9 -20	-5 -23	-3 -30	-15 -26	-11 -29	-18 -45	-18 -61	-20 -31	-16 -34	-23 -50	-25 -36	-21 -39	—	—	-26 -44
-11 -24	-7 -28	-3 -36	-18 -31	-14 -35	-22 -55	-22 -74	-24 -37	-20 -41	-28 -61	-31 -44	-27 -48	—	—	-33 -54
												-37 -50	-33 -54	-40 -61
-12 -28	-8 -33	-3 -42	-21 -37	-17 -42	-26 -65	-26 -88	-29 -45	-25 -50	-34 -73	-38 -54	-34 -59	-43 -59	-39 -64	-51 -76
												-49 -65	-45 -70	-61 -86
-14 -33	-9 -39	-4 -50	-26 -45	-21 -51	-32 -78	-32 -106	-35 -54	-30 -60	-41 -87	-47 -66	-42 -72	-60 -79	-55 -85	-76 -106
							-37 -56	-32 -62	-43 -89	-53 -72	-48 -78	-69 -88	-64 -94	-91 -121
-16 -38	-10 -45	-4 -58	-30 -52	-24 -59	-37 -91	-37 -124	-44 -66	-38 -73	-51 -105	-64 -86	-58 -93	-84 -106	-78 -113	-111 -146
							-47 -69	-41 -76	-54 -108	-72 -94	-66 -101	-97 -119	-91 -126	-131 -166
-20 -45	-12 -52	-4 -67	-36 -61	-28 -68	-43 -106	-43 -143	-56 -81	-48 -88	-63 -126	-85 -110	-77 -117	-115 -140	-107 -147	-155 -195
							-58 -83	-50 -90	-65 -128	-93 -118	-85 -125	-127 -152	-119 -159	-175 -215
							-61 -86	-53 -93	-68 -131	-101 -126	-93 -133	-139 -164	-131 -171	-195 -235
-22 -51	-14 -60	-5 -77	-41 -70	-33 -79	-50 -122	-50 -165	-68 -97	-60 -106	-77 -149	-113 -142	-105 -151	-157 -186	-149 -195	-219 -265
							-71 -100	-63 -109	-80 -152	-121 -150	-113 -159	-171 -200	-163 -209	-241 -287
							-75 -104	-67 -113	-84 -156	-131 -160	-123 -169	-187 -216	-179 -225	-267 -313
-25 -57	-14 -66	-5 -86	-47 -79	-36 -88	-56 -137	-56 -186	-85 -117	-74 -126	-94 -175	-149 -181	-138 -190	-209 -241	-198 -250	-295 -347
							-89 -121	-78 -130	-98 -179	-161 -193	-150 -202	-231 -263	-220 -272	-330 -382
-26 -62	-16 -73	-5 -94	-51 -87	-41 -98	-62 -151	-62 -202	-97 -133	-87 -144	-108 -197	-179 -215	-169 -226	-257 -293	-247 -304	-369 -426
							-103 -139	-93 -150	-114 -203	-197 -233	-187 -244	-283 -319	-273 -330	-414 -471
-27 -67	-17 -80	-6 -103	-55 -95	-45 -108	-68 -165	-68 -223	-113 -153	-103 -166	-126 -223	-219 -259	-209 -272	-317 -357	-307 -370	-467 -530
							-119 -159	-109 -172	-132 -229	-239 -279	-229 -292	-347 -387	-337 -400	-517 -580

表Ⅱ.125　线性尺寸的未注公差(GB/T 1804—2000)/mm

公差等级	线性尺寸的极限偏差数值								倒圆半径与倒角高度尺寸的极限偏差数值			
	基本尺寸分段								基本尺寸分段			
	0.5~3	>3~6	>6~30	>30~120	>120~400	>400~1 000	>1 000~2 000	>2 000~4 000	0.5~3	>3~6	>6~30	>30
精确 f	±0.05	±0.05	±0.1	±0.15	±0.2	±0.3	±0.5	—	±0.2	±0.5	±1	±2
中等 m	±0.1	±0.1	±0.2	±0.3	±0.5	±0.8	±1.2	±2				
粗糙 c	±0.2	±0.3	±0.5	±0.8	±1.2	±2	±3	±4	±0.4	±1	±2	±4
最粗 v	—	±0.5	±1	±1.5	±2.5	±4	±6	±8				
在图样上技术文件或标准中的表示方法示例:GB/T 1804—m(表示选用中等级)												

Ⅱ.7.2　形状和位置公差

表Ⅱ.126　形状和位置公差特征项目的符号及其标注(GB/T 1182—1996 摘录)

公差特征项目的符号							被测要素、基准要素的标注要求及其他附加符号			
公差		特征项目	符号	公差		特征项目	符号	说明	符号	说明	符号
形状	形状	直线度	—	位置	定向	平行度	//	被测要素的标注 直接		最大实体要求	Ⓜ
		平面度	▱			垂直度	⊥				
		圆度	○			倾斜度	∠	被测要素的标注 用字母	A	最小实体要求	Ⓛ
		圆柱度	⌭		定位	同轴度	◎				
						对称度	⌯	基准要素的标注	Ⓐ	可逆要求	Ⓡ
						位置度	⊕	基准目标的标注	φ2/A1	延伸公差带	Ⓟ
形状或位置	轮廓	线轮廓度	⌒		跳动	圆跳动	↗	理论正确尺寸	50	自由状态(非刚性零件)条件	Ⓕ
		面轮廓度	⌓			全跳动	⌰	包容要求	Ⓔ	全周(轮廓)	
公差框格	— 0.1 ; // 0.1 A ; ⊕ φ0.1 A B C (h, 2h)						公差要求在矩形方框中给出,该方框由两格或多格组成。框格中的内容从左到右按以下次序填写: —公差特征的符号; —公差值; —如需要,用一个或多个字母表示基准要素或基准体系。 (*h* 为图样中采用字体的高度)			

表Ⅱ.127 直线度、平面度公差(GB/T 1184—1996 摘录)

主要参数 L 图例

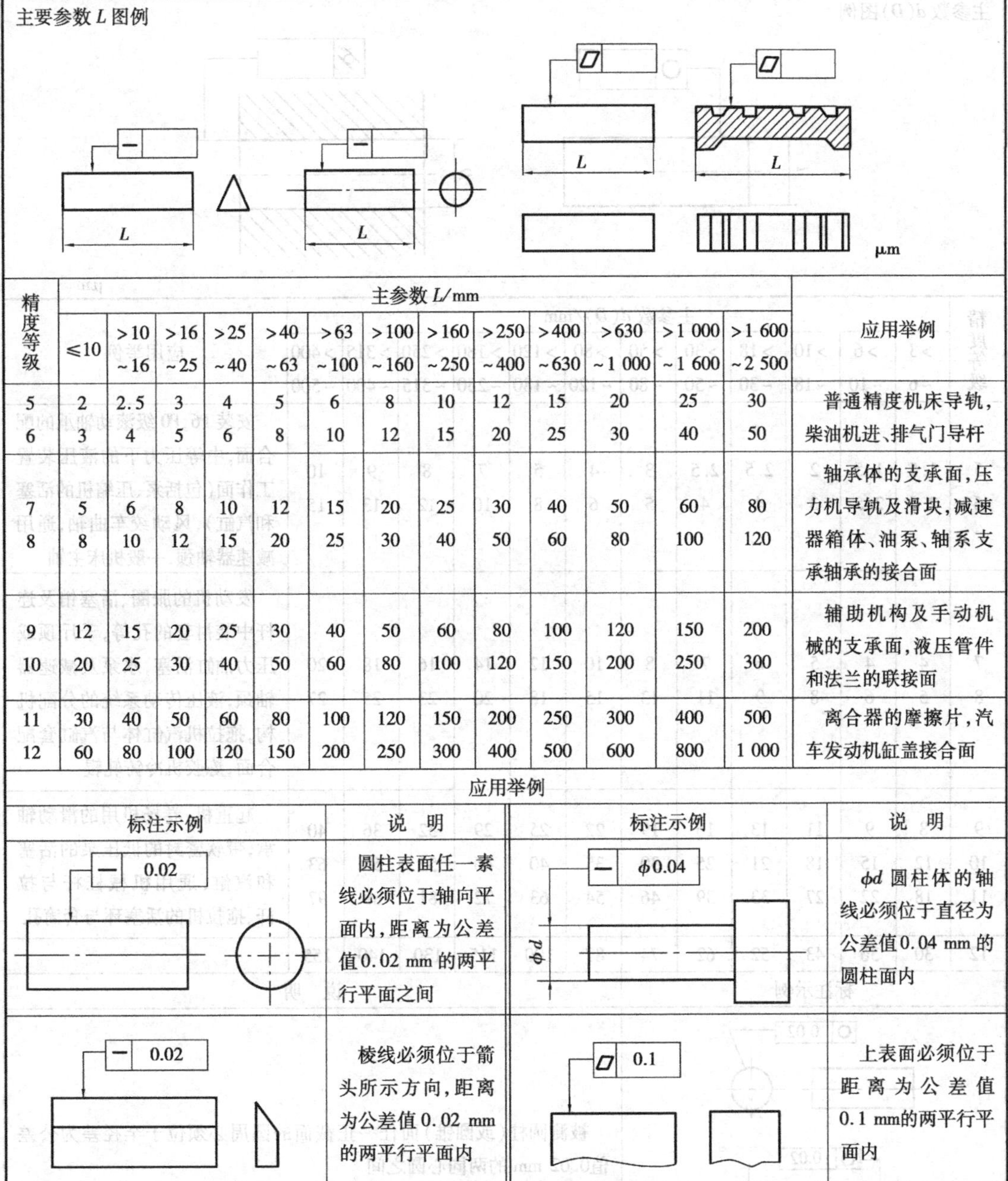

μm

精度等级	主参数 L/mm													应用举例
	≤10	>10~16	>16~25	>25~40	>40~63	>63~100	>100~160	>160~250	>250~400	>400~630	>630~1 000	>1 000~1 600	>1 600~2 500	
5	2	2.5	3	4	5	6	8	10	12	15	20	25	30	普通精度机床导轨,柴油机进、排气门导杆
6	3	4	5	6	8	10	12	15	20	25	30	40	50	
7	5	6	8	10	12	15	20	25	30	40	50	60	80	轴承体的支承面,压力机导轨及滑块,减速器箱体、油泵、轴系支承轴承的接合面
8	8	10	12	15	20	25	30	40	50	60	80	100	120	
9	12	15	20	25	30	40	50	60	80	100	120	150	200	辅助机构及手动机械的支承面,液压管件和法兰的联接面
10	20	25	30	40	50	60	80	100	120	150	200	250	300	
11	30	40	50	60	80	100	120	150	200	250	300	400	500	离合器的摩擦片,汽车发动机缸盖接合面
12	60	80	100	120	150	200	250	300	400	500	600	800	1 000	

应用举例

标注示例	说 明	标注示例	说 明
	圆柱表面任一素线必须位于轴向平面内,距离为公差值0.02 mm的两平行平面之间		ϕd 圆柱体的轴线必须位于直径为公差值0.04 mm的圆柱面内
	棱线必须位于箭头所示方向,距离为公差值0.02 mm的两平行平面内		上表面必须位于距离为公差值0.1 mm的两平行平面内

注:表中"应用举例"非 GB/T 1184—1996 内容,仅供参考。

表Ⅱ.128 圆度、圆柱度公差(GB/T 1184—1996 摘录)

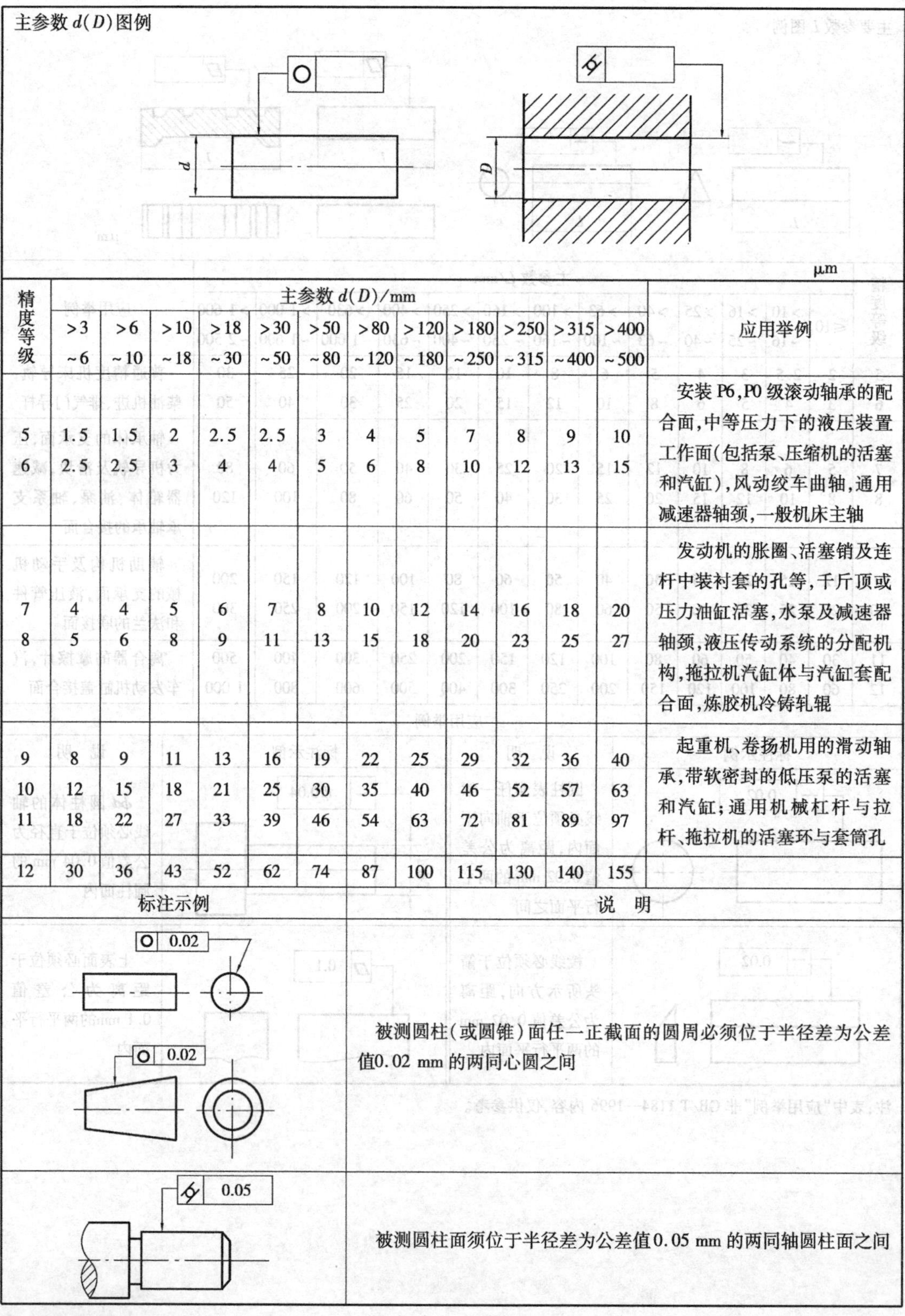

μm

精度等级	主参数 d(D)/mm												应用举例
	>3~6	>6~10	>10~18	>18~30	>30~50	>50~80	>80~120	>120~180	>180~250	>250~315	>315~400	>400~500	
5	1.5	1.5	2	2.5	2.5	3	4	5	7	8	9	10	安装 P6,P0 级滚动轴承的配合面,中等压力下的液压装置工作面(包括泵、压缩机的活塞和汽缸),风动绞车曲轴,通用减速器轴颈,一般机床主轴
6	2.5	2.5	3	4	4	5	6	8	10	12	13	15	
7	4	4	5	6	7	8	10	12	14	16	18	20	发动机的胀圈、活塞销及连杆中装衬套的孔等,千斤顶或压力油缸活塞,水泵及减速器轴颈,液压传动系统的分配机构,拖拉机汽缸体与汽缸套配合面,炼胶机冷铸轧辊
8	5	6	8	9	11	13	15	18	20	23	25	27	
9	8	9	11	13	16	19	22	25	29	32	36	40	起重机、卷扬机用的滑动轴承,带软密封的低压泵的活塞和汽缸;通用机械杠杆与拉杆、拖拉机的活塞环与套筒孔
10	12	15	18	21	25	30	35	40	46	52	57	63	
11	18	22	27	33	39	46	54	63	72	81	89	97	
12	30	36	43	52	62	74	87	100	115	130	140	155	

标注示例	说 明
	被测圆柱(或圆锥)面任一正截面的圆周必须位于半径差为公差值0.02 mm 的两同心圆之间
	被测圆柱面须位于半径差为公差值0.05 mm 的两同轴圆柱面之间

注:同表Ⅱ.127。

Ⅱ.129　平行度、垂直度、倾斜度公差（GB/T 1184—1996 摘录）

主参数L、d（D）图例

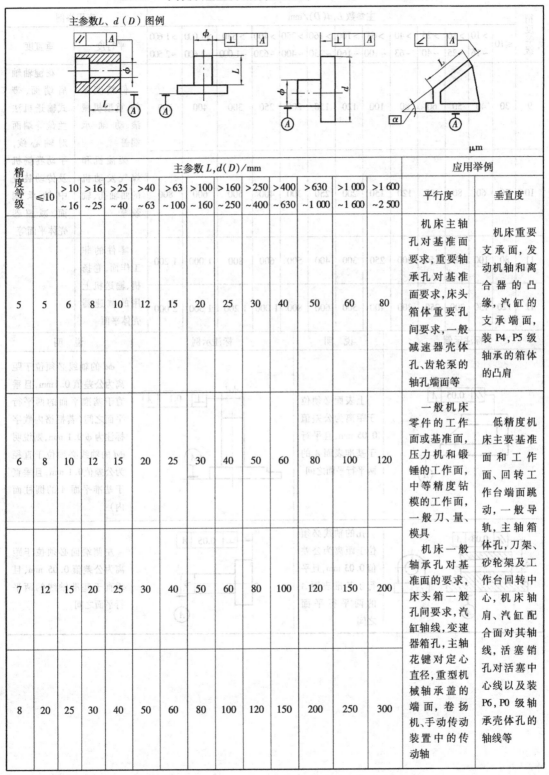

μm

精度等级	主参数 L,d(D)/mm													应用举例	
	≤10	>10~16	>16~25	>25~40	>40~63	>63~100	>100~160	>160~250	>250~400	>400~630	>630~1 000	>1 000~1 600	>1 600~2 500	平行度	垂直度
5	5	6	8	10	12	15	20	25	30	40	50	60	80	机床主轴孔对基准面要求，重要轴承孔对基准面要求，床头箱体重要孔间要求，一般减速器壳体孔、齿轮泵的轴孔端面等	机床重要支承面，发动机轴和离合器的凸缘，汽缸的支承端面，装P4,P5级轴承的箱体的凸肩
6	8	10	12	15	20	25	30	40	50	60	80	100	120	一般机床零件的工作面或基准面，压力机和锻锤的工作面，中等精度钻模的工作面，一般刀、量、模具	低精度机床主要基准面和工作面、回转工作台端面跳动，一般导轨，主轴箱体孔，刀架、砂轮架及工作台回转中心，机床轴肩、汽缸配合面对其轴线，活塞销孔对活塞中心线以及装P6,P0级轴承壳体孔的轴线等
7	12	15	20	25	30	40	50	60	80	100	120	150	200	机床一般轴承孔对基准面的要求，床头箱一般孔间要求，汽缸轴线，变速器箱孔，主轴花键对定心直径，重型机械轴承盖的端面，卷扬机、手动传动装置中的传动轴	
8	20	25	30	40	50	60	80	100	120	150	200	250	300		

续表

精度等级	主参数 L,d(D)/mm													应用举例	
	≤10	>10~16	>16~25	>25~40	>40~63	>63~100	>100~160	>160~250	>250~400	>400~630	>630~1 000	>1 000~1 600	>1 600~2 500	平行度	垂直度
9	30	40	50	60	80	100	120	150	200	250	300	400	500	低精度零件,重型机械滚动轴承端盖	花键轴轴肩端面、带式输送机法兰盘等端面对轴心线,手动卷扬机及传动装置中轴承端面、减速器壳体平面等
10	50	60	80	100	120	150	200	250	300	400	500	600	800	柴油机和煤气发动机的曲轴孔、轴颈等	
11	80	100	120	150	200	250	300	400	500	600	800	1 000	1 200	零件的非工作面,卷扬机、输送机上用的减速器壳体平面	
12	120	150	200	250	300	400	500	600	800	1 000	1 200	1 500	2 000		

标注示例	说明	标注示例	说明
// 0.05 A	上表面必须位于距离为公差值0.05 mm,且平行于基准表面 A 的两平行平面之间	φd ⊥ 0.1 A	φd 的轴线必须位于距离为公差值0.1mm,且垂直于基准平面的两平行平面之间(若框格内数字标注为 φ0.1 mm,则说明 φd 的轴线必须位于直径为公差值0.1 mm,且垂直于基准平面 A 的圆柱面内)
// 0.03 A	孔的轴线必须位于距离为公差值0.03 mm,且平行于基准表面 A 的两平行平面之间	⊥ 0.05 A	左侧端面必须位于距离为公差值0.05 mm,且垂直于基准轴线的两平行平面之间

表Ⅱ.130　同轴度、对称度、圆跳动和全跳动公差(GB/T 1184—1996 摘录)

主参数 $d(D)$ 图例

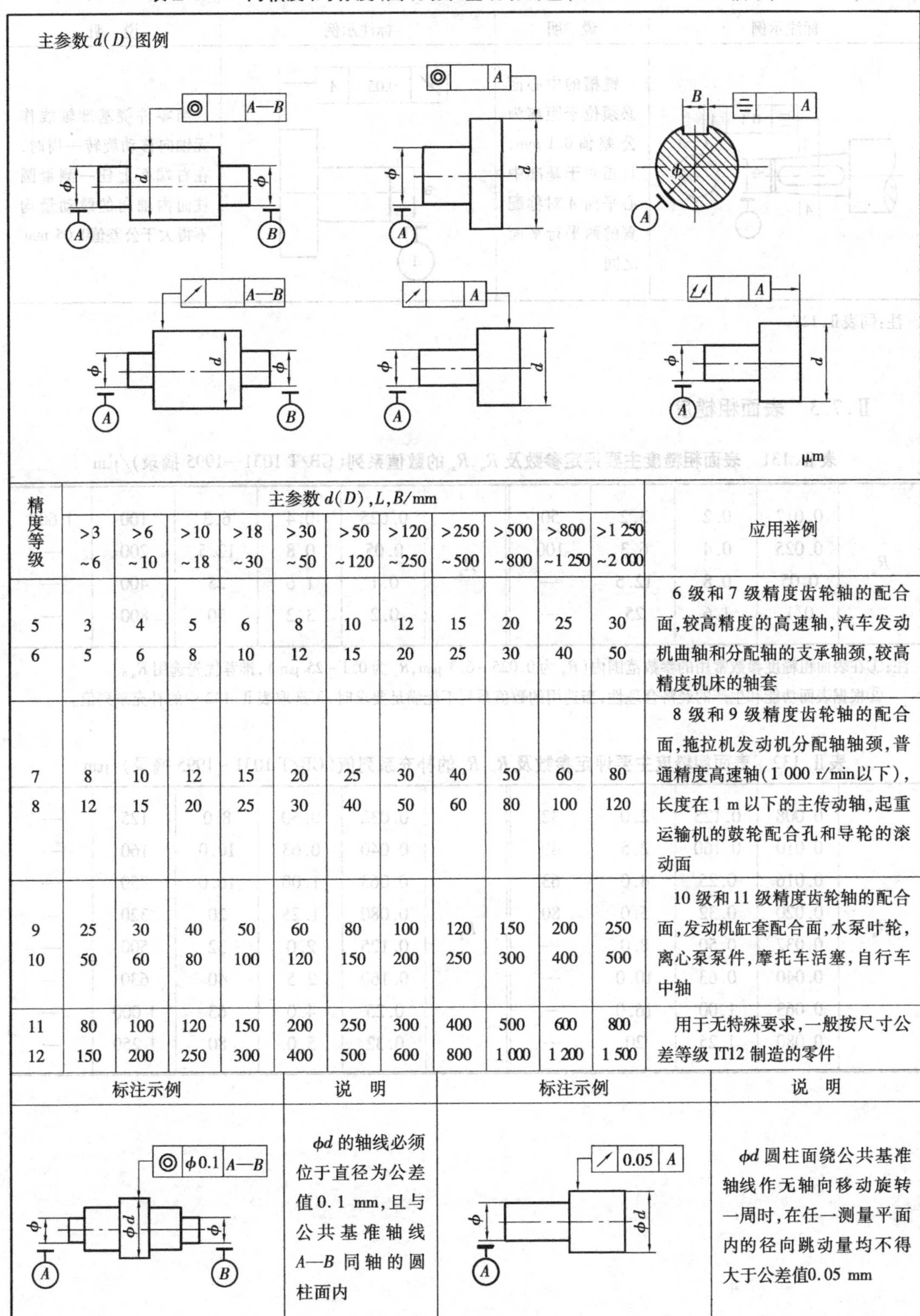

μm

精度等级	主参数 $d(D)$, L, B/mm											应用举例
	>3~6	>6~10	>10~18	>18~30	>30~50	>50~120	>120~250	>250~500	>500~800	>800~1 250	>1 250~2 000	
5	3	4	5	6	8	10	12	15	20	25	30	6 级和 7 级精度齿轮轴的配合面,较高精度的高速轴,汽车发动机曲轴和分配轴的支承轴颈,较高精度机床的轴套
6	5	6	8	10	12	15	20	25	30	40	50	
7	8	10	12	15	20	25	30	40	50	60	80	8 级和 9 级精度齿轮轴的配合面,拖拉机发动机分配轴轴颈,普通精度高速轴(1 000 r/min以下),长度在 1 m 以下的主传动轴,起重运输机的鼓轮配合孔和导轮的滚动面
8	12	15	20	25	30	40	50	60	80	100	120	
9	25	30	40	50	60	80	100	120	150	200	250	10 级和 11 级精度齿轮轴的配合面,发动机缸套配合面,水泵叶轮,离心泵泵件,摩托车活塞,自行车中轴
10	50	60	80	100	120	150	200	250	300	400	500	
11	80	100	120	150	200	250	300	400	500	600	800	用于无特殊要求,一般按尺寸公差等级 IT12 制造的零件
12	150	200	250	300	400	500	600	800	1 000	1 200	1 500	

标注示例	说　明	标注示例	说　明
◎ φ0.1 A—B	ϕd 的轴线必须位于直径为公差值 0.1 mm,且与公共基准轴线 A—B 同轴的圆柱面内	↗ 0.05 A	ϕd 圆柱面绕公共基准轴线作无轴向移动旋转一周时,在任一测量平面内的径向跳动量均不得大于公差值0.05 mm

续表

标注示例	说　明	标注示例	说　明
	键槽的中心面必须位于距离为公差值0.1 mm,且相对于基准中心平面A对称配置的两平行平面之间		当零件绕基准轴线作无轴向移动旋转一周时,在右端面上任一测量圆柱面内轴向的跳动量均不得大于公差值0.05 mm

注:同表Ⅱ.127。

Ⅱ.7.3　表面粗糙度

表Ⅱ.131　表面粗糙度主要评定参数及 R_a,R_z 的数值系列(GB/T 1031—1995 摘录)/μm

R_a	0.012	0.2	3.2	50	R_z	0.025	0.4	6.3	100	1 600
	0.025	0.4	6.3	100		0.05	0.8	12.5	200	—
	0.05	0.8	12.5	—		0.1	1.6	25	400	—
	0.1	1.6	25	—		0.2	3.2	50	800	—

注:①在表面粗糙度参数常用的参数范围内(R_a 为0.025~6.3 μm,R_z 为0.1~25 μm),推荐优先选用 R_a。

②根据表面功能和生产的经济合理性,当选用的数值系列不能满足要求时,可选取表Ⅱ.132中的补充系列值。

表Ⅱ.132　表面粗糙度主要评定参数及 R_a,R_z 的补充系列值(GB/T 1031—1995 摘录)/μm

R_a	0.008	0.125	2.0	32	R_z	0.032	0.50	8.0	125	—
	0.010	0.160	2.5	40		0.040	0.63	10.0	160	—
	0.016	0.25	4.0	63		0.063	1.00	16.0	250	—
	0.020	0.32	5.0	80		0.080	1.25	20	320	—
	0.032	0.50	8.0	—		0.125	2.0	32	500	—
	0.040	0.63	10.0	—		0.160	2.5	40	630	—
	0.063	1.00	16.0	—		0.25	4.0	63	1 000	—
	0.080	1.25	20	—		0.32	5.0	80	1 250	—

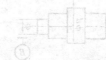

表Ⅱ.133　加工方法和表面粗糙度 R_a 值的关系(参考)/μm

加工方法		R_a	加工方法		R_a	加工方法		R_a
砂模铸造		80~20*	铰孔	粗铰	40~20	齿轮加工	插齿	5~1.25*
模型铸造		80~10		半精铰,精铰	2.5~0.32*		滚齿	2.5~1.25*
车外圆	粗车	20~10	拉削	半精拉	2.5~0.63		剃齿	1.25~0.32*
	半精车	10~2.5		精拉	0.32~0.16	切螺纹	板牙	10~2.5
	精车	1.25~0.32	刨削	粗刨	20~10		铣	5~1.25*
镗孔	粗镗	40~10		精刨	1.25~0.63		磨削	2.5~0.32*
	半精镗	2.5~0.63*	钳工加工	粗锉	40~10	镗磨		0.32~0.04
	精镗	0.63~0.32		细锉	10~2.5	研磨		0.63~0.16
圆柱铣和端铣	粗铣	20~5*		刮削	2.5~0.63	精研磨		0.08~0.02
	精铣	1.25~0.63*		研磨	1.25~0.08	抛光	一般抛	1.25~0.16
钻孔,扩孔		20~5	插削		40~2.5		精抛	0.08~0.04
锪孔,锪端面		5~1.25	磨削		5~0.01*			

注:①表中数据系指钢材加工而言。

②*为加工方法可达到的 R_a 极限值。

表Ⅱ.134　表面粗糙度符号代号及其注法(GB/T 131—1993 摘录)

表面粗糙度符号及意义		表面粗糙度数值及有关的规定在符号中注写的位置
符　号	意义说明	
	基本符号,表示表面可用任何方法获得,当不加注粗糙度参数值或有关说明时,仅适用于简化代号标注	a_1 a_2 b c (f) (e) d a_1,a_2—粗糙度高度参数代号及其数值,μm b—加工要求、镀覆、涂覆、表面处理或其他说明等 c—取样长度,mm;或波纹度,μm d—加工纹理方向符号 e—加工余量,mm f—粗糙度间距参数值,mm,或轮廓支承长度率
	基本符号上加一短画,表示表面用去除材料的方法获得。如车、铣、钻、磨、剪切、抛光、腐蚀、电火花加工、气割等	
	基本符号上加一小圈,表示平面用不去除材料的方法获得。如铸、锻、冲压变形、热轧、冷轧、粉末冶金等。或者是用于保持原供应状况的表面(包括保持上道工序的状况)	
	在上述3个符号的长边上均可加一横线,用于标注有关参数和说明	
	在上述3个符号上均可加一小圆,表示所有表面具有相同的表面粗糙度要求	

续表

R_a 值的标注		R_z 值的标注	
代 号	意 义	代 号	意 义
3.2 (基本符号)	用任何方法获得的表面粗糙度,R_a 的上限值为 3.2 μm	R_z 3.2 (基本符号)	用任何方法获得的表面粗糙度,R_z 的上限值为 3.2 μm
3.2 (去除材料符号)	用去除材料方法获得的表面粗糙度,R_a 的上限值为 3.2 μm	R_z 200 (不去除材料符号)	用不去除材料方法获得的表面粗糙度,R_z 的上限值为 200 μm
3.2 (不去除材料符号)	用不去除材料方法获得的表面粗糙度,R_a 的上限值为 3.2 μm	R_z 3.2 R_z 1.6 (去除材料符号)	用去除材料方法获得的表面粗糙度,R_z 的上限值为 3.2 μm,R_z 的下限值为 1.6 μm
3.2 1.6 (去除材料符号)	用去除材料方法获得的表面粗糙度,R_a 的上限值为 3.2 μm,R_a 的下限值为 1.6 μm	3.2 R_z 12.5 (去除材料符号)	用去除材料方法获得的表面粗糙度,R_a 的上限值为 3.2 μm,R_z 的上限值为 12.5 μm
3.2max (基本符号)	用任何方法获得的表面粗糙度,R_a 的最大值为 3.2 μm	R_z 3.2max (基本符号)	用任何方法获得的表面粗糙度,R_z 的最大值为 3.2 μm
3.2max (去除材料符号)	用去除材料方法获得的表面粗糙度,R_a 的最大值为 3.2 μm	R_z 200max (不去除材料符号)	用不去除材料方法获得的表面粗糙度,R_z 的最大值为 200 μm
3.2max (不去除材料符号)	用不去除材料方法获得的表面粗糙度,R_a 的最大值为 3.2 μm	R_z 3.2max R_z 1.6min (去除材料符号)	用去除材料方法获得的表面粗糙度,R_z 的最大值为 3.2 μm,R_z 的最小值为 1.6 μm
3.2max 1.6min (去除材料符号)	用去除材料方法获得的表面粗糙度,R_a 的最大值为 3.2 μm,R_a 的最小值为 1.6 μm	3.2max R_z 12.5max (去除材料符号)	用去除材料方法获得的表面粗糙度,R_a 的最大值为 3.2 μm,R_z 的最大值为 12.5 μm

表Ⅱ.135　表面粗糙度标注方法示例(GB/T 131—1993 摘录)

<table>
<tr>
<td>表面粗糙度符号、代号一般注在可见轮廓线、尺寸界限、引出线或它们的延长线上。符号的尖端必须从材料外指向表面
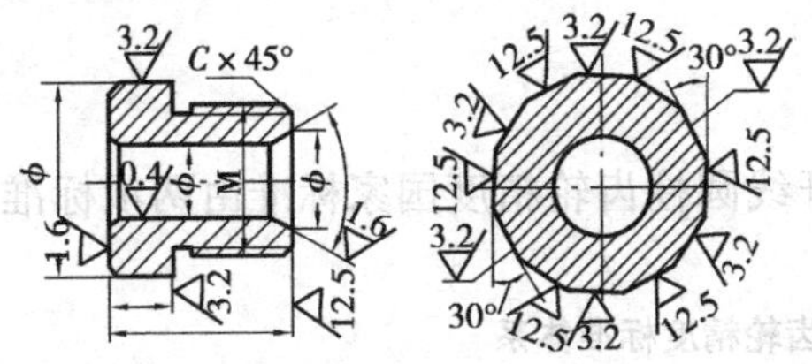
</td>
<td>同一表面有不同的表面粗糙度要求时,须用细实线画出其分界线,并注出相应的表面粗糙度的代号和尺寸
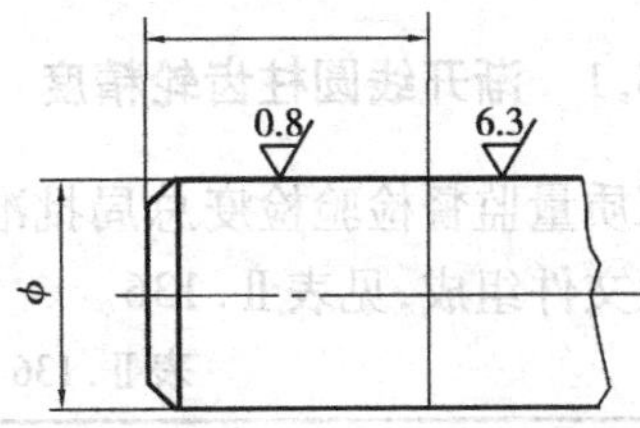
</td>
</tr>
<tr>
<td>中心孔的工作表面、键槽工作面、倒角、圆角的表面,可以简化标注
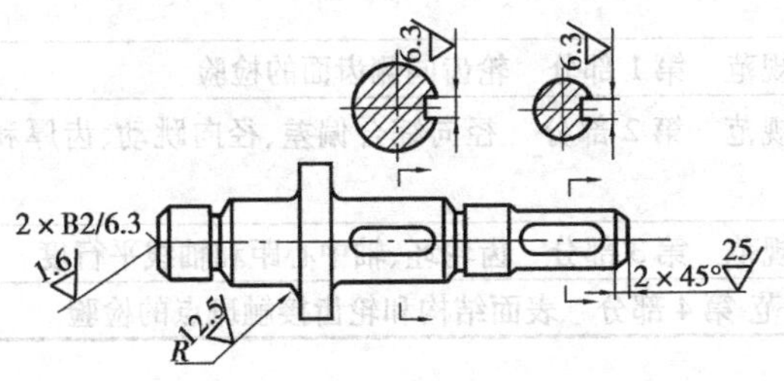
</td>
<td>需要将零件局部热处理或局部涂镀时,应用粗点画线画出其范围并标注相应的尺寸,也可将其要求注写在表面粗糙度符号长边的横线上
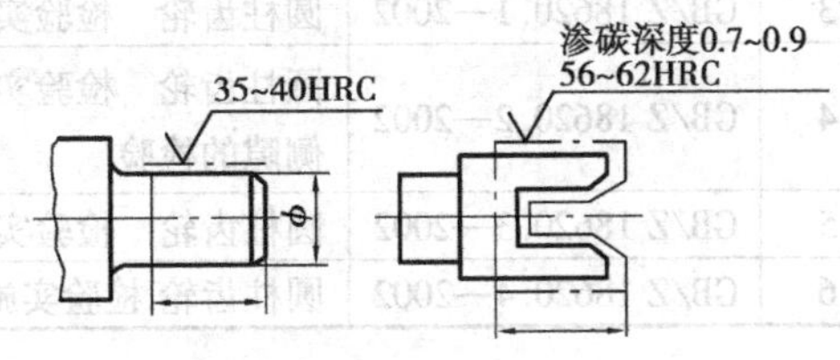
</td>
</tr>
<tr>
<td>齿轮、渐开线花键、螺纹等工作表面没有画出齿(牙)形时的标注方法
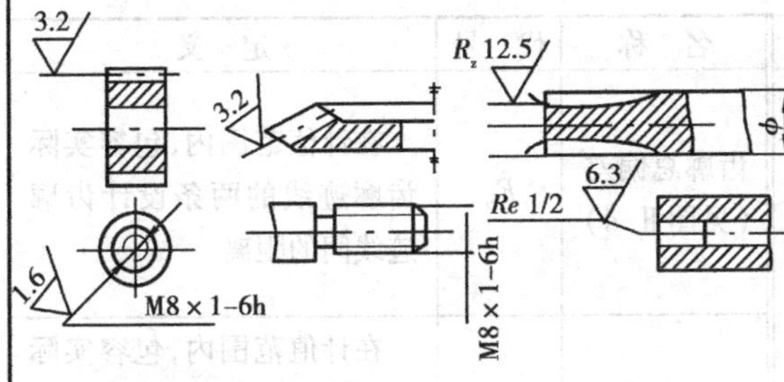
</td>
<td>零件上连续表面及重复要素(孔、槽、齿等)的表面和用细实线连接不连续的同一表面,其表面粗糙度符号代号只标注一次
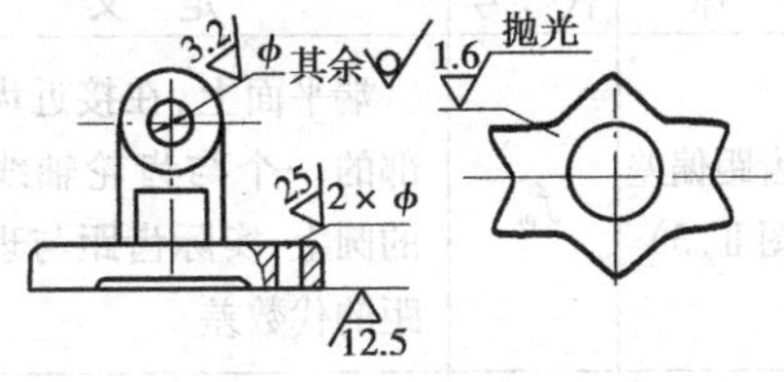
</td>
</tr>
<tr>
<td>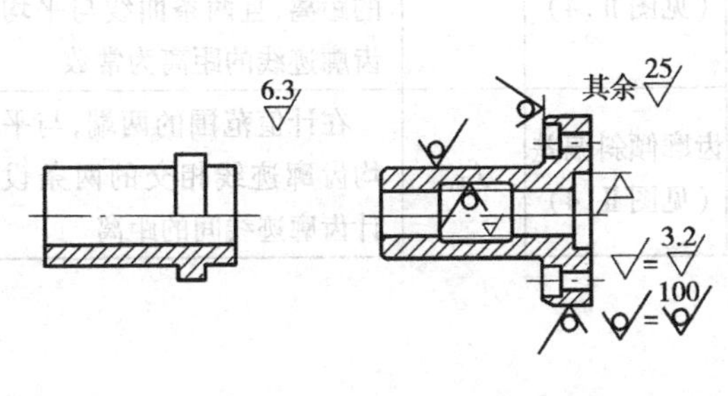
</td>
<td>当零件所有表面具有相同的表面粗糙度要求时,其符号、代号可在图样的右上角统一标注
零件的大部分表面具有相同的表面粗糙度要求时,对其中使用最多的一种符号、代号可注在图样的右上角,并加注“其余”二字
为了简化标注方法,或位置受到限制时,可以标注简化代号,也可采用省略注法,但必须在标题栏附近说明这些简化代号的意义
当用统一标注和简化标注方法时,其符号、代号和文字说明的高度均应是图形上其他表面所注代号和文字的1.4倍</td>
</tr>
</table>

Ⅱ.8 渐开线圆柱齿轮精度、锥齿轮精度和圆柱蜗杆蜗轮精度

Ⅱ.8.1 渐开线圆柱齿轮精度

国家质量监督检验检疫总局批准发布的渐开线圆柱齿轮精度国家标准由两项标准和4项指导性文件组成，见表Ⅱ.136。

表Ⅱ.136 渐开线圆柱齿轮精度标准体系

序号	文件编号	名 称
1	GB/T 10095.1—2001	渐开线圆柱齿轮 精度 第1部分 轮齿同侧齿面偏差的定义和允许值
2	GB/T 10095.2—2001	渐开线圆柱齿轮 精度 第2部分 径向综合偏差与径向跳动的定义和允许值
3	GB/Z 18620.1—2002	圆柱齿轮 检验实施规范 第1部分 轮齿同侧齿面的检验
4	GB/Z 18620.2—2002	圆柱齿轮 检验实施规范 第2部分 径向综合偏差、径向跳动、齿厚和侧隙的检验
5	GB/Z 18620.3—2002	圆柱齿轮 检验实施规范 第3部分 齿轮坯、轴中心距和轴线平行度
6	GB/Z 18620.4—2002	圆柱齿轮 检验实施规范 第4部分 表面结构和轮齿接触斑点的检验

Ⅱ.8.1.1 定义与代号

在GB/T 10095.1—2001中规定了单个渐开线圆柱齿轮轮齿同侧齿面精度，见表Ⅱ.137。

表Ⅱ.137 轮齿同侧齿面偏差的定义与代号(GB/T 10095.1—2001摘录)

名 称	代 号	定 义	名 称	代 号	定 义
单个齿距偏差(见图Ⅱ.3)	f_{pt}	端平面上，在接近齿高中部的一个与齿轮轴线同心的圆上，实际齿距与理论齿距的代数差	齿廓总偏差(见图Ⅱ.4)	F_{α}	在计值范围内，包容实际齿廓迹线的两条设计齿廓迹线间的距离
齿距累积偏差(见图Ⅱ.3)	F_{pK}	任意K个齿距的实际弧长与理论弧长的代数差	齿廓形状偏差(见图Ⅱ.4)	$f_{f\alpha}$	在计值范围内，包容实际齿廓迹线的两条与平均齿廓迹线完全相同的曲线间的距离，且两条曲线与平均齿廓迹线的距离为常数
齿距累积总偏差(见图Ⅱ.3)	F_p	齿轮同侧齿面任意弧段($K=1$至$K=z$)内的最大齿距累积偏差	齿廓倾斜偏差(见图Ⅱ.4)	$f_{H\alpha}$	在计值范围的两端，与平均齿廓迹线相交的两条设计齿廓迹线间的距离

续表

名　称	代　号	定　义
螺旋线总偏差（见图Ⅱ.5）	F_β	在计值范围内，包容实际螺旋线迹线的两条设计螺旋线迹线间的距离
螺旋线形状偏差（见图Ⅱ.5）	$f_{f\beta}$	在计值范围内，包容实际螺旋线迹线的两条与平均螺旋线迹线完全相同的曲线间的距离，且两条曲线与平均螺旋线迹线的距离为常数
螺旋线倾斜偏差（见图Ⅱ.5）	$f_{H\beta}$	在计值范围的两端，与平均螺旋线迹线相交的两条设计螺旋线迹线间的距离
切向综合总偏差（见图Ⅱ.6）	F_i'	被测齿轮与测量齿轮单面啮合检验时，被测齿轮一转内，齿轮分度圆上实际圆周位移与理论圆周位移的最大差值（在检验过程中，齿轮的同侧齿面处于单面啮合状态）
一齿切向综合偏差（见图Ⅱ.6）	f_i'	在一个齿距内的切向综合偏差

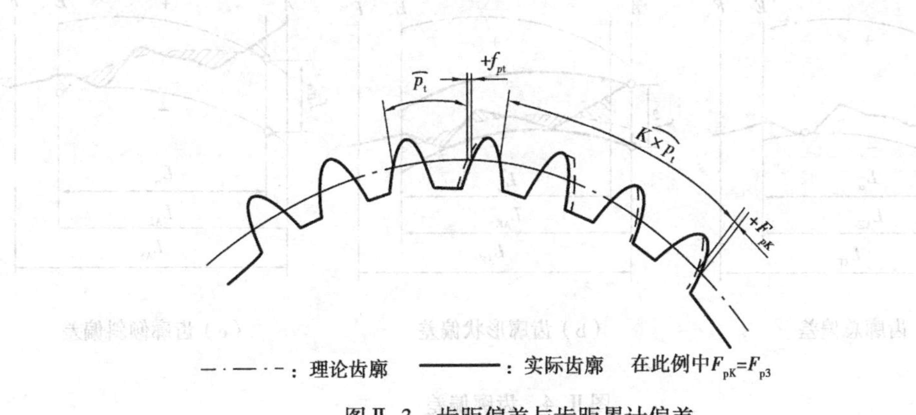

图Ⅱ.3　齿距偏差与齿距累计偏差

—·—·—：设计齿廓　　：实际齿廓　-----：平均齿廓

i）设计齿廓：未修形的渐开线　实际齿廓：在减薄区内偏向体内

ii）设计齿廓：修形的渐开线（举例）　实际齿廓：在减薄区内偏向体内

iii）设计齿廓：修形的渐开线（举例）　实际齿廓：在减薄区内偏向体外

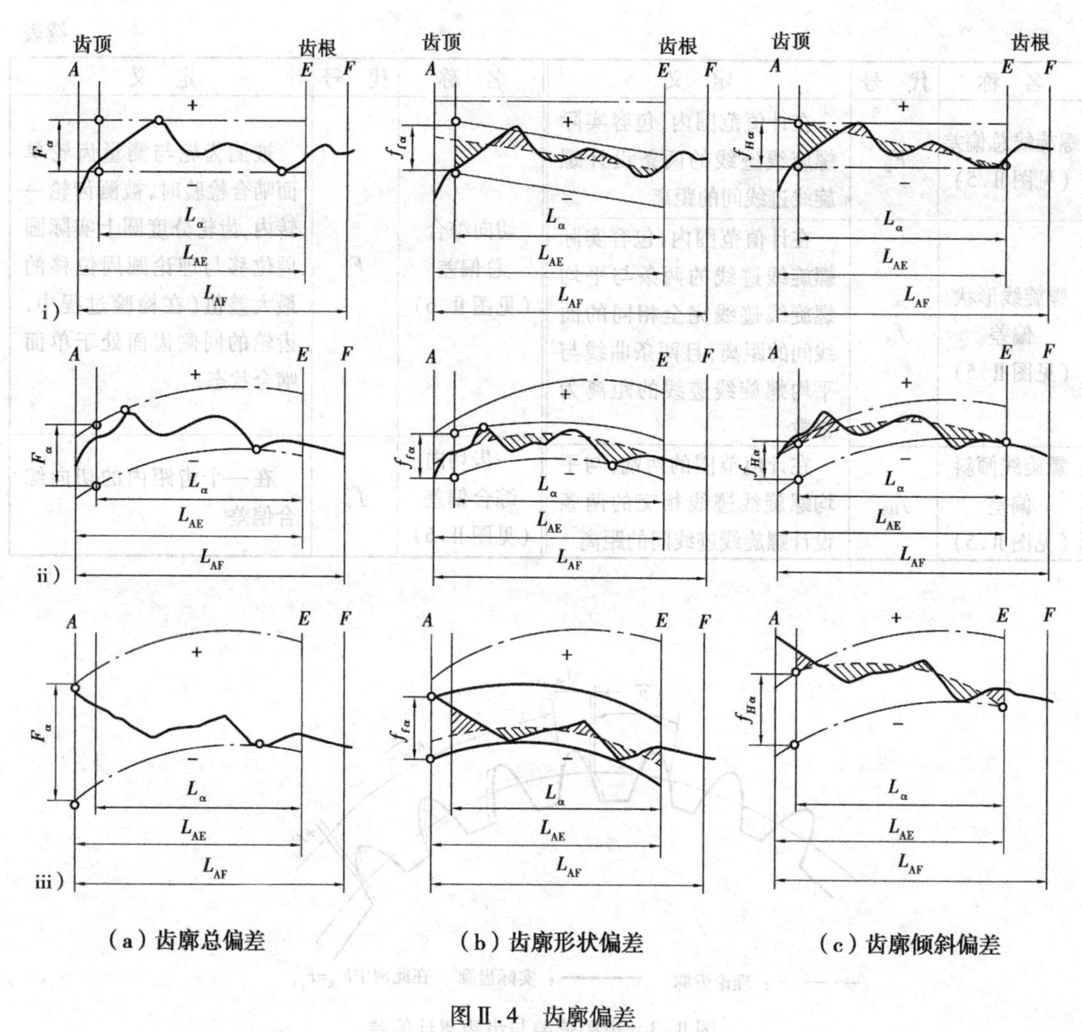

(a)齿廓总偏差　　(b)齿廓形状偏差　　(c)齿廓倾斜偏差

图Ⅱ.4　齿廓偏差

—·—·—·—：设计螺旋线　　～～～：实际螺旋线　　- - - - - - - -：平均螺旋线

i)设计螺旋线:未修形的螺旋线　实际螺旋线:在减薄区内偏向体内

ii)设计螺旋线:修形的螺旋线(举例)　实际螺旋线:在减薄区内偏向体内

iii)设计螺旋线:修形的螺旋线(举例)　实际螺旋线:在减薄区内偏向体外

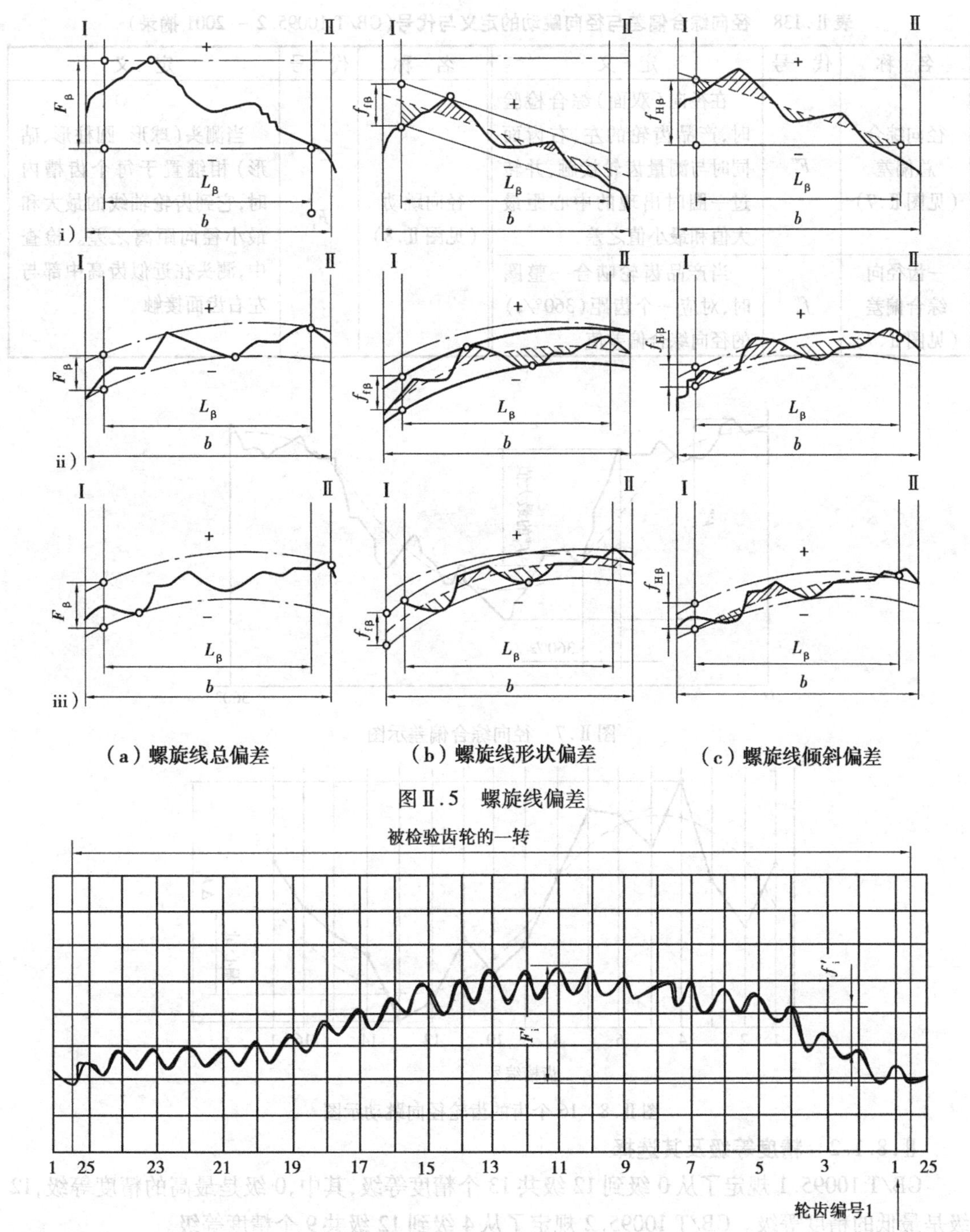

（a）螺旋线总偏差　　（b）螺旋线形状偏差　　（c）螺旋线倾斜偏差

图Ⅱ.5　螺旋线偏差

图Ⅱ.6　切向综合偏差

在 GB/T 10095.2—2001 中规定了单个渐开线圆柱齿轮的有关径向综合偏差的精度，见表Ⅱ.138。

表Ⅱ.138　径向综合偏差与径向跳动的定义与代号(GB/T 10095.2—2001 摘录)

名　称	代　号	定　义	名　称	代　号	定　义
径向综合总偏差(见图Ⅱ.7)	F''_i	在径向(双面)综合检验时,产品齿轮的左、右齿面同时与测量齿轮接触,并转过一圈时出现的中心距最大值和最小值之差	径向跳动(见图Ⅱ.8)	F_r	当测头(球形、圆柱形、砧形)相继置于每个齿槽内时,它到齿轮轴线的最大和最小径向距离之差。检查中,测头在近似齿高中部与左右齿面接触
一齿径向综合偏差(见图Ⅱ.7)	f''_i	当产品齿轮啮合一整圈时,对应一个齿距(360°/z)的径向综合偏差值			

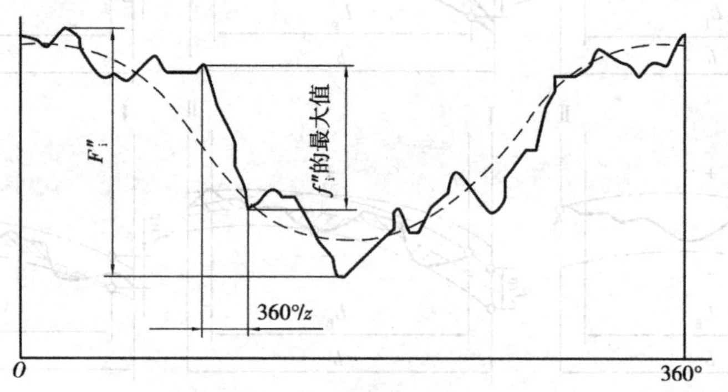

图Ⅱ.7　径向综合偏差示图

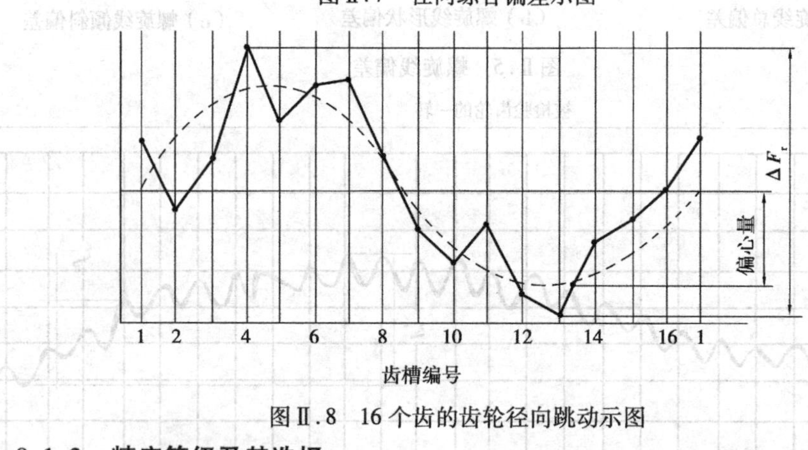

图Ⅱ.8　16 个齿的齿轮径向跳动示图

Ⅱ.8.1.2　**精度等级及其选择**

GB/T 10095.1 规定了从 0 级到 12 级共 13 个精度等级,其中,0 级是最高的精度等级,12 级是最低的精度等级。GB/T 10095.2 规定了从 4 级到 12 级共 9 个精度等级。

在技术文件中,如果所要求的齿轮精度等级为 GB/T 10095.1 的某级精度而无其他规定时,则齿距偏差(f_{pt},F_{pK},F_p)、齿廓偏差 F_α、螺旋线偏差 F_β 的允许值均按该精度等级。

GB/T 10095.1 规定可按供需双方协议对工作齿面和非工作齿面规定不同的精度等级,或对不同的偏差项目规定不同的精度等级。

径向综合偏差精度等级不一定与 GB/T 10095.1 中的要素偏差规定相同的精度等级,当文件需叙述齿轮精度要求时,应注明 GB/T 10095.1 或 GB/T 10095.2。

表Ⅱ.139所列为各种精度等级齿轮的适用范围，表Ⅱ.140为按德国标准DIN 3960—DIN 3967选择啮合精度和检验项目，可以作为选择精度等级的参考。

表Ⅱ.139 各种精度等级齿轮的适用范围

精度等级	工作条件与适用范围	圆周速度/(m·s^{-1})		齿面的最后加工
		直齿	斜齿	
5	用于高平稳且低噪声的高速传动中的齿轮，精密机构中的齿轮，透平传动的齿轮，检测8级、9级的测量齿轮，重要的航空、船用齿轮箱齿轮	>20	>40	特精密的磨齿和珩磨用精密滚刀滚齿
6	用于高速下平稳工作、需要高效率及低噪声的齿轮，航空、汽车用齿轮，读数装置中的精密齿轮，机床传动链齿轮，机床传动齿轮	≥15	≥30	精密磨齿或剃齿
7	在高速和适度功率或大功率和适当速度下工作的齿轮，机床变速箱进给齿轮，起重机齿轮，汽车以及读数装置中的齿轮	≥10	≥15	用精确刀具加工，对于淬硬齿轮必须精整加工（磨齿、研齿、珩齿）
8	一般机器中无特殊精度要求的齿轮，机床变速齿轮，汽车制造业中的不重要齿轮，冶金、起重、农业机械中的重要齿轮	≥6	≥10	滚、插齿均可，不用磨齿，必要时剃齿或研齿
9	用于不规定精度要求的粗糙工作的齿轮，因结构上考虑、受载低于计算载荷的传动用齿轮，重载、低速不重要工作机械的传力齿轮、农机齿轮	≥2	≥4	不需要特殊的精加工工序

表Ⅱ.140 按DIN 3970—DIN 3967选择啮合精度和检验项目

用 途	DIN精度等级	补充	需要检验的误差	其他检验项目	附 注
机床主传动与进给机构 机床变速齿轮	6~7 7~8		f_{pe}或F_i'',f_i'' f_{pe}或F_i'',f_i''	侧隙	
透平齿轮箱 船用柴油机齿轮箱	5~6 4~7		F_p,f_p,F_f,F_β,F_r F_p,f_p,F_f,F_β	接触斑点，噪声、侧隙	齿廓修形与齿向修形
小型工业齿轮箱	6~8	F_β	F_p,f_p,F_f,抽样F_i'',f_i''		
重型机械的功率传动	6~7	F_β	f_{pe}(F_p)	接触斑点，侧隙	
起重机与运输带的齿轮箱	6~8	F_β	f_{pe}或F_i'',f_i''	接触斑点，侧隙	
机车传动	6	F_β	F_p,f_p,F_f,F_β或F_i'',f_i''	接触斑点，噪声、侧隙	齿廓修形与齿向修形
汽车齿轮箱	6~8		F_i'',f_i''	接触斑点，噪声、侧隙	齿廓修形与齿向修形
开式齿轮传动	8~12	F_β	f_{pe}或F_f（或样板）	接触斑点	
农业机械	9~10		F_i'',f_i'',抽样F_f,F_β,f_f,$f_{H\alpha}$,$f_{H\beta}$		

注：F_f—齿形总误差；$f_{H\alpha}$—齿形角误差；f_f—齿形形状误差；f_p—单一周节偏差；f_{pe}—基节偏差；$f_{H\beta}$—齿向角误差。

Ⅱ.8.1.3 极限偏差值

齿轮的单个齿距极限偏差 $\pm f_{pt}$、齿距累积总公差 F_p、齿廓总公差 F_α、齿廓形状公差 $f_{f\alpha}$、齿廓倾斜极限偏差 $\pm f_{H\alpha}$、螺旋线总公差 F_β、螺旋线形状公差 $f_{f\beta}$、螺旋线倾斜极限偏差 $\pm f_{H\beta}$、一齿切向综合公差 f_i'、见表Ⅱ.141。径向综合总公差 F_i''、一齿径向综合公差 f_i'' 和径向跳动公差 F_r 的公差值见表Ⅱ.142。齿距累积极限偏差 F_{pk}、切向综合公差 F_i' 为

$$\pm F_{pk} = f_{pt} + 1.6\sqrt{(k-1)m_n}$$

$$F_i' = F_p + f_i'$$

表Ⅱ.141(1)　轮齿同侧齿面偏差的允许值(GB/T 10095.1—2001 摘录)/μm

分度圆直径 d/mm	模数 m/mm	单个齿距极限偏差 $\pm f_{pt}$						齿距累积总公差 F_p						齿廓总公差 F_α					
		精度等级																	
		4	5	6	7	8	9	4	5	6	7	8	9	4	5	6	7	8	9
5≤d≤20	0.5≤m≤2	3.3	4.7	6.5	9.5	13	19	8	11	16	23	32	45	3.2	4.6	6.5	9	13	18
	2<m≤3.5	3.7	5	7.5	10	15	21	8.5	12	17	23	33	47	4.7	6.5	9.5	13	19	26
20<d≤50	0.5≤m≤2	3.5	5	7	10	14	20	10	14	20	29	41	57	3.6	5	7.5	10	15	21
	2<m≤3.5	3.9	5.5	7.5	11	15	22	10	15	21	30	42	59	5	7	10	14	20	29
	3.5<m≤6	4.3	6	8.5	12	17	24	11	15	22	31	44	62	6	9	12	18	25	35
	6<m≤10	4.9	7	10	14	22	28	12	16	23	33	46	65	7.5	11	15	22	31	43
50<d≤125	0.5≤m≤2	3.8	5.5	7.5	11	15	21	13	18	26	37	52	74	4.1	6	8.5	12	17	23
	2<m≤3.5	4.1	6	8.5	12	17	23	13	19	27	38	53	76	5.5	8	11	16	22	31
	3.5<m≤6	4.6	6.5	9	13	18	26	14	19	28	39	55	78	6.5	9.5	13	19	27	38
	6<m≤10	5	7.5	10	15	21	30	14	20	29	41	58	82	8	12	16	23	33	46
	10<m≤16	6.5	9	13	18	25	35	15	22	31	44	62	88	10	14	20	28	40	56
125<d≤280	0.5≤m≤2	4.2	6	8.5	12	17	24	17	24	35	49	69	98	4.9	7	10	14	20	28
	2<m≤3.5	4.6	6.5	9	13	18	26	18	25	35	50	70	100	6.5	9	13	18	25	36
	3.5<m≤6	5	7	10	14	20	28	18	25	36	51	72	102	7.5	11	15	21	30	42
	6<m≤10	5.5	8	11	16	23	32	19	26	37	53	75	106	9	13	18	25	36	50
	10<m≤16	6.5	9.5	13	19	27	38	20	28	39	56	79	112	11	15	21	30	43	60
280<d≤560	0.5≤m≤2	4.7	6.5	9.5	13	19	27	23	32	46	64	91	129	6	8.5	12	17	23	33
	2<m≤3.5	5	7	10	14	20	29	23	33	46	65	92	131	7.5	10	15	21	29	41
	3.5<m≤6	5.5	8	11	16	22	31	24	33	47	66	94	133	8.5	12	17	24	34	48
	6<m≤10	6	8.5	12	17	25	35	24	34	48	68	97	137	10	14	20	28	40	56
	10<m≤16	7	10	14	20	29	41	25	36	50	71	101	143	12	16	23	53	47	66
	16<m≤25	9	12	18	25	35	50	27	38	54	76	107	151	14	19	27	39	55	78

表Ⅱ.141(2)　轮齿同侧齿面偏差的允许值(GB/T 10095.1—2001 摘录)/μm

分度圆直径 d/mm	模数 m/mm	齿廓形状公差 $f_{f\alpha}$						齿廓倾斜极限偏差 $\pm f_{H\alpha}$						f_i'/k 的比值					
		精度等级																	
		4	5	6	7	8	9	4	5	6	7	8	9	4	5	6	7	8	9
$5 \leqslant d \leqslant 20$	$0.5 \leqslant m \leqslant 2$	2.5	3.5	5	7	10	14	2.1	2.9	4.2	6	8.5	12	9.5	14	19	27	38	54
	$2 < m \leqslant 3.5$	3.6	5	7	10	14	20	3	4.2	6	8.5	12	17	11	16	23	32	45	64
$20 < d \leqslant 50$	$0.5 \leqslant m \leqslant 2$	2.8	4	5.5	8	11	16	2.3	3.3	4.6	6.5	9.5	13	10	14	20	29	41	58
	$2 < m \leqslant 3.5$	3.9	5.5	8	11	16	22	3.2	4.5	6.5	9	13	18	12	17	24	34	48	68
	$3.5 < m \leqslant 6$	4.8	7	9.5	14	19	27	3.9	5.5	8	11	16	22	14	19	27	38	54	77
	$6 < m \leqslant 10$	6	8.5	12	17	24	34	4.8	7	9.5	14	19	27	16	22	31	44	63	89
$50 < d \leqslant 125$	$0.5 \leqslant m \leqslant 2$	3.2	4.5	6.5	9	13	18	2.6	3.7	5.5	7.5	11	15	11	16	22	31	44	62
	$2 < m \leqslant 3.5$	4.3	6	8.5	12	17	24	3.5	5	7	10	14	20	13	18	25	36	51	72
	$3.5 < m \leqslant 6$	5	7.5	10	15	21	29	4.3	6	8.5	12	17	24	14	20	29	40	57	81
	$6 < m \leqslant 10$	6.5	9	13	18	25	36	5	7.5	10	15	21	29	16	23	33	47	66	93
	$10 < m \leqslant 16$	7.5	11	15	22	31	44	6.5	9	13	18	25	35	19	27	38	54	77	109
$125 < d \leqslant 280$	$0.5 \leqslant m \leqslant 2$	3.8	5.5	7.5	11	15	21	3.1	4.4	6	9	12	18	12	17	24	34	49	69
	$2 < m \leqslant 3.5$	4.9	7	9.5	14	19	28	4	5.5	8	11	16	23	14	20	28	39	56	79
	$3.5 < m \leqslant 6$	6	8	12	16	23	33	4.7	6.5	9.5	13	19	27	15	22	31	44	62	88
	$6 < m \leqslant 10$	7	10	14	20	28	39	5.5	8	11	16	23	32	18	25	35	50	70	100
	$10 < m \leqslant 16$	8.5	12	17	23	33	47	6.5	9.5	13	19	27	38	20	29	41	58	82	115
$280 < d \leqslant 560$	$0.5 \leqslant m \leqslant 2$	4.5	6.5	9	13	18	26	3.7	5.5	7.5	11	15	21	14	19	27	39	54	77
	$2 < m \leqslant 3.5$	5.5	8	11	16	22	32	4.6	6.5	9	13	18	26	15	22	31	44	62	87
	$3.5 < m \leqslant 6$	6.5	9	13	18	26	37	5.5	7.5	11	15	21	30	17	24	34	48	68	96
	$6 < m \leqslant 10$	7.5	11	15	22	31	43	6.5	9	13	18	25	35	19	27	38	54	76	108
	$10 < m \leqslant 16$	9	13	18	26	36	51	7.5	10	15	21	29	42	22	31	44	62	88	124
	$16 < m \leqslant 25$	11	15	21	30	43	60	8.5	12	17	24	35	49	26	36	51	72	102	144

注:f_i'的公差值由表中值乘以 k 得出。当 $\varepsilon_r < 4$ 时,$k = (\varepsilon_r + 4/\varepsilon_r)$;当 $\varepsilon_r \geqslant 4$ 时,$k = 0.4$。

表Ⅱ.141(3)　轮齿同侧齿面偏差的允许值(GB/T 10095.1—2001 摘录)/μm

分度圆直径 d/mm	齿宽 b/mm	螺旋线总公差 F_β						螺旋线形状公差 $f_{f\beta}$ 和 螺旋线倾斜极限偏差 $\pm f_{H\beta}$					
		精度等级											
		4	5	6	7	8	9	4	5	6	7	8	9
$5 \leqslant d \leqslant 20$	$4 \leqslant b \leqslant 10$	4.3	6	8.5	12	17	24	3.1	4.4	6	8.5	12	17
	$10 < b \leqslant 20$	4.9	7	9.5	14	19	28	3.5	4.9	7	10	14	20
	$20 < b \leqslant 40$	5.5	8	11	16	22	31	4	5.5	8	11	16	22
$20 < d \leqslant 50$	$4 \leqslant b \leqslant 10$	4.5	6.5	9	13	18	25	3.2	4.5	6.5	9	13	18
	$10 < b \leqslant 20$	5	7	10	14	20	29	3.6	5	7	10	14	20
	$20 < b \leqslant 40$	5.5	8	11	16	23	32	4.1	6	8	12	16	23
	$40 < b \leqslant 80$	6.5	9.5	13	19	27	38	4.8	7	9.5	14	19	27
$50 < d \leqslant 125$	$4 \leqslant b \leqslant 10$	4.7	6.5	9.5	13	19	27	3.4	4.8	6.5	9.5	13	19
	$10 < b \leqslant 20$	5.5	7.5	11	15	21	30	3.8	5.5	7.5	11	15	21
	$20 < b \leqslant 40$	6	8.5	12	17	24	34	4.3	6	8.5	12	17	24
	$40 < b \leqslant 80$	7	10	14	20	28	39	5	7	10	14	20	28
	$80 < b \leqslant 160$	8.5	12	17	24	33	47	6	8.5	12	17	24	34
$125 < d \leqslant 280$	$4 \leqslant b \leqslant 10$	5	7	10	14	20	29	3.6	5	7	10	14	20
	$10 < b \leqslant 20$	5.5	8	11	16	22	32	4	5.5	8	11	16	23
	$20 < b \leqslant 40$	6.6	9	13	18	25	36	4.5	6.5	9	13	18	25
	$40 < b \leqslant 80$	7.5	10	35	21	29	41	5	7.5	10	15	21	29
	$80 < b \leqslant 160$	8.5	12	17	25	35	49	6	8.5	12	17	25	35
	$160 < b \leqslant 250$	10	14	20	29	41	58	7.5	10	15	21	29	41
	$250 < b \leqslant 400$	12	17	24	34	47	67	8.5	12	17	24	34	48
$280 < d \leqslant 560$	$10 < b \leqslant 20$	6	8.5	12	17	24	34	4.3	6	8.5	12	17	42
	$20 < b \leqslant 40$	6.5	9.5	13	19	27	38	4.8	7	9.5	14	19	27
	$40 < b \leqslant 80$	7.5	11	15	22	31	44	5.5	8	11	16	22	31
	$80 < b \leqslant 160$	9	13	18	26	36	52	6.5	9	13	18	26	37
	$160 < b \leqslant 250$	11	15	21	30	43	60	7.5	11	15	22	30	43
	$250 < b \leqslant 400$	12	17	25	35	49	70	9	12	18	25	35	50
	$400 < b \leqslant 650$	14	20	29	41	58	82	10	15	21	29	41	58
$560 < d \leqslant 1\,000$	$10 < b \leqslant 20$	6.5	9.5	13	19	26	37	4.7	6.5	9.5	13	19	26
	$20 < b \leqslant 40$	7.5	10	15	21	29	41	5	7.5	10	15	21	29
	$40 < b \leqslant 80$	8.5	12	17	23	33	47	6	8.5	12	17	23	33
	$80 < b \leqslant 160$	9.5	14	19	27	39	55	7	9.5	14	19	27	39
	$160 < b \leqslant 250$	11	16	22	32	45	63	8	11	16	23	32	45
	$250 < b \leqslant 400$	13	18	26	36	51	73	9	13	18	26	37	52
	$400 < b \leqslant 650$	15	21	30	42	60	85	11	15	21	30	43	60

表Ⅱ.142 径向综合偏差与径向跳动的允许值(GB/T 10095.2—2001 摘录)/μm

分度圆直径 d/mm	法向模数 m_n/mm	径向综合总公差 F_i''						一齿径向综合公差 f_i''					
		精度等级											
		4	5	6	7	8	9	4	5	6	7	8	9
$5 \leqslant d \leqslant 20$	$0.2 \leqslant m_n \leqslant 0.5$	7.5	11	15	21	30	42	1	2	2.5	3.5	5	7
	$0.5 < m_n \leqslant 0.8$	8	12	16	23	33	46	2	2.5	4	5.5	7.5	11
	$0.8 < m_n \leqslant 1.0$	9	12	18	25	35	50	2.5	3.5	5	7	10	14
$20 < d \leqslant 50$	$0.2 \leqslant m_n \leqslant 0.5$	9	13	19	26	37	52	1.5	2	2.5	3.5	5	7
	$0.5 < m_n \leqslant 0.8$	10	14	20	28	40	56	2	2.5	4	5.5	7.5	11
	$0.8 < m_n \leqslant 1.0$	11	15	21	30	42	60	2.5	3.5	5	7	10	14
	$1.0 < m_n \leqslant 1.5$	11	16	23	32	45	64	3	4.5	6.5	9	13	18
	$1.5 < m_n \leqslant 2.5$	13	18	26	37	52	73	4.5	6.5	9.5	13	19	26
$50 < d \leqslant 125$	$0.5 < m_n \leqslant 0.8$	12	17	25	35	49	70	2	3	4	5.5	8	11
	$0.8 < m_n \leqslant 1.0$	13	18	26	36	52	73	2.5	3.5	5	7	10	14
	$1.0 < m_n \leqslant 1.5$	14	19	27	39	55	77	3	4.5	6.5	9	13	18
	$1.5 < m_n \leqslant 2.5$	15	22	31	43	61	86	4.5	6.5	9.5	13	19	26
	$2.5 < m_n \leqslant 4.0$	18	25	36	51	72	102	7	10	14	20	29	41
$125 < d \leqslant 280$	$0.5 < m_n \leqslant 0.8$	16	22	31	44	63	89	2	3	4	5.5	8	11
	$0.8 < m_n \leqslant 1.0$	16	23	33	46	65	92	2.5	3.5	5	7	10	14
	$1.0 < m_n \leqslant 1.5$	17	24	34	48	68	97	3	4.5	6.5	9	13	18
	$1.5 < m_n \leqslant 2.5$	19	26	37	53	75	106	4.5	6.5	9.5	13	19	27
	$2.5 < m_n \leqslant 4.0$	21	30	43	61	86	121	7.5	10	15	21	29	41
$280 < d \leqslant 560$	$0.8 < m_n \leqslant 1.0$	21	29	42	59	83	117	2.5	3.5	5	7.5	10	15
	$1.0 < m_n \leqslant 1.5$	22	30	43	61	86	122	3.5	4.5	6.5	9	13	18
	$1.5 < m_n \leqslant 2.5$	23	33	46	65	92	131	5	6.5	9.5	13	19	27
	$2.5 < m_n \leqslant 4.0$	26	37	52	73	104	146	7.5	10	15	21	29	41
	$4.0 < m_n \leqslant 6.0$	30	42	60	84	119	169	11	15	22	31	44	62

分度圆直径 d/mm	法向模数 m_n/mm	径向跳动公差 F_r					
		精度等级					
		4	5	6	7	8	9
$5 \leqslant d \leqslant 20$	$0.5 \leqslant m_n \leqslant 2.0$	6.5	9	13	18	25	36
	$2.0 < m_n \leqslant 3.5$	65	9.5	13	19	27	38
$20 < d \leqslant 50$	$0.5 \leqslant m_n \leqslant 2.0$	8	11	16	23	32	46
	$2.0 < m_n \leqslant 3.5$	8.5	12	17	24	34	47
	$3.5 < m_n \leqslant 6.0$	8.5	12	17	25	35	49
$50 < d \leqslant 125$	$0.5 \leqslant m_n \leqslant 2.0$	10	15	21	29	42	59
	$2.0 < m_n \leqslant 3.5$	11	15	21	30	43	61
	$3.5 < m_n \leqslant 6.0$	11	16	22	31	44	62
	$6.0 < m_n \leqslant 10$	12	16	23	33	46	65
$125 < d \leqslant 280$	$0.5 \leqslant m_n \leqslant 2.0$	14	20	28	39	55	78
	$2.0 < m_n \leqslant 3.5$	14	20	28	40	56	80
	$3.5 < m_n \leqslant 6.0$	14	20	29	41	58	82
	$6.0 < m_n \leqslant 10$	15	21	30	42	60	85
	$10 < m_n \leqslant 16$	16	22	32	45	63	89
$280 < d \leqslant 560$	$2.0 < m_n \leqslant 3.5$	18	26	37	52	74	105
	$3.5 < m_n \leqslant 6.0$	19	27	38	53	75	106
	$6.0 < m_n \leqslant 10$	19	27	39	55	77	109
	$10 < m_n \leqslant 16$	20	29	40	57	81	114
	$16 < m_n \leqslant 25$	21	30	43	61	86	121
$560 < d \leqslant 1\,000$	$2.0 < m_n \leqslant 3.5$	24	34	48	67	95	134
	$3.5 < m_n \leqslant 6.0$	24	34	38	68	96	136
	$6.0 < m_n \leqslant 10$	25	35	49	70	98	139
	$10 < m \leqslant 16$	25	36	51	72	102	144

Ⅱ.8.1.4　其他检验项目

(1)侧隙

侧隙是装配好的齿轮副中相啮合的轮齿之间的间隙。当两个齿轮的工作齿面相互接触时,其非工作齿面之间的最短距离为法向间隙 j_{bn},周向间隙 j_{wt} 是指将相互啮合的齿轮中的一个固定,另一个齿轮能够转过的节圆弧长的最大值。

GB/Z 48620.0—2002 定义了侧隙、侧隙检验方法(见图Ⅱ.9)及最小侧隙的推荐数据(见表Ⅱ.143)。

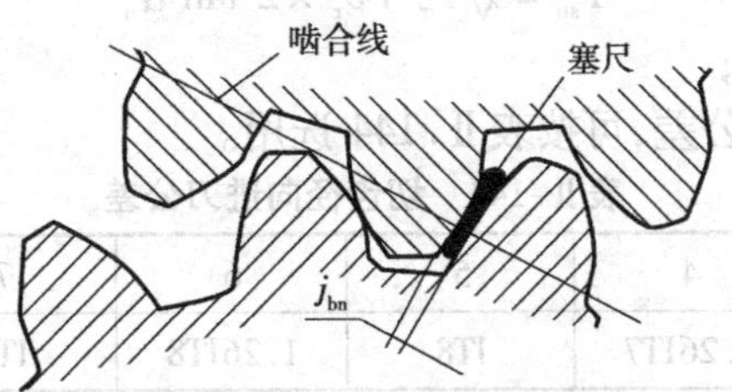

图Ⅱ.9　用塞尺测量侧隙(法向平面)

表Ⅱ.143　对中、大模数齿轮推荐的最小侧隙 j_{bnmin}　数据/mm

m_n	最小中心距 a_i					
	50	100	200	400	800	1 600
1.5	0.09	0.11	—	—	—	—
2	0.10	0.12	0.15	—	—	—
3	0.12	0.14	0.17	0.24	—	—
5	—	0.18	0.21	0.28	—	—
8	—	0.24	0.27	0.34	0.47	—
12	—	—	0.35	0.42	0.55	—
18	—	—	—	0.54	0.67	0.94

(2)齿厚偏差

侧隙是通过减薄齿厚的方法实现的。齿厚偏差是指分度圆上实际齿厚与理论齿厚之差(对斜齿轮指法向齿厚)。

1)齿厚上偏差

确定齿厚的上偏差 E_{sns} 除应考虑最小侧隙外,还要考虑齿轮和齿轮副的加工和安装误差,关系式为

$$E_{sns1} + E_{sns2} = -2f_a \tan \alpha_n - \frac{j_{bnmin} + J_n}{\cos \alpha_n}$$

式中　E_{sns1},E_{sns2}——小齿轮和大齿轮的齿厚上偏差;

f_a——中心距偏差;

J_n——齿轮和齿轮副的加工、安装误差对侧隙减小的补偿量。

$$J_n = \sqrt{f_{pb1}^2 + f_{pb2}^2 + 2(F_\beta \cos \alpha_n)^2 + F_{\sum\delta} \sin \alpha_n)^2 + (F_{\sum\beta} \cos \alpha_n)^2}$$

式中　f_{pb1},f_{pb2}——小齿轮和大齿轮的基节偏差;

F_β——小齿轮和大齿轮的螺旋线总公差;

$F_{\sum\delta}$,$F_{\sum\beta}$—— 齿轮副轴线平行度公差;

α_n——法向压力角。

求得两齿轮的齿厚上偏差之和以后，可按等值分配方法分配给大齿轮和小齿轮，也可使小齿轮的齿厚减薄量小于大齿轮的齿厚减薄量，以使大、小齿轮的齿根弯曲强度匹配。

2）齿厚公差

齿厚公差的选择基本上与轮齿精度无关，除了十分必要的场合，不应采取很严的齿厚公差，以利于在不影响齿轮性能和承载能力的前提下获得较经济的制造成本。

齿厚公差 T_{sn} 确定为

$$T_{sn}=\sqrt{F_r^2+b_r^2}\times 2\tan\alpha_n$$

式中 F_r——径向跳动公差；

b_r——切齿径向进刀公差，可按表Ⅱ.144 选用。

表Ⅱ.144 切齿径向进刀公差

齿轮精度等级	4	5	6	7	8	9
b_r	1.26IT7	IT8	1.26IT8	IT9	1.26IT9	IT10

3）齿厚下偏差

齿厚下偏差 E_{sni} 为

$$E_{sni}=E_{sns}-T_{sn}$$

（3）公法线长度

齿厚改变时，齿轮的公法线长度也随之改变，可通过测量公法线长度控制齿厚。公法线长度测量不以齿顶圆为测量基准，测量方法简单，测量精度较高，在生产中广泛应用。

公法线长度的计算公式见表Ⅱ.145。

表Ⅱ.145 公法线长度计算公式

项目		代号	直齿轮	斜齿轮
标准齿轮	跨测齿数	K	$K=\frac{\alpha z}{180°}+0.5$ 四舍五入成整数	$K=\frac{\alpha z'}{180°}+0.5$ $z'=z\frac{\mathrm{inv}\alpha_t}{\mathrm{inv}\alpha_n}$ 四舍五入成整数
	公法线长度	W	$W=W'm$ $W'=\cos\alpha[\pi(K-0.5)+z\mathrm{inv}\alpha]$	$W_n=W'm_n$ $W'=\cos\alpha_n[\pi(K-0.5)+z'\mathrm{inv}\alpha_n]$
变位齿轮	跨测齿数	K	$K=\frac{z}{\pi}\left[\sqrt{\frac{1}{\cos\alpha}\left(1-\frac{2x}{z}\right)^2-\cos^2\alpha}-\frac{2x}{z}\tan\alpha-\mathrm{inv}\alpha\right]+0.5$ 四舍五入成整数	$K=\frac{z'}{\pi}\left[\frac{1}{\cos\alpha_n}\sqrt{\left(1-\frac{2x_n}{z'}\right)^2-\cos^2\alpha_n}\right.$ $\left.\left[-\frac{2x_n}{z}\tan\alpha_n-\mathrm{inv}\alpha_n\right]+0.5$ $z'=z\frac{\mathrm{inv}\alpha_t}{\mathrm{inv}\alpha_n}$ 四舍五入成整数
	公法线长度	W	$W=(W'+\Delta W')m$ $W'=\cos\alpha[\pi(K-0.5)+z\mathrm{inv}\alpha]$ $\Delta W'=2x\sin\alpha$	$W_n=(W'+\Delta W')m_n$ $W'=\cos\alpha_n[\pi(K-0.5)+z'\mathrm{inv}\alpha_n]$ $z'=z\frac{\mathrm{inv}\alpha_t}{\mathrm{inv}\alpha_n}$ $\Delta W'=2x_n\sin\alpha_n$

注：$\alpha=20°$ 标准圆柱齿轮的跨测齿数 K 和公法线长度 W' 可在表Ⅱ.146 中查出。

表Ⅱ.146　公法线长度 W'（$m=1,\alpha_0=20°$）

齿轮齿数 z	跨测齿数 K	公法线长度 W'	齿轮齿数 z	跨测齿数 K	公法线长度 W'	齿轮齿数 z	跨测齿数 K	公法线长度 W'	齿轮齿数 z	跨测齿数 K	公法线长度 W'	齿轮齿数 z	跨测齿数 K	公法线长度 W'
			41	5	13.858 8	81	10	29.179 7	121	14	41.548 4	161	18	53.917 1
			42	5	13.872 8	82	10	29.193 7	122	14	41.562 4	162	19	56.883 3
			43	5	13.886 8	83	10	29.207 7	123	14	41.576 4	163	19	56.897 2
4	2	4.484 2	44	5	13.900 8	84	10	29.221 7	124	14	41.590 4	164	19	55.911 3
5	2	4.498 2	45	6	16.867 0	85	10	29.235 7	125	14	41.604 4	165	19	56.925 3
6	2	4.512 2	46	6	16.881 0	86	10	29.249 7	126	15	44.570 6	166	19	56.939 3
7	2	4.526 2	47	6	16.895 0	87	10	29.263 7	127	15	44.584 6	167	19	56.953 3
8	2	4.540 2	48	6	16.909 0	88	10	29.277 7	128	15	44.598 6	168	19	56.967 3
9	2	4.554 2	49	6	16.923 0	89	10	29.291 7	129	15	44.612 6	169	19	56.981 3
10	2	4.568 3	50	6	16.937 0	90	11	32.257 9	130	15	44.626 6	170	19	56.995 3
11	2	4.582 3	51	6	16.951 0	91	11	32.271 8	131	15	44.640 6	171	20	59.961 5
12	2	4.596 3	52	6	16.966 0	92	11	32.285 8	132	15	44.654 6	172	20	59.975 4
13	2	4.610 3	53	6	16.979 0	93	11	32.299 8	133	15	44.668 6	173	20	59.989 4
14	2	4.624 3	54	7	19.945 2	94	11	32.313 8	134	15	44.682 6	174	20	60.003 4
15	2	4.638 3	55	7	19.959 1	95	11	32.327 9	135	16	47.649 0	175	20	60.017 4
16	2	4.652 3	56	7	19.973 1	96	11	32.341 9	136	16	47.662 7	176	20	60.031 4
17	2	4.666 3	57	7	19.987 1	97	11	32.355 9	137	16	47.676 7	177	20	60.045 5
18	3	7.632 4	58	7	20.001 1	98	11	32.369 9	138	16	47.690 7	178	20	60.059 5
19	3	7.646 4	59	7	20.015 2	99	12	35.336 1	139	16	47.704 7	179	20	60.073 5
20	3	7.660 4	60	7	20.029 2	100	12	35.350 0	140	16	47.718 7	180	21	63.039 7
21	3	7.674 4	61	7	20.043 2	101	12	35.364 0	141	16	47.732 7	181	21	63.053 6
22	3	7.688 4	62	7	20.057 2	102	12	35.378 0	142	16	47.746 8	182	21	63.067 6
23	3	7.702 4	63	8	23.023 3	103	12	35.392 0	143	16	47.760 8	183	21	63.081 6
24	3	7.716 5	64	8	23.037 3	104	12	35.406 0	144	17	50.727 0	184	21	63.095 6
25	3	7.730 5	65	8	23.051 3	105	12	35.420 0	145	17	50.740 9	185	21	63.109 6
26	3	7.744 5	66	8	23.065 3	106	12	35.434 0	146	17	50.754 9	186	21	63.123 6
27	4	10.710 6	67	8	23.079 3	107	12	35.448 1	147	17	50.768 9	187	21	63.137 6
28	4	10.724 6	68	8	23.093 3	108	13	38.414 2	148	17	50.782 9	188	21	63.151 6
29	4	10.738 6	69	8	23.107 3	109	13	38.428 2	149	17	50.796 9	189	22	66.117 9
30	4	10.752 6	70	8	23.121 3	110	13	38.442 2	150	17	50.810 9	190	22	66.131 8
31	4	10.766 6	71	8	23.135 3	111	13	38.456 2	151	17	50.824 9	191	22	66.145 8
32	4	10.780 6	72	9	26.101 5	112	13	38.470 2	152	17	50.838 9	192	22	66.159 8
33	4	10.794 6	73	9	26.115 5	113	13	38.484 2	153	18	53.805 1	193	22	66.173 8
34	4	10.808 6	74	9	26.129 5	114	13	38.498 2	154	18	53.819 1	194	22	66.187 8
35	4	10.822 6	75	9	26.143 5	115	13	38.512 2	155	18	53.833 1	195	22	66.201 8
36	5	13.788 8	76	9	26.157 5	116	13	38.526 2	156	18	53.847 1	196	22	66.215 8
37	5	13.802 8	77	9	26.171 5	117	14	41.492 4	157	18	53.861 1	197	22	66.229 8
38	5	13.816 8	78	9	26.185 5	118	14	41.506 4	158	18	53.875 1	198	23	69.196 1
39	5	13.830 8	79	9	26.199 5	119	14	41.520 4	159	18	53.889 1	199	23	69.210 1
40	5	13.844 8	80	9	26.213 5	120	14	41.534 4	160	18	53.903 1	200	23	69.224 1

注：对标准直齿圆柱齿轮，公法线长度 $W=W'm$；W' 为 $m=1$ mm，$\alpha_0=20°$ 时的公法线长度。

公法线长度偏差指公法线的实际长度与公称长度之差，公称线长度偏差与齿厚偏差的关系为

$$E_{\mathrm{bns}} = E_{\mathrm{sns}} \cos \alpha_{\mathrm{n}}$$
$$E_{\mathrm{bni}} = E_{\mathrm{sni}} \cos \alpha_{\mathrm{n}}$$

(4)齿轮坯的精度

GB/Z 18620.3—2002 规定了齿轮坯上确定基准轴线的基准面的形状公差（见表Ⅱ.147）。当基准轴线与工作轴线不重合时，工作安装面相对于基准轴线的跳动公差不应大于表Ⅱ.148 规定的数值。

齿轮的齿顶圆、齿轮孔以及安装齿轮的轴径尺寸公差与形状公差推荐按表Ⅱ.149 选用。

表Ⅱ.147 基准面与安装面的形状公差

确定轴线的基准面	公差项目		
	圆度	圆柱度	平面度
两个“短的”圆柱或圆锥形基准面	$0.04(L/b)F_{\beta}$ 或 $0.1F_{\mathrm{p}}$ 取两者中之小值		
一个“长的”圆柱或圆锥形基准面		$0.04(L/b)F_{\beta}$ 或 $0.1F_{\mathrm{p}}$ 取两者中之小值	
一个短的圆柱面和一个端面			$0.06(D_{\mathrm{d}}/b)F_{\beta}$

注：齿轮坯的公差应减至能经济地制造的最小值。表中，L 为较大的轴承跨距（当有关轴承跨距不同时），D_d 为基准面直径，b 为齿宽。

表Ⅱ.148 安装面的跳动公差

确定轴线的基准面	跳动量（总的指标幅度）	
	径 向	轴 向
仅指圆柱或圆锥形基准面	$0.15(L/b)F_{\beta}$ 或 $0.3F_{\mathrm{p}}$，取两者中之大值	
一个圆柱基准面和一个端面基准面	$0.3F_{\mathrm{p}}$	$0.2(D_{\mathrm{d}}/b)F_{\beta}$

注：齿轮坯的公差应减至能经济地制造的最小值。

表Ⅱ.149 齿坯的尺寸和形状公差

齿轮精度等级		6	7	8	9	10
孔	尺寸公差 形状公差	IT6	IT7		IT8	
轴	尺寸公差 形状公差	IT5	IT6		IT7	
齿顶圆直径	作测量基准	IT8			IT9	
	不作测量基准	公差按 IT11 给定，但不大于 $0.1m_n$				

在技术文件中需要叙述齿轮精度等级时应注明 GB/T 10095.1 或 GB/T 10095.2。若齿轮的各检验项目为同一精度等级，可标注精度等级和标准号。例如，齿轮各检验项目同为 7 级精度，则标注为

7　GB/T 10095.1—2001 或 7　GB/T 10095.2—2001

若齿轮各检验项目的精度等级不同,例如,齿廓总偏差 F_α 为6级精度,单个齿距偏差 f_{pt}、齿距累积总偏差 F_p、螺旋线总偏差 F_β 均为7级精度,则标注为

$$6(F_\alpha),7(f_{pt},F_p,F_\beta)\quad \text{GB/T 10095.1—2001}$$

(5)中心距允许偏差

中心距公差是设计者规定的允许偏差,确定中心距公差时应综合考虑轴、轴承和箱体的制造及安装误差,轴承跳动及温度变化等影响因素,并考虑中心距变动对重合度和侧隙的影响。

GB/Z 18620.3—2002 没有推荐中心距公差数值,表Ⅱ.150 所列为 GB/T 10095—1988 规定的中心距极限偏差。

表Ⅱ.150　中心距极限偏差 $\pm f_a$/μm

齿轮精度等级	f_a	齿轮副的中心距/mm													
		>6~10	10 18	18 30	30 50	50 80	80 120	120 180	180 250	250 315	315 400	400 500	500 630	630 800	800 1 000
5~6	$\frac{1}{2}$IT7	7.5	9	10.5	12.5	15	17.5	20	23	26	28.5	31.5	35	40	45
7~8	$\frac{1}{2}$IT8	11	13.5	16.5	19.5	28	27	31.5	36	40.5	44.5	48.5	55	62	70
9~10	$\frac{1}{2}$IT9	18	21.5	26	31	37	43.5	50	57.5	65	70	77.5	87	100	115

(6)轴线平行度公差

由于轴线平行度偏差的影响与其矢量的方向有关,对"轴线平面内的偏差"$f_{\Sigma\delta}$ 和"垂直平面内的偏差"$f_{\Sigma\beta}$ 作了不同的规定(见图Ⅱ.10)。

轴线偏差的推荐最大值为

$$f_{\Sigma\beta}=0.5(L/b)F_\beta\quad f_{\Sigma\delta}=2f_{\Sigma\beta}$$

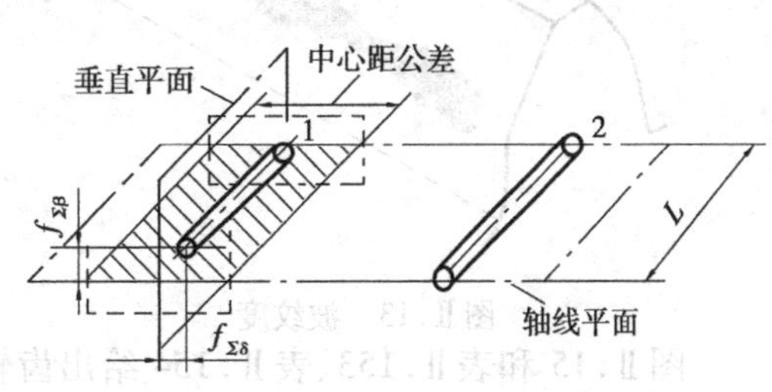

图Ⅱ.10　轴线平行度偏差

(7)齿面粗糙度

齿面粗糙度影响齿轮的传动精度和工作能力。齿面粗糙度规定值应优先从表Ⅱ.151 和表Ⅱ.152 中选用。

表Ⅱ.151　算术平均偏差 R_a 的推荐极限值/μm

精度等级	模数/mm		
	$m<6$	$6<m<25$	$m>25$
5	0.5	0.63	0.80
6	0.8	1.0	1.25
7	1.25	1.6	2.0
8	2.0	2.5	3.2
9	3.2	4.0	5.0
10	5.0	6.3	8.0

表Ⅱ.152　轮廓的最大高度 R_z 的推荐极限值/μm

精度等级	模数/mm		
	$m<6$	$6<m<25$	$m>25$
5	3.2	4.0	5.0
6	5.0	6.3	8.0
7	8.0	10.0	12.5
8	12.5	16	20
9	20	25	32
10	32	40	50

R_a 和 R_z 均可作为齿面粗糙度指标,但两者不应在同一部分使用。

齿轮精度等级和齿面粗糙度等级之间没有直接关系。

(8)接触斑点

检验产品齿轮副在其箱体内所产生的接触斑点,可帮助评估轮齿间的载荷分布情况。

产品齿轮和测量齿轮的接触斑点可用于装配后的齿轮的螺旋线和齿廓精度的评估。

接触斑点可以给出齿长方向配合不准确的程度,包括齿长方向的不准确配合和波纹度,也可以给出齿廓不准确性的程度。

如图Ⅱ.11—图Ⅱ.14 所示为产品齿轮与测量齿轮对滚产生的典型的接触斑点示意图。

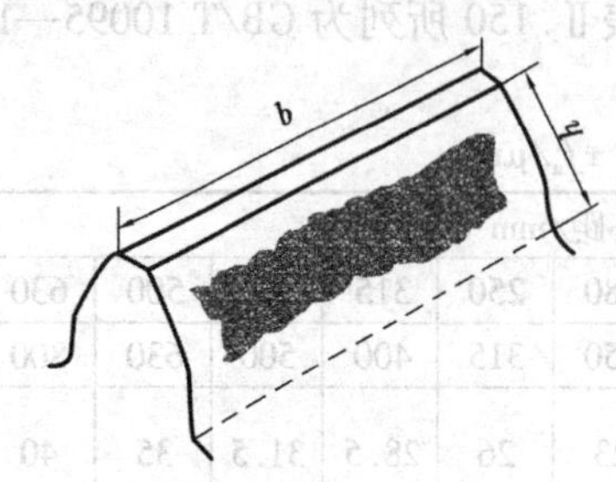

图Ⅱ.11 典型的规范(接触近似为齿宽 b 的 80% 有效齿面高度 h 的 70%,齿端修薄)

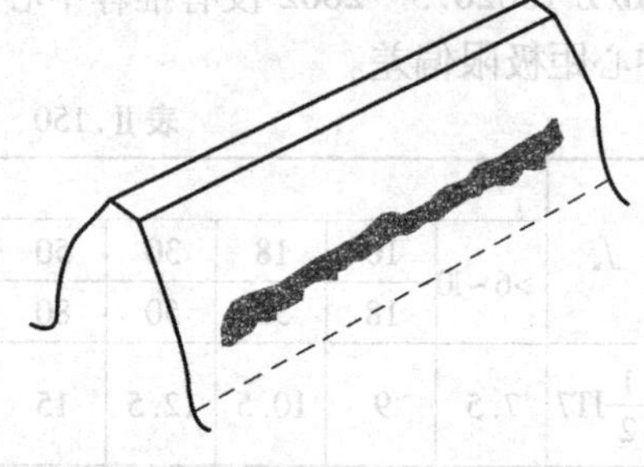

图Ⅱ.12 齿长方向配合正确,有齿廓偏差

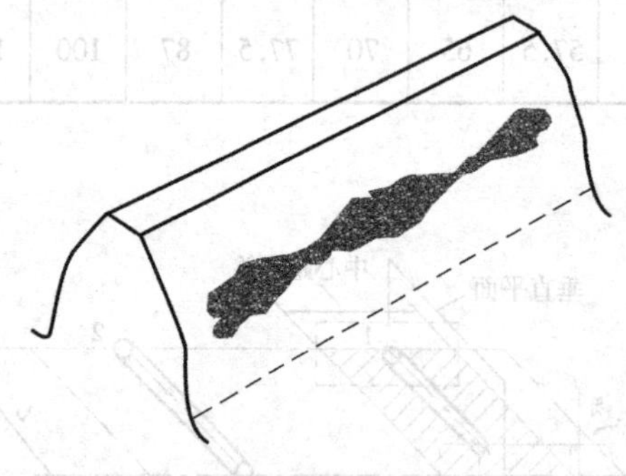

图Ⅱ.13 波纹度

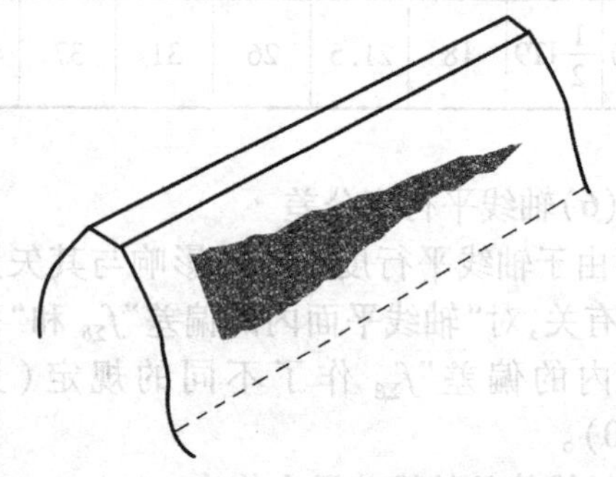

图Ⅱ.14 有螺旋线偏差,齿廓正确,有齿端修薄

图Ⅱ.15 和表Ⅱ.153、表Ⅱ.154 给出齿轮装配后(空载)检测时齿轮精度等级和接触斑点分布之间关系的一般指示(对齿廓和螺旋线修正的齿面是不适用的)。

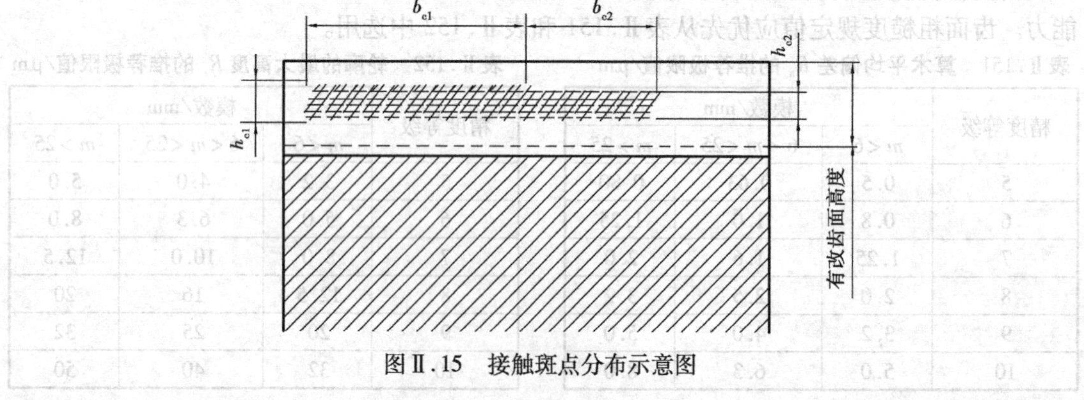

图Ⅱ.15 接触斑点分布示意图

表Ⅱ.153　斜齿轮装配后的接触斑点/%

精度等级 按 GB/T 10095	b_{c1} 占齿宽的	h_{c1} 占有效齿高的	b_{c2} 占齿宽的	h_{c2} 占有效齿高的
4 级及更高	50	50	40	30
5 和 6	45	40	35	20
7 和 8	35	40	35	20
9 至 12	25	40	25	20

表Ⅱ.154　直齿轮装配后的接触斑点/%

精度等级 按 GB/T 10095	b_{c1} 占齿宽的	h_{c1} 占有效齿高的	b_{c2} 占齿宽的	h_{c2} 占有效齿高的
4 级及更高	50	70	40	50
5 和 6	45	50	35	30
7 和 8	35	50	35	30
9 至 12	25	50	25	30

Ⅱ.8.2　锥齿轮精度(GB/T 11365—1989 摘录)

GB/T 11365—1989 标准适用于中点法向模数 $m \geqslant 1$ mm 的直齿、斜齿、曲线齿锥齿轮和准双曲面齿轮。

Ⅱ.8.2.1　精度等级

本标准对齿轮及齿轮副规定 12 个精度等级。第 1 级的精度最高,第 12 级精度最低。

锥齿轮精度应根据传动用途、使用条件、传动功率、圆周速度以及其他技术要求决定。锥齿轮第Ⅱ公差组的精度等级可参考表Ⅱ.155 选择。

表Ⅱ.155　锥齿轮第Ⅱ公差组精度等级与圆周速度的关系

第Ⅱ公差组精度等级		7	8	9	第Ⅱ公差组精度等级		7	8	9
类别	齿面硬度	平均直径处圆周速度 /(m·s^{-1})≤			类别	齿面硬度	平均直径处圆周速度 /(m·s^{-1})≤		
直齿	≤350 HBW	7	4	3	非直齿	≤350 HBW	16	9	6
	>350HBW	6	3	2.5		>350HBW	13	7	5

注:本表不属 GB/T 11365—1989,仅供参考。

Ⅱ.8.2.2　公差组与检验项目

标准中将锥齿轮和齿轮副的公差项目分成 3 个公差组(见表Ⅱ.156)。第Ⅰ公差组为影响传递运动准确性的公差项目,第Ⅱ公差组为影响传动平稳性的公差项目,第Ⅲ公差组为影响载荷分布均匀性的公差项目。根据使用要求,允许各公差组选用不同的精度等级,但对齿轮副中大、小轮的同一公差组,应规定同一精度等级。

标准中规定了锥齿轮和齿轮副的各公差组的检验项目。根据齿轮的工作要求和生产规模,在各公差组中,任选一个检验组评定和验收齿轮和齿轮副的精度等级。检验组可由订货的供、需双方协商确定。

表Ⅱ.156　锥齿轮和齿轮副的公差组及其检验组的应用

公差组		公差与极限偏差项目			检验组	适用精度范围
		名　称	代　号	数　值		
Ⅰ	齿轮	切向综合公差	F_i'	$F_p+1.15f_c$	$\Delta F_i'$	4~8 级
		轴交角综合公差	$F''_{i\Sigma}$	$0.7F'_{i\Sigma}$	$\Delta F''_{i\Sigma}$	7~12 级直齿,9~12 级非直齿
		齿距累积公差	F_p	表Ⅱ.159	ΔF_p	7~8 级
		K 个齿距累积公差	F_{pK}		ΔF_p,ΔF_{pK}	4~6 级
		齿圈跳动公差	F_r	表Ⅱ.159	ΔF_r	7~12 级,对 7 级、8 级 d_m[①] >1 600 mm
	齿轮副	齿轮副切向综合公差	F'_{ic}	$F'_{i1}+F'_{i2}$[②]	$\Delta F'_{ic}$	4~8 级
		齿轮副轴交角综合公差	$F''_{i\Sigma c}$	表Ⅱ.159	$\Delta F''_{i\Sigma c}$	7~12 级直齿,9~12 级非直齿
		齿轮副侧隙变动公差	F_{vj}		ΔF_{vj}	9~12 级
Ⅱ	齿轮	一齿切向综合公差	f'_i	$0.8(f_{pt}+1.15f_c)$	$\Delta f'_i$	4~8 级
		一齿轴交角综合公差	$f''_{i\Sigma}$	$0.7f''_{i\Sigma c}$	$\Delta f''_{i\Sigma}$	7~12 级直齿,9~12 级非直齿
		周期误差的公差	f'_{zK}	表Ⅱ.162	$\Delta f'_{zK}$	4~8 级,纵向重合度 ε_β >界限值[③]
		齿距极限偏差	$\pm f_{pt}$	表Ⅱ.160	Δf_{pt}	7~12 级
		齿形相对误差的公差	f_c		Δf_{pt} 与 Δf_c	4~6 级
	齿轮副	齿轮副一齿切向综合公差	f'_{ic}	$f_{i1}+f_{i2}$	$\Delta f'_{ic}$	4~8 级
		齿轮副一齿轴交角综合误差	$f'_{i\Sigma c}$	表Ⅱ.161	$\Delta f''_{i\Sigma c}$	7~12 级直齿,9~12 级非直齿
		齿轮副周期误差的公差	f'_{zKc}	表Ⅱ.162	$\Delta f'_{zKc}$	4~8 级,纵向重合度 ε_β > 界限值[③]
		齿轮副齿频周期误差的公差	f'_{zzc}	表Ⅱ.164	$\Delta f'_{zzc}$	4~8 级,纵向重合度 ε_β > 界限值[③]
Ⅲ	齿轮	接触斑点		表Ⅱ.161	接触斑点	4~12 级
	齿轮副					
安装精度	齿轮副	齿圈轴向位移极限偏差	$\pm f_{AM}$[④]	表Ⅱ.163	Δf_{AM},Δf_α 和 ΔE_Σ	4~12 级。当齿轮副安装在实际装置上时检验
		齿轮副轴间距极限偏差	$\pm f_\alpha$[④]	表Ⅱ.164		
		齿轮副轴交角极限偏差	$\pm E_\Sigma$			

注:①d_m 为中点分度圆直径。

②当两齿轮的齿数比为不大于 3 的整数且采用选配时,应将 F'_{ic} 值压缩 25% 或更多。

③ε_β 的界限值;对第三公差组精度等级 4~5 级,ε_β 为 1.35;6~7 级,ε_β 为 1.55;8 级,ε_β 为 2.0。

④ $\pm f_{AM}$ 属第Ⅱ公差组,$\pm f_\alpha$ 属第Ⅲ公差组。

表Ⅱ.157　推荐的锥齿轮和齿轮副的检验项目

类　别		锥齿轮			齿轮副			安装精度
精度等级		7	8	9	7	8	9	
公差组	Ⅰ	F_r 或 F_p		F_r	$F''_{i\Sigma c}$		F_{vj}	$\pm f_{AM}$,$\pm f\alpha$,$\pm E_\Sigma$
	Ⅱ	$\pm f_{pt}$			$f''_{i\Sigma c}$			
	Ⅲ	接触斑点						
侧　隙		E_{ss},E_{si}			j_{nmin}			

续表

类别	锥齿轮			齿轮副			
精度等级	7	8	9	7	8	9	安装精度
齿坯公差	外径尺寸极限偏差及轴孔尺寸公差；齿坯顶锥母线跳动和基准端面跳动公差；齿坯轮冠距和顶锥角极限偏差						

注：本表不属GB/T11365—1989，仅供参考。

表Ⅱ.158 推荐的锥齿轮及齿轮副检验项目的名称、代号和定义

名称	代号	定义	名称	代号	定义
齿距累积误差 ΔF_{pK} ΔF_p 齿距累计误差	ΔF_p F_p	在中间分度圆①上，任意两个同侧齿面间的实际弧长与公称弧长之差的最大绝对值	齿厚偏差 齿厚极限偏差 上偏差 下偏差 公差	$\Delta E_{\bar{s}}$ $E_{\bar{s}s}$ $E_{\bar{s}i}$ $T_{\bar{s}}$	齿宽中点法向弦齿厚的实际值与公称值之差
齿圈跳动 齿圈跳动公差	ΔF_r F_r	齿轮一转范围内，测头在齿槽内与齿面中部双面接触时，沿分锥法向相对齿轮轴线的最大变动量	接触斑点 b' b'' h'' h'		安装好的齿轮副（或被测齿轮与测量齿轮）在轻微力的制动下运转后，工作齿面上得到的接触痕迹 接触斑点包括形状、位置、大小3方面的要求 接触痕迹的大小按百分比确定：沿齿长方向——接触痕迹长度b''与工作长度b'之比的百分数，即$(b''/b')\times 100\%$；沿齿高方向——接触痕迹高度h''与接触痕迹中部的工作高度h'之比的百分数，即$(h''/h')\times 100\%$
齿距偏差 实际齿距 公称齿距 Δf_{pt} 齿距极限偏差 上偏差 下偏差	Δf_{pt} $+f_{pt}$ $-f_{pt}$	在中点分度圆①上，实际齿距与公称齿距之差			

续表

名　称	代　号	定　义	名　称	代　号	定　义
齿轮副轴交角综合误差 齿轮副轴交角综合公差	$\Delta F''_{i\Sigma c}$ $F''_{i\Sigma c}$	齿轮副在分锥顶点重合条件下双面啮合时，在转动的整周期②内，轴交角的最大变动量。以齿宽中点处线性值计	齿圈轴向位移 Δf_{AM1}　Δf_{AM2} 齿圈轴向位移极限偏差 上偏差 下偏差	Δf_{AM} $+f_{AM}$ $-f_{AM}$	齿轮装配后，齿圈相对于滚动检查机上确定的最佳啮合位置的轴向位移量
齿轮副一齿轴交角综合误差 齿轮副一齿轴交角综合公差	$\Delta f''_{i\Sigma c}$ $f''_{i\Sigma c}$	齿轮副在分锥顶点重合条件下双面啮合时，在一齿距角内，轴交角的最大变动量。在整周期②内取值，以齿宽中点处线性取值	齿轮副轴间距偏差 设计轴线　设计轴线　f_α　E_Σ　实际轴线 齿轮副轴间距极限偏差 上偏差 下偏差	Δf_α $+f_\alpha$ $-f_\alpha$	齿轮副实际轴间距与公称轴间距之差
齿轮副侧隙变动量 齿轮副侧隙变动公差	ΔF_{vj} F_{vj}	齿轮副按规定的位置安装后，在转动整周期②内，法向侧隙的最大值与最小值之差	齿轮副轴交角偏差 齿轮副轴交角极限偏差 上偏差 下偏差	ΔE_Σ $+E_\Sigma$ $-E_\Sigma$	齿轮副实际轴交角与公称轴交角之差。以齿宽中点处线性值计

注：①允许在齿面中部测量。

②齿轮副转动整周期按 $n_2 = z_1/x$ 计算（n_2 为大齿轮转速；z_1 为小齿轮齿数；x 为大、小齿轮数的最大公约数）。

表Ⅱ.159　锥齿轮的 F_p，F_{pk}，F_r 和齿轮副的 $F''_{i\Sigma c}$，F_{vj} 值 /μm

齿距累积公差 F_p 和 K 个齿距累积公差 F_{pK} ①							中点分度圆直径 /mm		中点法向模数/mm	齿圈跳动公差 F_r				齿轮副轴交角综合公差 $F''_{i\Sigma c}$				侧隙变动公差 F_{vj} ②	
L/mm		精度等级								精度等级									
大于	到	6	7	8	9	10	大于	到		7	8	9	10	7	8	9	10	9	10
									1～3.5	36	45	56	71	67	85	110	130	75	90
—	11.2	11	16	22	32	45		125	>3.5～6.3	40	50	63	80	75	95	120	150	80	100
11.2	20	16	22	32	45	63			>6.3～10	45	56	71	90	85	105	130	170	90	120
20	32	20	28	40	56	80			>10～16	50	63	80	100	100	120	150	190	105	130
32	50	22	32	45	63	90			1～3.5	50	63	80	100	100	125	160	190	110	140
50	80	25	36	50	71	100	125	400	>3.5～6.3	56	71	90	112	105	130	170	200	120	150
									>6.3～10	63	80	100	125	120	150	180	220	130	160
									>10～16	71	90	112	140	130	160	200	250	140	170

续表

齿距累积公差 F_p 和 K 个齿距累积公差 F_{pk}①							中点分度圆直径/mm		中点法向模数/mm	齿圈跳动公差 F_r				齿轮副轴交角综合公差 $F''_{i\Sigma c}$				侧隙变动公差 F_{vj}②	
L/mm		精度等级								精度等级									
大于	到	6	7	8	9	10	大于	到		7	8	9	10	7	8	9	10	9	10
							400	800	1～3.5	63	80	100	125	130	160	200	260	140	180
80	160	32	45	63	90	125			>3.5～6.3	71	90	112	140	140	170	220	280	150	190
160	315	45	63	90	125	180			>6.3～10	80	100	125	160	150	190	240	300	160	200
315	630	63	90	125	180	250			>10～16	90	112	140	180	160	200	260	320	180	220
630	1 000	80	112	160	224	315	800	1 600	1～3.5	—	—	—	—	150	180	240	280	—	—
1 000	1 600	100	140	200	280	400			>3.5～6.3	80	100	125	160	160	200	250	320	170	220
1 600	2 500	112	160	224	315	450			>6.3～10	90	112	140	180	180	220	280	360	200	250
									>10～16	100	125	160	200	200	250	320	400	220	270

注：①F_p 和 F_{pK} 按中点分度圆弧长 L 查表。查 Fp 时，取 $L=\frac{1}{2}\pi d=\frac{\pi m_n z}{2\cos\beta}$；查 F_{pK} 时，取 $L=\frac{K\pi m_n}{\cos\beta}$（没有特殊要求时，$K$ 值取 $z/6$ 或最接近的整齿数）。

②F_{vj} 取大小轮中点分度圆直径之和的一半作为查表半径。对于齿数比为整数且不大于 3(1,2,3) 的齿轮副，当采用选配时，可将 F_{vj} 值缩小 25% 或更多。

表 Ⅱ.160　锥齿轮的 $\pm f_{pt}$、f_c 和齿轮副的 $f''_{i\Sigma c}$ 值 /μm

中点分度圆直径/mm		中点法向模数/mm	齿距极限偏差 $\pm f_{pt}$					齿形相对误差的公差 f_c			齿轮副一齿轴交角的综合公差 $f''_{i\Sigma c}$			
			精度等级											
大于	到		6	7	8	9	10	6	7	8	7	8	9	10
—	125	1～3.5	10	14	20	28	40	5	8	10	28	40	53	67
		>3.5～6.3	13	18	25	36	50	6	9	13	36	50	60	75
		>6.3～10	14	20	28	40	56	8	11	17	40	56	71	90
		>10～16	17	24	34	48	67	10	15	22	48	67	85	105
125	400	1～3.5	11	16	22	32	45	7	9	13	32	45	60	75
		>3.5～6.3	14	20	28	40	56	8	11	15	40	56	67	80
		>6.3～10	16	22	32	45	63	9	13	19	45	63	80	100
		>10～16	18	25	36	50	71	11	17	25	50	71	90	120
400	800	1～3.5	13	18	25	36	50	9	12	18	32	50	67	80
		>3.5～6.3	14	20	28	40	56	10	14	20	40	56	75	90
		>6.3～10	18	25	36	50	71	11	16	24	50	71	85	105
		>10～16	20	28	40	56	80	13	20	30	56	80	100	130
800	1 600	1～3.5	—	—	—	—	—	—	—	—	—	—	—	—
		>3.5～6.3	16	22	32	45	63	13	19	28	45	63	80	105
		>6.3～10	18	25	36	50	71	14	21	32	50	71	90	120
		>10～16	20	28	40	56	80	16	25	38	56	80	110	140

表Ⅱ.161 接触斑点

精度等级	6,7	8,9	10	对齿面修形的齿轮,在齿面大端、小端和齿顶边缘处不允许出现接触斑点;对齿面不修形的齿轮,其接触斑点大小不小于表中平均值
沿齿长方向/%	50~70	35~65	25~55	
沿齿高方向/%	55~75	40~70	30~60	

表Ⅱ.162 周期误差的公差 f'_{zK} 值(齿轮副周期误差的公差 f'_{zKc} 值)/μm

精度等级	中点分度圆直径/mm		中点法向模数/mm	齿轮在一转(齿轮副在大轮一转)内的周期数								
	大于	到		2~4	>4~8	>8~16	>16~32	>32~63	>63~125	>125~250	>250~500	>500
6	—	125	1~6.3	11	8	6	4.8	3.8	3.2	3	2.6	2.5
			>6.3~10	13	9.5	7.1	5.6	4.5	3.8	3.4	3	2.8
	125	400	1~6.3	16	11	8.5	6.7	5.6	4.8	4.2	3.8	3.6
			>6.3~10	18	13	10	7.5	6	5.3	4.5	4.2	4
	400	800	1~6.3	21	15	11	9	7.1	6	5.3	5	4.8
			>6.3~10	22	17	12	9.5	7.5	6.7	6	5.3	5
	800	1600	1~6.3	24	17	15	10	8	7.5	7	6.3	6
			>6.3~10	27	20	15	12	9.5	8	7.1	6.7	6.3
7	—	125	1~6.3	17	13	10	8	6	5.3	4.5	4.2	4
			>6.3~10	21	15	11	9	7.1	6	5.3	5	4.5
	125	400	1~6.3	25	18	13	10	9	7.5	6.7	6	5.6
			>6.3~10	28	20	16	12	10	8	7.5	6.7	6.3
	400	800	1~6.3	32	24	18	14	11	10	8.5	8	7.5
			>6.3~10	36	26	19	15	12	10	9.5	8.5	8
	800	1600	1~6.3	36	26	20	16	13	11	10	8.5	8
			>6.3~10	42	30	22	18	15	12	11	10	9.5
8	—	125	1~6.3	25	18	13	10	8.5	7.5	6.7	6	5.6
			>6.3~10	28	21	16	12	10	8.5	7.5	7	6.7
	125	400	1~6.3	36	26	19	15	12	10	9	8.5	8
			>6.3~10	40	30	22	17	14	12	10.5	10	8.5
	400	800	1~6.3	45	32	25	19	16	13	12	11	10
			>6.3~10	50	36	28	21	17	15	13	12	11
	800	1600	1~6.3	53	38	28	22	18	15	14	12	11
			>6.3~10	63	44	32	26	22	18	16	14	13

表Ⅱ.163 齿圈轴向位移极限偏差 $\pm f_{AM}$ 值/μm

中点锥距/mm		分锥角/(°)		精度等级																			
				6				7				8				9				10			
				中点法向模数/mm																			
大于	到	大于	到	1~3.5	>3.5~6.3	>6.3~10	>10~16	1~3.5	>3.5~6.3	>6.3~10	>10~16	1~3.5	>3.5~6.3	>6.3~10	>10~16	1~3.5	>3.5~6.3	>6.3~10	>10~16	1~3.5	>3.5~6.3	>6.3~10	>10~16
—	50	—	20	14	8			20	11			28	16			40	22			56	32		
		20	45	12	6.7	—	—	17	9.5	—	—	24	13	—	—	34	19	—	—	48	26	—	—
		45	—	5	2.8			7.1	4			10	5.6			14	8			20	11		
50	100	—	20	48	26	17	13	67	38	24	18	95	53	34	26	140	75	50	38	190	105	71	50
		20	45	40	22	15	11	56	32	21	16	80	45	30	22	120	63	42	30	160	90	60	45
		45	—	17	9.5	6	4.5	24	13	8.5	6.7	34	17	12	9	48	26	17	13	67	38	24	18

续表

中点锥距/mm		分锥角/(°)		精度等级																			
				6				7				8				9				10			
				中点法向模数/mm																			
100	200	— 20 45	20 45 —	105 90 38	60 50 21	38 32 13	28 24 10	150 130 53	80 70 30	53 45 19	40 34 14	200 180 75	120 100 40	75 63 26	56 48 20	300 260 105	160 140 60	105 90 38	80 67 28	420 360 150	240 190 80	150 130 53	110 95 40
200	400	— 20 45	20 45 —	240 200 85	130 105 45	85 71 30	60 50 21	340 280 120	180 150 63	120 100 40	85 71 30	480 400 170	250 210 90	170 140 60	120 100 42	670 560 240	360 300 130	240 200 85	170 150 60	950 800 340	500 420 180	320 280 120	240 200 85
400	800	— 20 45	20 45 —	530 450 190	280 240 100	180 150 63	130 110 45	750 630 270	400 340 140	250 210 90	180 160 67	1 050 900 380	560 480 200	360 300 125	260 220 90	1 500 1 300 530	800 670 280	500 440 180	380 300 130	2 100 1 700 750	1 100 950 400	710 600 250	500 440 180
800	1 600	— 20 45	20 45 —	—	—	380 —	280 240 100	—	—	560 —	400 340 140	—	—	750 —	560 480 200	—	—	1 100 —	800 670 280	—	—	1 500 —	1 100 950 400

注:表中数值用于 $\alpha=20°$ 的非修形齿轮。对修形齿轮,允许采用低一级的 $\pm f_{AM}$ 值;当 $\alpha \neq 20°$ 时,表中数乘 $\sin 20°/\sin \alpha$。

表Ⅱ.164 锥齿轮副的 f'_{zzc}, $\pm E_{\Sigma}$, $\pm f_a$ 值/μm

齿轮副齿频误差的公差 f'_{zzc} [①]					轴角度极限偏差 $\pm E_{\Sigma}$ [②]							轴间距极限偏差 $\pm f_a$ [③]					
大轮齿数	中点法向模数/mm	精度等级			中点锥距/mm	小轮分锥角/(°)	最小法向侧隙种类					中点锥距/mm	精度等级				
		6	7	8			h、e	d	c	b	a		6	7	8	9	10
≤16	1~3.5 >3.5~6.3 >6.3~10	10 12 14	15 18 22	22 28 32	≤50	≤50 >15~25 >25	7.5 10 12	11 16 19	18 26 30	30 42 50	45 63 80	≤50	12	18	28	36	67
>16~32	1~3.5 >3.5~6.3 >6.3~10 >10~16	10 13 16 19	16 19 24 28	24 28 34 42	>50~100	≤15 >15~25 >25	10 12 15	16 19 22	26 30 32	42 50 60	63 80 95	>50~100	15	20	30	45	75
>32~63	1~3.5 >3.5~6.3 >6.3~10 >10~16	11 14 17 20	17 20 24 30	24 30 36 45	>100~200	≤15 >15~25 >25	12 17 20	19 26 32	30 45 50	50 71 80	80 110 125	>100~200	18	25	36	55	90
>63~125	1~3.5 >3.5~6.3 >6.3~10 >10~16	12 15 18 22	18 22 26 34	25 32 38 48	>200~400	≤15 >15~25 >25	15 24 26	22 36 40	32 56 63	60 90 100	95 140 160	>200~400	25	30	45	75	120
>125~250	1~3.5 >3.5~6.3 >6.3~10 >10~16	13 16 19 24	19 24 30 36	28 34 42 53	>400~800	≤15 >15~25 >25	20 28 34	32 45 56	50 71 85	80 110 140	125 180 220	>400~800	30	36	60	90	150

续表

齿轮副齿频误差的公差f'_{zzc}①					轴角度极限偏差 $\pm E_{\Sigma}$②							轴间距极限偏差 $\pm f_a$③					
大轮	中点法向	精度等级			中点锥距	小轮分	最小法向侧隙种类					中点锥距	精度等级				
齿数	模数/mm	6	7	8	/mm	锥角/(°)	h、e	d	c	b	a	/mm	6	7	8	9	10
>250~500	1~3.5	14	21	30	>800~1 600	≤15	26	40	63	100	160	>800~1 600	40	50	85	130	200
	>3.5~6.3	18	28	40		>15~25	40	63	100	160	250						
	>6.3~10	22	34	48		>25	53	85	130	210	320						
	>10~16	28	42	60													

注:①f'_{zzc}用于$\varepsilon_{\beta c}\leqslant 0.45$的齿轮副。当$\varepsilon_{\beta c}>0.45\sim0.58$时,表中数值乘0.6;当$\varepsilon_{\beta c}>0.58\sim0.67$时,表中数值乘0.4;当$\varepsilon_{\beta c}>0.67$时,表中数值乘0.3。其中,$\varepsilon_{\beta c}$=纵向重合度×齿长方向接触斑点大小百分比的平均值。

②E_{Σ}值的公差带位置相对于零线可以不对称或取在一侧,适用于$\alpha=20°$的正交齿轮副。

③f_a值用于无纵向修形的齿轮副。对纵向修形齿轮副允许采用低一级的$\pm f_a$值。

Ⅱ.8.2.3 齿轮副侧隙

本标准规定齿轮副的最小法向侧隙种类为6种:a,b,c,d,e和h。最小法向侧隙值以a为最大,h为零,如图Ⅱ.16所示。最小法向侧隙种类与精度等级无关。

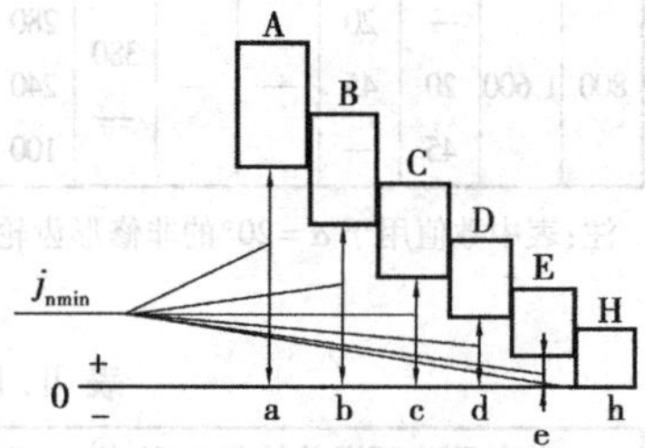

图Ⅱ.16 最小法向侧隙种类

最小法向侧隙种类确定后,按表Ⅱ.168和表Ⅱ.164查取$E_{\bar{s}s}$和$\pm E_{\Sigma}$。

最小法向侧隙$j_{n\min}$按表Ⅱ.165规定。有特殊要求时,$j_{n\min}$可不按表Ⅱ.165所列数值确定。此时,用线性插值法由表Ⅱ.168和Ⅱ.164计算$E_{\bar{s}s}$和$\pm E_{\Sigma}$。

最大法向侧隙$j_{n\max}$为

$$j_{n\max}=(|E_{\bar{s}s1}+E_{\bar{s}s2}|+T_{\bar{s}1}+T_{\bar{s}2}+E_{\bar{s}\Delta1}+E_{\bar{s}\Delta2})\cos\alpha_n$$

式中 $E_{\bar{s}\Delta}$——制造误差的补偿部分,由表Ⅱ.167查取。

本标准规定齿轮副的法向侧隙公差种类为5种:A,B,C,D和H。法向侧隙公差种类与精度等级有关。允许不同种类的法向侧隙公差和最小法向侧隙组合。在一般情况下,推荐法向侧隙公差种类与最小法向侧隙种类的对应关系如图Ⅱ.16所示。

齿厚公差$T_{\bar{s}}$按表Ⅱ.166规定。

表Ⅱ.165 最小法向侧隙$j_{n\min}$值/μm

中点锥距/mm		小轮分锥角/(°)		最小法向侧隙种类					
大于	到	大于	到	h	e	d	c	b	a
—	50	—	15	0	15	22	36	58	90
		15	25	0	21	33	52	84	130
		25	—	0	25	39	62	100	160
50	100	—	15	0	21	33	52	84	130
		15	25	0	25	39	62	100	160
		25	—	0	30	46	74	120	190
100	200	—	15	0	25	39	62	100	160
		15	25	0	35	54	87	140	220
		25	—	0	40	63	100	160	250

续表

中点锥距/mm		小轮分锥角/(°)		最小法向侧隙种类					
大于	到	大于	到	h	e	d	c	b	a
200	400	—	15	0	30	46	74	120	190
		15	25	0	46	72	115	185	290
		25	—	0	52	81	130	210	320
400	800	—	15	0	40	63	100	160	250
		15	25	0	57	89	140	230	360
		25	—	0	70	110	175	280	440
800	1 600	—	15	0	52	81	130	210	320
		15	25	0	80	125	200	320	500
		25	—	0	105	165	260	420	660
1 000	—	—	15	0	70	110	175	280	440
		15	25	0	125	195	310	500	780
		25	—	0	175	280	440	710	1 100

注：正交齿轮副按中点锥距 R 查表。非正交齿轮副按下式算出的 R' 查表：$R' = R(\sin 2\delta_1 + \sin 2\delta_2)/2$，式中，$\delta_1$ 和 δ_2 为大、小轮分锥角。

表Ⅱ.166　齿厚公差 $T_{\bar{s}}$ 值/μm

齿圈跳动公差 F_r		法向侧隙公差种类				
大于	到	H	D	C	B	A
—	8	21	25	30	40	52
8	10	22	28	34	45	55
10	12	24	30	36	48	60
12	16	26	32	40	52	65
16	20	28	36	45	58	75
20	25	32	42	52	65	85
25	32	38	48	60	75	95
32	40	42	55	70	85	110
40	50	50	65	80	100	130
50	60	60	75	95	120	150
60	80	70	90	110	130	180
80	100	90	110	140	170	220
大于	到	H	D	C	B	A
100	125	110	130	170	200	260
125	160	130	160	200	250	320
160	200	160	200	260	320	400
200	250	200	250	320	380	500
250	320	240	300	400	480	630
320	400	300	380	500	600	750
400	500	380	480	600	750	950
500	630	450	500	750	950	1 180

表Ⅱ.167　最大法向侧隙($j_{n\ max}$)的制造误差补偿部分 $E_{\bar{s}\Delta}$ 值/μm

精度等级第Ⅱ公差组	中点法向模数/mm	中点分度圆直径/mm											
		≤125			>125~400			>400~800			>800~1600		
		分锥角/(°)											
		≤20	>20~45	>45	≤20	>20~45	>45	≤20	>20~45	>45	≤20	>20~45	>45
6	1~3.5	18	18	20	25	28	28	32	45	40	—	—	—
	>3.5~6.3	20	20	22	28	28	28	34	50	40	67	75	72
	>6.3~10	22	22	25	32	32	30	36	50	45	72	80	75
	>10~16	25	25	28	32	34	32	45	55	50	72	90	75
7	1~3.5	20	20	22	28	32	30	36	50	45	—	—	—
	>3.5~6.3	22	22	25	32	32	30	38	55	45	75	85	80
	>6.3~10	25	25	28	36	36	34	40	55	50	80	90	85
	>10~16	28	28	30	36	38	36	48	60	55	80	100	85
8	1~3.5	22	22	24	30	36	32	40	55	50	—	—	—
	>3.5~6.3	24	24	28	36	36	32	42	60	50	80	90	85
	>6.3~10	28	28	30	40	40	38	45	60	55	85	100	95
	>10~16	30	30	32	40	42	40	55	65	60	85	110	95
9	1~3.5	24	24	25	32	38	36	45	65	55	—	—	—
	>3.5~6.3	25	25	30	38	38	36	45	65	55	90	100	95
	>6.3~10	30	30	32	45	45	40	48	65	60	95	110	100
	>10~16	32	32	36	45	45	45	48	70	65	95	120	100
10	1~3.5	25	25	28	36	42	40	48	65	60		—	—
	>3.5~6.3	28	28	32	42	42	40	50	70	60	95	110	105
	>6.3~10	32	32	36	48	48	45	50	70	65	105	115	110
	>10~16	36	36	40	48	50	48	60	80	70	105	130	110

表Ⅱ.168　齿厚上偏差 $E_{\bar{s}s}$ 值/μm

基本值													系　数					
中点法向模数/mm	中点分度圆直径												最小法向侧隙种类	第Ⅱ公差组精度等级				
	≤125			>125~400			>400~800			>800~1 600				6	7	8	9	10
	分锥角/(°)												h	0.9	1.0	—	—	—
	≤20	>20~45	>45	≤20	>20~45	>45	≤20	>20~45	>45	≤20	>20~45	>45	e	1.45	1.6	—	—	—
1~3.5	-20	-20	-22	-28	-32	-30	-36	-50	-45	—	—	—	d	1.8	2.0	2.2	—	—
>3.5~6.3	-22	-22	-25	-32	-32	-30	-38	-55	-45	-75	-85	-80	c	2.4	2.7	3.0	3.2	—
>6.3~10	-25	-25	-28	-36	-36	-34	-40	-55	-50	-80	-90	-85	b	3.4	3.8	4.2	4.6	4.9
>10~16	-28	-28	-30	-36	-38	-36	-48	-60	-55	-80	-100	-85	a	5.0	5.5	6.0	6.6	7.0

注：①各最小法向侧隙种类和各精度等级齿轮的 $E_{\bar{s}s}$ 值由基本值栏查出的数值乘以系数得出。

②当轴交角公差带相对零线不对称时，$E_{\bar{s}s}$ 数值修正如下：

增大轴交角上偏差时，$E_{\bar{s}s}$ 加上 $(E_{\Sigma s}-|E_{\Sigma}|)\tan\alpha$

减小轴交角上偏差时，$E_{\bar{s}s}$ 减去 $(E_{\Sigma i}-|E_{\Sigma}|)\tan\alpha$

式中　$E_{\Sigma s}$——修改后的轴交角上偏差；

$E_{\Sigma i}$——修改后的轴交角下偏差；

E_{Σ}——表Ⅱ.164中数值；

α——齿形角。

③允许把大、小齿轮齿厚上偏差之和重新分配在两个齿轮上。

Ⅱ.8.2.4　齿坯公差

表Ⅱ.169　齿坯公差值

齿坯尺寸公差					
精度等级	6	7	8	9	10
轴径尺寸公差	IT5	IT6		IT7	
孔径尺寸公差	IT6	IT7		IT8	
外径尺寸极限偏差	0 −IT8			0 −IT9	

齿坯轮冠距和顶锥角极限偏差			
中点法向模数/mm	≤1.2	>1.2～10	>10
轮冠距极限偏差/μm	0 −50	0 −75	0 −100
锥顶角极限偏差/(′)	+15 0	+18 0	+8 0

齿坯顶锥母线跳动公差/μm						
精度等级		6	7	8	9	10
外径/mm	≤30	15	25		50	
	>30～50	20	30		60	
	>50～120	25	40		80	
	>120～250	30	50		100	
	>250～500	40	60		120	
	>500～800	50	80		150	
	>800～1 250	60	100		200	
	>1 250～2 000	80	120		250	

基准端面跳动公差/μm						
精度等级		6	7	8	9	10
基准端面直径/mm	≤30	6	10		15	
	>30～50	8	12		20	
	>50～120	10	15		25	
	>120～250	12	20		30	
	>250～500	15	25		40	
	>500～800	20	30		50	
	>800～1 250	25	40		60	
	>1 250～2 000	30	50		80	

注：①当3个公差组精度等级不同时，公差值按最高的精度等级查取。

②IT5—IT9值见表Ⅱ.119。

Ⅱ.8.2.5　图样标注

在齿轮工作图上应标注齿轮的精度等级和最小法向侧隙种类及法向侧隙公差种类的数字(字母)代号。

标注示例：

①齿轮的3个公差组精度同时为7级，最小法向侧隙种类为b，法向侧隙公差种类为B：

7b　GB/T 11365

②齿轮的第Ⅰ公差组精度为8级，第Ⅱ、第Ⅲ公差组精度为7级，最小法向侧隙种类为c，法向侧隙公差种类为B，即

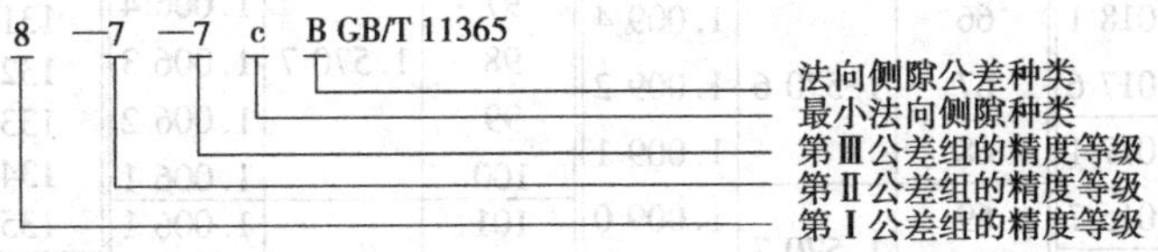

Ⅱ.8.2.6　锥齿轮和非变位圆柱齿轮的齿厚及齿高

表Ⅱ.170　非变位直齿圆柱齿轮、锥齿轮分度圆上弦齿厚及弦齿高（$\alpha_0=20°, h_a^*=1$）

弦齿厚 $S_x=K_1m$；弦齿高 $h_x^*=K_2m$											
齿数 z	K_1	K_2	齿数 z	K_1	K_2	齿数 z	K_1	K_2	齿数 z	K_1	K_2
10	1.564 3	1.061 6	41		1.015 0	73		1.008 5	106		1.005 8
11	1.565 5	1.056 0	42	1.570 4	1.014 7	74	1.570 7	1.008 4	107		1.005 8
12	1.566 3	1.051 4	43		1.014 3	75		1.008 3	108	1.570 7	1.005 7
13	1.567 0	1.047 4	44		1.014 0	76		1.008 1	109		1.005 7
14	1.567 5	1.044 0	45		1.013 7	77		1.008 0	110		1.005 6
15	1.567 9	1.041 1	46		1.013 4	78	1.570 7	1.007 9	111		1.005 6
16	1.568 3	1.038 5	47	1.570 5	1.013 1	79		1.007 8	112		1.005 5
17	1.568 6	1.036 2	48		1.012 8	80		1.007 7	113	1.570 7	1.005 5
18	1.568 8	1.034 2	49		1.012 6	81		1.007 6	114		1.005 4
19	1.569 0	1.032 4	50		1.012 3	82		1.007 5	115		1.005 4
20	1.569 2	1.030 8	51		1.012 1	83	1.570 7	1.007 4	116		1.005 3
21	1.569 4	1.029 4	52		1.011 9	84		1.007 4	117		1.005 3
22	1.569 5	1.028 1	53	1.570 6	1.011 7	85		1.007 3	118	1.570 7	1.005 3
23	1.569 6	1.026 8	54		1.011 4	86		1.007 2	119		1.005 2
24	1.569 7	1.025 7	55		1.011 2	87		1.007 1	120		1.005 2
25	1.569 8	1.024 7	56		1.011 0	88	1.570 7	1.007 0	121		1.005 1
26		1.023 7	57		1.010 8	89		1.006 9	122		1.005 1
27	1.569 9	1.022 8	58	1.570 6	1.010 6	90		1.006 8	123	1.570 7	1.005 0
28		1.022 0	59		1.010 5	91		1.006 8	124		1.005 0
29	1.570 0	1.021 3	60		1.010 2	92		1.006 7	125		1.004 9
30	1.570 1	1.020 5	61		1.010 1	93	1.570 7	1.006 7	126		1.004 9
31		1.019 9	62		1.010 0	94		1.006 6	127		1.004 9
32		1.019 3	63	1.570 6	1.009 8	95		1.006 5	128	1.570 7	1.004 8
33	1.570 2	1.018 7	64		1.009 7	96		1.006 4	129		1.004 8
34		1.018 1	65		1.009 5	97		1.006 4	130		1.004 7
35		1.017 6	66		1.009 4	98	1.570 7	1.006 3	131		1.004 7
36	1.570 3	1.017 1	67	1.570 6	1.009 2	99		1.006 2	132		1.004 7
37		1.016 7	68		1.009 1	100		1.006 1	133	1.570 8	1.004 7
38		1.016 2	69	1.570 7	1.009 0	101		1.006 1	134		1.004 6
39	1.570 4	1.015 8	70		1.008 8	102		1.006 0	135		1.004 6
40		1.015 4	71	1.570 7	1.008 7	103	1.570 7	1.006 0	140		1.004 4
			72		1.008 6	104		1.005 9	145	1.570 8	1.004 2
						105		1.005 9	150		1.004 1
									齿条		1.000 0

注：①对于斜齿圆柱齿轮和锥齿轮，使用本表时，应以当量齿数 z_d 代替 z。斜齿轮：$z_d=z/\cos^3\beta$；锥齿轮：$z_d=z/\cos\phi$。z_d 非整数时，可用插值法求出。

②本表不属于 GB/T 11365—1989 内容。

Ⅱ.8.3　圆柱蜗杆、蜗轮精度(GB/T 10089—1988 摘录)

本标准适用于轴交角 $\sum$ 为90°,模数 $m \geqslant 1$ mm 的圆柱蜗杆、蜗轮及其传动。其蜗杆分度圆直径 $d_1 \leqslant 400$ mm,蜗轮分度圆直径 $d_2 \leqslant 4\ 000$ mm。基本蜗杆可为阿基米德蜗杆(ZA 蜗杆)、渐开线蜗杆(ZI 蜗杆)、法向直廓蜗杆(ZN 蜗杆)、锥面包络圆柱蜗杆(ZK 蜗杆)及圆弧圆柱蜗杆(ZC 蜗杆)。

Ⅱ.8.3.1　精度等级和公差组

本标准对蜗杆、蜗轮和蜗杆传动规定 12 个精度等级,第 1 级精度最高,第 12 级精度最低。按照公差的特性对传动性能的主要保证作用,将蜗杆、蜗轮和蜗杆传动的公差(或极限偏差)分成 3 个公差组(见表Ⅱ.171)。

表Ⅱ.171　蜗杆、蜗轮及其传动的公差组

公差组	蜗杆		蜗轮		传动	
	公差及极限偏差项目					
	名称	代号	名称	代号	名称	代号
Ⅰ	—	—	蜗轮切向综合公差	F'_i	蜗杆副的切向综合公差	F'_{ic}
			蜗轮径向综合公差	F''_i		
			蜗轮齿距累积公差	F_p		
			蜗轮 K 齿距累积公差	F_{pK}		
			蜗轮齿圈径向跳动公差	F_r		
Ⅱ	蜗杆一转螺旋线公差	f_h	蜗轮一齿切向综合公差	f'_i	蜗杆副的一齿切向综合公差	f'_{ic}
	蜗杆螺旋线公差	f_{hL}	蜗轮一齿径向综合公差	f''_i		
	蜗杆轴向齿距极限偏差	$\pm f_{px}$	蜗轮齿距极限偏差	$\pm f_{pt}$		
	蜗杆轴向齿距累积公差	f_{pxL}				
	蜗杆齿槽径向跳动公差	f_r				
Ⅲ	蜗杆齿形公差	f_{f1}	蜗轮齿形公差	f_{f2}	接触斑点	
					蜗杆副的中心距极限偏差	$\pm f_a$
					蜗杆副的中间平面极限偏差	$\pm f_x$
					蜗杆副的轴交角极限偏差	$\pm f_\Sigma$

根据使用要求不同,允许公差组选用不同的精度等级组合,但在同一公差组中,各项公差与极限偏差应保持相同的精度等级。

蜗杆和配对蜗轮的精度等级一般取成相同,也允许取成不同。对有特殊要求的蜗杆传动,除 F_r,F''_i,f''_i,f_r 项目外,其蜗杆、蜗轮左右齿面的精度等级也可取成不同。

表Ⅱ.172 列出了 7 ~9 级精度蜗杆传动的加工方法及应用范围,供选择精度等级时参考。

表Ⅱ.172　蜗杆传动加工方法及应用范围

精度等级		7	8	9
蜗轮圆周速度		≤7.5/(m·s⁻¹)	≤3(m·s⁻¹)	≤1.5(m·s⁻¹)
加工方法	蜗杆	渗碳淬火或淬火后磨削	淬火磨削或车削、铣削	车削或铣削
	蜗轮	滚削或飞刀加工后珩磨(或加载配对跑合)	滚削或飞刀加工后加载配对跑合	滚削或飞刀加工
应用范围		中等精度工业运转机构的动力传动。如机床进给、操纵机构、电梯拽引装置	工作时间不长的一般动力传动。如起重运输机械减速器,纺织机械传动装置	低速传动或手动机构。如舞台升降装置,塑料蜗杆传动

注:此表不属于 GB/T 10089—1988,仅供参考。

表Ⅱ.173　蜗杆、蜗轮部分误差的定义和代号

名称	代号	定义	名称	代号	定义
蜗杆轴向齿距偏差 实际轴向齿距 公称轴向齿距　Δf_{px} 蜗杆轴向齿距极限偏差 上偏差 下偏差	Δf_{px} $+f_{px}$ $-f_{px}$	在蜗杆轴向截面上,实际齿距与公称齿距之差	蜗轮齿形误差 实际齿形 Δf_{f2}　蜗轮的齿形工作部分 设计齿形 蜗轮齿形公差	Δf_{f2} f_{f2}	在蜗轮轮齿给定截面上的齿形工作部分内,包容实际齿形且距离为最小的两条设计齿形间的法向距离 当两条设计齿形线为非等距离曲线时,应在靠近齿体内的设计齿形线的法线上确定其两者间的法向距离
蜗杆轴向齿距累计误差 实际轴向距离 公称轴向距离 蜗杆轴向齿距累计公差	Δf_{pxL} f_{pxL}	在蜗杆轴向截面上的工作齿宽范围(两端不完整齿部分应除外)内,任意两个同侧齿面间实际轴向距离与公称轴向距离之差最大绝对值	蜗轮齿厚偏差 蜗轮齿厚极限偏差　上偏差 下偏差 蜗轮齿厚公差	ΔE_{s2} E_{ss2} E_{si2} T_{s2}	在蜗轮中间平面上,分度圆齿厚的实际值与公称值之差

续表

名　称	代　号	定　义	名　称	代　号	定　义
蜗杆齿槽径向跳动 Δf_r r r 蜗杆齿槽径向跳动公差	Δf_r f_r	在蜗杆任意一转范围内，测头在齿槽内与齿高中部的齿面双面接触，其测头相对于蜗杆轴线的径向最大变动量	蜗杆副的中心距偏差 公称中心距 实际中心距 Δf_a 蜗杆副的中心距偏差 上偏差 下偏差	Δf_a $+f_a$ $-f_a$	在安装好的蜗杆副中间平面内，实际中心距与公称中心距之差
蜗杆齿形误差 Δf_{f1} 蜗杆的齿形工作部分 实际齿形 设计齿形 蜗杆齿形公差	Δf_{f1} f_{f1}	在蜗杆轮齿给定截面上的齿形工作部分内，包容实际齿形且距离为最小的两条设计齿形间的法向距离 当两条设计齿形线为非等距离的曲线时，应在靠近齿体内的设计齿形线的法线上确定其两者间的法向距离	蜗杆副的中间平面偏移 Δf_x 蜗杆副中间平面极限偏差 上偏差 下偏差	Δf_x $+f_x$ $-f_x$	在安装好的蜗杆副中，蜗轮中间平面与传动中间平面之间的距离
蜗杆齿厚偏差 蜗杆齿厚极限偏差 上偏差 下偏差 蜗杆齿厚公差	ΔE_{s1} E_{ss1} E_{si1} T_{s1}	在蜗杆分度圆柱上，法向齿厚的实际值与公称值之差	蜗杆副的轴交角偏差 实际轴交角 公称轴交角 Δf_Σ 蜗杆副的轴交角极限偏差 上偏差 下偏差	Δf_Σ $+f_\Sigma$ $-f_\Sigma$	在安装好的蜗杆副中，实际轴交角与公称轴交角之差 偏差值按蜗轮齿宽确定，以其线性值计

Ⅱ.8.3.2　蜗杆、蜗轮及其传动的检验与公差

标准中规定了蜗杆、蜗轮及其传动的检验要求，标准把各公差组的项目分为若干检验组，根据蜗杆传动的工作要求和生产规模，在各公差组中，选定一个检验组来评定和验收蜗杆、蜗轮的精度。当检验组中有两项或两项以上的误差时，应以检验组中最低的一项精度来评定蜗杆、蜗轮的精度等级。若制造厂与订货者双方有专门协议时，应按协议的规定进行蜗杆、蜗轮精度验收、评定。

本标准规定的公差值是以蜗杆、蜗轮的工作轴线为测量的基准轴线。当实际测量基准不

符合本规定时，应从测量结果中消除基准不同所带来的影响。

蜗杆传动的精度主要以传动切向综合误差 $\Delta F'_{ic}$、传动一齿切向综合误差 $\Delta f'_{ic}$ 和传动接触斑点的形状、分布位置与面积大小来评定。对不可调中心距的传动，检验接触斑点的同时，还应检验 Δf_a，Δf_x 和 Δf_Σ。

各项公差与极限偏差值见表Ⅱ.175—表Ⅱ.184，未列入公差表的项目则由公式求得为

$$F'_i = F_p + f_{f2} \quad F'_{ic} = F_p + f'_{ic} \quad f'_i = 0.6(f_{pt} + f_{f2}) \quad f'_{ic} = 0.7(f'_i + f_h)$$

表Ⅱ.174　推荐的蜗杆、蜗轮及其传动的检验项目

类别		蜗杆			蜗轮			传动
精度等级		7	8	9	7	8	9	
公差组	Ⅰ	—			F_p		F_p 或 F_r	接触斑点 $\pm f_a$，$\pm f_x$ 和 $\pm f_\Sigma$
	Ⅱ	$\pm f_{pt}$，f_{pxL}，f_r			$\pm f_{pt}$			
	Ⅲ	f_{f1}			f_{f2}			
侧隙		E_{ss1}，E_{si1}			E_{ss2}，E_{si2}			$j_{n\,min}$
齿坯公差		蜗杆、蜗轮齿坯尺寸和形状公差，基准面径向和端面跳动公差						

注：①当接触斑点有要求时，f_{f2} 可不进行检验。

②本表不属于 GB/T 10089—1988，仅供参考。

表Ⅱ.175　蜗杆的公差和极限偏差 f_h，f_{hL}，f_{px}，f_{pxL}，f_{f1}，f_r 值/μm

名称代号	模数 m/mm	精度等级 6	7	8	9	10
蜗杆一转螺旋线公差 f_h	1~3.5	11	14	—	—	—
	>3.5~6.3	14	20	—	—	—
	>6.3~10	18	25	—	—	—
	>10~16	24	32	—	—	—
	>16~25	32	45	—	—	—
蜗杆螺旋线公差 f_{hL}	1~3.5	22	32	—	—	—
	>3.5~6.3	28	40	—	—	—
	>6.3~10	36	50	—	—	—
	>10~16	45	63	—	—	—
	>16~25	63	90	—	—	—
蜗杆轴向齿距极限偏差 $\pm f_{px}$	1~3.5	7.5	11	14	20	28
	>3.5~6.3	9	14	20	25	36
	>6.3~10	12	17	25	32	48
	>10~16	16	22	32	46	63
	>16~25	22	32	45	63	85
蜗杆轴向齿距累计公差 $\pm f_{pxL}$	1~3.5	13	18	25	36	—
	>3.5~6.3	16	24	34	48	—
	>6.3~10	21	32	45	63	—
	>10~16	28	40	56	80	—
	>16~25	40	53	75	100	—
蜗杆齿形公差 f_{f1}	1~3.5	11	16	22	32	45
	>3.5~6.3	14	22	32	45	60
	>6.3~10	19	28	40	53	75
	>10~16	25	36	53	75	100
	>16~25	36	53	75	100	140

名称代号	分度圆直径 d_1/mm	模数 m/mm	精度等级 6	7	8	9	10
蜗杆齿槽径向跳动公差 f_r	≦10	1~3.5	11	14	20	28	40
	>10~18	1~3.5	12	15	21	29	41
	>18~31.5	1~6.3	12	16	22	30	42
	>31.5~50	1~10	13	17	23	32	45
	>50~80	1~16	14	18	25	36	48
	>80~125	1~16	16	20	28	40	56
	>125~180	1~25	18	25	32	45	63
	>180~250	1~25	22	28	40	53	75
	>250~315	1~25	25	32	45	63	90
	>315~400	1~25	28	36	53	71	100

注：当基准蜗杆齿形角 α 不等于 20°时，本标准规定的 f_r 值乘以系数 sin 20°/sin α。

表Ⅱ.176　蜗轮的 F_p，F_{pk}，$\pm f_{pt}$，f_{f2} 值

分度圆弧长 L/mm	蜗轮齿距累积公差 F_p 和 K 个齿距累计公差 F_{pK} 精度等级 6	7	8	9	10
≤11.2	11	16	22	32	45
>11.2～20	16	22	32	45	63
>20～32	20	28	40	56	80
>32～50	22	32	45	63	90
>50～80	25	36	50	71	100
>80～160	32	45	63	90	125
>160～315	45	63	90	125	180
>315～630	63	90	125	180	250
>630～1 000	80	112	160	224	315
>1 000～1 600	100	140	200	280	400
>1 600～2 500	112	160	224	315	450

分度圆直径 d_2/mm	模数 m/mm	蜗轮齿距极限偏差 $\pm f_{pt}$ 精度等级 6	7	8	9	10	蜗轮齿形公差 f_{f2} 精度等级 6	7	8	9	10
≤125	1～3.5	10	14	20	28	40	8	11	14	22	36
	>3.5～6.3	13	18	25	36	50	10	14	20	32	50
	>6.3～10	14	20	28	40	56	12	17	22	36	56
>125～400	1～3.5	11	16	22	32	45	9	13	18	28	45
	>3.5～6.3	14	20	28	40	56	11	16	22	36	56
	>6.3～10	16	22	32	45	63	13	19	28	45	71
	>10～16	18	25	36	50	71	16	22	32	50	80
>400～800	1～3.5	13	18	25	36	50	12	17	25	40	63
	>3.5～6.3	14	20	28	40	56	14	20	28	45	71
	>6.3～10	18	25	32	50	71	16	24	36	56	90
	>10～16	20	28	40	56	80	18	26	40	63	100
	>16～25	25	36	50	71	100	24	36	56	90	140
>800～1 600	1～3.5	14	20	28	40	56	17	24	36	56	90
	>3.5～6.3	16	22	32	45	63	18	28	40	63	100
	>6.3～10	18	25	36	50	71	20	30	45	71	112
	>10～16	20	28	40	56	80	22	34	50	80	125
	>16～25	25	36	50	71	100	28	42	63	100	160

注：①查 F_p 时，$L=\frac{1}{2}\pi d_2=\frac{1}{2}\pi m z_2$；查 F_{pk} 时，$L=K\pi m$（K 为 2 到小于 $z_2/2$ 的整数）。

②除特殊情况外，对于 F_{pk}，K 值规定取小于 $z_2/6$ 的最大整数。

表Ⅱ.177　蜗轮的 F_r，F''_i，f''_i 值

分度圆直径 d_2/mm	模数 m/mm	蜗轮齿圈径向跳动公差 F_r					蜗轮径向综合公差 F''_i					蜗轮一齿径向综合公差 f''_i				
		精度等级														
		6	7	8	9	10	6	7	8	9	10	6	7	8	9	10
≤125	1～3.5	28	40	50	63	80		56	71	90	112		20	28	36	45
	>3.5～6.3	36	50	63	80	100	—	71	90	112	140	—	25	36	45	56
	>6.3～10	40	56	71	90	112		80	100	125	160		28	40	50	63
>125～400	1～3.5	32	45	56	71	90		63	80	100	125		22	32	40	50
	>3.5～6.3	40	56	71	90	112		80	100	125	160		28	40	50	63
	>6.3～10	45	63	80	100	125	—	90	112	140	180	—	32	45	56	71
	>10～16	50	71	90	112	140		100	125	160	200		36	50	63	80
>400～800	1～3.5	45	63	80	100	125		90	112	140	180		25	36	45	56
	>3.5～6.3	50	71	90	112	140		100	125	160	200		28	40	50	63
	>6.3～10	56	80	100	125	160	—	112	140	180	224	—	32	45	56	71
	>10～16	71	100	125	160	200		140	180	224	280		40	56	71	90
	>16～25	90	125	160	200	250		180	224	280	355		50	71	90	112

续表

分度圆直径 d_2/mm	模数 m/mm	蜗轮齿圈径向跳动公差 F_r					蜗轮径向综合公差 F_i''					蜗轮一齿径向综合公差 f_i''				
		精度等级														
		6	7	8	9	10	6	7	8	9	10	6	7	8	9	10
>800～1 600	1～3.5	50	71	90	112	140	—	100	125	160	200	—	28	40	50	63
	>3.5～6.3	56	80	100	125	160		112	140	180	224		32	45	56	71
	>6.3～10	63	90	112	140	180		125	160	200	250		36	50	63	80
	>10～16	71	100	125	160	200		140	180	224	280		40	56	71	90
	>16～25	90	125	160	200	250		180	224	280	355		50	71	90	112

注：当基准蜗杆齿形角 α 不等于 20° 时，本标准规定的公差值乘以系数 $\sin 20°/\sin \alpha$。

表Ⅱ.178　蜗杆副接触斑点的要求

精度等级	接触面积的百分比/%		接触形状	接触位置
	沿齿高不小于	沿齿长不小于		
5 和 6	65	60	接触斑点在齿高方向无断缺，不允许成带状条纹	接触斑点痕迹的分布位置趋近齿面中部，允许略偏于啮入端。在齿顶和啮入、啮出端的棱边处不允许接触
7 和 8	55	50	不作要求	接触斑点痕迹应偏于啮出端，但不允许在齿顶和啮入、啮出端的棱边接触
9 和 10	45	40		

注：采用修形齿面的蜗杆传动，接触斑点的要求可不受本标准规定的限制。

表Ⅱ.179　蜗杆副的 $\pm f_a$，$\pm f_x$，$\pm f_\Sigma$ 值

传动中心距 a/mm	蜗杆副中心距极限偏差 $\pm f_a$			蜗杆副中间平面极限偏移 $\pm f_x$			蜗杆副轴交角极限偏差 $\pm f_\Sigma$					
	精度等级						蜗轮齿宽 b_2/mm	精度等级				
	6	7,8	9,10	6	7,8	9,10		6	7	8	9	10
≤30	17	26	42	14	21	34	≤30	10	12	17	24	34
30～50	20	31	50	16	25	40	>30～50	11	14	19	28	38
50～80	23	37	60	18.5	30	48						
80～120	27	44	70	22	36	56	>50～80	13	16	22	32	45
120～180	32	50	80	27	40	64						
180～250	36	58	92	29	47	74	>80～120	15	19	24	36	53
250～315	40	65	105	32	52	85						
315～400	45	70	115	36	56	92	>120～180	17	22	28	42	60
400～500	50	78	125	40	63	100						
500～630	55	87	140	44	70	112	>180～250	20	25	32	48	67
630～800	62	100	160	50	80	130						
800～1 000	70	115	180	56	92	145	>250	22	28	36	53	75
1000～1 250	82	130	210	66	105	170						
1250～1 600	97	155	250	78	125	200						

Ⅱ.8.3.3　蜗杆传动的侧隙

本标准按蜗杆传动的最小法向侧隙大小，将侧隙种类分为 8 种：a，b，c，d，e，f，g 和 h。最小法向侧隙值以 a 为最大，h 为零，其他依次减小（见图Ⅱ.17）。侧隙种类与精度等级无关。各种侧隙的最小法向侧隙 $j_{n\,min}$ 值按表Ⅱ.181 规定。

传动的最小法向侧隙由蜗杆齿厚的减薄量来保证，最大法向侧隙由蜗杆、蜗轮齿厚公差 T_{s1}，T_{s2} 确定。蜗杆、蜗轮齿厚上偏差和下偏差按表Ⅱ.180 确定。

表Ⅱ.180　齿厚偏差计算公式

齿厚偏差名称		计算公式
蜗杆齿厚	上偏差	$E_{ss1}=-(j_{n\,min}/\cos\alpha_n+E_{s\Delta})$
	下偏差	$E_{si1}=E_{ss1}-T_{s1}$
蜗轮齿厚	上偏差	$E_{ss2}=0$
	下偏差	$E_{si2}=-T_{s2}$

注：① T_{s1}，T_{s2} 分别为蜗杆、蜗轮齿厚公差，见表Ⅱ.183。

② $E_{s\Delta}$ 为制造误差的补偿部分，见表Ⅱ.182。

对可调中心距传动或蜗杆、蜗轮不要求互换的传动，允许传动的侧隙规范用最小侧隙 $j_{t\,min}$（或 $j_{n\,min}$）和最大侧隙 $j_{t\,max}$（或 $j_{n\,max}$）来规定，具体由设计确定。即其蜗轮的齿厚公差可不作规定，蜗杆齿厚的上、下偏差由设计确定。

对各种侧隙种类的侧隙规范数值系蜗杆传动在 20 ℃ 时的情况，未计入传动发热和传动弹性形变的影响。

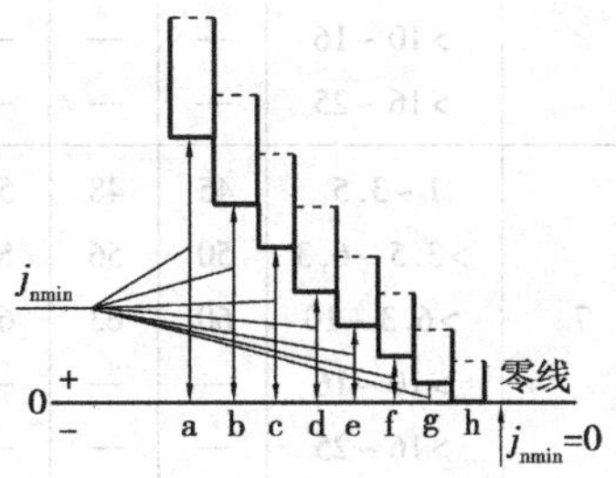

图Ⅱ.17　蜗杆副最小法向侧隙种类

表Ⅱ.181　蜗杆副的最小法向侧隙 $j_{n\,min}$ 值/μm

传动中心距 a/mm	侧隙种类							
	h	g	f	e	d	c	b	a
≤30	0	9	13	21	33	52	84	130
>30～50	0	11	16	25	39	62	100	160
>50～80	0	13	19	30	46	74	120	190
>80～120	0	15	22	35	54	87	140	220
>120～180	0	18	25	40	63	100	160	250
>180～250	0	20	29	46	72	115	185	290
>250～315	0	23	32	52	81	130	210	320
>315～400	0	25	36	57	89	140	230	360
>400～500	0	27	40	63	97	155	250	400
>500～630	0	30	44	70	110	175	280	440

续表

传动中心距 a/mm	侧隙种类							
	h	g	f	e	d	c	b	a
>630~800	0	35	50	80	125	200	320	500
>800~1 000	0	40	56	90	140	230	360	560
>1 000~1 250	0	46	66	105	165	260	420	660
>1 250~1 600	0	54	78	125	195	310	500	780

注:传动的最小圆周侧隙为$j_{t\,min} \approx j_{n\,min}/\cos\gamma'\cos\alpha_n$。式中,$\gamma'$为蜗杆节圆柱导程角;$\alpha_n$为蜗杆法向齿形角。

表Ⅱ.182 蜗杆齿厚上偏差(E_{ss1})中的误差补偿部分$E_{s\Delta}$值/μm

第Ⅱ公差组精度等级	模数 m/mm	传动中心距 a/mm													
		≤30	>30~50	>50~80	>80~120	>120~180	>180~250	>250~315	>315~400	>400~500	>500~630	>630~800	>800~1 000	>1 000~1 250	>1 250~1 600
6	1~3.5	30	30	32	36	40	45	48	50	56	60	65	75	85	100
	>3.5~6.3	42	36	38	40	45	48	50	56	60	63	70	75	90	100
	>6.3~10	42	45	45	48	50	52	56	60	63	68	75	80	90	105
	>10~16	—	—	—	58	60	63	65	68	71	75	80	85	95	110
	>16~25	—	—	—	—	75	78	80	85	85	90	95	100	110	120
7	1~3.5	45	48	50	56	60	71	75	80	85	95	105	120	135	160
	>3.5~6.3	50	56	58	63	68	75	80	85	90	100	110	125	140	160
	>6.3~10	60	63	65	71	75	80	85	90	95	105	115	130	140	165
	>10~16	—	—	—	80	85	90	95	100	105	110	125	135	150	170
	>16~25	—	—	—	—	115	120	120	125	130	135	145	155	165	185
8	1~3.5	50	56	58	63	68	75	80	85	90	100	110	125	140	160
	>3.5~6.3	68	71	75	78	80	85	90	95	100	110	120	130	145	170
	>6.3~10	80	85	90	90	95	100	100	105	110	120	130	140	150	175
	>10~16	—	—	—	110	115	115	120	125	130	135	140	155	165	185
	>16~25	—	—	—	—	150	155	155	160	160	170	175	180	190	210
9	1~3.5	75	80	90	95	100	110	120	130	140	155	170	190	220	260
	>3.5~6.3	90	95	100	105	110	120	130	140	150	160	180	200	225	260
	>6.3~10	110	115	120	125	130	140	145	155	160	170	190	210	235	270
	>10~16	—	—	—	160	165	170	180	185	190	200	220	230	255	290
	>16~25	—	—	—	—	215	220	225	230	235	245	255	270	290	320
10	1~3.5	100	105	110	115	120	130	140	145	155	165	185	200	230	270
	>3.5~6.3	120	125	130	135	140	145	155	160	170	180	200	210	240	280
	>6.3~10	155	160	165	170	175	180	185	190	200	205	220	240	260	290
	>10~16	—	—	—	210	215	220	225	230	235	240	260	270	290	320
	>16~25	—	—	—	—	280	285	290	295	300	305	310	320	340	370

表Ⅱ.183　蜗轮齿厚公差 T_{s2}、蜗杆齿厚公差 T_{s1} 值

T_{s2}

分度圆直径 d_2/mm	模数 m/mm	精度等级 6	7	8	9	10
≤125	1～3.5	71	90	110	130	160
	>3.5～6.3	85	110	130	160	190
	>6.3～10	90	120	140	170	210
>125～400	1～3.5	80	100	120	140	170
	>3.5～6.3	90	120	140	170	210
	>6.3～10	100	130	160	190	230
	>10～16	110	140	170	210	260
	>16～25	130	170	210	260	320
>400～800	1～3.5	85	110	130	160	190
	>3.5～6.3	90	120	140	170	210
	>6.3～10	100	130	160	190	230
	>10～16	120	160	190	230	290
	>16～25	140	190	230	290	350
>800～1 600	1～3.5	90	120	140	170	210
	>3.5～6.3	100	130	160	190	230
	>6.3～10	110	140	170	210	260
	>10～16	120	160	190	230	290
	>16～25	140	190	230	290	350

T_{s1}

模数 m/mm	精度等级 6	7	8	9	10
1～3.5	36	45	53	67	95
>3.5～6.3	45	56	71	90	130
>6.3～10	60	71	90	110	160
>10～16	80	95	120	150	210
>16～25	110	130	160	200	280

注：①精度等级分别按蜗轮、蜗杆第Ⅱ公差组确定。

②在最小法向侧隙能保证的条件下，T_{s2} 公差带允许采用对称分布。

③对传动最大法向侧隙 $j_{r\,max}$ 无要求时，允许蜗杆齿厚公差 T_{s1} 增大，最大不超过2倍。

Ⅱ.8.3.4　齿坯公差和蜗杆、蜗轮的表面粗糙度

表Ⅱ.184　齿坯公差值

蜗杆、蜗轮齿坯尺寸和形状公差

精度等级		6	7	8	9	10
孔	尺寸公差	IT6	IT7		IT8	
	形状公差	IT5	IT6		IT7	
轴	尺寸公差					
	形状公差	IT4	IT5		IT6	
齿顶圆直径	作测量基准	IT8			IT9	
	不作测量基准	尺寸公差按 IT11 确定，但不大于0.1 mm				

蜗杆、蜗轮齿坯基准面径向和端面跳动公差 μm

基准面直径 d/mm	精度等级 6	7～8	9～10
≤31.5	4	7	10
>31.5～63	6	10	16
>63～125	8.5	14	22
>125～400	11	18	28
>400～800	14	22	36
>800～1 600	20	32	50

注：①当3个公差组的精度等级不同时，按最高精度等级确定公差。

②当以齿顶圆作为基准时，也即为蜗杆、蜗轮的齿坯基准面。

③IT4—IT11 值见表Ⅱ.119。

表Ⅱ.185　蜗杆、蜗轮的表面粗糙度 R_a 推荐值/μm

蜗杆					蜗轮				
精度等级		7	8	9	精度等级		7	8	9
R_a	齿面	0.8	1.6	3.2	R_a	齿面	0.8	1.6	3.2
	顶圆	1.6	1.6	3.2		顶圆	3.2	3.2	6.3

注:本表不属于 GB/T 10089—1988,仅供参考。

Ⅱ.8.3.5　图样标注

在蜗杆、蜗轮工作图上,应分别标注精度等级、齿厚极限偏差或相应的侧隙种类代号和本标准代号。对传动,应标出相应的精度等级、侧隙种类代号和本标准代号。

标注示例:

①蜗杆的第Ⅱ、第Ⅲ公差组的精度为8级,齿厚极限偏差为标准值,相应的侧隙种类为c,则标注为

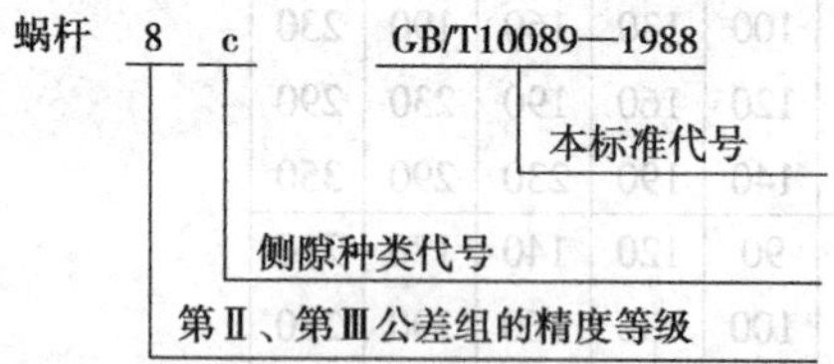

若蜗杆齿厚极限偏差为非标准值,如上偏差为 -0.27,下偏差为 -0.40,则标注为

蜗杆　$8\begin{pmatrix}-0.27\\-0.40\end{pmatrix}$　GB/T 10089—1988

②蜗轮的第Ⅰ公差组的精度为7级,第Ⅱ、第Ⅲ公差组的精度为8级,齿厚极限偏差为标准值,相配的侧隙种类为c,则标注为

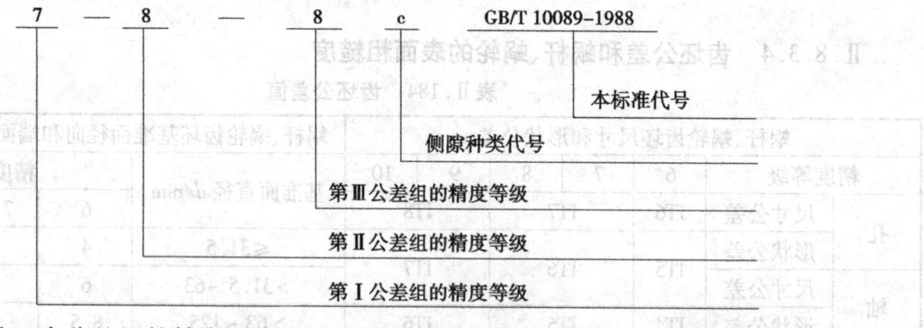

若蜗轮的3个公差组的精度同为8级,其他同上,则标注为

8　c　GB/T 10089—1988

若蜗轮齿厚无公差要求,则标注为

7—8—8　GB/T 10089—1988

③传动的第Ⅰ公差组的精度为7级,第Ⅱ、第Ⅲ公差组的精度为8级,侧隙种类为c,则标注为

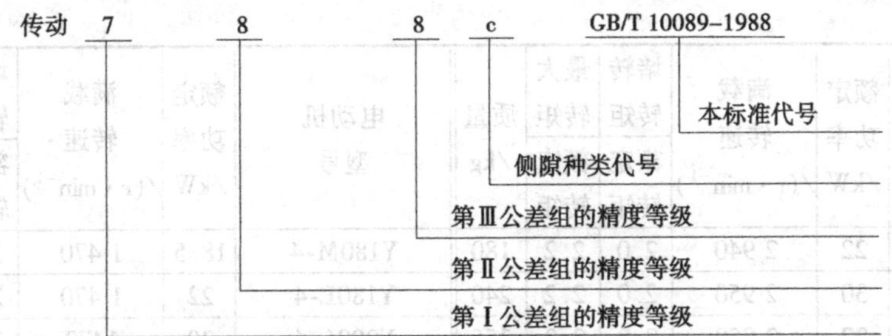

若传动的 3 个公差组的精度等级同为 8 级，侧隙种类为 c，则标注为

传动　8　c　GB/T 10089—1988

若侧隙为非标准值时，如 $j_{t\,min}=0.03$ mm，$j_{t\,max}=0.06$ mm，则标注为

$$\text{传动}\quad 7\text{—}8\text{—}8\begin{pmatrix}0.03\\0.06\end{pmatrix}\quad c\quad \text{GB/T 10089—1988}$$

Ⅱ.9　电动机

Ⅱ.9.1　Y 系列三相异步电动机

Y 系列三相异步电动机是按照国际电工委员会（IEC）标准设计的，具有国际互换性的特点。其中，Y 系列（IP44）电动机为一般用途全封闭自扇冷式鼠笼型三相异步电动机，具有防止灰尘、铁屑或其他杂质侵入电动机内部之特点，B 级绝缘，工作环境温度不超过 +40°C，相对湿度不超过 95%，海拔高度不超过 1 000 m，额定电压 380V，频率 50 Hz。适用于无特殊要求的机械上，如机床、泵、风机、运输机、搅拌机、农业机械等。

表Ⅱ.186　Y 系列（IP44）电动机的技术数据

电动机型号	额定功率/kW	满载转速/(r·min^{-1})	堵转转矩/额定转矩	最大转矩/额定转矩	质量/kg	电动机型号	额定功率/kW	满载转速/(r·min^{-1})	堵转转矩/额定转矩	最大转矩/额定转矩	质量/kg
同步转速 3 000 r/min，2 极						同步转速 1 500 r/min，4 极					
Y801-2	0.75	2 825	2.2	2.3	16	Y801-4	0.55	1 390	2.4	2.3	17
Y802-2	1.1	2 825	2.2	2.3	17	Y802-4	0.75	1 390	2.3	2.3	18
Y90S-2	1.5	2 840	2.2	2.3	22	Y90S-4	1.1	1 400	2.3	2.3	22
Y90L-2	2.2	2 840	2.2	2.3	25	Y90L-4	1.5	1 400	2.3	2.3	27
Y100L-2	3	2 870	2.2	2.3	33	Y100L1-4	2.2	1 430	2.2	2.3	34
Y112M-2	4	2 890	2.2	2.3	45	Y100L2-4	3	1 430	2.2	2.3	38
Y132S1-2	5.5	2 900	2.0	2.3	64	Y112M-4	4	1 440	2.2	2.3	43
Y132S2-2	7.5	2 900	2.0	2.3	70	Y132S-4	5.5	1 440	2.2	2.3	68
Y160M1-2	11	2 930	2.0	2.3	117	Y132M-4	7.5	1 440	2.2	2.3	81
Y160M2-2	15	2 930	2.0	2.2	125	Y160M-4	11	1 460	2.2	2.3	123
Y160L-2	18.5	2 930	2.0	2.2	147	Y160L-4	15	1 460	2.2	2.3	144

续表

电动机型号	额定功率/kW	满载转速/(r·min^{-1})	堵转转矩	最大转矩	质量/kg	电动机型号	额定功率/kW	满载转速/(r·min^{-1})	堵转转矩	最大转矩	质量/kg
			额定转矩	额定转矩					额定转矩	额定转矩	
Y180M-2	22	2 940	2.0	2.2	180	Y180M-4	18.5	1 470	2.0	2.2	182
Y200L1-2	30	2 950	2.0	2.2	240	Y180L-4	22	1 470	2.0	2.2	190
Y200L2-2	37	2 950	2.0	2.2	255	Y200L-4	30	1470	2.0	2.2	270
Y225M-2	45	2 970	2.0	2.2	309	Y225S-4	37	1 480	1.9	2.2	284
Y250M-2	55	2970	2.0	2.2	403	Y225M-4	45	1 480	1.9	2.2	320
同步转速 1 000 r/min,6 极						Y250M-4	55	1 480	2.0	2.2	427
Y90S-6	0.75	910	2.0	2.0	23	Y280S-4	75	1 480	1.9	2.2	562
Y90L-6	1.1	910	2.0	2.0	25	Y280M-4	90	1 480	1.9	2.2	667
Y100L-6	1.5	940	2.0	2.0	33	同步转速 750 r/min,8 极					
Y112M-6	2.2	940	2.0	2.0	45	Y132S-8	2.2	710	2.0	2.0	63
Y132S-6	3	960	2.0	2.0	63	Y132M-8	3	710	2.0	2.0	79
Y132M1-6	4	960	2.0	2.0	73	Y160M1-8	4	720	2.0	2.0	118
Y132M2-6	5.5	960	2.0	2.0	84	Y160M2-8	5.5	720	2.0	2.0	119
Y160M-6	7.5	970	2.0	2.0	119	Y160L-8	7.5	720	2.0	2.0	145
Y160L-6	11	970	2.0	2.0	147	Y180L-8	11	730	1.7	2.0	184
Y180L-6	15	970	1.8	2.0	195	Y200L-8	15	730	1.8	2.0	250
Y200L1-6	18.5	970	1.8	2.0	220	Y225S-8	18.5	730	1.7	2.0	266
Y200L2-6	22	970	1.8	2.0	250	Y225M-8	22	740	1.8	2.0	292
Y225M-6	30	980	1.7	2.0	292	Y250M-8	30	740	1.8	2.0	405
Y250M-6	37	980	1.8	2.0	408	Y280S-8	37	740	1.8	2.0	520
Y280S-6	45	980	1.8	2.0	536	Y280M-8	45	740	1.8	2.0	592
Y280M-6	55	980	1.8	2.0	596	Y315S-8	55	740	1.6	2.0	1 000

注:电动机型号意义:以 Y132S2-2-B3 为例,Y 表示系列代号,132 表示机座中心高,S 表示短机座(M—中机座,L—长机座),第 2 种铁芯长度,2 为电动机的极数,B3 表示安装形式。

表Ⅱ.187　电动机安装代号

安装形式	B3	V5	V6	B6	B7	B8
示意图	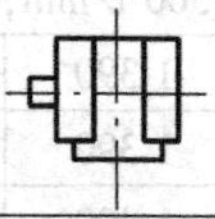	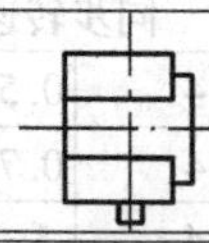	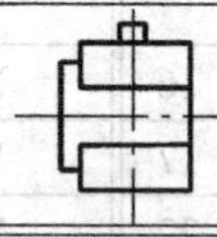	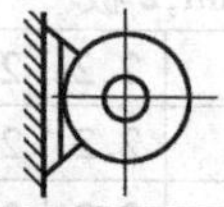		
安装形式	B5	V1	V3	B35	V15	V36
示意图	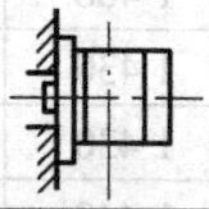	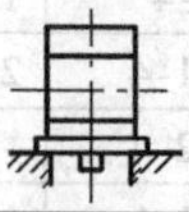	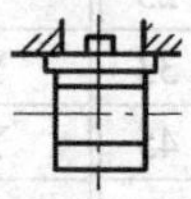	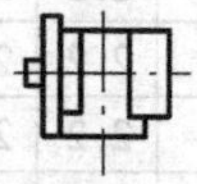	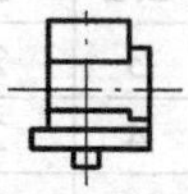	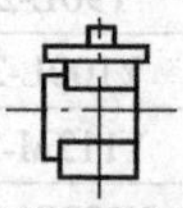
安装形式	V18	V19	B14	B34		
示意图	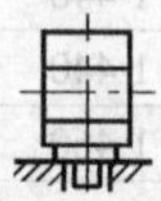	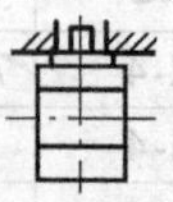	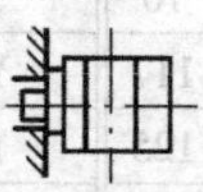	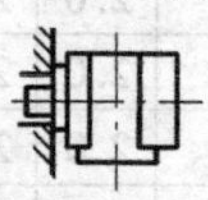		

表Ⅱ.188　机座带底脚、端盖无凸缘(B3,B6,B7,B8,V5,V6 型)电动机的安装及外形尺寸/mm

Y80~Y132

Y160~Y280

<table>
<tr><th>机座号</th><th>极数</th><th>A</th><th>B</th><th>C</th><th colspan="2">D</th><th>E</th><th>F</th><th>G</th><th>H</th><th>K</th><th>AB</th><th>AC</th><th>AD</th><th>HD</th><th>BB</th><th>L</th></tr>
<tr><td>80</td><td>2,4</td><td>125</td><td rowspan="2">100</td><td>50</td><td>19</td><td rowspan="5">+0.009
−0.004</td><td>40</td><td>6</td><td>15.5</td><td>80</td><td rowspan="3">10</td><td>165</td><td>165</td><td>150</td><td>170</td><td rowspan="2">130</td><td>285</td></tr>
<tr><td>90S</td><td rowspan="4">2,4,6</td><td rowspan="2">140</td><td rowspan="2">56</td><td rowspan="2">24</td><td rowspan="2">50</td><td rowspan="4">8</td><td rowspan="2">20</td><td rowspan="2">90</td><td rowspan="2">180</td><td rowspan="2">175</td><td rowspan="2">155</td><td rowspan="2">190</td><td>310</td></tr>
<tr><td>90L</td><td>125</td><td>155</td><td>335</td></tr>
<tr><td>100L</td><td>160</td><td rowspan="3">140</td><td>63</td><td rowspan="2">28</td><td rowspan="2">60</td><td rowspan="2">24</td><td>100</td><td rowspan="4">12</td><td>205</td><td>205</td><td>180</td><td>245</td><td>170</td><td>380</td></tr>
<tr><td>112M</td><td>190</td><td>70</td><td>112</td><td>245</td><td>230</td><td>190</td><td>265</td><td>180</td><td>400</td></tr>
<tr><td>132S</td><td rowspan="7">2,4,6,8</td><td rowspan="2">216</td><td rowspan="2">89</td><td rowspan="2">38</td><td rowspan="6">+0.018
+0.002</td><td rowspan="2">80</td><td rowspan="2">10</td><td rowspan="2">33</td><td rowspan="2">132</td><td rowspan="2">280</td><td rowspan="2">270</td><td rowspan="2">210</td><td rowspan="2">315</td><td>200</td><td>475</td></tr>
<tr><td>132M</td><td>178</td><td>238</td><td>515</td></tr>
<tr><td>160M</td><td rowspan="2">254</td><td>210</td><td rowspan="2">108</td><td rowspan="2">42</td><td rowspan="5">110</td><td rowspan="2">12</td><td rowspan="2">37</td><td rowspan="2">160</td><td rowspan="4">15</td><td rowspan="2">330</td><td rowspan="2">325</td><td rowspan="2">255</td><td rowspan="2">385</td><td>270</td><td>600</td></tr>
<tr><td>160L</td><td>254</td><td>314</td><td>645</td></tr>
<tr><td>180M</td><td rowspan="2">279</td><td>241</td><td rowspan="2">121</td><td rowspan="2">48</td><td rowspan="2">14</td><td rowspan="2">42.5</td><td rowspan="2">180</td><td rowspan="2">355</td><td rowspan="2">360</td><td rowspan="2">285</td><td rowspan="2">430</td><td>311</td><td>670</td></tr>
<tr><td>180L</td><td>279</td><td>349</td><td>710</td></tr>
<tr><td>200L</td><td>318</td><td>305</td><td>133</td><td>55</td><td rowspan="11">+0.030
+0.011</td><td>16</td><td>49</td><td>200</td><td rowspan="4">19</td><td>395</td><td>400</td><td>310</td><td>475</td><td>379</td><td>775</td></tr>
<tr><td>225S</td><td>4,8</td><td rowspan="3">356</td><td>286</td><td rowspan="3">149</td><td>60</td><td>140</td><td>18</td><td>53</td><td rowspan="3">225</td><td rowspan="3">435</td><td rowspan="3">450</td><td rowspan="3">345</td><td rowspan="3">530</td><td>368</td><td>820</td></tr>
<tr><td rowspan="2">225M</td><td>2</td><td rowspan="2">311</td><td>55</td><td>110</td><td>16</td><td>49</td><td rowspan="2">393</td><td>815</td></tr>
<tr><td>4,6,8</td><td rowspan="2">60</td><td rowspan="7">140</td><td rowspan="4">18</td><td rowspan="2">53</td><td>845</td></tr>
<tr><td rowspan="2">250M</td><td>2</td><td rowspan="2">406</td><td rowspan="2">349</td><td rowspan="2">168</td><td rowspan="2">250</td><td rowspan="6">24</td><td rowspan="2">490</td><td rowspan="2">495</td><td rowspan="2">385</td><td rowspan="2">575</td><td rowspan="2">455</td><td rowspan="2">930</td></tr>
<tr><td>4,6,8</td><td rowspan="2">65</td><td rowspan="2">58</td></tr>
<tr><td rowspan="2">280S</td><td>2</td><td rowspan="4">457</td><td rowspan="2">368</td><td rowspan="4">190</td><td rowspan="4">280</td><td rowspan="4">550</td><td rowspan="4">555</td><td rowspan="4">410</td><td rowspan="4">640</td><td rowspan="2">530</td><td rowspan="2">1 000</td></tr>
<tr><td>4,6,8</td><td>75</td><td>20</td><td>67.5</td></tr>
<tr><td rowspan="2">280M</td><td>2</td><td rowspan="2">419</td><td>65</td><td>18</td><td>58</td><td rowspan="2">581</td><td rowspan="2">1 050</td></tr>
<tr><td>4,6,8</td><td>75</td><td>20</td><td>67.5</td></tr>
</table>

表Ⅱ.189　机座带底脚、端盖有凸缘(B35,V15,V36 型)电动机的安装及外形尺寸/mm

机座号	极数	A	B	C_1	D		E	F	G	H	K	M	N	P	R	D	T	凸缘孔数	AB	AC	AD	HD	BB	L
80	2,4	125	100	50	19		40	6	15.5	80									165	165	150	170	130	285
90S		140		56	24		50		20	90	10	165	130	200		12	3.5		180	175	155	190		310
90L	2,4,6		125			+0.009 −0.004		8															155	335
100L		160		63	28		60		24	100		215	180	250					205	205	180	245	176	280
112M		190	140	70						112	12					15	4		245	230	190	265	180	400
132S		216		89	38		80	10	33	132		265	230	300					280	270	210	315	200	475
132M			178															4					238	515
160M		254	210	108	42	+0.018 +0.002		12	37	160									330	325	255	385	270	600
160L	2,4,6,8		254								15	300	250	350									314	645
180M		279	241	121	48		110	14	42.5	180									355	360	285	430	311	670
180L			279												0								349	710
200L		318	305	133	55			16	49	200		350	300	400					395	400	310	475	379	775
225S	4,8		286		60		140	18	53		19												368	820
225M	2	356	311	149	55		110	16	49	225		400	350	450		19	5		435	450	345	530	393	815
	4,6,8				60				53															845
250M	2	406	349	168		+0.030 +0.011		18	53	250									490	495	385	575	455	930
	4,6,8				65				58									8						
280S	2		368				140				24	500	450	550									530	1 000
	4,6,8	457		190	75			20	67.5	280									550	555	410	640		
280M	2		419		65			18	58														581	1 050
	4,6,8				75			20	67.5															

注:①Y80—Y200 时,γ=45°;Y225—Y280 时,γ=22.5°。

②N 的极限偏差 130 和 180 为$^{+0.014}_{-0.011}$,230 和 250 为$^{+0.016}_{-0.013}$,300 为±0.016,350 为±0.018,450 为±0.020。

表Ⅱ.190 机座不带底脚、端盖有凸缘(B5,V3)和立式安装、机座不带底脚、端盖有凸缘、轴伸向下(V1型)电动机的安装及外形尺寸/mm

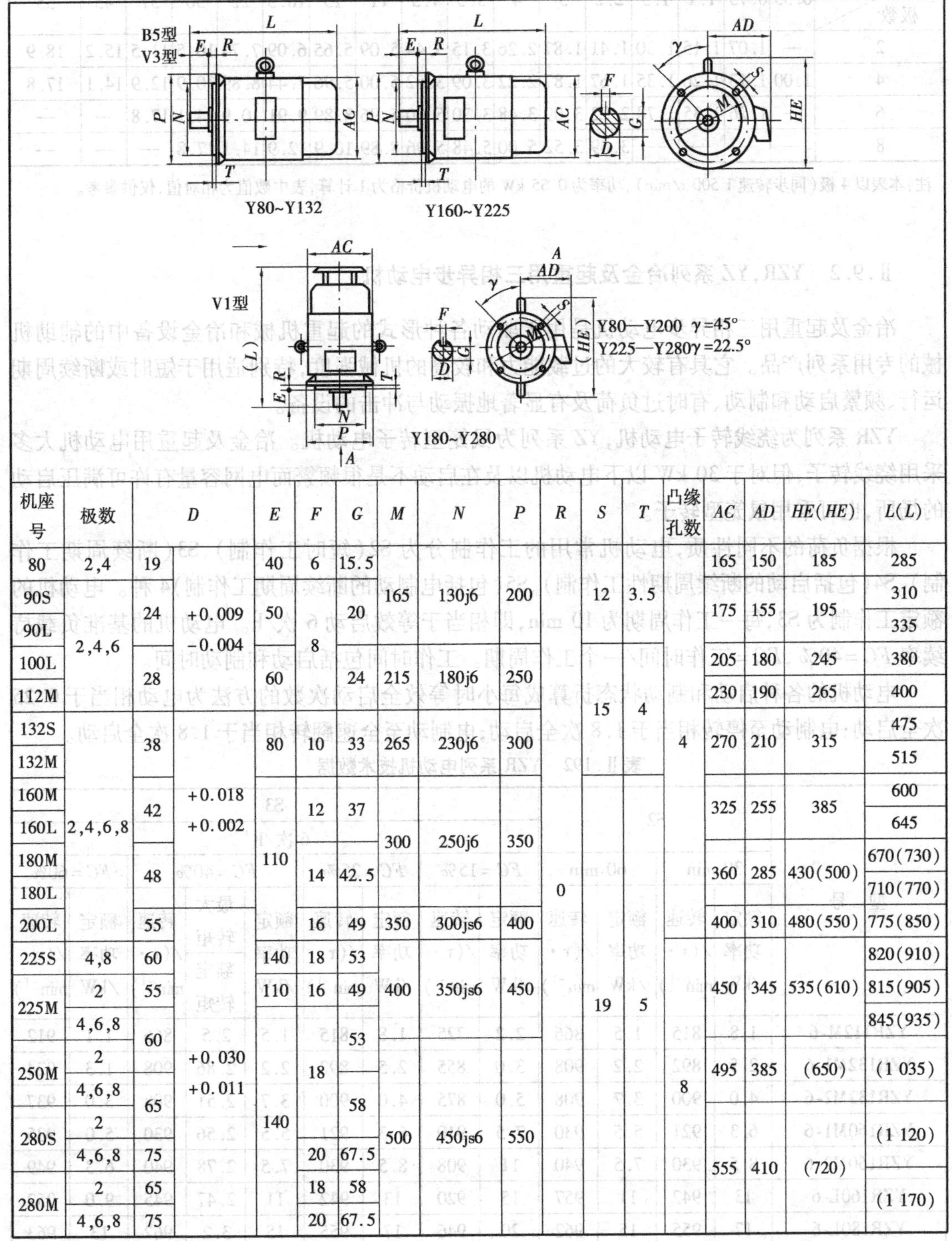

机座号	极数	D	E	F	G	M	N	P	R	S	T	凸缘孔数	AC	AD	HE(HE)	L(L)
80	2,4	19	40	6	15.5	165	130j6	200	0	12	3.5	4	165	150	185	285
90S	2,4,6	24	50	8	20								175	155	195	310
90L																335
100L		28	60		24	215	180j6	250		15	4		205	180	245	380
112M													230	190	265	400
132S		38	80	10	33	265	230j6	300					270	210	315	475
132M																515
160M	2,4,6,8	42	110	12	37	300	250j6	350				8	325	255	385	600
160L																645
180M		48		14	42.5								360	285	430(500)	670(730)
180L																710(770)
200L		55		16	49	350	300js6	400					400	310	480(550)	775(850)
225S	4,8	60	140	18	53					19	5					820(910)
225M	2	55	110	16	49	400	350js6	450					450	345	535(610)	815(905)
	4,6,8	60		18	53											845(935)
250M	2		140			500	450js6	550					495	385	(650)	(1 035)
	4,6,8	65			58											
280S	2												555	410	(720)	(1 120)
	4,6,8	75		20	67.5											
280M	2	65		18	58											(1 170)
	4,6,8	75		20	67.5											

D 公差：80~132M 为 $^{+0.009}_{-0.004}$；160M~225M 为 $^{+0.018}_{+0.002}$；250M~280M 为 $^{+0.030}_{+0.011}$。

表Ⅱ.191 Y 系列(IP44)三相异步电动机的参考比价

功率/kW 极数	0.55	0.75	1.1	1.5	2.2	3	4	5.5	7.5	11	15	18.5	22	30	37	45	55
2	—	1.07	1.15	1.30	1.41	1.87	2.26	3.15	3.44	5.09	5.65	6.09	7.74	10.5	11.5	15.2	18.9
4	1.00	1.13	1.26	1.35	1.67	1.87	2.22	3.09	3.52	5.00	5.96	7.44	8.89	10.9	12.9	14.1	17.8
6	—	1.26	1.35	1.78	2.22	3.09	3.48	3.70	5.00	5.96	8.89	9.91	10.9	14.1	17.8	—	—
8	—	—	—	—	3.09	3.52	5.00	5.48	5.96	8.89	10.9	12.9	14.1	17.8	—	—	—

注:本表以 4 极(同步转速 1 500 r/min)、功率为 0.55 kW 的电动机价格为 1 计算,表中数值为相对值,仅供参考。

Ⅱ.9.2 YZR,YZ 系列冶金及起重用三相异步电动机

冶金及起重用三相异步电动机是用于驱动各种形式的起重机械和冶金设备中的辅助机械的专用系列产品。它具有较大的过载能力和较高的机械强度,特别适用于短时或断续周期运行、频繁启动和制动、有时过负荷及有显著地振动与冲击的设备。

YZR 系列为绕线转子电动机,YZ 系列为鼠笼型转子电动机。冶金及起重用电动机大多采用绕线转子,但对于 30 kW 以下电动机以及在启动不是很频繁而电网容量有许可满压启动的场所,也可采用鼠笼型转子。

根据负荷的不同性质,电动机常用的工作制分为 S2(短时工作制)、S3(断续周期工作制)、S4(包括启动的断续周期性工作制)、S5(包括电制动的断续周期工作制)4 种。电动机的额定工作制为 S3,每一工作周期为 10 min,即相当于等效启动 6 次/h。电动机的基准负载持续率 *FC* =40% ,*FC* = 工作时间/一个工作周期。工作时间包括启动和制动时间。

电动机的各种启动和制动状态折算成每小时等效全启动次数的方法为电动相当于 0.25 次全启动;电制动至停转相当于 1.8 次全启动;电制动至全速翻转相当于 1.8 次全启动。

表Ⅱ.192 YZR 系列电动机技术数据

型 号	S2				S3								
					6 次/h*								
	30 min		60 min		*FC* =15%		*FC* =25%		*FC* =40%			*FC* =60%	
	额定功率/kW	转速/(r·min⁻¹)	额定功率/kW	转速/(r·min⁻¹)	额定功率/kW	转速/(r·min⁻¹)	额定功率/kW	转速/(r·min⁻¹)	额定功率/kW	最大转矩/额定转矩	转速/(r·min⁻¹)	额定功率/kW	转速/(r·min⁻¹)
YZR112M-6	1.8	815	1.5	866	2.2	725	1.8	815	1.5	2.5	866	1.1	912
YZR132M1-6	2.5	892	2.2	908	3.0	855	2.5	892	2.2	2.86	908	1.3	924
YZR132M2-6	4.0	900	3.7	908	5.0	875	4.0	900	3.7	2.51	908	3.0	937
YZR160M1-6	6.3	921	5.5	930	7.5	910	6.3	921	5.5	2.56	930	5.0	935
YZR160M2-6	8.5	930	7.5	940	11	908	8.5	930	7.5	2.78	940	6.3	949
YZR160L-6	13	942	11	957	15	920	13	942	11	2.47	945	9.0	952
YZR180L-6	17	955	15	962	20	946	17	955	15	3.2	962	13	963
YZR200L-6	26	956	22	964	33	942	26	956	22	2.88	964	19	969
YZR225M-6	34	957	30	962	40	947	34	957	30	3.3	962	26	968
YZR250M1-6	42	960	37	965	50	950	42	960	37	3.13	960	32	970

续表

型号	S2				S3								
					6 次/h*								
	30 min		60 min		$FC=15\%$		$FC=25\%$		$FC=40\%$			$FC=60\%$	
	额定功率/kW	转速/(r·min^{-1})	额定功率/kW	转速/(r·min^{-1})	额定功率/kW	转速/(r·min^{-1})	额定功率/kW	转速/(r·min^{-1})	额定功率/kW	最大转矩/额定转矩	转速/(r·min^{-1})	额定功率/kW	转速/(r·min^{-1})
YZR250M2-6	52	958	45	965	63	947	52	958	45	3.48	965	39	969
YZR280S-6	63	966	55	969	75	960	63	966	55	3	969	48	972
YZR160L-8	9	694	7.5	705	11	676	9	694	7.5	2.73	705	6	717
YZR180L-8	13	700	11	700	15	690	13	700	11	2.72	700	9	720
YZR200L-8	18.5	701	15	712	22	690	18.5	701	15	2.94	712	13	718
YZR225M-8	26	708	22	715	33	696	26	708	22	2.96	715	18.5	721
YZR250M1-8	35	715	30	720	42	710	35	715	30	2.64	720	26	725
YZR250M2-8	42	716	37	720	52	706	42	716	37	2.73	720	32	725
YZR280M-8	63	722	55	725	75	715	63	722	55	2.85	725	43	730
YZR315S-8	85	724	75	727	100	719	85	724	75	2.74	727	63	731
YZR280S-10	42	571	37	560	55	564	42	571	37	2.8	572	32	578
YZR280M-10	55	556	45	560	63	548	55	556	45	3.16	560	37	569
YZR315S-10	63	580	55	580	75	574	63	580	55	3.11	580	48	585
YZR315M-10	85	576	75	579	100	570	85	576	75	3.45	579	63	584
YZR355M-10	110	581	90	585	132	576	110	581	90	3.33	589	75	588

型号	S3		S4 及 S5									
	6 次/h*		150 次/h*						300 次/h*			
	$FC=100\%$		$FC=25\%$		$FC=40\%$		$FC=60\%$		$FC=40\%$		$FC=60\%$	
	额定功率/kW	转速/(r·min^{-1})	额定功率/kW	转速/(r·min^{-1})	额定功率/kW	转速/(r·min^{-1})	额定功率/kW	转速/(r·min^{-1})	额定功率/kW	转速/(r·min^{-1})	额定功率/kW	转速/(r·min^{-1})
YZR112M-6	0.8	940	1.6	845	1.3	890	1.1	920	1.2	900	0.9	930
YZR132M1-6	1.5	940	2.2	908	2.0	913	1.7	931	1.8	926	1.6	936
YZR132M2-6	2.5	950	3.7	915	3.3	925	2.8	940	3.4	925	2.8	940
YZR160M1-6	4.0	944	5.8	927	5.0	935	4.8	937	5.0	935	4.8	937
YZR160M2-6	5.5	956	7.5	940	7.0	945	6.0	954	6.0	954	5.5	959
YZR160L-6	7.5	970	11	950	10	957	8.0	969	8.0	969	7.5	971
YZR180L-6	11	975	15	960	13	965	12	969	12	969	11	972
YZR200L-6	17	973	21	965	18.5	970	17	973	17	973		
YZR225M-6	22	975	28	965	25	969	22	973	22	973	20	977
YZR250M1-6	28	975	33	970	30	973	28	975	26	977	25	978
YZR250M2-6	33	974	42	967	37	971	33	975	31	976	30	977
YZR280S-6	40	976	52	970	45	974	42	975	40	977	37	978
YZR160L-8	5	724	7.5	712	7	716	5.8	724	6.0	722	50	727

续表

型号	S3		S4 及 S5									
	6 次/h*		150 次/h*						300 次/h*			
	FC = 100%		FC = 25%		FC = 40%		FC = 60%		FC = 40%		FC = 60%	
	额定功率/kW	转速/(r·min⁻¹)	额定功率/kW	转速/(r·min⁻¹)	额定功率/kW	转速/(r·min⁻¹)	额定功率/kW	转速/(r·min⁻¹)	额定功率/kW	转速/(r·min⁻¹)	额定功率/kW	转速/(r·min⁻¹)
YZR180L-8	7.5	726	11	711	10	717	8.0	728	8.0	728	7.5	729
YZR200L-8	11	723	15	713	13	718	12	720	12	720	11	724
YZR225M-8	17	723	21	718	18.5	721	17	724	17	724	15	727
YZR250M1-8	22	729	29	700	25	705	22	712	22	712	20	716
YZR250M2-8	27	729	33	725	30	727	28	728	26	730	25	731
YZR280M-8	40	732	52	727	45	730	42	732	42	732	37	735
YZR315S-8	55	734	64	731	60	733	56	733	52	735	48	736
YZR280S-10	27	582	33	578	30	579	28	580	26	582	25	583
YZR280M-10	33	587	42		37		33		31		28	
YZR315S-10	40	588	50	583	45	585	42	586	40	587	37	587
YZR315M-10	50	587	65	584	60	585	55	586	50	587	48	588
YZR355M-10	63	589	80	587	72	588	65	589	60	590	55	590

注：* 为热等效启动次数。

表Ⅱ.193　YZR，YZ 系列电动机安装形式及其代号

安装形式	代号	制造范围(机座号)	备注
	1M1001	112 ~ 160	
	1M1003	180 ~ 400	锥形轴伸
	1M1002	112 ~ 160	
	1M1004	180 ~ 400	锥形轴伸

表Ⅱ.194　YZR 系列电动机的安装及外形尺寸
（IM1001，IM1003 及 IM1002，IM1004 型）/mm

机座号	安装尺寸														外形尺寸						
	H	*A*	*B*	*C*	*CA*	*K*	螺栓直径	*D*	D_1	*E*	E_1	*F*	*G*	*GD*	*AC*	*AB*	*HD*	*BB*	*L*	*LC*	*HA*
112M	112	190	140	70	300	12	M10	32		80		10	27	8	245	250	330	235	590	670	18
132M	132	216	178	89				38					33		285	275	360	260	645	727	20
160M	160	254	210	108	330	15	M12	48		110		14	42.5	9	325	320	420	290	758	858	25
160L			254															335	800	912	
180L	180	279	279	121	360			55	M36×3		82		19.9		360	360	460	380	870	980	
200L	200	318	305	133	400	19	M16	60	M42×3	140	105	16	21.4	10	405	405	510	400	975	1 118	28
225M	225	356	311	149	450			65					23.9		430	455	545	410	1 050	1 190	
250M	250	406	349	168	540	24	M20	70	M48×3			18	25.4	11	480	515	605	510	1 195	1 337	30
280S	280	457	368	190				85	M56×3	170	130	20	31.7	12	535	575	665	530	1 265	1 438	32
280M			419															580	1 315	1 489	
315S	315	508	406	216	600	28	M24	95	M64×4			22	35.2	14	620	640	750		1 390	1 562	35
315M			457								165							630	1 440	1 613	
355M	355	610	560	254	630			110	M80×4	210		25	41.9		710	740	840	730	1 650	1 864	38
355L			630								200							800	1 720	1 934	
400L	400	686	710	35		35	M30	130	M100×4	250		28	50	16	840	855	950	910	1 865	2 120	45

表Ⅱ.195　YZ 系列电动机技术数据

型号	S2						S3																			
							6 次/(热等效启动次数)																			
	30 min			60 min			15%			25%			40%								60%					
	额定功率/kW	定子电流/A	转速/(r·min^{-1})	额定功率/kW	定子电流/A	转速/(r·min^{-1})	额定功率/kW	定子电流/A	转速/(r·min^{-1})	额定功率/kW	定子电流/A	转速/(r·min^{-1})	额定功率/kW	定子电流/A	转速/(r·min^{-1})	最大转矩/额定转矩	堵转转矩/额定转矩	堵转电流/额定电流	效率/(%)	功率因数	额定功率/kW	定子电流/A	转速/(r·min^{-1})	额定功率/kW	定子电流/A	转速/(r·min^{-1})
YZ112M-6	1.8	4.9	892	1.5	4.25	920	2.2	6.5	810	1.8	4.9	892	1.5	4.25	920	2.0	2.0	4.47	69.5	0.765	1.1	2.7	946	0.8	3.5	980
YZ132M1-6	2.5	6.5	920	2.2	5.9	935	3.0	7.5	804	2.5	6.5	920	2.2	5.9	935	2.0	2.0	5.16	74	0.745	1.8	5.3	950	1.5	4.9	960
YZ132M2-6	4.0	9.2	915	3.7	8.8	912	5.0	11.6	890	4.0	9.2	915	3.7	8.8	912	2.0	2.0	5.54	79	0.79	3.0	7.5	940	2.8	7.2	945
YZ160M1-6	6.3	14.1	922	5.5	12.5	933	7.5	16.8	903	6.3	14.1	922	5.5	12.5	933	2.0	2.0	4.9	80.6	0.83	5.0	11.5	940	4.0	10	953
YZ160M2-6	8.5	18	943	7.5	15.9	948	11	25.4	926	8.5	18	943	7.5	15.9	948	2.3	2.3	5.52	83	0.86	6.3	14.2	956	5.5	13	961
YZ160L-6	15	32	920	11	24.6	953	15	32	920	13	28.7	936	11	24.6	953	2.3	2.3	6.17	84	0.852	9	20.6	964	7.5	18.8	972
YZ160L-8	9	21.1	694	7.5	18	705	11	27.4	675	9	21.1	694	7.5	18	705	2.3	2.3	5.1	82.4	0.766	6.0	15.6	717	5	14.2	724
YZ180L-8	13	30	675	11	25.8	694	15	35.3	654	13	30	675	11	25.8	694	2.3	2.3	4.9	80.9	0.811	9	21.5	710	7.5	19.2	718
YZ200L-8	18.5	40	697	15	33.1	710	22	47.5	686	18.5	40	697	15	33.1	710	2.5	2.5	6.1	86.2	0.80	13	28.1	714	11	26	720
YZ225M-8	26	53.5	701	22	45.8	712	33	69	687	26	53.5	701	22	45.8	712	2.5	2.5	6.2	87.5	0.834	18.5	40	718	17	37.5	720
YZ250M1-8	35	74	681	30	63.3	694	42	89	663	35	74	681	30	63.3	694	2.5	2.5	5.47	85.7	0.84	26	56	702	22	45	717

表Ⅱ.196　YZ 系列电动机的安装与外形尺寸

（IM1001，IM1003 及 IM1002、IM1004 型）/mm

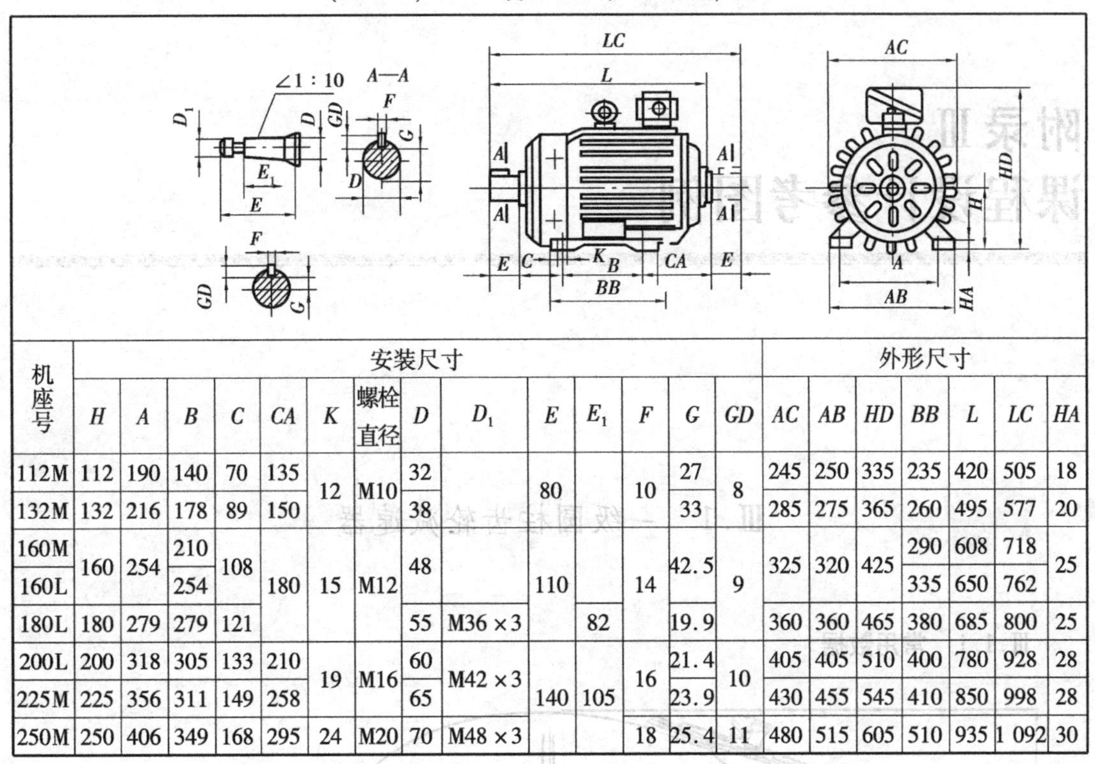

机座号	安装尺寸														外形尺寸						
	H	*A*	*B*	*C*	*CA*	*K*	螺栓直径	*D*	D_1	*E*	E_1	*F*	*G*	*GD*	*AC*	*AB*	*HD*	*BB*	*L*	*LC*	*HA*
112M	112	190	140	70	135	12	M10	32		80		10	27	8	245	250	335	235	420	505	18
132M	132	216	178	89	150			38					33		285	275	365	260	495	577	20
160M	160	254	210	108	180	15	M12	48		110		14	42.5	9	325	320	425	290	608	718	25
160L			254															335	650	762	
180L	180	279	279	121				55	M36×3		82		19.9		360	360	465	380	685	800	25
200L	200	318	305	133	210	19	M16	60	M42×3	140	105	16	21.4	10	405	405	510	400	780	928	28
225M	225	356	311	149	258			65					23.9		430	455	545	410	850	998	28
250M	250	406	349	168	295	24	M20	70	M48×3			18	25.4	11	480	515	605	510	935	1 092	30

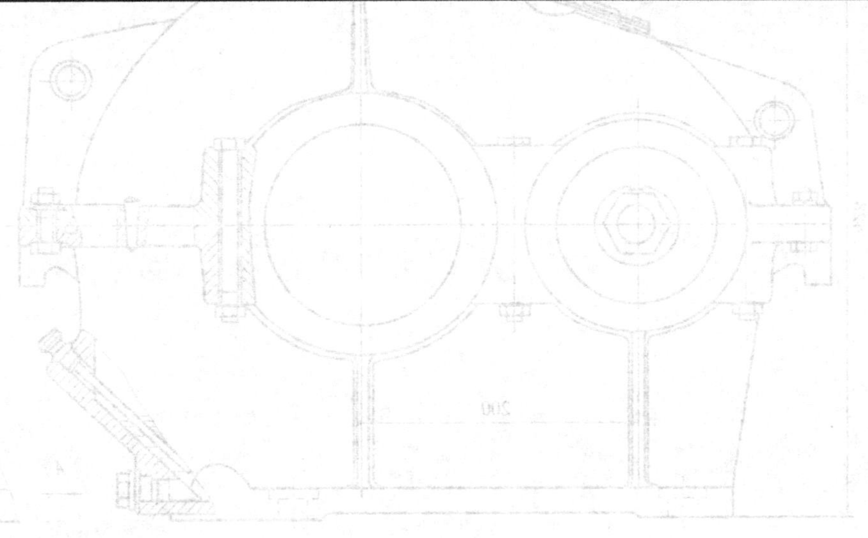

附录Ⅲ 课程设计参考图例

Ⅲ.1 一级圆柱齿轮减速器

Ⅲ.1.1 常用数据

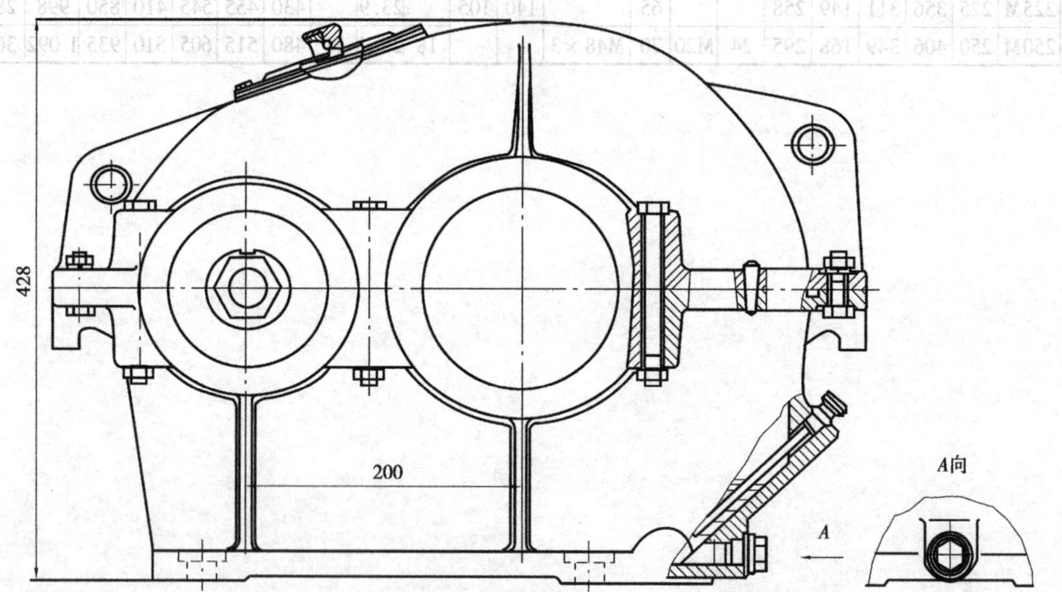

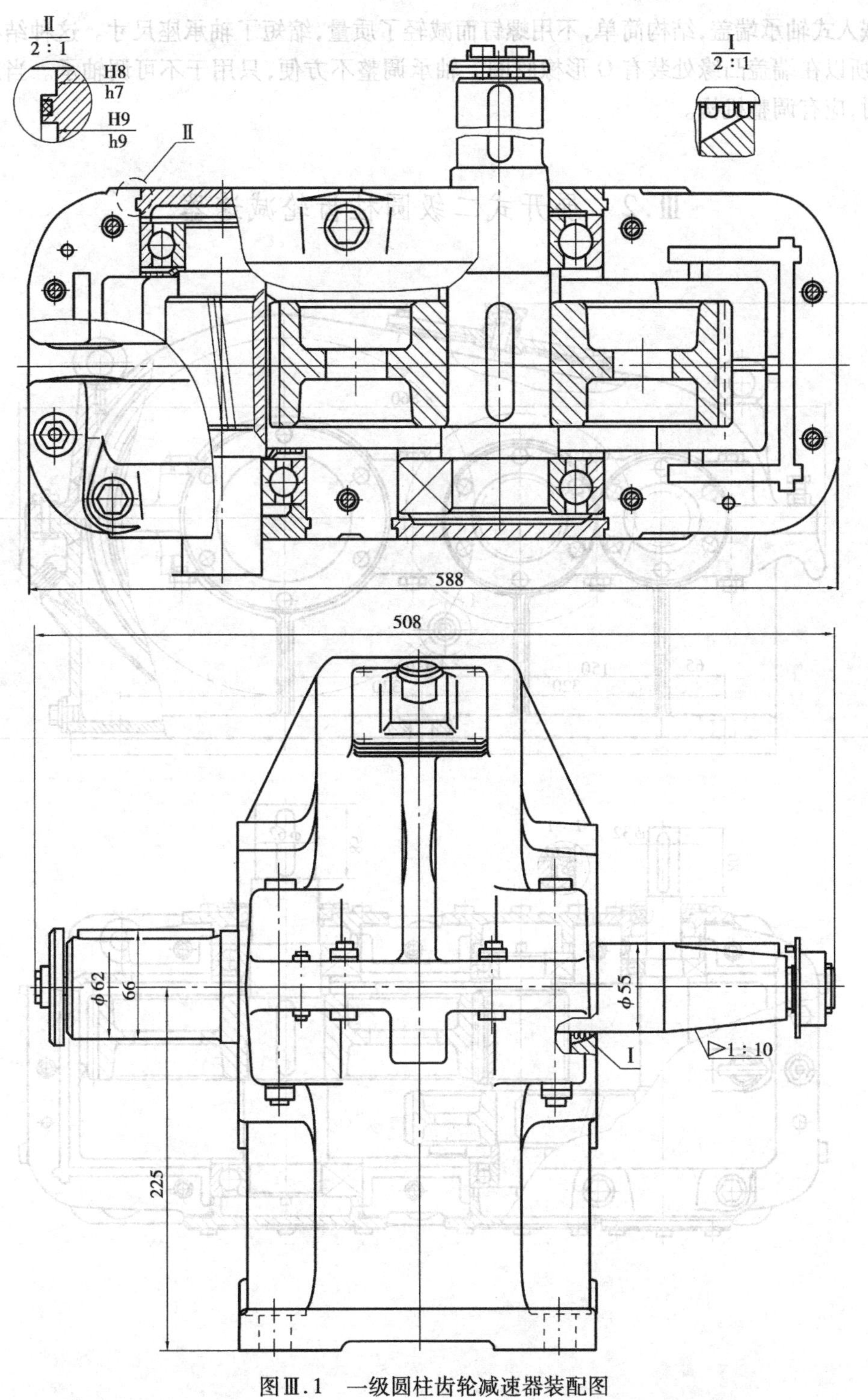

图Ⅲ.1　一级圆柱齿轮减速器装配图

说明：如图Ⅲ.1所示为一级圆柱斜齿轮减速器。轴承依靠齿轮搅动油池的油来润滑，这种方法只有在速度高时才能实现。当速度不高时，宜在结构上引导润滑油进入轴承。图中采用了嵌入式轴承端盖,结构简单,不用螺钉而减轻了质量,缩短了轴承座尺寸。这种结构密封性差,所以在端盖凸缘处装有O形橡胶圈。轴承调整不方便,只用于不可调轴承。当用可调轴承时,应有调整机构。

Ⅲ.2 展开式二级圆柱齿轮减速器

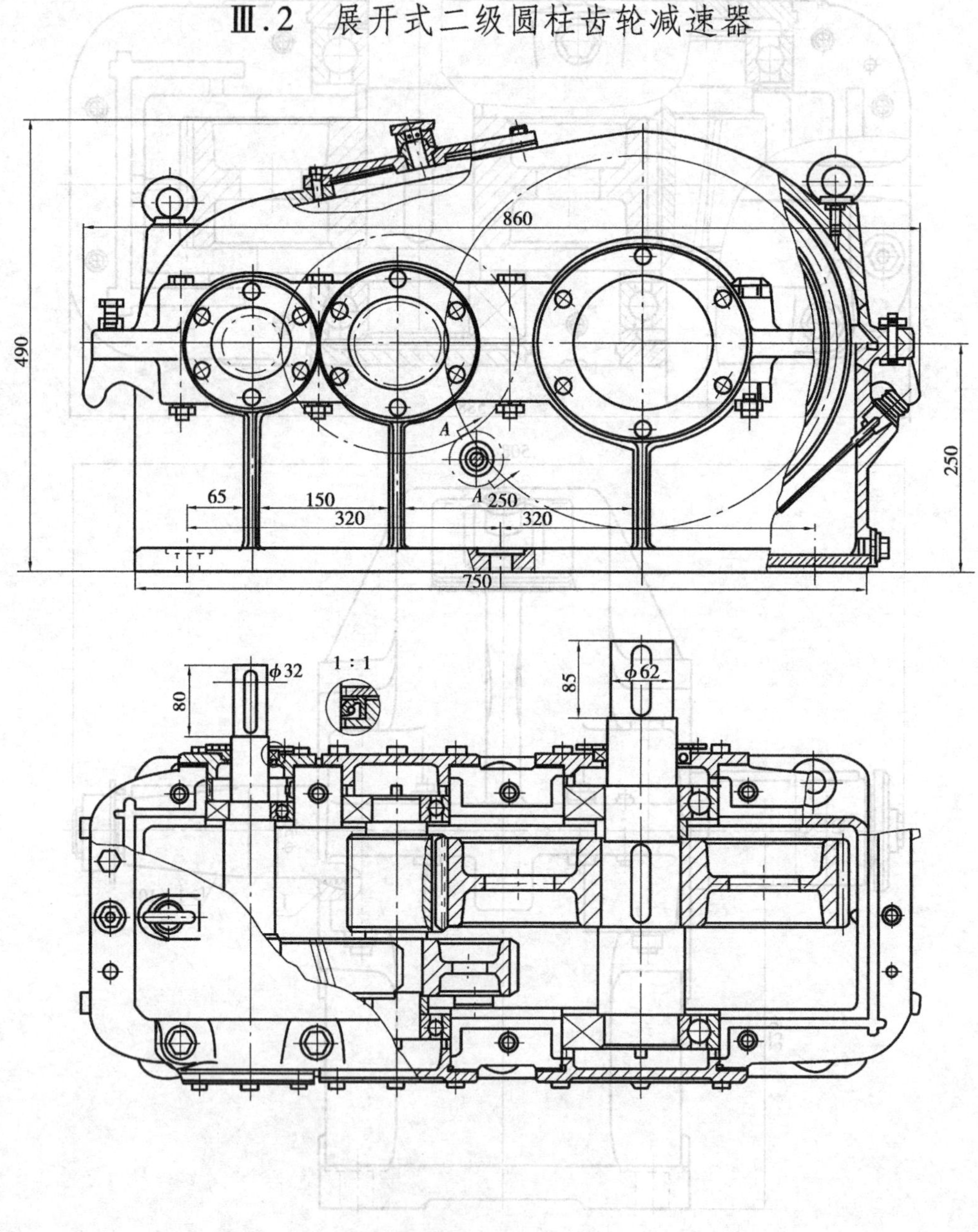

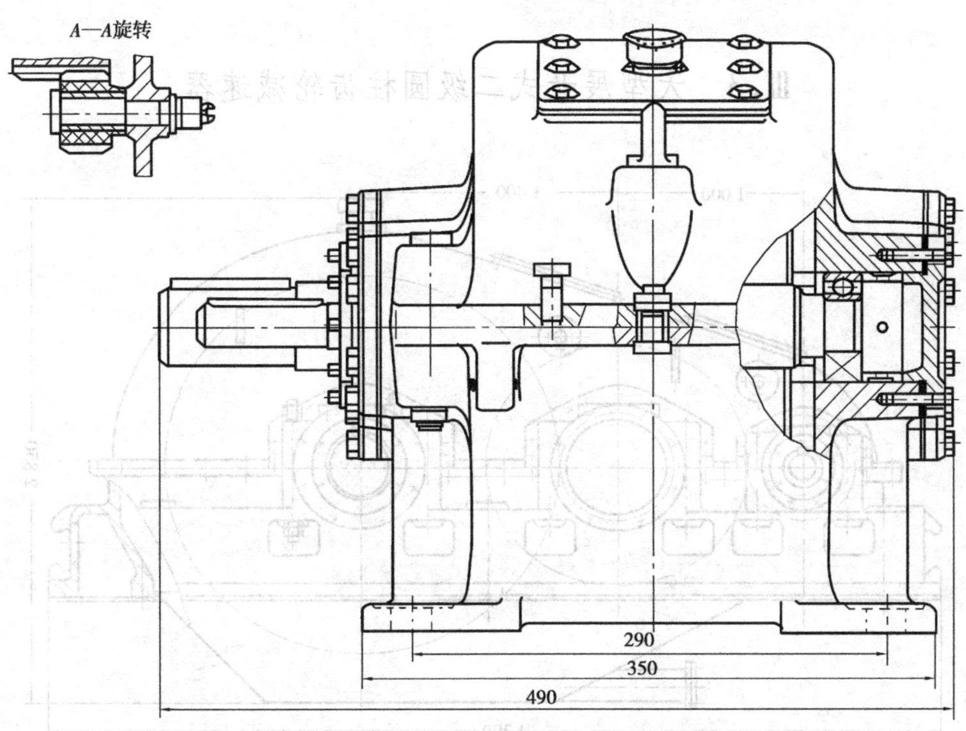

图Ⅲ.2　展开式二级圆柱齿轮减速器装配图

说明:如图Ⅲ.2所示减速器轴系为单列深沟球轴承支承结构,齿轮和轴承采用油润滑。润滑油由油沟经轴承端盖上的孔流入轴承。为了防止套筒上的油孔错位,堵住油路,所以将套筒外圆中间部分的直径制得比较小一些。为了高速级齿轮的润滑,设置了 A—A 剖视图上所示的小齿轮。

Ⅲ.3 大型展开式二级圆柱齿轮减速器

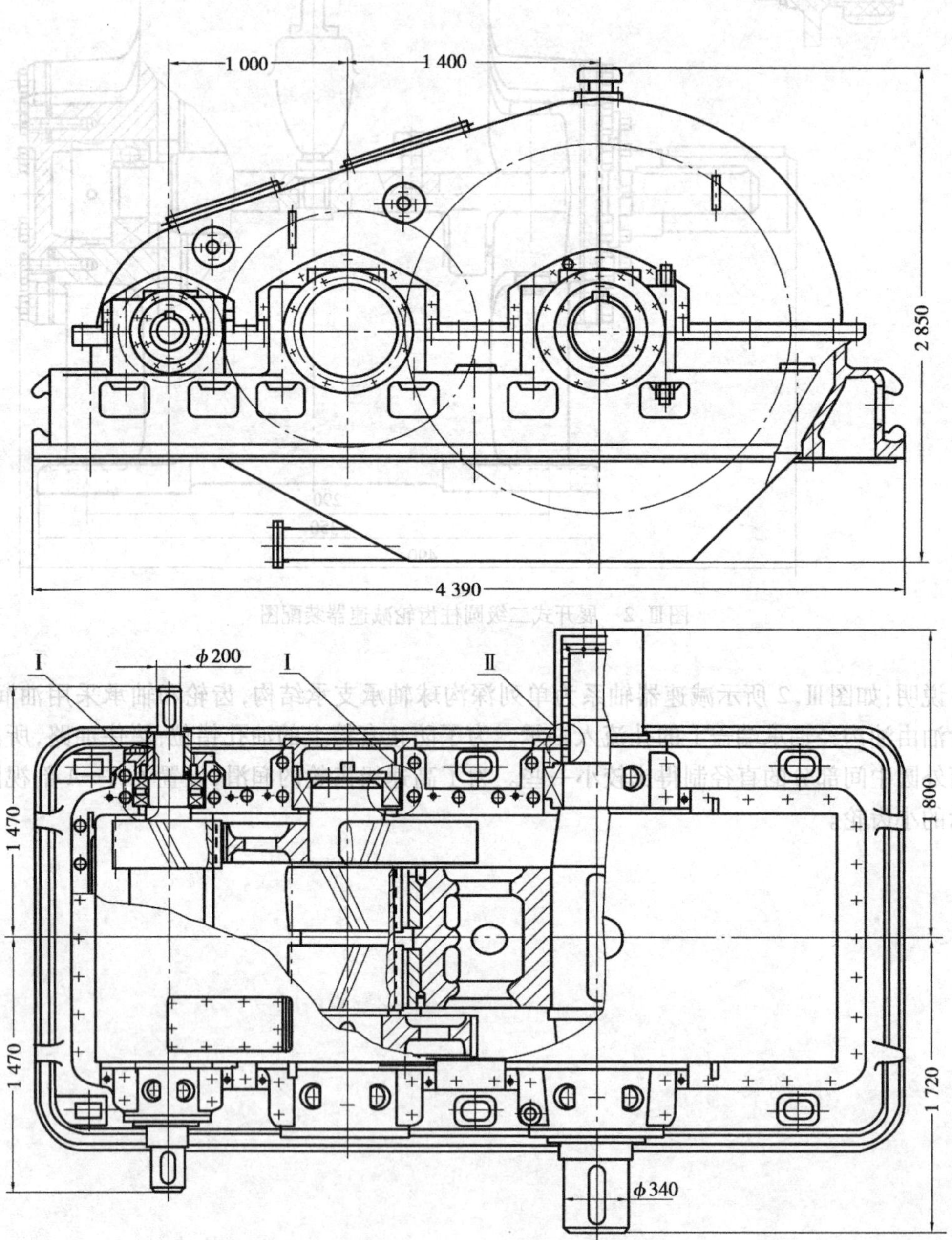

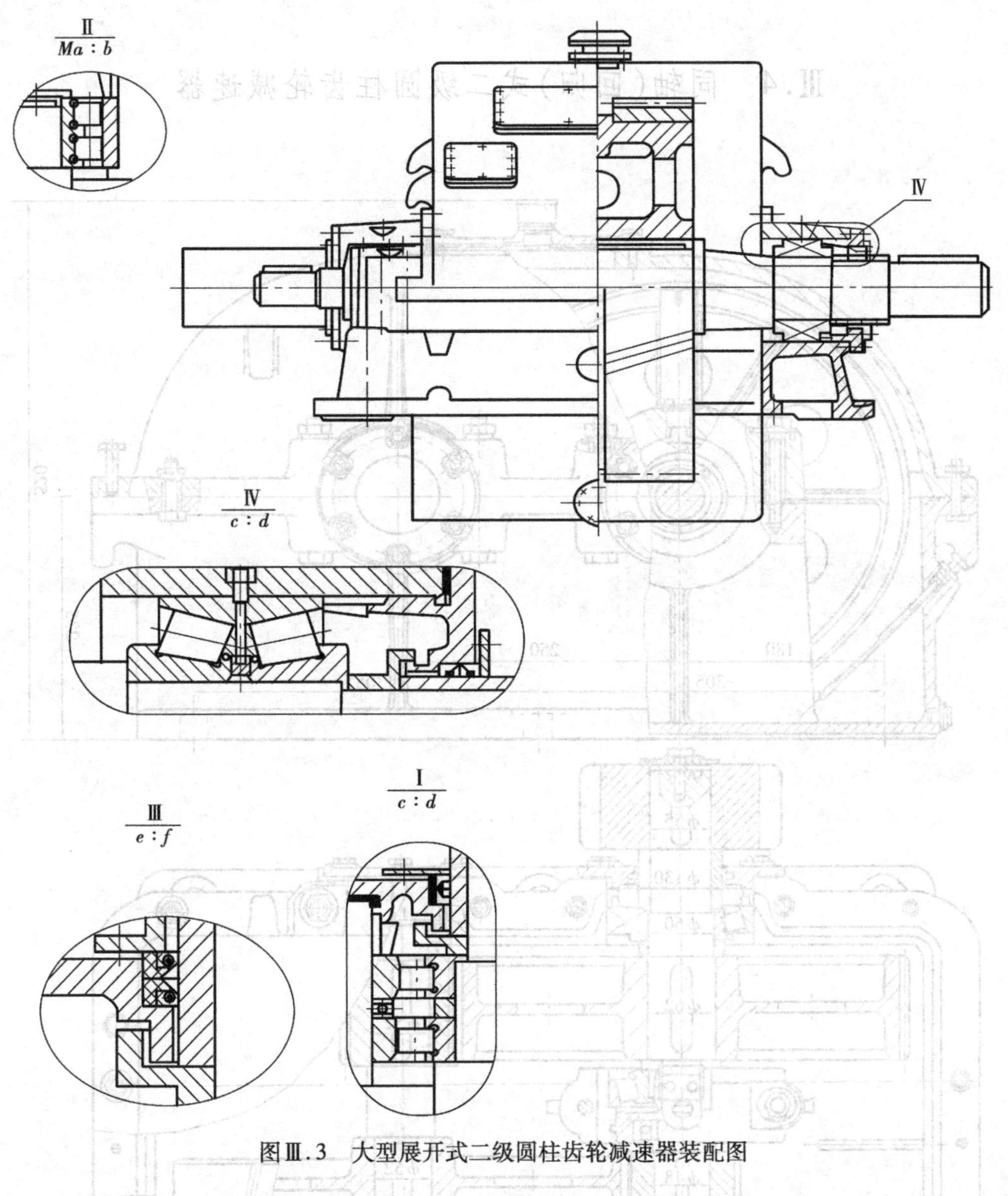

图Ⅲ.3 大型展开式二级圆柱齿轮减速器装配图

说明:如图Ⅲ.3所示减速器采用了人字齿轮,为保证两半人字齿均匀接触,只能将一根轴的轴承两端轴向固定,而其余两轴都应游动。图中固定低速轴,高速轴和中间轴采用圆柱滚子轴承结构实现游动。为便于箱体的制造,箱体由两部分组成:一部分是带下半轴承座的铸造底座,另一部分是焊接油箱。二者用螺栓联接成一体。箱盖是由上半轴承座与焊接的机罩用螺栓联接而成,齿轮和轴承采用稀油集中循环润滑。

Ⅲ.4 同轴(回归)式二级圆柱齿轮减速器

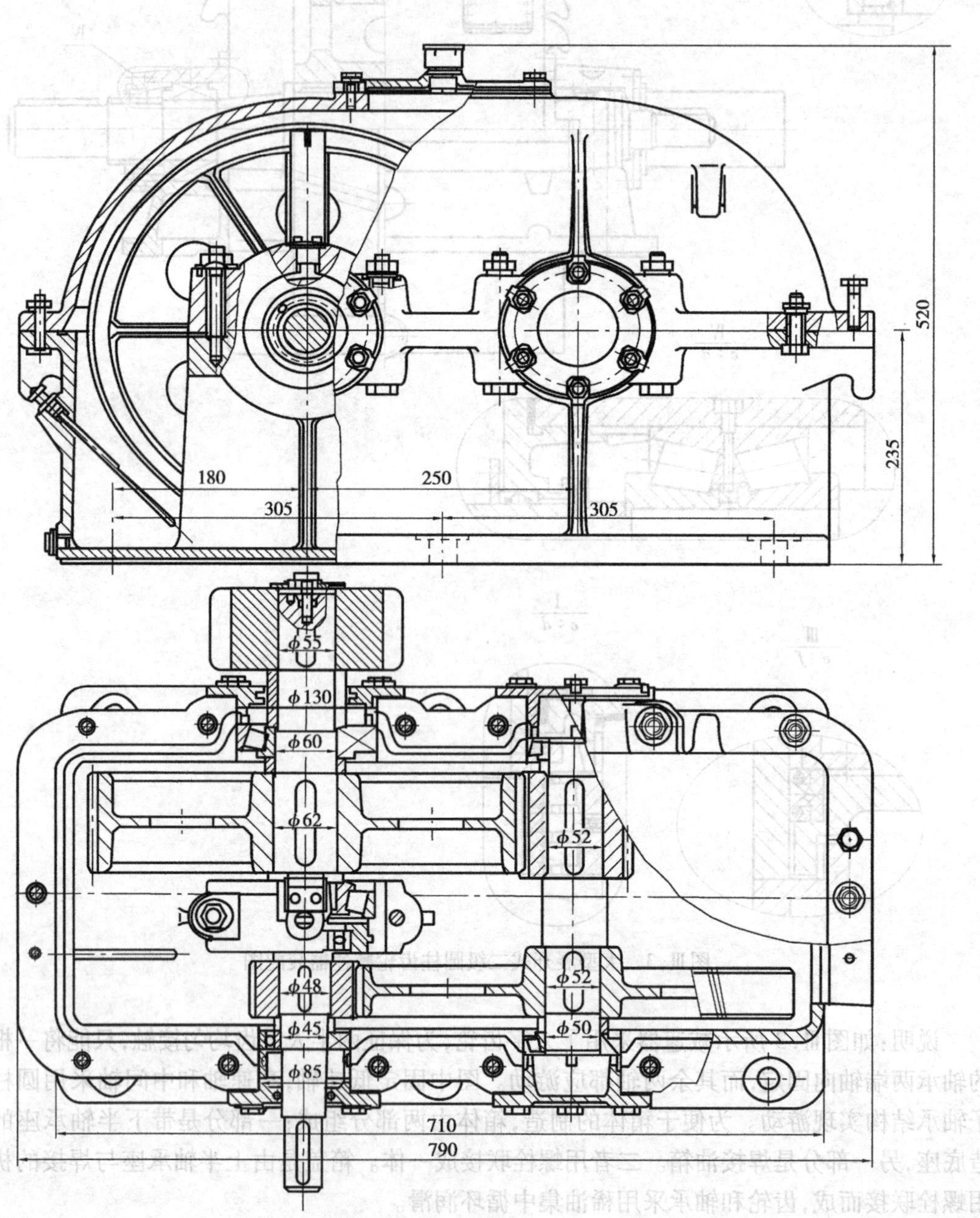

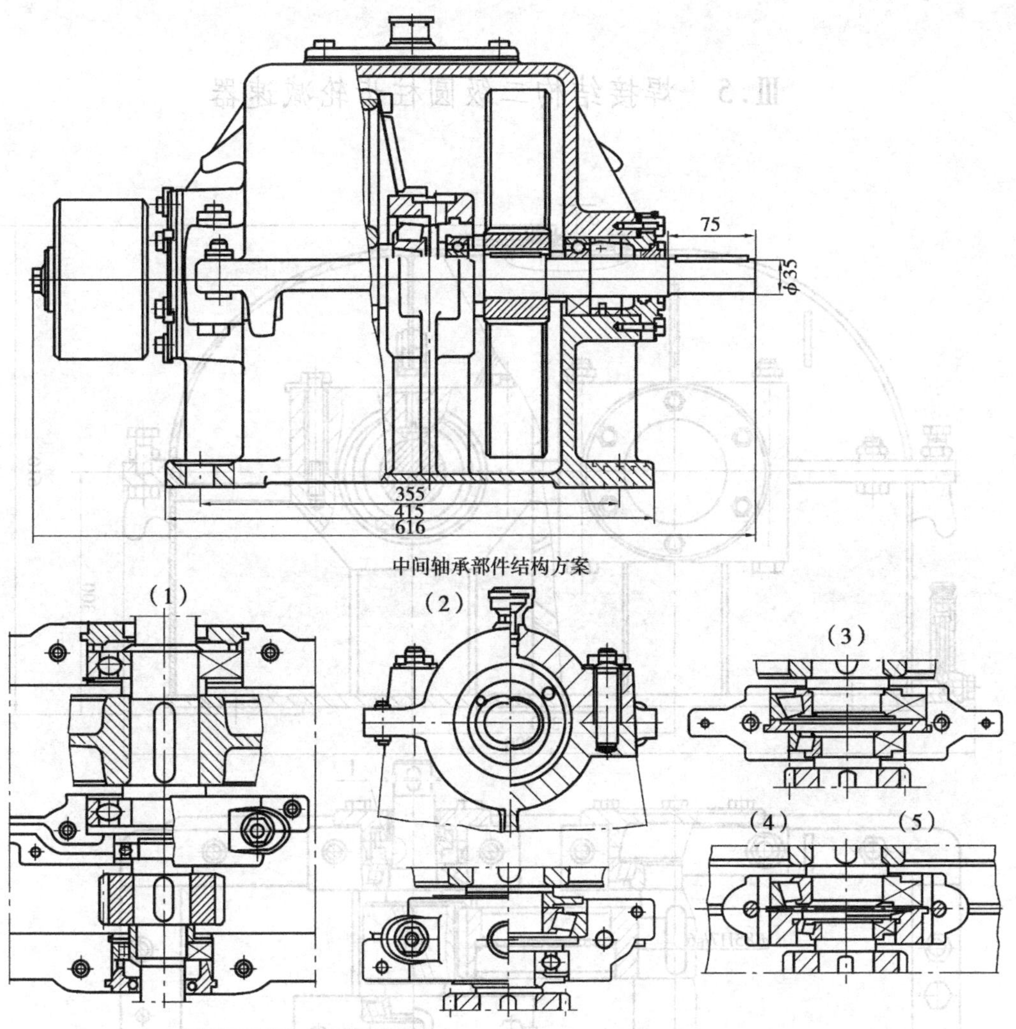

图Ⅲ.4 同轴(回归)式二级圆柱齿轮减速器装配图

说明:如图Ⅲ.4所示减速器结构中间轴轴承润滑比较困难,如采用稀油润滑,必须设法将机体内的润滑油引导到中间轴承处。设计时,可参考图中提供的中间轴承部件结构和润滑方法。

Ⅲ.5 焊接结构二级圆柱齿轮减速器

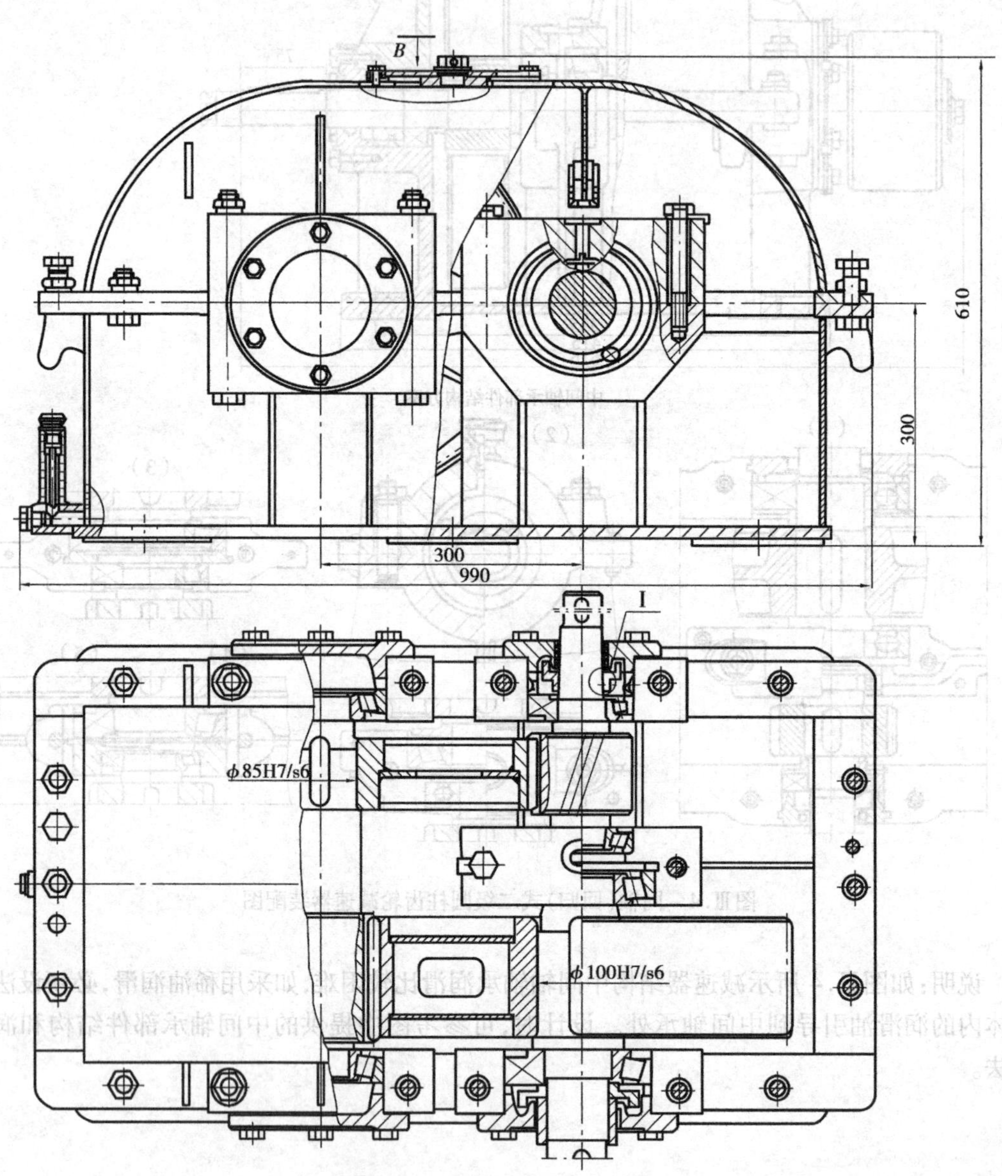

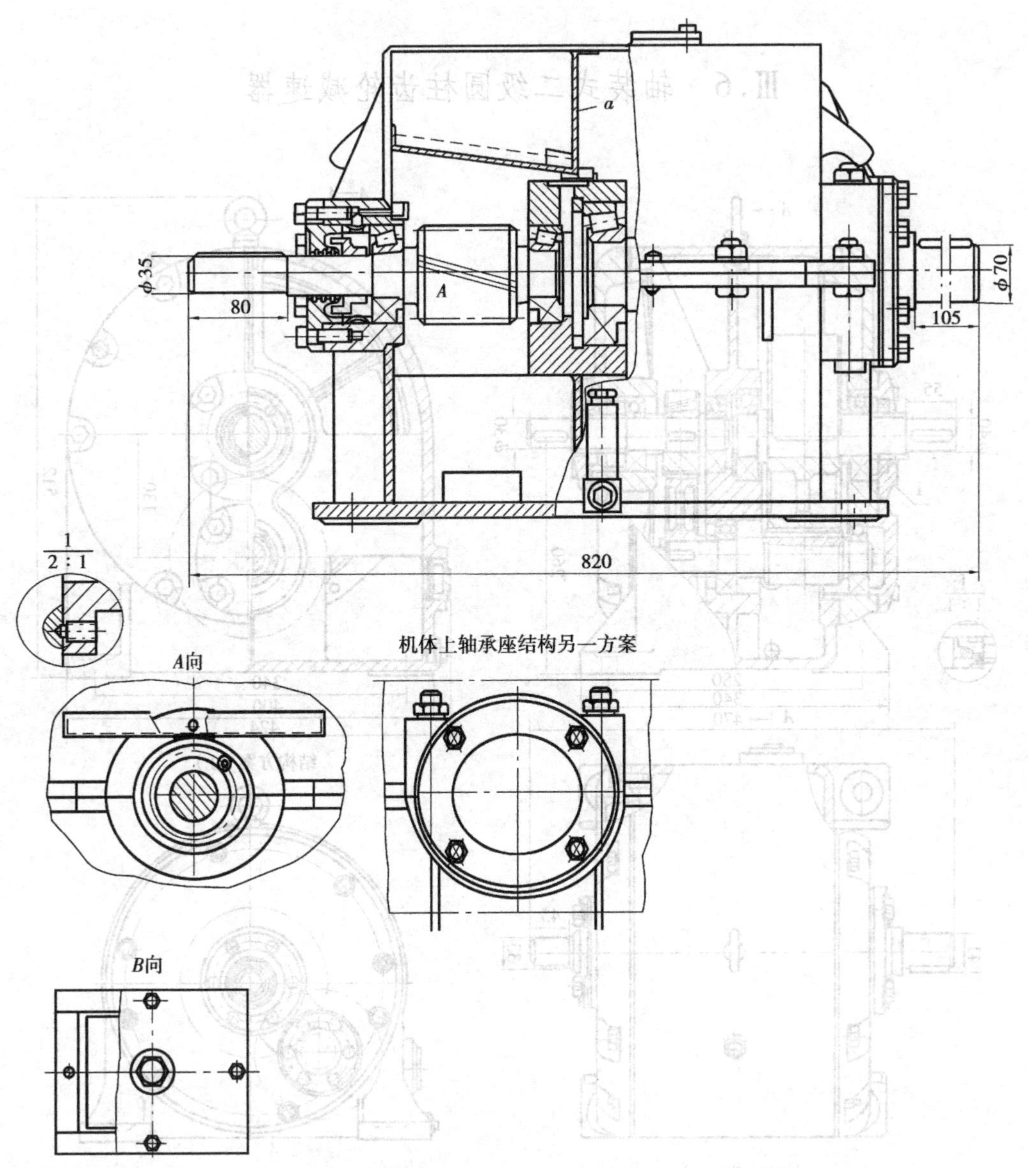

图Ⅲ.5 焊接结构二级圆柱齿轮减速器装配图

说明:如图Ⅲ.5所示为焊接结构减速器,焊接结构的箱体结构质量轻,适用单件生产。图中中间轴承的润滑依靠油池中的油飞溅进入特制的油槽中,再流入轴承,如侧视图中 a 所示。其他轴承的润滑也靠油池中的油,如 A 向图所示。轴端采用迷宫式密封。轴承座可以锻造(如本图所示)也可以铸造(见本图中轴承座结构另一方案),然后焊接在机体上。

Ⅲ.6 轴装式二级圆柱齿轮减速器

结构方案（1）

结构方案（2）

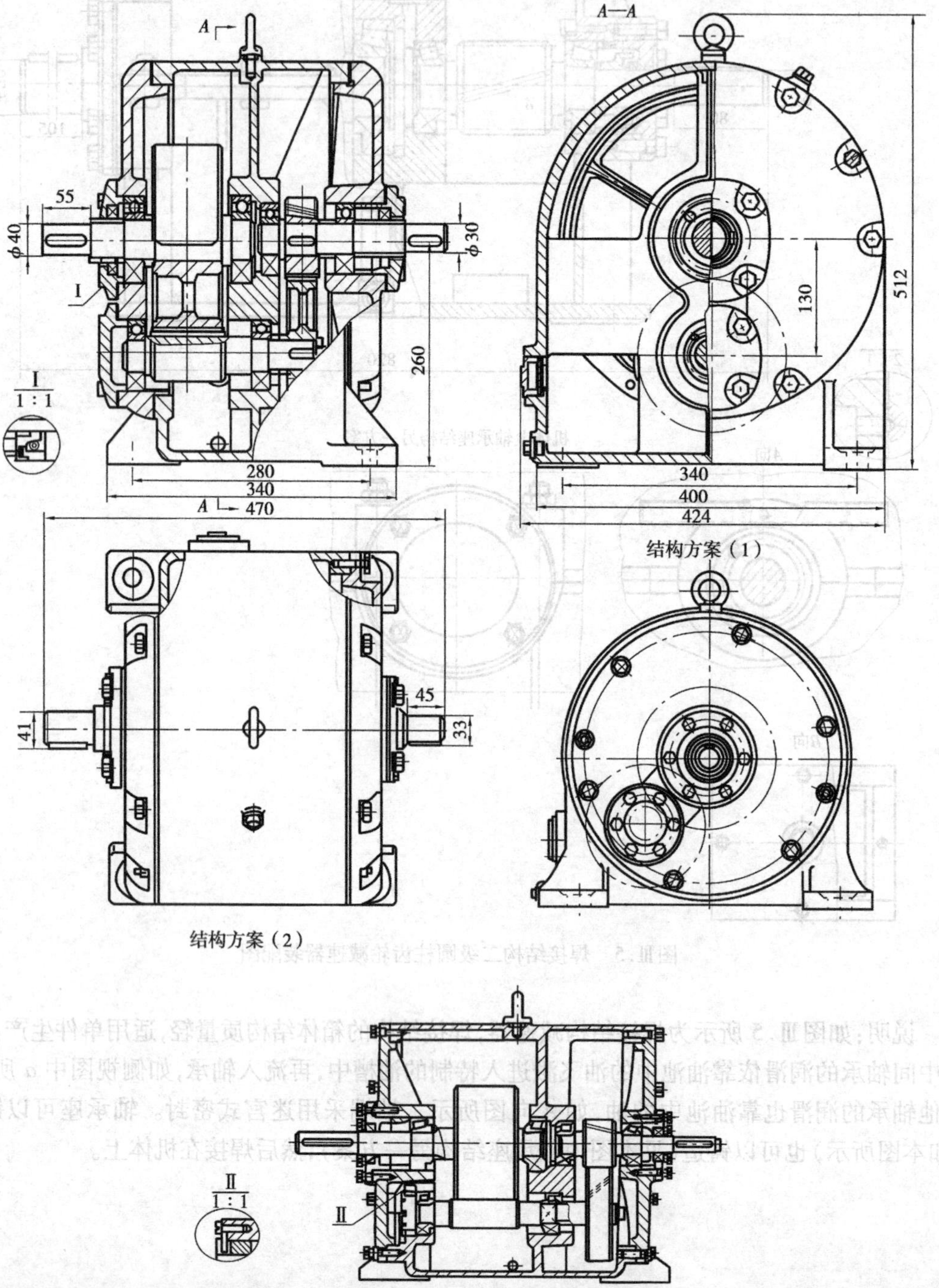

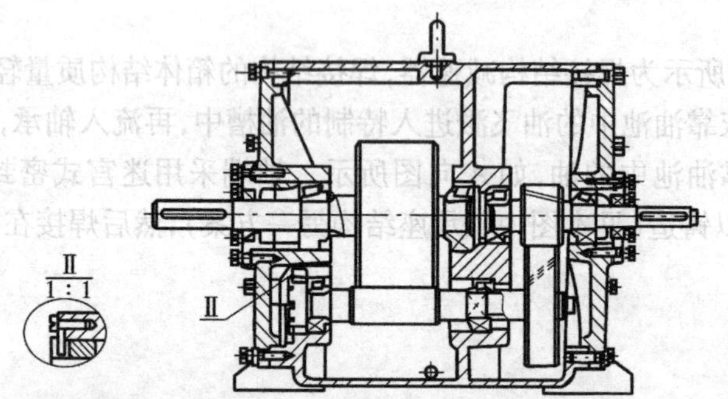

图Ⅲ.6 轴装式二级圆柱齿轮减速器装配图

说明:如图Ⅲ.6所示为轴装式减速器,该减速器采用铸造机体、大端盖结构,外形美观,结构简单,质量轻。中间轴一个轴承在端盖上,一个轴承在机体上,镗孔比较困难,精度不高,不宜用于高速。为了便于安装,中间轴上齿轮与轴配合不宜太紧。结构方案(1)的中间轴位置改变,可降低减速器高度;结构方案(2)的中间轴的支承都在机体,孔的加工精度较高。

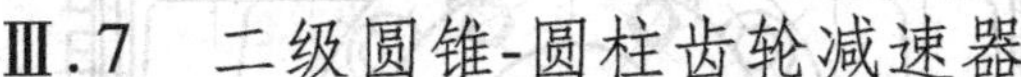

Ⅲ.7 二级圆锥-圆柱齿轮减速器

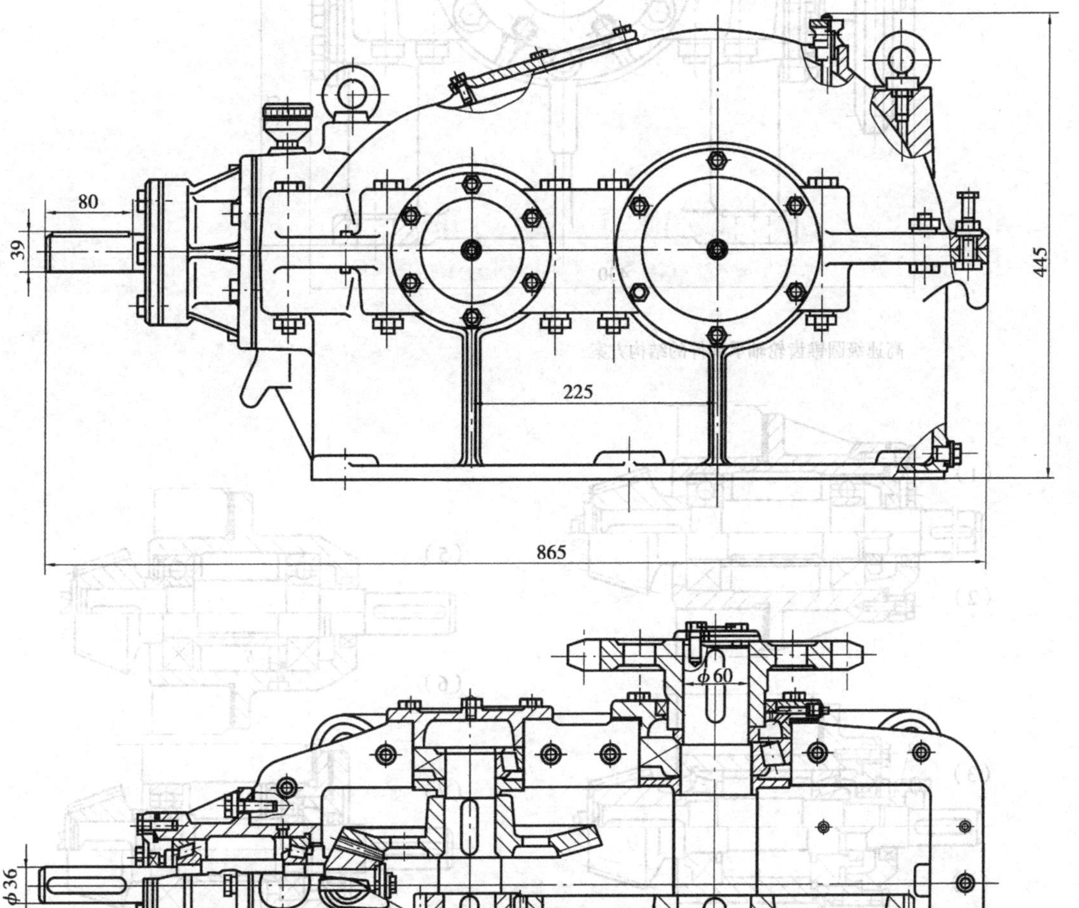

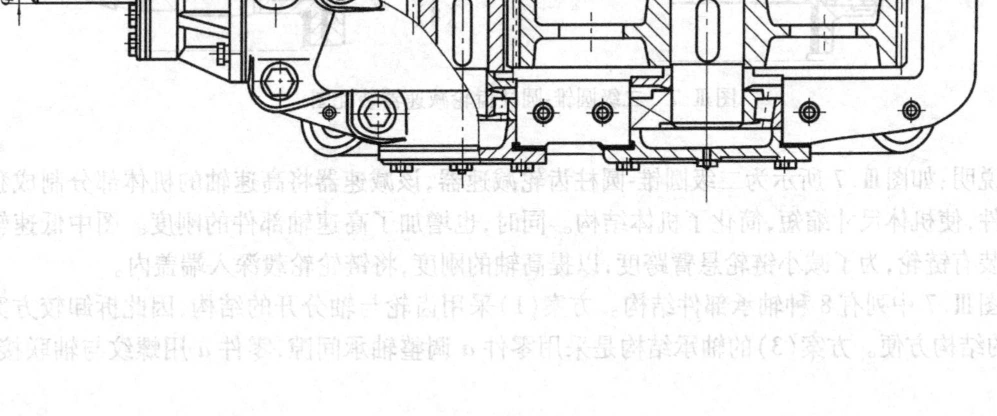

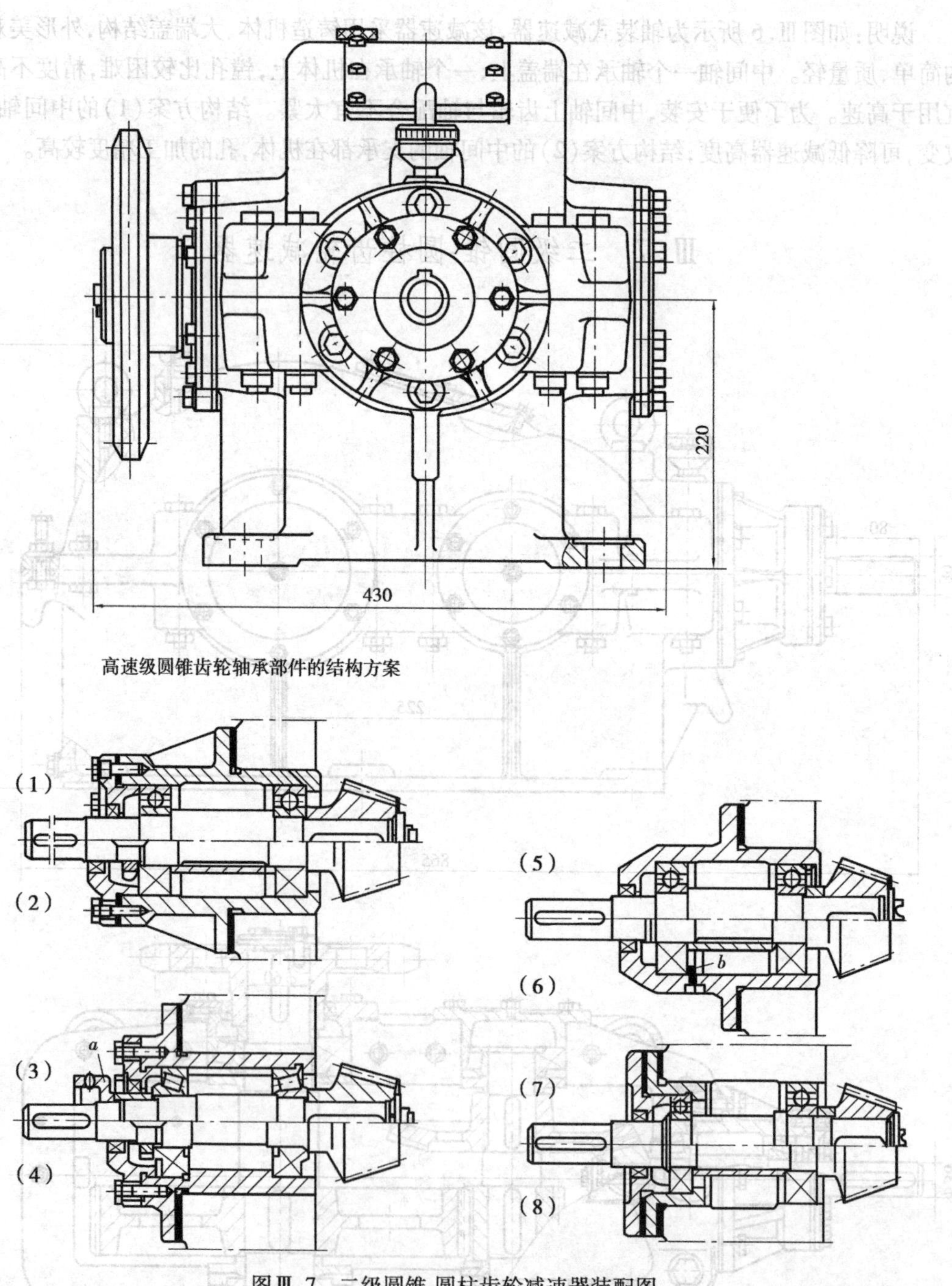

图Ⅲ.7　二级圆锥-圆柱齿轮减速器装配图

说明:如图Ⅲ.7 所示为二级圆锥-圆柱齿轮减速器,该减速器将高速轴的机体部分制成独立部件,使机体尺寸缩短,简化了机体结构。同时,也增加了高速轴部件的刚度。图中低速轴外端装有链轮,为了减小链轮悬臂跨度,以提高轴的刚度,将链轮轮毂深入端盖内。

图Ⅲ.7 中列有 8 种轴承部件结构。方案(1)采用齿轮与轴分开的结构,因此拆卸较方案(2)的结构方便。方案(3)的轴承结构是采用零件 a 调整轴承间隙,零件 a 用螺纹与轴联接,

转动 a 使轴承内圈轴向移动。调整后，将零件 a 用螺钉固定在轴端零件上，以免松动。方案(5)、方案(6)中的套杯左端没有端盖，尺寸紧凑、结构简单，但调整轴承比较困难，因此不宜用于单列圆锥滚子轴承。方案(6)中左端轴承靠套圈 b 固定，用螺钉调节套圈 b 的位置，右端轴承游动，这种结构当轴承磨损后便不能再调整。方案(7)、方案(8)采用短套杯式结构，左端轴承固定，右端轴承游动。

Ⅲ.8 大型二级圆锥-圆柱齿轮减速器

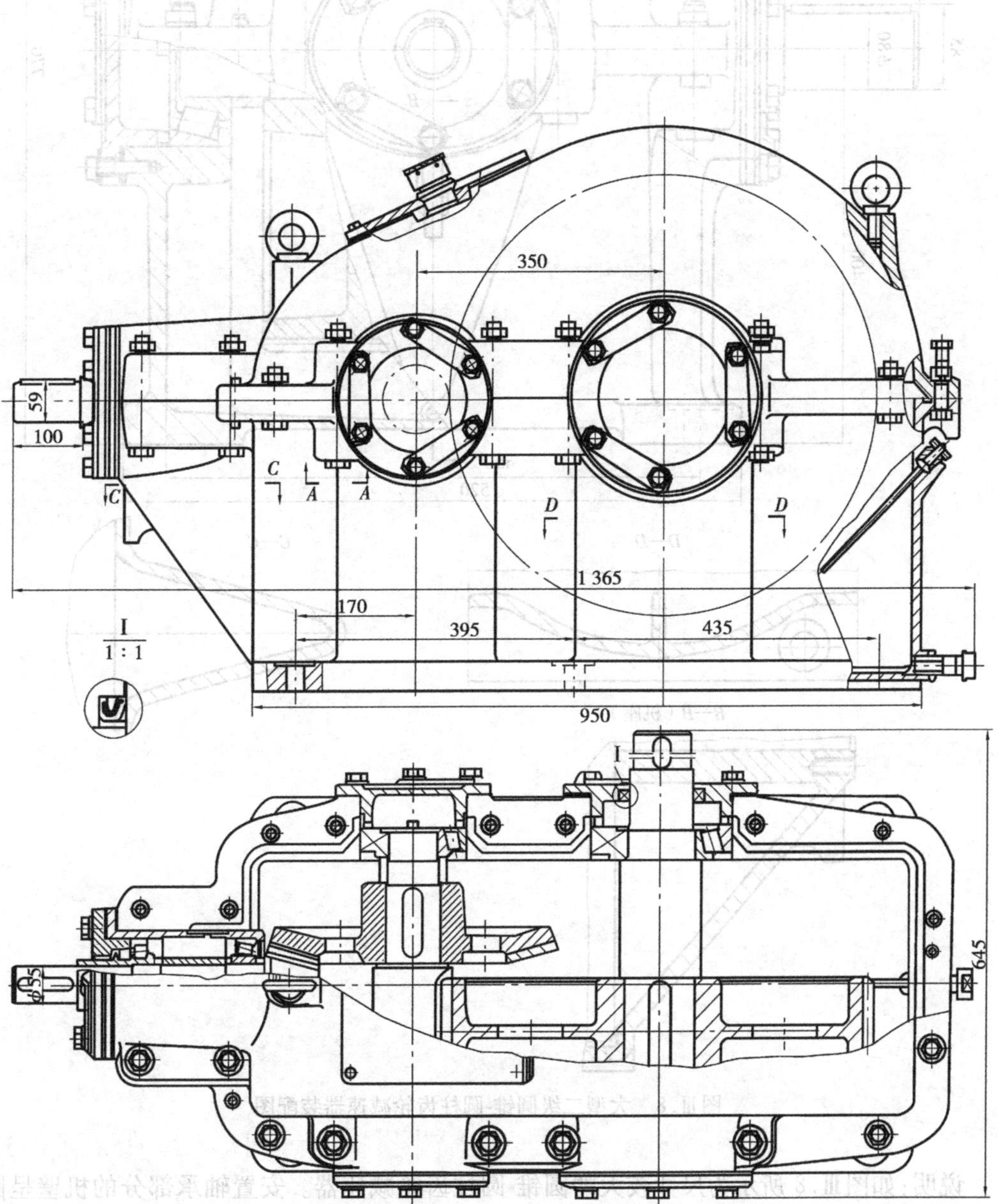

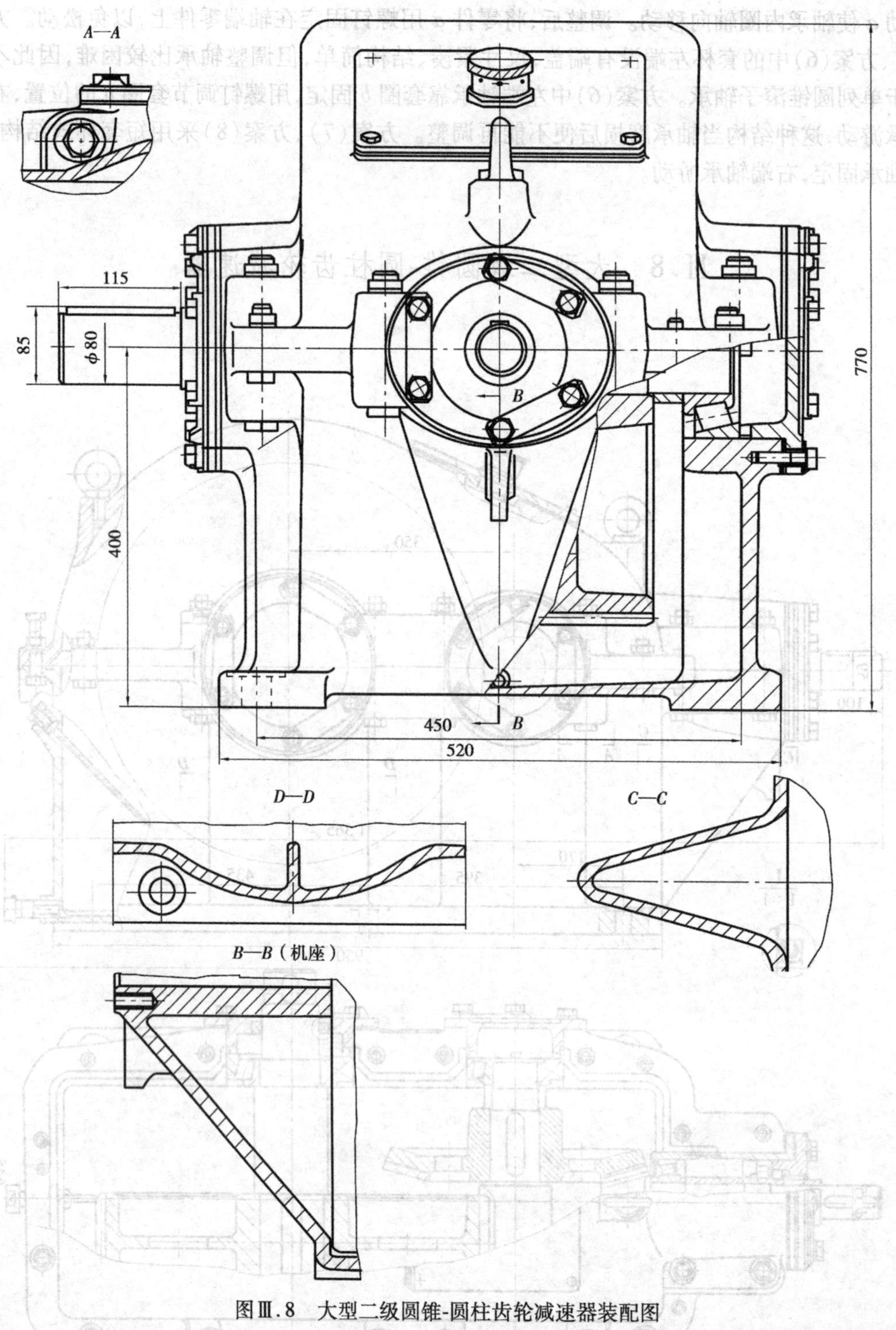

图Ⅲ.8　大型二级圆锥-圆柱齿轮减速器装配图

说明：如图Ⅲ.8 所示为尺寸较大的圆锥-圆柱齿轮减速器。安置轴承部分的机壁呈圆弧凸起状（见图中 C—C 剖面、D—D 剖面），刚度大。但高速时油的阻力大，影响效率。剖分面有铸造的油沟，可使油池中的油经此进入轴承内。

Ⅲ.9 蜗杆减速器

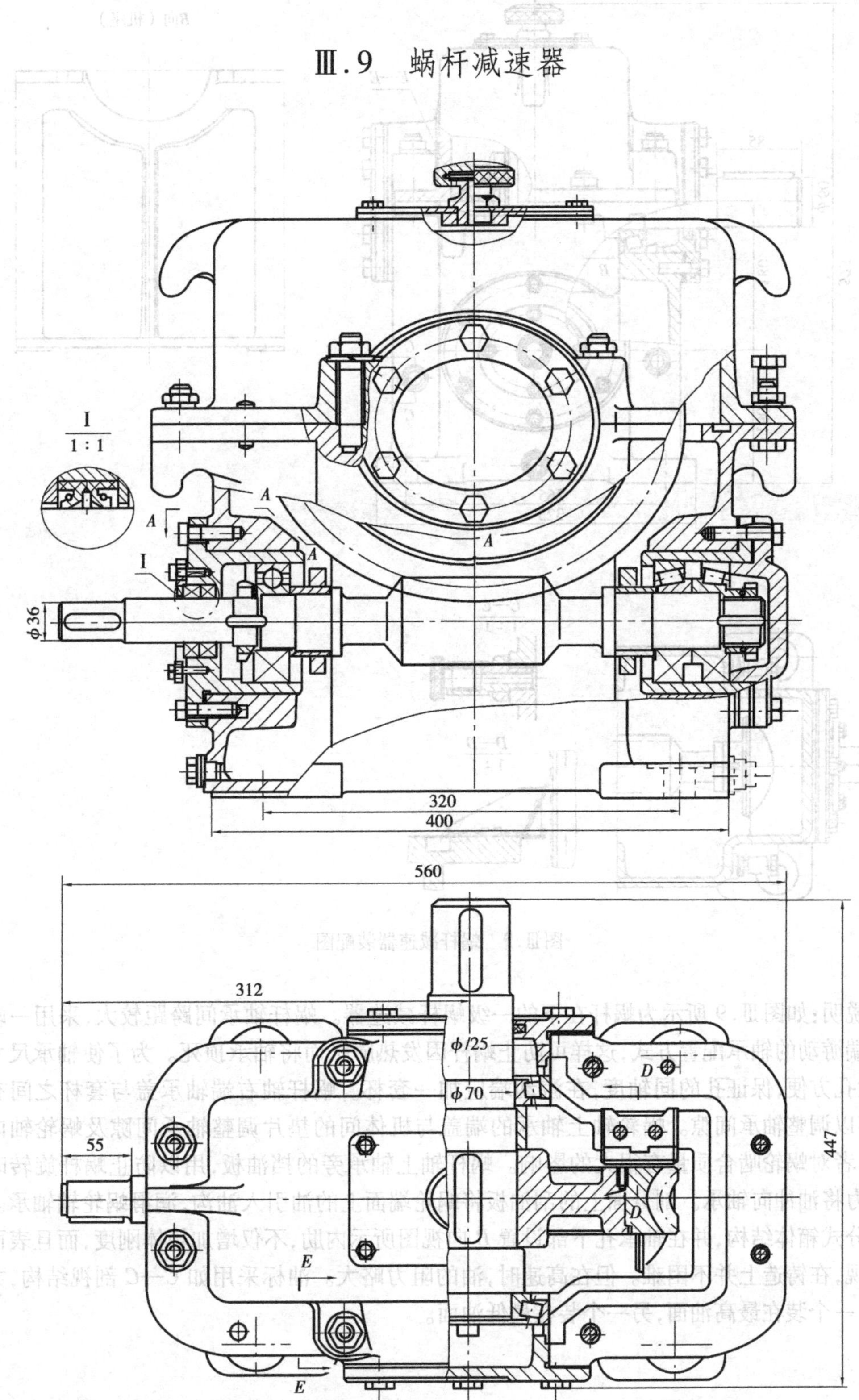

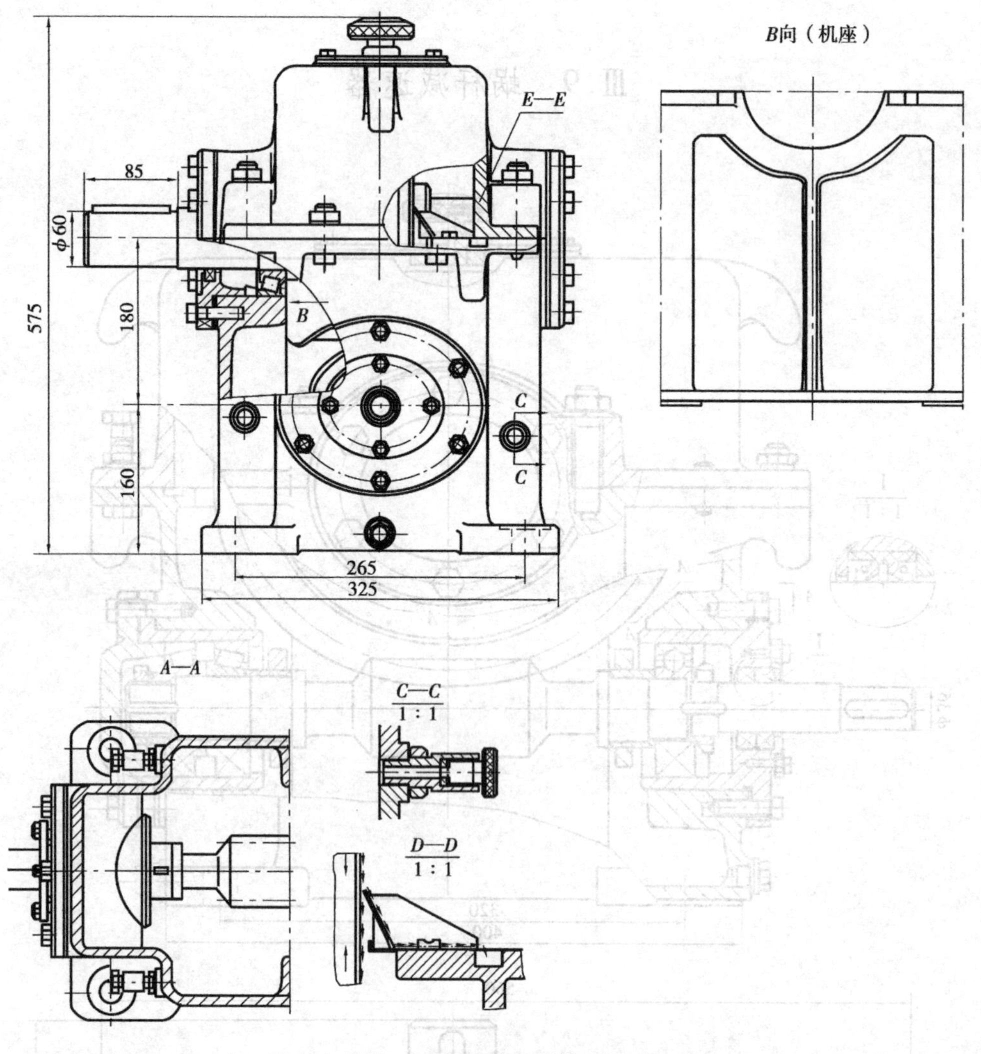

图Ⅲ.9　蜗杆减速器装配图

说明:如图Ⅲ.9 所示为蜗杆在下的一级蜗杆减速器。蜗杆轴承间跨距较大,采用一端固定一端游动的轴承配置方式,这样可防止蜗杆因发热膨胀而将轴承顶死。为了使轴承尺寸相等,镗孔方便,保证孔的同轴度,在游动端应加一套杯。蜗杆轴右端轴承盖与套杯之间有垫片,用以调整轴承间隙。蜗轮轴上轴承的端盖与机体间的垫片调整轴承间隙及蜗轮轴向位置,后者对蜗轮啮合质量有很大的影响。蜗杆轴上轴承旁的挡油板,用以防止蜗杆旋转时的轴向力将油冲向轴承。剖分面上的刮油板将蜗轮端面上的油引入油沟,润滑蜗轮轴轴承。采用剖分式箱体结构,并在轴承孔下部设置 B 向视图所示内肋,不仅增加箱体刚度,而且表面光滑美观,在铸造上并不困难。但在高速时,油的阻力略大。油标采用如 C—C 剖视结构,共有两个:一个装在最高油面,另一个装在最低油面。

Ⅲ.10 整体式蜗杆减速器

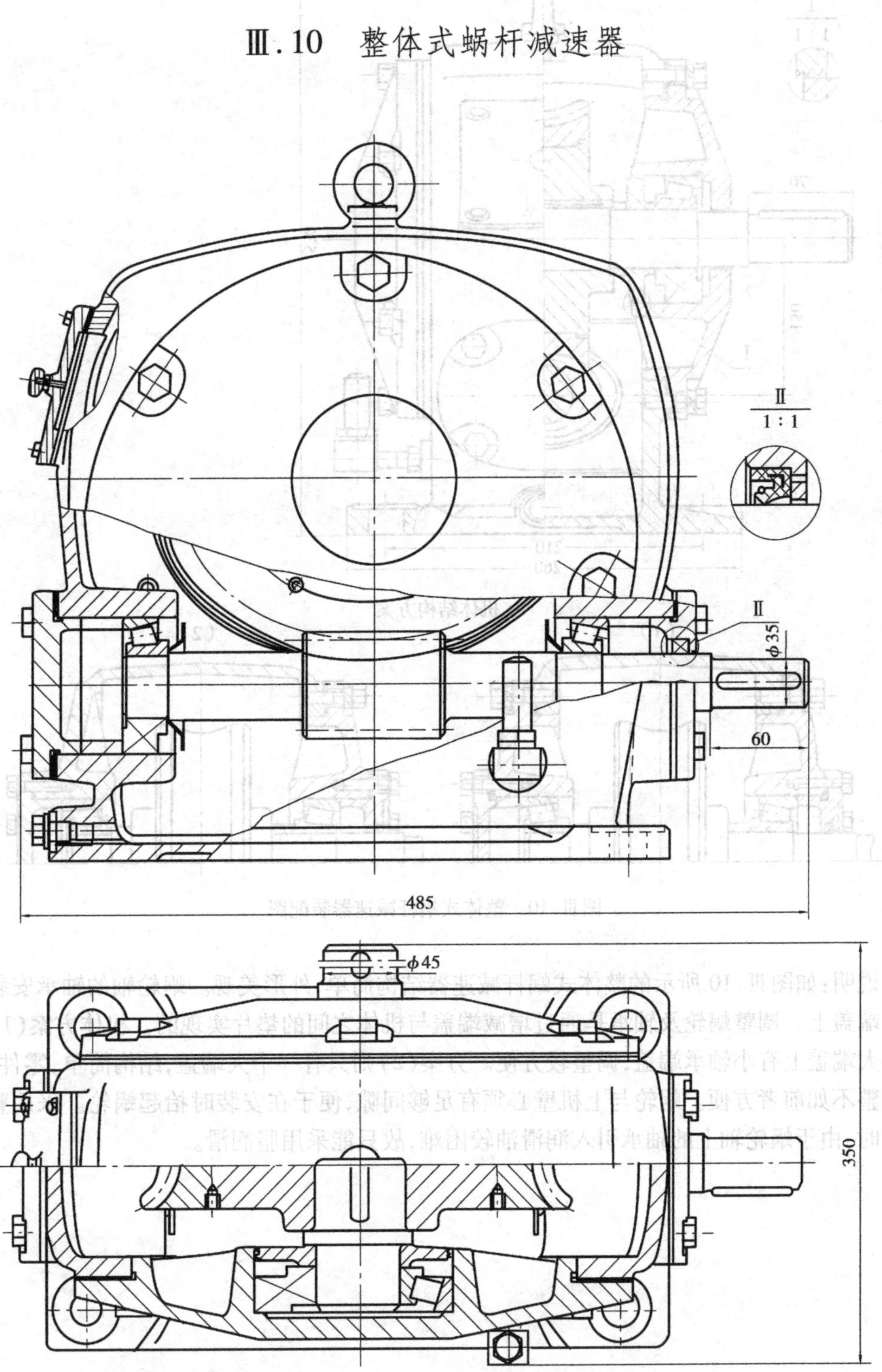

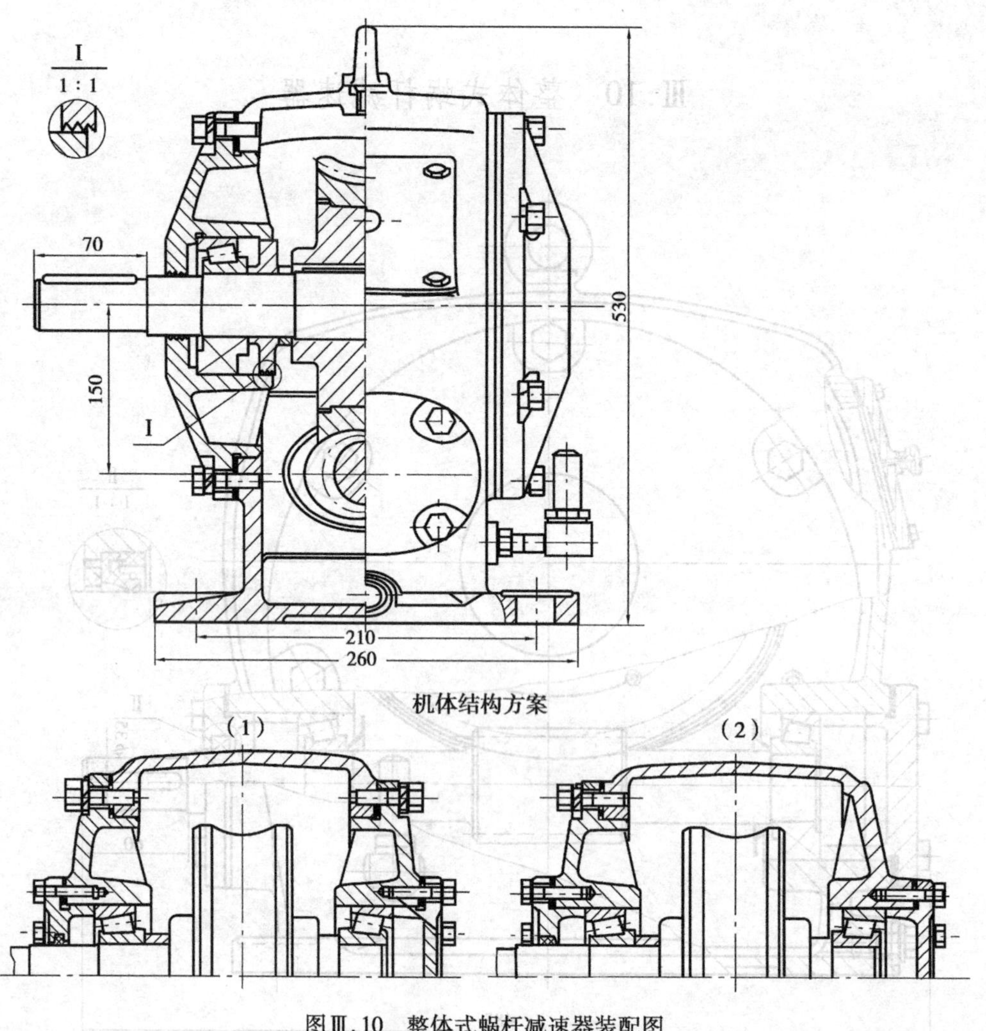

图Ⅲ.10　整体式蜗杆减速器装配图

说明:如图Ⅲ.10所示的整体式蜗杆减速器结构简单,外形美观。蜗轮轴的轴承安装在两个大端盖上。调整蜗轮及轴承是通过增减端盖与机体之间的垫片实现的。机体方案(1)中在两个大端盖上有小轴承端盖,调整较方便。方案(2)则只有一个大端盖,结构简单,零件也少,但调整不如前者方便。蜗轮与上机壁必须有足够间隙,便于在安装时抬起蜗轮。采用整体式结构时,由于蜗轮轴上的轴承引入润滑油较困难,故只能采用脂润滑。

参考文献

[1] 吴宗泽,罗圣国.机械设计课程设计手册[M].3版.北京:高等教育出版社,2006.

[2] 赵罘,林建龙,龚堰钰.机械设计课程设计指导[M].北京:中国轻工业出版社,2008.

[3] 程志红,唐大放.机械设计课程上机与设计[M].南京:东南大学出版社,2006.

[4] 周元康,林昌华,张海兵.机械设计课程设计[M].重庆:重庆大学出版社,2001.

[5] 朱家诚.机械设计课程设计[M].合肥:合肥工业出版社,2005.

[6] 张龙.机械设计课程设计手册[M].北京:国防工业出版社,2006.

[7] 王洪,邹培海.机械设计课程设计[M].北京:北京交通大学出版社,2009.

[8] 龚溎义.机械设计课程设计图册[M].北京:高等教育出版社,1989.

[9] 陈铁鸣.新编机械设计课程设计图册[M].北京:高等教育出版社,2003.

[10] 濮良贵,纪名刚.机械设计[M].8版.北京:高等教育出版社,2006.

[11] 成大先.机械设计手册第1—5卷.[M].4版.北京:化学工业出版社,2002.

[12] 机械工程标准手册编委会.机械工程标准手册·齿轮传动卷[S].北京:中国标准出版社,2003.